普通高等教育“十一五”国家级规划教材

“十三五”国家重点出版物出版规划项目　现代机械工程系列精品教材

机械创新设计

第5版

主　编　张春林　赵自强　李志香

参　编　孔凌嘉　张　颖　马　超

主　审　申永胜　翁海珊

机械工业出版社

本书是一本介绍创新思维和机械创新设计方法的教材。全书从体系上分为三篇：机械创新设计的基础知识篇、机械创新设计的理论与方法篇和机械创新设计的实例篇。机械创新设计的基础知识篇包括：机械创新设计的思维基础、机械创新设计的技术基础；机械创新设计的理论与方法篇包括：机构的演化和变异与创新设计、机构的组合与创新设计、机械结构与创新设计、仿生原理与创新设计、反求工程与创新设计、机械系统运动方案与创新设计、TRIZ 理论与创新设计；机械创新设计的实例篇列举了工程中一些成功的创新设计案例，为创新理论与方法的应用提供了佐证。此外，本书在绪论中还对常规设计方法、现代设计方法和创新设计方法进行了分析对比；在附录中简要介绍了国内外的机械发明创造史与知识经济。

本书基于党的二十大报告中关于“深入实施科教兴国战略、人才强国战略、创新驱动发展战略”的要求，在详细讲授基础理论知识的同时融入探索性实践内容，以增强学生的自信心和创造力，即用学科理论知识促进学生活跃思维、敢于创新，尽可能地将新思路在实践中进行创造性的转化，推动科学技术实现创新性发展。

本书部分内容配有视频动画，读者可扫描书中二维码直接观看。

本书可作为机械工程类专业的创新教育教材，也可供机械工程专业的教师和技术人员参考。

图书在版编目（CIP）数据

机械创新设计/张春林，赵自强，李志香主编. —5 版. —北京：机械工业出版社，2024.2（2025.2 重印）
普通高等教育“十一五”国家级规划教材
ISBN 978-7-111-74748-2

Ⅰ.①机…　Ⅱ.①张…②赵…③李…　Ⅲ.①机械设计-高等学校-教材
Ⅳ.①TH122

中国国家版本馆 CIP 数据核字（2024）第 001717 号

机械工业出版社（北京市百万庄大街 22 号　邮政编码 100037）
策划编辑：余　皞　　责任编辑：余　皞
责任校对：张昕妍　　封面设计：王　旭
责任印制：郜　敏
三河市航远印刷有限公司印刷
2025 年 2 月第 5 版第 4 次印刷
184mm×260mm · 16.75 印张 · 418 千字
标准书号：ISBN 978-7-111-74748-2
定价：53.80 元

电话服务
客服电话：010-88361066
010-88379833
010-68326294

网络服务
机　工　官　网：www.cmpbook.com
机　工　官　博：weibo.com/cmp1952
金　书　网：www.golden-book.com
机工教育服务网：www.cmpedu.com

前　言

创新是一个民族进步的灵魂，是国家兴旺发达的不竭动力。一个国家的创新能力，决定了它在国际竞争和世界总格局中的地位，所以我国正在为创建一个国家创新体系而努力。国家创新体系包括：知识创新系统、技术创新系统、知识传播系统和知识应用系统。其中，知识创新系统的核心部分是国家科学研究机构和研究型的大学；技术创新系统的核心部分是企业；知识传播系统的核心是指高等教育系统以及职业培训系统；知识应用系统的主体则是企业和社会，主要是知识和技术的应用。

近几年来，尽管我们的创新能力提高很快，创新成果也很丰富，但与世界发达国家的差距还很大，在高科技领域中，很多关键技术还要受制于人。例如，90%的发明专利掌握在发达国家手里，我国关键技术的对外依存率达 50%，只有万分之三的国有企业拥有自主知识产权的核心技术。所以，作为知识传播系统核心单位的高等学校，开展创新教育已经是势在必行。

在计划经济时代形成的教育体制下，我国的高等工程教育用一个统一的培养方案来塑造全体大学生的培养模式，已经不适应改革开放后的社会主义市场经济的发展，也不适应科学技术发展的新趋势和新特点，难以培养出在国际竞争中处于主动地位的人才。为适应新时代知识经济和高科学技术的发展需要，必须更新教育思想和转变教育观念，探索新的人才培养模式，加强高等学校与社会、理论与实际的联系，从传授和继承知识为主的培养模式转向加强素质教育、拓宽专业口径、着重培养学生主动获取和运用知识的能力、独立思维和创新能力，融传授知识、培养创新能力、鼓励个性发展、全面提高学生素质为一体的具有时代特征的人才培养模式将是当前高等学校改革的主旋律。“培养创新能力、鼓励个性发展、全面提高学生素质”的基本教育思想必须通过各种教学环节予以落实，开设机械创新课程就是其中的重要措施之一。

随着科学技术的飞速发展和教学改革的不断深入，加强基础、拓宽专业，培养适合新时代科学技术发展的高级工程技术人才，是高等工科学校改革与建设的主要任务。在高等学校的教学改革中，培养学生的创新意识和提高学生的创新设计能力和工程实践能力，已经成为系列课程内容与课程体系改革的指导思想。但是，在制订培养学生的创新意识和创新设计能力的具体教学计划时，又遇到很多具体困难。因为我国的高等工程教育是按照理论课程体系和实践课程体系进行分类综合培养的，其中理论课程体系又分为基础课程、专业基础课程和专业课程。把培养学生创新能力的教育内容放到一些相关课程中去，还是单独开设创新设计课程，各高等学校都进行了深入的探讨与大量的实践，并逐步取得了共识：除在一些课程中力所能及地介绍创新设计内容外，单独开设介绍创新设计理论与方法的课程是非常必要的。本书就是在这种形势下，为了配合机械工程领域中创新教育要求而编写的。

各类企业与研究院所是创新的主体执行者，高等学校是培养创造型人才的摇篮，开设机

械创新设计课程是机械工程专业中培养创造性人才的探索与尝试。

目前，全面介绍发明学、创造学、创造思维、创造技法、创造与创新技法的书籍很多。许多读者读完后感觉到发明创造很重要，培养创造性思维也很重要，创造与创新技法也很好，但在具体设计过程中就是不知道如何去创新与创造，感觉到这些书的可读性很好，可操作性与可应用性不够。针对这一问题，很多专家学者进行了认真思考、不断探索与实践，编写了包含创新思维和创新技法的机械创新设计教科书。如清华大学的黄纯颖教授、北京化工大学的张美麟教授、燕山大学的曲继方教授、华中科技大学的杨家军教授、重庆大学的吕仲文教授等都先后编写并出版了机械创新设计教材，并在机械类专业的人才培养过程中发挥了一定的作用。

经过多年的机械创新设计教学实践，不断探索机械创新设计的具体理论与方法，再结合其他学校的教学实践和要求，我们逐渐总结出一系列的可操作性强的机械创新设计方法，使机械创新理论与方法日益完善与成熟。因此，在机械工业出版社的支持下，我们决定修订新版的机械创新设计教材。

本书的第一篇为机械创新设计的基础知识篇，阐述机械创新设计所需要的思维基础和技术基础，这也是创新人员必备的基本业务素质；第二篇为机械创新设计的理论与方法篇，是本书的核心内容，包括机构的演化、变异与创新设计，机构的组合与创新设计，机械结构与创新设计，仿生原理与创新设计，反求工程与创新设计，机械系统运动方案与创新设计，TRIZ 理论与创新设计；第三篇为机械创新设计的实例篇，以工程中的创新实例来辅助说明创新方法的应用过程，从而加强对创新理论与方法的理解。附录简单介绍世界机械发明史与中国古代机械发明史，从而说明机械的发展与创新过程对人类社会的发展与世界文明进程产生的巨大贡献。

参加本次修订工作的教师有：张春林、赵自强、李志香、孔凌嘉、张颖、马超。本书由张春林、赵自强、李志香担任主编。

本书由原教育部机械基础课程教学分指导委员会委员、清华大学的申永胜教授和原教育部机械基础课程教学分指导委员会副主任委员、北京科技大学的翁海珊教授担任主审，两位教授对全书进行了认真的审阅，并提出了许多宝贵的修改意见，编者在此表示衷心的感谢。

由于机械创新设计的理论与方法还在不断地发展和完善过程中，且作者水平有限，所以本教材的内容会存在误、漏和欠妥之处，敬请读者批评指正。

张春林
于北京理工大学

目 录

第三篇　机械创新设计的实例篇

绪论

本章介绍发明、发现、创造与创新的基本概念；介绍常规设计、现代设计、创新设计的概念与区别；概括创新思维与方法；论述创新教育中的智力因素和非智力因素的培养是素质教育的重要组成部分。

第一节　创新与创新设计

一、创新的概念

发明与创造是人类文明进步的原动力，在人类社会的发展与进步过程中发挥了极其重要的作用。例如：创造原始的工具使原始人类进入劳动状态，使用原始工具的劳动创造了人类自身；火的发现与利用改变了原始人类茹毛饮血的野蛮生活，熟食提高了原始人类的智商，为人类进化提供了良好的物质基础；简单机械的发明提高了劳动生产率。人类在农业和手工操作等领域的创造逐渐把人类带入初级的文明社会。可见，发明与创造不但对人类科学世界观的形成和发展产生了巨大而深远的影响，而且使科学成为推动社会变革的有力杠杆，促进了人类社会的发展进程。随着科学技术的迅速发展和人类社会的高度进步，一个以知识及其产品的生产、流通和消费为主导的经济时代已经到来。20 世纪末期，世界已进入知识经济时代。知识经济发展的两大要素是科学方法到技术创新的因果循环速度和技术创新的数量与质量。“创新”一词开始频繁出现，并超过了“发明”与“创造”的使用频率。

创新的概念最早由美国经济学家熊彼特（J. A. Schumpter）在 1912 年出版的《经济发展理论》一书中提出，他把创新的具体内容概括为以下几个方面：采用新技术，生产新产品，研制新材料，开辟新市场，采用新的组织模式或管理模式。同时，他还提出“创新”是一种生产函数的转移。

在世界进入知识经济的时代，创新更是一个国家经济发展的基石。当今世界中，创新能力的大小已经成为一个国家综合国力强弱的重要因素。在国际竞争中，国防、工业、农业等

领域内的竞争越来越表现为科技创新能力和人才的竞争，特别是表现为科技创新能力和创新性人才的竞争。所以，培养具有创新意识和创新能力的人才是高等学校的重要任务。

为了更加了解创新的含义，下面把与之相近的概念，诸如发现、发明、创造等加以对比说明。

发现是指原本早已客观存在的事物，经过人们不断努力和探索后而被认知的具体结果。不断出现的新发现，可以帮助人类更加深入地认识世界和改造世界。如人类在太空探索过程中，不断发现新的星体，尽管这些星体早已在太空存在，但对它们的发现对人类认识宇宙起了很好的推动作用。人类发现了自然界由于雷电作用引起的火，并应用到食物烤制和冬季取暖，这是一种由发现而产生的应用创新；在以后使用火的过程中，人类逐渐学会了钻木取火，这就是发明或创造。门捷列夫发现了化学元素周期表，但科学家人工合成的新元素则是一种创造。一般说来，发现新事物，可帮助人类认识世界；把发现的结果应用到人类社会的实践活动中，就完成了由发现到应用的创新过程。但并不是所有的发现都能导致应用创新。

发明是指人们提出或完成原本不存在的、经过不断努力和探索后提出的或完成的具体结果。如美国发明家爱迪生发明的电灯、留声机、电报等都是伟大的发明。中国古代的造纸术、活字排版印刷术、指南针、火药等也是伟大的发明，近代电子计算机的发明则奠定了现代高科技的发展基础。

综上所述，发明与发现有着明显的区别。

创造也是一种完成新成果的过程，但这种新成果可能有一定的参照物，而不强调原本不存在的事物。创造往往是借助一种现实去实现另一种目的的过程。如我们常说的劳动创造了世界，劳动创造了人。如借助已经出现的蒸汽机，安装在陆地车辆上，则创造出机车；安装在船上，则创造出轮船。现实生活中，人们常把发明与创造联系在一起。实际上，严格区别两者的差异也没有工程意义。但在哲学范畴中，两者是有一定差别的。

创新与创造也没有本质差别，创新是创造的具体实现。但创新更强调创造成果的新颖性、独特性和实用性。所以创新是指提出或完成具有独特性、新颖性和实用性的理论或产品的过程。

从创新的内容看，一般把创新分为知识创新（也称理论创新）、技术创新和应用创新。知识创新是指人们认识世界、改造世界的基本理论的总结。一般以理论、思想、规则、方法、定律的形式指导人们的行动。知识创新的难度最大，如哲学中的“辩证唯物主义”、物理学中的“相对论”、机械原理中的“三心定理”“格拉斯霍夫法则”（Glashof Criteria）等都是知识创新。知识创新是人们改造世界的指导理论。

技术创新是指针对具体的事物，提出并完成具有新颖性、独特性和实用性的新产品的过程。如计算机、机器人、加工中心、航天飞机、宇宙飞船等许多的高科技产品都是技术创新的具体体现。

应用创新是指把已存在的事物应用到某个新领域，并产生很大的社会与经济效益的具体实现过程。如把军用激光技术应用到民用的舞台灯光、医疗手术刀等，把曲柄滑块机构应用到内燃机的主体机构，把平行四边形机构应用到升降装置中等都是典型的应用创新。

社会实践中，有两种创新方式。其一是从无到有的创新，其二是从有到新的创新。从无到有的创新都有一个较长时间的过渡期，这种创新的过程就是发明的过程，是知识的积累和思维的爆发相结合的产物。如人类社会先有牲畜驱动的车辆，发明内燃机后，将内燃机安置在车辆上，并进行多次实验改进后才发明了汽车，实现了从无到有的突破；原始的汽车经过多年的不断改进，其安全性、舒适性、可靠性、实用性等性能不断提高，这是经过从有到新的不断创新的结果。

创新的概念并不神秘，创新的成果却来之不易。勤奋的工作，持之以恒的努力，坚实的基础知识和思维灵感的结合，是实现创新的途径。

二、创新设计的概念

首先，回顾设计的概念。设计一词源于拉丁语“designare”，其中“de”表示“记下”，“signare”表示“符号和图形”，合在一起的意思是记下符号和图形。后来发展到英文单词“design”，其含义也更加完善。设计的含义是指根据社会或市场的需要，利用已有的知识和经验，依靠人们的思维和劳动，借助各种平台（数学方法、实验设备、计算机等）进行反复判断、决策、量化，最终实现把人、物、信息资源转化为产品的过程。这里的产品是广义概念，含装置、设备、设施、软件以及社会系统等。

创新设计是指在设计领域中的创新。一般指在设计领域中，提出新的设计理念、新的设计理论或设计方法，从而得到具有独特性和新颖性的产品，达到提高设计质量、缩短设计时间的目的。

机械创新设计则是指机械工程领域内的创新设计，它涉及机械设计理论与方法的创新、制造工艺的创新、材料及其处理的创新、机械结构的创新、机械产品维护及管理等许多领域的创新。

三、创造性思维与创造能力

创造性思维活动是创新设计的主体，创造性思维活动过程如下。

1. 创造性思维与潜在的创造力

思维方式分为逻辑思维和灵感思维，逻辑思维又包括抽象逻辑思维和形象逻辑思维。

逻辑思维是一种严格遵循人们在总结事物活动经验和规律的基础上概括出来的逻辑规律，进行系统的思考，由此及彼的联动推理。逻辑思维有纵向推理、横向推理和逆向推理等几种方式。

纵向推理是针对某一现象进行纵深思考，探求其原因和本质而得到新的启示。

横向推理是根据某一现象联想其特点与其相似或相关的事物，进行“特征转移”而进入新的领域。

逆向推理是根据某一现象、问题或解法，分析其相反的方面，寻找新的途径。

灵感思维的基本特征是其产生的突然性、过程的突发性和成果的突破性。在灵感思维的过程中，不仅是意识起作用，而且潜意识也在发挥着重要的作用。

创造性思维是逻辑思维和灵感思维的综合，这两种包括渐变和突变的复杂思维过程互相融合、补充和促进，使设计人员的创造性思维得到更加全面的开发。

知识就是潜在的创造力。人的知识来源于教育和社会实践。受教育的程度和社会实践经验的不同，导致了人们知识结构的差异。凡是具有知识的人都具有潜在的创造力，只不过随着知识结构的差异，其潜在的创造力的大小不同而已。知识的积累过程就是潜在的创造力的培养过程。知识越丰富，潜在的创造力就越强。

创造性思维与潜在的创造力是创新的源泉和基础。

2. 创新的涌动力

存在于人类自身的潜在的创造力，只有在一定压力和一定条件下才会释放出能量。这种压力来自社会因素和自身因素。社会因素主要指周边环境的内外压力，自身因素主要指强烈

的事业心。只有社会因素和自身因素有机结合，才能构成创新的涌动力。没有创新涌动力就没有创新成果的出现。

创新的过程一般可归纳为：

知识（潜在的创造力）+创新涌动力+灵感思维⇒创新成果

第二节　常规设计、现代设计与创新设计

机械设计方法对机械产品的性能有决定作用。一般说来，可把设计方法分为正向设计和反向设计，反向设计也称反求设计。正向设计的过程是首先明确设计目标，然后拟订设计方案，进行产品设计、样机制造和实验，最后投产的全过程。正向设计方法可分为常规设计方法（又称传统设计方法）、现代设计方法和创新设计方法。它们之间既有区别，也有共同性。反向设计的过程是首先引进待设计的产品，以此为基础，进行仿造设计、改进设计或创新设计的过程。

一、常规设计

常规机械设计是依据力学和数学建立的理论公式或经验公式为先导，以实践经验为基础，运用图表和手册等技术资料，进行设计计算、绘图和编写设计说明书的设计过程。一个完整的常规机械设计主要由下面的几个阶段组成：

（1）市场需求分析　该阶段的标志是完成市场调研报告。

（2）明确产品的功能目标　该阶段的标志是明确设计任务书。

（3）方案设计　拟订运动方案，通过对设计方案的选择与评价，最后决策确定出一个相对最优方案是该阶段的工作标志。

（4）技术设计　技术设计是机械设计过程中的主体工作，该阶段的工作任务主要包括机构设计、机构系统设计（含运动协调设计）、结构设计、总装设计等，该阶段的工作标志是完成设计说明书和全部设计图的绘制工作。

（5）制造样机　制造样机并对样机的各项性能进行测试与分析，完善和改进产品的设计，为产品的正式投产提供有力的证据。

常规机械设计方法是应用最为广泛的设计方法，也是相关教科书中重点讲授的内容。如机械原理中的连杆机构综合方法、凸轮廓线设计方法、齿轮几何尺寸的计算方法、平衡设计方法、飞轮设计方法以及其他常用机构的设计方法等都是常规的设计方法。

常规设计是以成熟技术为基础，运用公式、图表、经验等常规方法进行的产品设计，其设计过程有章可循，目前的机械设计大都采用常规的设计方法。常规设计方法是机械设计的主体。如轴的结构设计（见图 1-1），先按式（1-1）估算出轴的最小直径

$$d \geqslant C\sqrt[3]{\frac{P}{n}} \tag{1-1}$$

式中，P 为功率（kW）；n 为转速（r/min）；C 为常数。

然后，根据轴上零件的周向定位、轴向定位等安装情况，查阅图表确定其他部位的尺寸，图 1-1 所示为轴系结构设计过程的图形表达结果。常规机械设计方法是机械设计中不可替代的方法。

在常规机械设计过程中，也包含了设计人员的大量创造性成果，如在方案设计阶段和结构设计阶段，都含有设计人员的许多创造性设计过程。

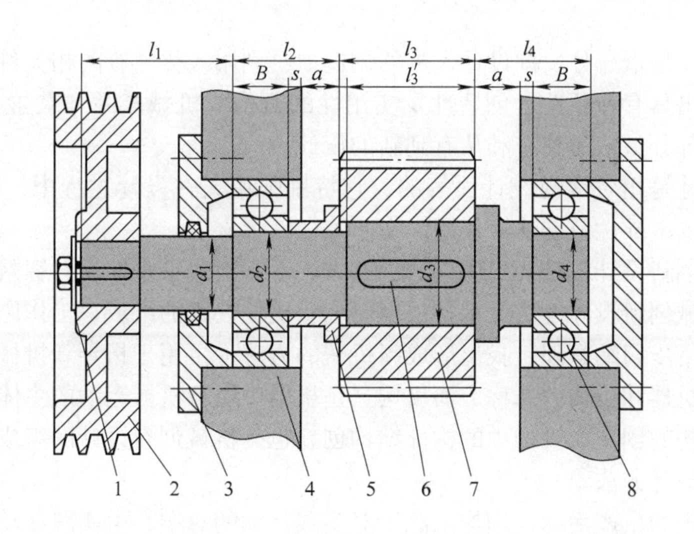

图 1-1 轴系结构的常规设计

1—螺钉及垫圈 2—带轮 3—端盖 4—箱体 5—套筒 6—键 7—齿轮 8—轴承

二、现代设计

相对于常规设计，现代设计则是一种新型设计方法，其在机械设计过程中的优越性日渐突出，应用日益广泛。

现代设计是以计算机为工具、以工程设计与分析软件为基础、运用现代设计理念的新型设计方法。与常规设计方法的最大区别是强调运用计算机、工程设计与分析软件和现代设计理念，其特点是产品开发的高效性和高可靠性。

现代设计的内容极其广泛，可运用的学科繁多。计算机辅助设计、优化设计、可靠性设计、有限元设计、并行设计、虚拟设计等都是经常运用的现代设计方法。

现代设计方法具有很大的通用性。例如，优化设计的基本理论不仅可用于机构的优化设计、机械零件的优化设计，而且可用于电子工程、建筑工程等许多领域中。因此，通用的现代设计方法和专门的现代设计方法发展都很快。例如，优化设计与机械优化设计、可靠性设计与机械可靠性设计、计算机辅助设计与机构的计算机辅助设计等并行发展，设计优势明显，应用范围日益扩大。

现代设计方法强调运用计算机、工程设计与分析软件和现代设计理念的同时，其基本的设计过程仍然是运用常规设计的基本内容。所以，在强调现代设计方法时，切不可忽视常规设计方法的重要性。

Matlab、NASTRAN、I-DEAS、Creo、UG 、SolidEdge、SolidWorks、ADAMS 等都是常用的工程设计分析应用软件。

三、创新设计

常规设计是以运用公式、图表为先导，以成熟技术为基础，借助设计经验等常规方法进行的产品设计，其特点是设计方法的有序性和成熟性。

现代设计强调以计算机为工具，以工程软件为基础，运用现代设计理念的设计过程，其特点是产品开发的高效性和高可靠性。

创新设计是指设计人员在设计中发挥创造性，提出新方案，探索新的设计思路，提供具有社会价值的、新颖的而且成果独特的设计成果。其特点是运用创造性思维，强调产品的独

特性和新颖性。

机械创新设计是指充分发挥设计人员的创造力，利用人类已有的相关科学技术知识进行创新构思，设计出具有新颖性、创造性及实用性的机构或机械产品（装置）的一种实践活动。它包含两个部分：从无到有和从有到新的设计。

机械创新设计是相对常规设计而言的，它特别强调人在设计过程中，特别是在总体方案、结构设计中的主导性及创造性作用。

一般说来，创新设计很难找出固定的创新方法。创新成果是知识、智慧、勤奋和灵感的结合，现有的机械创新设计方法大都是根据对大量机械装置的组成、工作原理以及设计过程进行分析后，进一步归纳整理，找出形成新机械的方法，再用于指导新机械设计。

由于机械是机器和机构的总称，而机构又是机器中执行机械运动的主体，因此机械创新的实质内容是机构的创新。机构中的构件结构创新也是机械创新设计的组成部分，本书主要讨论机构的创新设计方法。

实践源于人类的生产活动，理论来源于对实践活动的总结，由实践活动中产生理论，然后理论又可指导实践。创新设计方法的诞生也符合人类的认知规律。本书介绍的机构创新方法也是设计活动的总结和提高。常见机构创新设计方法主要有：利用机构的组合、机构的演化与变异和运动链的再生原理进行创新设计。

四、不同设计方法的设计实例分析

常规设计和现代设计是最常用的工程设计方法，创新设计是近年来最提倡的设计方法。不同的设计方法对设计结果影响很大。下面以典型的设计实例说明不同设计方法带来的不同结果。

1. 薯条加工机的设计

（1）常规设计方法

第一道工序：清洗→设计清洗机。

第二道工序：削皮→设计削皮机。马铃薯固定，刀旋转，完成削皮的任务。

第三道工序：切片后再切条→完成切条的任务。

缺点是需要清洗、削皮、切条三套设备，而且由于马铃薯形状和大小差异很大，控制削皮的厚度较难，导致马铃薯浪费严重，生产率也低。图 1-2 所示为马铃薯去皮加工过程。

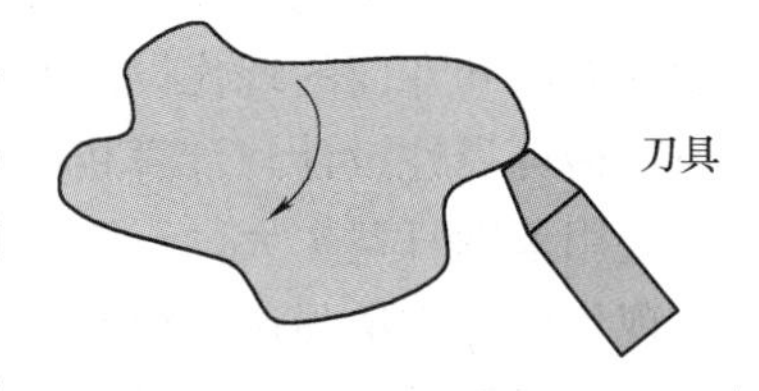

图 1-2　马铃薯去皮加工过程

（2）现代设计方法　采用计算机仿真、优化设计等现代设计方法，可减少消耗、提高产量，但产品的工序基本同常规设计方法，生产机械的本质没有变化。

（3）创新设计方法　用创新的理念和思维设计的薯条加工机与上述结果有很大的不同。

第一道工序：清洗→设计清洗机。

第二道工序：粉碎、过滤去皮、沉淀制浆、通过型板压制成条状。

很明显，利用创新方法设计的加工机具有更大的市场应用前景。因此，若要大力提倡创新设计，就必须进行创新意识和创新能力的培养。学习一些创新技法也就显得非常必要。

2. 椰汁加工机的设计

（1）常规设计方法（见图 1-3）

第一道工序：去椰皮，劈两半。

第二道工序：设计削肉机。椰壳固定，刀旋转，完成切肉的任务。

第三道工序：粉碎制汁。

缺点是需要削皮分开、去肉、制汁三套设备，而且由于椰壳形状和大小差异很大，控制切肉的厚度较难，导致浪费严重，生产率也低。

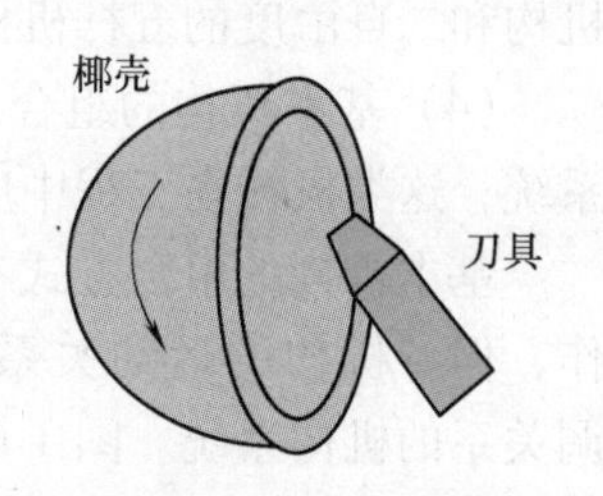

图 1-3 椰肉加工过程

（2）现代设计方法　采用计算机仿真、优化设计等现代设计方法，可减少椰肉消耗、提高产量，但产品的工序基本同常规设计方法，生产机械的本质没有变化。

（3）创新设计方法　用创新的理念和思维设计的椰汁加工机与上述结果有很大的不同。

第一道工序：去椰皮。

第二道工序：注射一种溶剂，溶解椰肉成液体，加水即成椰汁。提高了生产率、减少了消耗、降低了机械成本。很明显，采用创新设计方法得到的产品性能最佳。

第三节　机械创新设计的内容

一、有关机构的几个名词术语

在机构创新设计过程中，机构、最简机构、基本机构、基本机构的组合是使用得最多的术语，以下分别说明。

（1）机构　机器中执行机械运动的装置统称为机构。

（2）最简机构　把由 2 个构件和 1 个运动副组成的开链机构称为最简单的机构，简称最简机构。其要素是组成机构的最少构件数为 2 且为开链机构。图 1-4 所示机构为最简机构的两种形式。其中，电动机、鼓风机、发电机等定轴旋转机械的机构简图常用图1-4a所示的最简机构表示；往复移动的导轨机构和液压缸机构等常用图 1-4b 所示的最简机构表示。

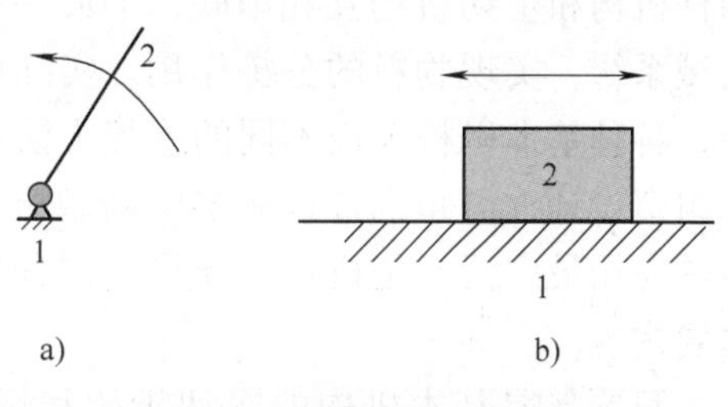

图 1-4　最简机构示意图

机构学中，图 1-4a 所示的最简机构应用比较广泛，机械的原动机常用最简机构表示。

（3）基本机构　把含有 3 个构件以上、不能再进行拆分的闭链机构称为基本机构。其要素是闭链且具有不可拆分性。如各类四杆机构、五杆机构、3 构件高副机构（凸轮机构、齿轮机构、摩擦轮机构、瞬心线机构）、3 构件间歇运动机构和螺旋机构、3 构件的带传动机构和链传动机构等都是基本机构。任何复杂的机构系统都是由基本机构组合而成的。这些基本机构可以进行串联、并联、叠加连接和封闭连接，组成各种各样的机械，完成各种各样的动作。所以，研究基本机构的运动规律以及它们之间的组合方法，是研究机构创新设计的本质。

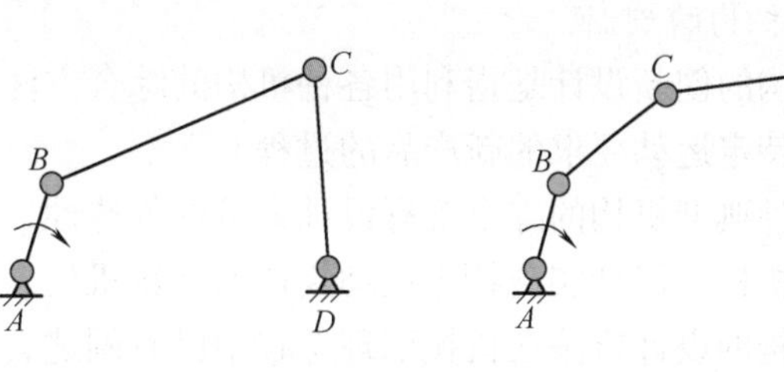

图 1-5　基本机构示例

图 1-5 所示的单自由度铰链四杆

机构和二自由度的五杆机构都是基本机构，它们都是闭链且具有不可拆分性。

（4）基本机构的组合　各基本机构通过某些方法组合在一起，形成一个较复杂的机械系统，这类机械在工程中应用最广泛且最普遍。

基本机构的组合方式有两类。其一是各基本机构之间没有互相连接，而是各自单独动作，但各机构的运动关系必须满足一定协调关系的机构系统。图 1-6 所示的自动输送机械系统中，液压机构 1 把物料 1 从传送带 1 上自左往右推动到传送带 2 上，液压机构 2 把物料从传送带 2 自下往上推动到指定位置。两套液压机构互不连接地单独工作，其运动的协调由控制系统完成，实现既定的工作目标。这类机械系统的应用很广泛，设计中的主要问题是机构的选型设计与运动的协调设计。目前，采用自动控制的方法进行运动协调设计的机械装置越来越多。

传送带1
物料2
传送带2
液压机构1
物料1
液压机构2

图 1-6　由互不连接的基本机构组成的机构系统

其二是各基本机构通过某些连接方式组成一个机构系统，机构之间的连接方式主要有串联组合、并联组合、叠加组合和封闭组合四种。其中串联组合是应用最普遍的组合。图 1-7 所示的机械系统中，带传动机构、蜗杆机构、摆动滚子从动件凸轮机构、铰链四杆机构和正切机构互相串联，形成一个复杂的机械系统，实现物料的分拣作用。实际机械装置中，各种基本机构采用不同的连接方法进行机构的组合设计，可得到许许多多的新型机械。这类机械应用最广泛，是机械创新设计课程要讲述的主要内容。

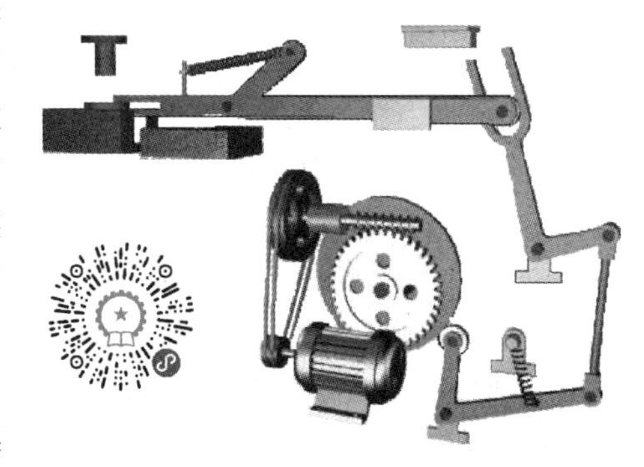

图 1-7　连接基本机构组成的机械系统

只要掌握基本机构的运动规律和运动特性，再考虑机械系统的具体工作要求，选择适当的基本机构类型和数量，对其进行组合设计，就可为创造性设计新机械提供一条最佳途径。

二、机构创新设计的内容

机构创新设计的内容可分为三大类，即机构的创新设计、机构的应用创新设计和机构的组合创新设计。

1. 机构的创新设计

机构的创新设计是指利用各种机构的综合方法，设计出能实现特定运动规律、特定运动轨迹或特定运动要求的新产品的过程。

各种典型机构的综合含有设计人员的创造性，如设计实现特定运动轨迹、特定运动规律的连杆机构，设计实现特定运动规律的凸轮机构或其他类型的机构都属于机构的创新设计。这类机构的设计方法在机械原理课程中已有阐述，本书不做进一步的探讨。

每一种新机构的问世，都会带来巨大的经济和社会效益，并促进人类社会的发展。如瓦特机构、斯蒂芬森机构促进了蒸汽机车的发展，斯特瓦特机构催生了新型的航天运动模拟器、车辆运动模拟器和并联机床，图 1-8 所示为斯特瓦特机构的应用。所以每创新出一种新机构，都会促进生产的发展和科学技术的进步。

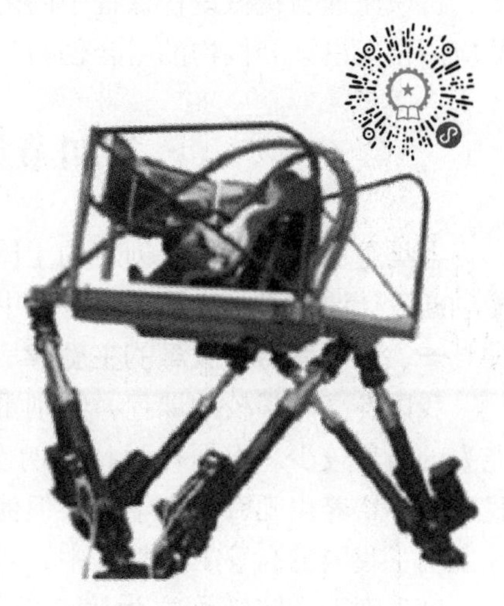

图 1-8 斯特瓦特机构的应用

2. 机构的应用创新设计

机构的应用创新设计是指在不改变机构类型的条件下，通过机构中的机架变换、构件形状变异、运动副的形状变异、运动副自由度的等效替换等手段，设计出满足生产需要的新产品的过程。

一个很简单的机构，通过一些变换，可以设计出各种不同形状的机械装置，满足各种机械的工作需要。

图 1-9a 所示为一个常见的曲柄滑块机构，经过运动副 B 的销钉扩大后，可演化出图1-9b所示的偏心盘机构。该机构可广泛应用在短曲柄的冲压装置中。对运动副 B、C 进行变异后，可得到图 1-9c 所示的泵机构；对运动副 B、C 及其构件形状同时进行变异，可得到图 1-9d 所示的剪床机构。相同机构采用不同的变异方式，可获得许多机构简图相同，但其机械结构和用途不同的机械装置。这类设计称为机构的应用创新设计。

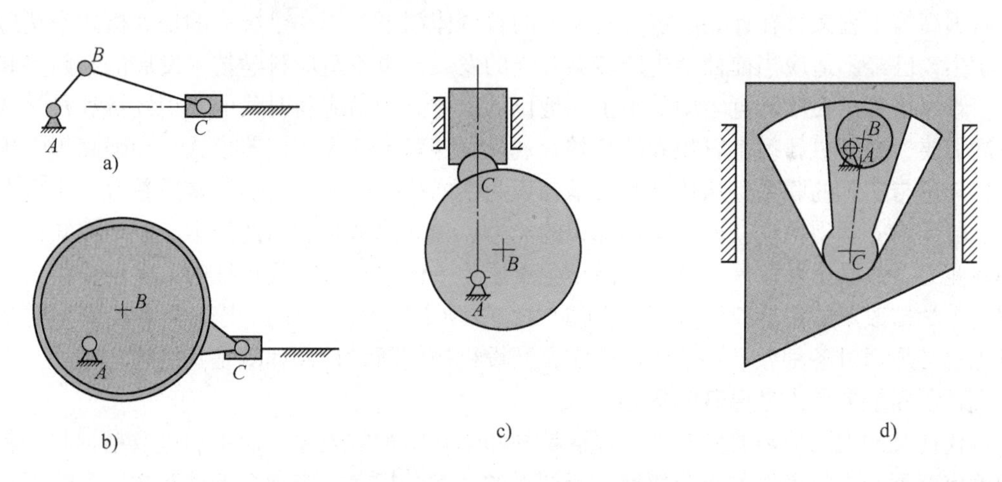

图 1-9 曲柄滑块机构应用示意图

a）曲柄滑块机构 b）偏心盘机构 c）泵机构 d）剪床机构

由于机构的类型有限，只有通过应用创新才能不断扩大其应用范围。

3. 机构的组合创新设计

机构的组合创新设计通常有两种模式。其一是各种基本机构单独工作，通过机械手段和控制手段实现它们之间的运动协调，形成一个完整的机构系统，完成特定的工作任务。其二是各种基本机构或杆组通过特定的连接方式，组合成一个能完成特定工作要求的机构系统，从而完成特定的工作任务。

实用机械中，很少使用单个机构，大都使用较复杂的机构系统，因此研究机构组合设计的理论与方法很有必要。

机械原理与机械设计课程中的内容为机构创新提供了良好的基础，本书将重点讨论机构的应用创新设计和机构的组合创新设计。

第四节 创新教育与人才培养

各类企业与研究所是创新的主体执行单位，高等学校是培养创造型人才的摇篮，开设机械创新设计课程是在机械工程专业中培养创造型人才的探索与尝试。

一、创新教育是改革的主旋律

我国各高等学校的课程，特别重视基础知识与专业知识的传授，但是对创新思维和创新能力的培养较少。根据科学技术的发展史统计情况，创造能力最强的年龄段为25~45岁。我国每年培养出几百万大学生，但他们之中涌现出来的发明家或创造型人才却很少。这种情况说明了我国的高等工程教育中，对创造与发明能力的培养是十分薄弱的。

麻省理工学院被称之为培养发明家的大学。仅在1996年，他们的研究人员就提出了400多项发明，学院的师生走在现代化科学技术的最前沿，时刻在创造美国赖以占领全球未来高科技市场的新知识和新技术，充当美国政府和公司的“发展实验室”，成为美国高科技人才与创造人才的摇篮。在美国加利福尼亚州的硅谷地区，20%以上的研究人员来自麻省理工学院，激励麻省理工学院师生不断向前发展的是创新教育与学术抱负融为一体的良好校风。

我国高等工程教育在计划经济时代形成的教育体制下，用一个统一的培养模式来塑造全体大学生，已经不适应当前社会生产转型升级的发展，也不适应科学技术发展的新趋势和新特点，难以培养出在国际竞争中处于主动地位的人才。为适应新时代的知识经济和科学技术的发展需要，必须更新教育思想和转变教育观念，探索新的人才培养模式，加强高等学校与社会、理论与实际的联系，从传授和继承知识为主的培养模式转向加强素质教育、拓宽专业口径、着重培养学生主动获取和运用知识的能力、独立思考和创新的能力，融传授知识、培养创新能力、鼓励个性发展、全面提高学生素质为一体的具有时代特征的人才培养模式将是当前高等学校改革的主旋律。“培养创新能力、鼓励个性发展、全面提高学生素质”的基本教育思想必须通过各种教学环节予以落实，开设机械创新设计课程就是其措施之一。

二、创新能力是人才培养的核心

当代社会的发展最需要具有主动进取精神和创新精神的人才，而主动进取精神和创新精神的养成离不开人的个性的充分发展。所谓人的个性是指在一定社会条件和教育影响下形成的人的比较固定的特性。高等学校不应打压学生个性的发展，相反应把鼓励学生个性发展作为重要的改革举措，为激发和充分发挥人的潜能创造必要的环境和条件，使学生在各自的基础上提高素质和能力，使创新人才的关键特征和非智力因素的培养成为现实。

（一）创新人才的关键特征

勇于探索和善于创新是创造型人才的主要特征。美国犹他州立大学管理学院教授赫茨伯格通过分析几十年各行各业涌现的大量创新人才的实例后，总结出了创新人才的关键特征，为创新人才的培养提供了很好的借鉴作用。

（1）智商高，但并非天才　智商高是创新的先决条件之一，但并不一定是天才。过高的智商有时会有害于创新，因为在常规教育中成绩超群，有时会妨碍寻求更多的新知识。

（2）善出难题，不谋权威　善于给自己出难题，而不谋求自我形象和权威地位是创新型人才可持续成功的重要特征，驻足于以往的成就，不思进取是发挥创新作用的主要障碍。创新人才也必须依赖不断学习与进取来维持创新道路上的青春常在。

（3）标新立异，不循陈规　创新人才不能靠传统做法建功立业，而惯于在陈规范围内工作的人员往往把精力消磨在大量重复性的劳动中，难以取得突破；而创新事业往往是不循陈规、标新立异的结果。

（4）甘认不知，善求答案　承认自己“不知道”是创新的起点，“不知道”或“不清楚”会给追求答案带来压力，压力转换为动力，是创新力量的源泉。

（5）清心寡欲，以工作为乐　在工作中追求幸福与快乐，在工作中享受生命是创新型人才共有的特征。

（6）积极解忧，不信天命　挫折与失败经常伴随着创新的全过程，困难面前排忧解难、勇往向前是创造型人才的基本特征。

（7）才思敏捷，激情迸发　敏锐的思维和热情奔放的工作激情是生命的最充分延伸，是创新人才工作进入佳境的条件，也是在成功道路上前进的标志。

针对创新人才的关键特征，组织有针对性的教育，对人才培养会产生积极作用。

（二）注重非智力因素的培养

非智力因素在创新能力的培养中有重要作用。一般说来，智力因素是由人的认识活动产生的，主要表现在注意力、观察力、想象力、思维力和记忆力五个方面。非智力因素是由人的意向活动产生的，从广义来说，凡智力因素以外的心理活动因素都可以称为非智力因素；从狭义来说，非智力因素主要表现为人的兴趣、情感、意志和性格。在创新教育过程中，除智力能力的培养外，还应注重非智力因素的培养。

1. 兴趣

兴趣是人们在探索某种事物或某种活动时的意识倾向，是心理活动的意向运动，是个性中具有决定性作用的因素。兴趣可以使人的感官或大脑处于最活跃的状态，使人在最佳状态接受教育信息，有效地诱发学习动机和激发求知欲。所以，兴趣是人们寻求知识的强大推动力。注重创新教育过程中的兴趣培养是个性化教育的具体体现。

观察力是一种重要的智力因素，但兴趣是观察的先导，并对观察的选择性、完善性和清晰程度施加影响。兴趣有助于提高观察效果，而观察效果的提高又促进了观察力的提高。

兴趣是引起和保持注意力的源泉，使受教育者自觉地把注意力集中在某一领域，促进了智力因素的提高。

兴趣能激发人的积极思维活动，从而促进人们寻找分析问题和解决问题的办法，促进创造活动的积极开展和深入进行。

兴趣能推动人们广泛接触新鲜事物，引导他们参加各种实践活动，开阔眼界，丰富心理生活，为观察打下坚实的基础，使想象更加丰富，促使人们的知识领域向更高的层次发展。兴趣不仅关系到人们的学习质量和工作质量的提高，而且关系到他们的潜在素质和创新能力的提高与发展。所以，科学家爱因斯坦说：“兴趣是最好的老师”。

2. 情感

情感是人的需要是否得到满足时所产生的一种对事物的态度和内心的体验。任何创造性活动都离不开情感。情感是想象的翅膀，丰富的情感可以使想象更加活跃。抛弃旧技术，发现新技术，离不开想象。想象可以充分发挥人的创造精神，没有想象，就没有创造，就没有科学的进步和发展。

情感影响人的思维品质。情感高涨时求知欲强烈，人的思维活动更加活跃，效率更高，更容易突破定势思维，形成创造性思维，提出创造性的见解。所以，情感是思维展开的风帆。

情感影响人的记忆力。记忆的基本功能是保存过去的知识与经验，没有记忆就没有继承和发展，就不可能认识客观事物。强烈的兴趣和饱满的情绪可以产生良好的记忆。情感的变化必将影响牢固的记忆。有了浓厚的兴趣、良好的情感，才能产生敏锐的观察力，随之产生的可靠记忆和丰富的想象，都会导致创造性成果的产生。

3. 意志

意志是为达到既定的目标而自觉努力的心理状态，在智力的形成与发展中起着重要的作用。坚强的意志才能保证人们在探索与实践的道路上百折不挠。意志是一种精神力量。任何意志总是包含有理智成分和情绪成分，认识越深刻，行动越坚强。意志能使人精神饱满，不屈不挠，为达到理想坚持不懈地努力。

情感伴随着认识活动而出现，情感中蕴藏着意志力量，也是意志的推动力。反过来，意志控制和调节情感。人在认识世界和改造世界的过程中，总是会遇到各种各样的困难。没有困难，就没有意志的产生。所以，在人的实践活动中，明确的奋斗目标是意志产生的先决条件。

4. 性格

性格是人在行为方式中所表现出来的心理特点。性格影响人的智力形成与发展。良好的性格是事业成功与否的重要条件。性格和意志是可以通过教育转化的，如勤劳与懒惰、坚强与软弱、踏实与浮躁、谦虚与自负等都可以互相转化。

通过对这些非智力因素的培养，充分发挥每个人的主观能动性，使他们始终处于主动学习和主动进取的状态，不仅对促进智力因素的培养发展有很好的作用，同时也是素质教育的重要组成部分。高等学校在人才培养过程中，往往只注重智力因素的培养，忽视诸如兴趣、情感、意志和性格等非智力因素的培养，这会影响创新人才，特别是拔尖人才的培养。

为适应当前高科技的快速发展和全球竞争的日益激烈化，高等学校的传统的人才培养模式也必将发生变革。本课程的设置目的就是改善机械工程类专业大学生的知识结构，为以后的发明与创造打下理论基础和实践基础。

第一篇

机械创新设计的基础知识篇

机械创新设计的思维基础

思维方法是创新设计的重要组成部分，与创新理论、创新技法结合互补，使机械创新设计的内容更加完善。本章主要介绍思维的特性、思维的种类、创造性思维的方法、创新设计的过程以及它们之间的关系，这是开展机械创新设计的必备知识。

第一节　思 维 概 述

思维是抽象范围内的概念，观察的角度不同，思维的含义就不同，哲学、心理学和思维科学等不同学科对思维的定义也不尽相同。但综合起来，所谓思维，是指人脑对所接受和已储存的来自客观世界的信息进行有意识或无意识、直接或间接的加工，从而产生新信息的过程。归纳起来，思维有如下特性：

一、思维的间接性和概括性

感觉与知觉具有直接性，感知的事物比较容易为人们所接受，但世界上的事物何止万千，客观事物的本质属性与内部联系错综复杂，人们不可能一一去感知它们，这就需要借助思维的间接性和概括性来实现。

思维的间接性指的是凭借其他信息的触发，借助于已有的知识和信息，去认识那些没有直接感知过的或根本不能感知的事物，以及预见和推知事物的发展过程。

思维的概括性指的是它能够去除不同类型事物的具体差异，而抽取其共同的本质或特征加以反映。如在海底千姿百态的鱼，其共性的特征是用鳃呼吸，这是经概括后得到的鱼类的本质属性。因此，同在水中生活，从外形上来看，鲸与鱼的形态、许多生活习性都十分相似，但因为它是用肺呼吸的，所以鲸并不是鱼，把鲸叫作鲸鱼实际上是错误的说法。

二、思维的层次性

思维有高级和低级、简单和复杂之分，也就是说，思维具有层次性。对同一事物，小孩与成人、男人与女人、中国人与外国人的看法可能截然不同。有的人的认识，还只是事物的表象，而

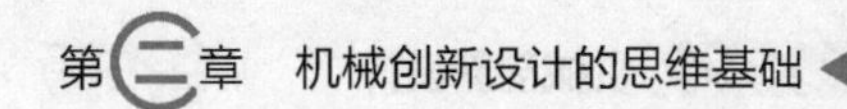

有的人则能对事物的本质及内部规律有深刻的理解。所以同样看到苹果从树上掉到地上，有的人想，这是因为苹果熟了，才掉在地上的，而牛顿则认识到这是地球引力作用的结果。

三、思维的自觉性与创造性

思维的自觉性与创造性，是人类思维的最可贵的特性。从人对事物的感知实践可知，经适度激发，人的大脑神经网络和生理机能会对外部环境和事物产生自觉的反映，因此许多苦思冥想不得要领的难题，可能在睡梦中或在漫步时豁然开朗。人类思维的自觉性使人类在思维和解决问题时常常会出现顿悟现象。顿悟是思维自觉运行的结果，是思维过程中出现的质的飞跃。也有人把思维的自觉性称为灵感，其最大的特征是爆发性与瞬间性，只有善于捕捉这一短暂的灵感，才会发生量变到质变的创造成果。美国发明家爱迪生曾经说过，勤奋加灵感等于天才。因此，思维的结果可产生出从未有过的新信息，思维具有创造性。良好的思维方式是发明创造的前提。

第二节 思维的类型

做任何事情都有技巧或窍门，进行思维活动时，同样也存在许多技巧和窍门。只要我们掌握了有关思维的一般方法，发挥创造性思维的作用，解决问题时，许多难点就会迎刃而解。在产品设计与开发中，运用不同的思维方式，可以开发出不同的新产品。心理学家认为，创造力是个人的认识能力、工作态度和个性特征的综合表现。认识能力是理解事物复杂性的能力。创新思维能力是创造力的核心，它的产生是人的左脑和右脑同时作用和默契配合的结果。思维具有流畅性、灵活性、独创性、精细性、敏感性和知觉性的特征，根据思维在运作过程中的作用地位，思维主要有以下几种类型：

一、形象思维

形象思维又称为具体思维或具体形象的思维。它是人脑对客观事物或现象的外部特点和具体形象的反映活动。这种思维形式表现为表象、联想和想象。形象思维是人们认识世界的基础思维，也是人们经常使用的思维方式。所以，形象思维是每个人都具有的最一般思维方式。

表象是指形体的形状、颜色等特征在大脑中的印记，如视觉看到的狗、猫或汽车的综合形象信息在人脑中留下的印象。表象是形象思维的具体结果。

联想是将不同的表象联系起来的思维过程。如你看过一眼邻家的威武漂亮的苏格兰牧羊犬，头脑中建立了牧羊犬的表象。待你再次相遇时，不用语言表达，你仍然会认出这是我见过的邻家的牧羊犬。联想是表象的思维延续，在一定的条件刺激下就会产生联想。

想象则是将一系列的有关表象融合起来，构成一副新表象的过程，是创造思维的重要形式。如建筑师进行建筑物设计时，他要根据客户的具体要求，并将他记忆中众多的建筑式样、风格融合起来加以想象、构思并最终设计出新的建筑物，这一过程主要依靠人们的形象思维。训练人的观察力是加强形象思维的最佳途径。

二、抽象思维

抽象思维又称为逻辑思维。它是凭借概念、判断、推理而进行的反映客观现实的思维活动。抽象思维涉及语言、推理、定理、公式、数字、符号等不能感观的抽象事物，是一个建立概念、不断推理、反复判断的思维过程。

概念是客观事物本质属性的反映，是一类具有共同特性的事物或现象的总称，它是单个

存在的，如“犬”是一个抽象的概念，而猎犬、牧羊犬、警犬、缉毒犬、宠物犬等则是具体的犬。这些具体的犬都有四条腿、锋利的牙齿，喜食肉，善奔跑，睡眠时常以耳贴地，有极其灵敏的嗅觉和听觉，对其主人忠心耿耿，都要吃东西才能生存等共同特性，将这些共同特性概括起来，便可得到“犬”的抽象概念。从抽象到具体，再从具体到抽象，这种反复转换的思维方式是人们进行各类活动的常用思维方式。

判断是两个或几个概念的联系，推理则是两个或几个判断的联系。如在齿轮传动中，能保证瞬时传动比的一对互相啮合的齿廓曲线必须为共轭曲线（概念），因为渐开线满足共轭曲线的条件，所以渐开线为齿廓的齿轮必能保证其瞬时传动比为恒定值（判断），这就是一种推理的过程。概念、判断、推理构成了抽象思维的主体。

三、发散思维

发散思维又称辐射思维、扩散思维、求异思维、开放思维等。它是以少求多的思维形式，其特点是从给定的信息输入中产生出众多的信息输出。其思维过程：以要解决的问题为中心，运用横向、纵向、逆向、分合、颠倒、质疑、对称等思维方法，考虑所有因素的后果，找出尽可能多的答案，并从许多答案中寻求最佳值，以便有效地解决问题。如把气象预测纳入企业经营的思考范围，观风察雨也能使企业获利。有一位企业家说过：“靠气象发财也是一门学问，市场的经营者应该掌握温度的上升、下降和产品销量增减之间的函数关系”。例如，日本经营空调器的厂商都有研究和测算气象的专门机构。他们收集了大量的数据，得出了气温变化与产品销售额浮动之间的关系：在盛夏30℃以上温度的天气，每延续一天，空调的销售量就能增加4万台。可见发散思维在进行创新活动中具有极其重要的作用。

四、收敛思维

收敛思维又称集中思维、求同思维等，是一种寻求某种正确答案的思维形式。它以某种研究对象为中心，将众多的思路和信息汇集于这一中心，通过比较、筛选、组合、论证，得出现有条件下解决问题的最佳方案。其着眼点是从现有信息产生直接的、独有的、为已有信息和习俗所接受的最好结果。

在创造过程中，只用发散思维并不能使问题直接获得有效的解决。因为问题的最终解决方案只能是唯一的或是少数的，这就需要集聚，采用收敛思维能使问题的解决方案趋向于正确目标。发散思维与收敛思维是矛盾的对立与统一现象，只有两者有效结合，才能组成创造活动的一个循环。

五、动态思维

动态思维是一种运动的、不断调整的、不断优化的思维活动。其特点是根据不断变化的环境、条件来不断改变自己的思维秩序、思维方向，对事物进行调整、控制，从而达到优化的思维目标。它是我们在日常工作和学习中经常应用的思维形式。

动态思维是英国心理学家德波诺提出的，他认为人在思考时要将事物放在一个动态的环境或开放的系统中来加以把握，分析事物在发展过程中存在的各种变化或可能性，以便从中选择出对自己解决问题有用的信息、材料和方案。动态思维的特点是要随机而变、灵活，与古板、教条的思维方式相对立。生活中人们常说的“一根筋”现象，就是典型的与动态思维相对立的思维方式，是不应提倡的思维方式。

六、有序思维

有序思维是一种按一定规则和秩序进行的有目的的思维方式，它是许多创造方法的基础。如十二变通法、归纳法、逻辑演绎法、信息交合法、场—场分析法等都是有序思维的产物。常规机械设计过程中，经常用到有序思维。如齿轮设计过程中，按载荷大小计算齿轮的模数后，再将其标准化，按传动比选择齿数，进行几何尺寸计算和强度校核等过程，都是典型的有序思维过程。

七、直觉思维

直觉思维是指不受某种固定的逻辑规则约束而直接领悟事物本质的一种思维形式，是一种人类的心理现象并贯穿于人类的日常生活之中，也贯穿于科学研究之中。直觉思维具有迅捷性、直接性、本能意识等特征，在创造性思维活动的关键阶段起着极为重要的作用。

或者说，直觉思维是人们没有意识到的潜意识对信息的加工与处理后，潜意识与显意识突然沟通，从而得到解决问题的思维方式。

八、创造性思维

创造性思维是一种最高层次的思维活动，它是建立在前述各类思维基础上的人脑机能在外界信息激励下，自觉综合主观和客观信息产生的新客观实体，如创作文学艺术新作品、工艺技术领域的新成果、自然规律与科学理论的新发现等思维活动和思维过程。

创造性思维的特点：综合性、跳跃性、新颖性、潜意识中的自觉性和顿悟性，这些都是创造性思维比较明显的特点。

九、质疑思维

质疑是人类思维的精髓，善于质疑就是凡事问几个为什么。用怀疑和批判的眼光看待一切事物，即敢于否定。对每种事物都提出疑问，是许多新事物、新观念产生的开端，也是创新思维的最基本方式之一。

实际上，创新思维是以发现问题为起点的，爱因斯坦说过，系统地提出一个问题，往往比解决问题重要得多，因为解决这个问题或许只需要数学计算或实验技巧。当年哥白尼看出了“地心说”的问题才有“日心说”的产生。爱因斯坦找出了牛顿力学的局限性才诱发了“相对论”的思考。所有科学家、思想家可以说都是“提出问题和发现问题的天才”。一个人若没有一双发现问题的眼睛，就意味着思维的钝化。因此，外国许多科研机构都非常重视培养研究人员提出问题、发现问题的能力，常常拿出三分之一以上的时间训练其提出问题的技巧。

十、灵感

灵感是一种特殊的思维现象，是一个人长时间思考某个问题得不到答案，中断了对它的思考以后，却又会在某个场合突然产生对这个问题的解答的顿悟。

灵感包含多种因素、多种功能、多侧面的本质属性和多样化的表现形态。灵感也是人脑对信息加工的产物，是认识的一种质变和飞跃，但是由于对信息加工的形式、途径和手段的特殊性，以及思维成果表现形态的特殊性，使灵感成为一种令人难识真面目的极其复杂而又神奇的特殊思维现象。它具有如下一些特性：

（1）突发性　灵感的产生往往具有不期而至，突如其来的特点。

（2）兴奋性　灵感的出现是意识活动的爆发式的质变、飞跃，是令人豁然开朗，是思想火花的瞬间出现，是神经活动突然进入的一种高度兴奋状态。因此，灵感出现以后必然出现情绪高涨，身心舒畅，甚至如醉如痴的状态。

（3）不受控制性　灵感的出现时间和场合不可能预先准确地做出规定和安排。

（4）瞬时性　灵感是潜思维将其思维成果突然在瞬间输送给显思维，灵感的来去是无影无踪的，它出现在人脑中只有很短的时间，也许只有半秒钟或者几秒钟。它经常只是使你

稍有所悟，当你没有清晰地反应过来的时候它便已经离开你了。

(5) 粗糙性 灵感提供的思维成果，并不都是完整成熟的、精确清晰的。

(6) 不可重现性 即使遇到了相同的情景，也难以再现各个细节都完全相同的同一个灵感。

通常情况下，灵感有以下几种类型：

(1) 自发灵感 自发灵感是指对问题进行较长时间思考的执着探索过程中，需随时留心和警觉所思考问题的答案或者启示，有可能某一时刻在头脑中突然闪现的成果。要做到善于抓住头脑中的自发灵感，不仅要对灵感出现有一种敏感的警觉，而且要有意识地让潜思维尽量发挥作用。我们在对一个问题进行反复思考时，潜思维也在启动状态，如果我们对问题的解答不是急于求成，而是有紧有松、有张有弛，在休息的时候就停止思考，转做其他的事情或进行娱乐活动，这样就能为头脑中的潜思维加强活动创造有利条件，就能为它提供良好的环境。

(2) 诱发灵感 诱发灵感是指思考者根据自身的生理、爱好和习惯等诸方面的特点，采用某种方式或选择某种场合，有意识地促使所思考的问题的某种答案或启示在头脑中出现。

(3) 触发灵感 触发灵感是指在对问题已经进行较长时间思考而未能得到解决的过程中，接触到某些相关或不相关的事物或感官刺激，从而引发了所思考问题的某种答案或启示在头脑中的突然出现。

(4) 逼发灵感 逼发灵感是指在紧张的情况下，通过冷静的思考或者在情急中产生解决面临问题的某种答案或解决问题的某种启示，此时有可能在头脑中突然闪现。

第三节 创造性思维的形成与发展

一、创造性思维的形成过程

创造性思维的形成大致可分为三个阶段：

1. 酝酿准备阶段

“酝酿准备”是明确问题，收集相关信息与资料，使问题与信息在头脑及神经网络中留下印记的过程。大脑的信息存储和积累是激发创造性思维的前提条件，存储信息量越大，激发出来的创造性思维活动也越多。在此阶段，创造者已明确了自己要解决的问题。在收集信息的过程中，力图使问题更概括化和系统化，形成自己的认识，弄清问题的本质，抓住问题疑难的关键所在，同时尝试和寻求解决问题的方案。任何发明创造和创新结果都有准备阶段，有的时间长些，有的时间短些。

2. 潜心加工阶段

在占有一定数量的、与问题相关的信息之后，创造主题就进入了尝试解决问题的创造过程。人脑的特殊神经网络结构使其思维能进行高级的抽象思维和创造性思维活动。在围绕问题进行积极思索时，人脑对神经网络中的受体不断地进行能量积累，为生产新的信息积极运作。在此阶段，人脑将人的知觉、感受和表象提供的信息进行融汇综合，创造和再生新的信息，具有超前性和自觉性。相对而言，人的大脑皮层的各种感觉区、感觉联系区、运动区只是人脑神经网络中的低层次构成要素，通过特殊的神经网络结构进行高级的思维，从而使创造性思维成为一种受控的思维活动。潜意识的参与是这一阶段思维的主要特点。一般来说，创造不可能一蹴而就，但每一次挫折都是成功创造的思维积累。有时候，由于某一关键性问题久思不解，从而暂时地被搁置在一边，但这并不是创造活动的终止，事实上人的大脑神经细胞在潜意识指导下仍在继续朝着最佳目标进行思维，也就是说创造性思维仍在进行。

潜心加工阶段还是使创造目标进一步具体化和完善的过程。创造准备阶段确定下来的某些分目标可能被修正或被改换，有时可能会发现更有意义的创造目标，从而使创造性思维向更为新颖和有意义的目标行进。

3. 顿悟阶段

顿悟一词在佛教和道教中运用最广，常带有神秘的色彩。一般来说，顿悟是指人脑有意无意地突现某些新形象、新思想、新创意，使一些长期悬而未决的问题一念之下得以解决的现象。顿悟其实并不神秘，它是人类高级思维的特性之一。从大脑生理机制来看，顿悟是大脑神经网络中的递质与受体、神经元素的突触之间的一种由于某种信息激发出的由量变到质变的状态及神经网络中新增的一条通路。进入此阶段，创造主体突然间被特定的情景下的某一特定启发唤醒，创造性的新意识蓦然闪现，多日的困扰一朝排解，问题得以顺利解决，这种喜悦难以名状，只有身在其中的创造者才有幸体验。顿悟是创造性思维的重要阶段，客观上它有赖于在大量信息积累基础上的长期思索和重要信息点启示，主观上是由于创造主体在一段时间里没有对目标进行专注思索，从而使无意识思维处于积极活动状态，这时思维的范围扩大，多神经元间的联系范围扩散，多种信息相互联系并相互影响，从而为"新通道"的产生创造了条件。

笛卡儿坐标系的发明就是"顿悟"成果的具体实例。笛卡儿是法国 17 世纪著名的哲学家、数学家。长期以来，几何学与代数学是两股道上跑的车，互不相干。笛卡儿精心分析了几何学与代数学各自的优缺点，认为几何学虽然形象直观、推理严谨，但证明过于繁琐，往往需要高度的技巧；代数学虽然有较大的灵活性和普遍性，但演算过程缺乏条理，影响思维的发挥。由此他想建立一种能把几何和代数结合起来的数学体系，这需要建立一个数与形灵活转换的平台，这一平台的研究耗费了他大量的时间，也没有找到理想的方法。笛卡儿生病时，遵照医生的嘱咐，他躺在床上休息，此时他仍在思索用代数学解决几何问题的方法，显然问题的关键是如何把几何中的点与代数中的数字建立必要的联系，突然间笛卡儿眼中闪现出喜悦的光彩，原来在天花板上一只爬来爬去忙于织网的蜘蛛引起了他的注意，这只蜘蛛忽而沿着墙面爬上爬下，忽而顺着吐出丝的方向在空中缓缓移动，这只悬在半空中、能自由自在占据其所织网结中任意位置的蜘蛛令笛卡儿豁然开朗，能否用两面墙与天花板相交的三条汇交于墙角点的直线系来确定它的位置呢？著名的笛卡儿坐标就这样在顿悟中诞生了，解析几何学也由此诞生和发展，成为数学在思想方法上一次突破。

二、创造性思维的培养与发展

虽然每个人均具有创造性思维的生理机能，但一般人的这种思维能力经常处于休眠状态。生活中经常可以看到，在相似的主客观条件下，一部分人积极进取，勤奋创造，成果累累，一部分人惰性十足，碌碌无为。学源于思，业精于勤，创造的欲望和冲动是创造的动因，创造性思维是创造中攻城略地的利器，两者都需要有意识地培养和训练，需要营造适当的外部环境刺激予以激发。

1. 潜创造思维的培养

潜创造思维的基础是知识，人的知识来源于教育和社会实践。由于受教育的程度和社会实践经验的不同，人的文化知识、实践经验知识存在很大差异，即人的知识深度、广度不同，但人人都有知识，只是知识结构不同。也就是说，人人都有潜创造力。普通知识是创新的必要条件，可开拓思维的视野，扩展联想的范围。专业知识是创新的充分条件。专业知识与想象力相结合，是通向成功的桥梁。潜创造思维的培养就是知识的逐渐积累过程。知识越多，潜创造思维活动越活跃，所以学习的过程就是潜创造思维的培养过程。

2. 创新涌动力的培养

存在于人类自身的潜创造力，只有在一定的条件下才能释放出能量。这种条件可能来源于社会因素或自我因素。社会因素包括工作环境中的外部或内部压力，自我因素主要是强烈的事业心，两者的有机结合，构成了创新的涌动力。所以，营造良好的工作环境和培养强烈的事业心是出现创新涌动力的最好保证。

第四节 思维方式与创新方法

思维方式与创新密切相关。下面，从思维的角度，论述几种创新方法。

一、群体集智法

群体集智法是针对某一特定的问题，运用群体智慧进行的创新活动。群体集智法主要有三种具体的途径：会议集智法、书面集智法和函询集智法。

会议集智法又称智慧激励法，是美国创新学家奥斯本发明的，通常也称为奥斯本法。技术开发部门在工程设计中，经常运用智慧激励法解决工程技术问题。

书面集智法是会议集智法的改进形式，在运用奥斯本法的过程中，人们发现表现力和控制力强的人会影响他人提出有价值的设想，因此提出了运用书面形式表达思想的改进型技法。书面集智法最常用的是“635 法”模式，即每次会议 6 个人，每人在卡片上写 3 个设想，每轮限定时间 5 分钟。

函询集智法又称德尔菲法，其基本原理是借助信息反馈，反复征求专家书面意见来获得创意。视情况需要，这种函询可进行数轮，以期得到更多有价值的设想。

二、系统分析法

任何产品不可能一开始就是完美的，人们对产品的未来期望也不可能在原创产品问世时就一并实现，而大量的创新设计是在做完善产品的工作，因此对原有产品从系统论的角度进行分析是最为实用的创新方法。系统分析法主要有三种：设问探求法、缺点列举法、希望点列举法。

设问能促使人们思考，但大多数人往往不善于提出问题，有了设问探求法，人们就可以克服不愿提问或不善于提问的心理障碍，从而为进一步分析问题和解决问题奠定基础。因为提问题本身就是创造。设问探求法在创新学中被誉为“创新方法之母”。其主要原因在于：它是一种强制性思考，有利于突破不愿提问的心理障碍；也是一种多角度发散性的思考过程，是广思、深思与精思的过程，有利于创造实践。

缺点列举法是指任何事物总是有缺点的，找到这些缺点并设法克服这些缺点，事物就能日益完善。卓越的心理素质是运用缺点列举法的思想基础。

希望是人们对某种目的的心理期待，是人类需求心理的反映。设计者从社会希望或个人愿望出发，通过列举希望点来形成创新目标或课题，在创新方法中称为希望点列举法。它与缺点列举法在形式上是相似的，都是将思维收敛于某“点”而后又发散思考，最后又聚集于某种创意。

三、联想法

联想是由于现实生活中的某些人或事物的触发而想到与之相关的人或事物的心理活动或思维方式。联想思维由此及彼，由表及里，形象生动，奥妙无穷，是科技创造活动中最常见的一种思维活动。发明创造离不开联想思维。

联想是对输入人头脑中的各种信息进行加工、转换、连接后输出的思维活动。联想并不是不着边际的胡思乱想。足够的知识与经验积累是联想思维纵横驰骋的保证。

1. 相似联想

相似联想是从某一思维对象想到与它具有某种相似特征的另一思维对象的思维方式。这种相似可以是形态上的，也可以是功能、时间与空间意义上的。把表面差别很大，但意义相似的事物联想起来，更有助于建设性创造思维的形成。

2. 接近联想

接近联想是从某一思维对象想到与之相接近的另一思维对象的思维方式。这种接近可以是时间与空间上的，也可以是功能、用途或者是结构和形态上的。

3. 对比联想

客观事物间广泛存在着对比关系，远近、上下、宽窄、凸凹、冷热、软硬等，由对比引起联想，对于发散思维，启动创意，具有特别的意义。

4. 强制联想

强制联想是将完全无关或关系相当偏远的多个事物或想法牵强附会地联系起来，进行逻辑型的联想，以此达到创新目的的创新方法。强制联想实际上是使思维强制发散的思维方式，它有利于克服思维定式，因此往往能产生许多非常奇妙的、出人意料的创意。

四、类比法

比较分析多个事物之间的某种相同或相似之处，找出共同的优点，从而提出新设想的方法称为类比法。按照比较对象的情况，类比法可分为以下几类：

1. 拟人类比法

以人为比较对象，将人作为创造对象的一个因素，从人与人的关系中，设身处地地考虑问题，在创造物的时候，充分考虑人的情感，将创造对象拟人，把非生命对象生命化，体验问题，引起共鸣，是拟人类比创新方法的特点。不知大家注意过没有，刚开始采用自动报站时播音员只报到站和下一站的站名，后来在转弯处又加上了“请拉好扶手”，有老人和孕妇时又会播出“请给他们让个座”等，这种播音系统的设计是以乘客情感为类比的例证之一。据报道，国外的一些公园采用拟人类比法设计了一种新型的垃圾桶，当游客把垃圾扔进桶内时，它会说“谢谢”，由此使游客不自觉地产生了增强保护环境卫生的意识。

拟人类比创新思想被广泛应用于自动控制系统开发中，如适应现代建筑物业管理的楼宇智能控制系统、机器人、计算机软件系统的开发等都利用了拟人类比进行创新设计。

2. 直接类比法

在创新设计时，将创造对象与相类似的事物或现象做比较，称为直接类比法。

直接类比法的特点是简单、快速，可以避免盲目思考。类比对象的本质特性越接近，则成功创新的可能性就越高。

3. 象征类比法

象征类比法是借助实物形象和象征符号来比喻某种抽象的概念或思维感情。象征类比法依靠知觉感知，并使问题关键显现、简化。文化创作与创意中经常运用这种创新方法。

4. 因果类比法

两事物有某种共同属性，根据一事物的因果关系推知另一事物的因果关系的思维方法，称为因果类比法。

五、仿生法

师法自然，特别是自然界，以此获得创新灵感，甚至直接仿照生物原型进行创造发明，就是仿生法。仿生法是相似创新原理的具体应用。仿生法具有启发、诱导、拓展创新思路的显著功效。仿生法不是简单地再现自然现象，而是将模仿与现代科技有机结合起来，设计出具有新功能的仿生系统，这种仿生创造思维的产物是对自然的超越。

六、组合创新法

在发明创新活动中，按照所采用的技术来源可分为两类：一类是采用全新技术原理取得的成果，属于突破型发明；另一类是采用已有的技术并进行重新组合的成果，属于组合再生型发明。从人类发明史看，初期以突破为主，随后，这类发明的数量呈减少趋势。特别是在19世纪50年代以后，在发明总量中，突破型发明的比重在大大下降，而组合再生型发明的比重急剧增加。在组合中求发展，在组合中实现创新，这已经成为现代科技创新活动的一种趋势。

组合创新法在工程中应用极其广泛。人类在数千年的发展历程中积累了大量的各种技术，这些技术在其应用领域中逐渐发展成熟，有些已达到相当完善的程度，这是人类极其珍贵的巨大财富。由于组合的技术要素比较成熟，因此组合创新一开始就站在一个比较高的起点上，不需要花费较多的时间、人力与物力去开发专门技术，不要求创造者对所应用的技术要素都有较深的造诣，所以进行创新发明的难度明显较低，成功的可能性当然要大得多。

组合创新运用的是已有成熟的技术，但这不意味着其创造的是落后或低级的产品，实际上适当的组合，不但可以产生全新的功能，甚至可以是重大发明。航天飞船飞离地球，将“机遇号”与“勇气号”火星探测器送上火星，这是人类伟大的发明创造；火星之旅运用的成熟技术数不胜数，如缺少其中的某项成熟技术，登陆火星和成功的勘测都无疑将以失败告终。组合创新法实际上是加法创新原理的应用。根据组合的性质，它可以分为以下几类。

1. 功能组合

人们生产商品的目的是应用。一些商品的功能已为人们普遍接受，通过组合，可以使产品同时具有人们所需要的多种功能，以满足人类不断增长的消费需求。取暖的热空调器与制冷的冷空调器原来都是单独的，科技人员设法将这两种功能组合起来，发明了可以方便转换的两用空调，提高了人类的生活质量。手表原来只有计时功能，别出心裁的设计者将指南针与温度计的功能组合在手表上，使人们可以随时监察自己的体温或辨别方位，满足了有些消费者的特殊需要。功能组合在国防科技发明中有巨大的潜能。

2. 材料组合

很多场合要求材料具有多种功能特性，而实际上单一材料很难同时兼备需求的所有性能。通过特殊的制造工艺将多种材料加以适当组合，可以制造出满足特殊需要的材料，如塑钢门窗就是铝材和塑料的组合。

3. 同类组合

将同一种功能或结构在一种产品上重复组合，以满足人们对此功能的更高要求，这是一种常用的创新方法。使用多个气缸的柴油机、使用多个发动机的飞机、多节火箭，这些采用同类组合的运载工具，目的都是获得更大的动力。

4. 异类组合

创新的目的是获得具有新功能的产品，不同的产品往往有着不同的功能，如果能将这些本属于不同产品的相异功能组合在一起，这样的新产品实际上就具有了能满足人们需求的新功能，这就是异类组合。

有些产品有某些相同的成分，将这些不同的产品加以组合，使其共用这些相同的成分，可以使总体结构简单，价格更便宜，使用也更方便。将具有相似传动箱的车床、钻床、铣床组合成多功能机床，可以分别完成其几类机床的机械加工工作。

此外，技术组合和信息组合等也是常用的组合创新方法。技术组合是将现有的不同技术、工艺、设备等加以组合而形成的发明方法。信息组合则是将有待组合的信息元素制成表格，表格有交叉点即为可供选择的组合方案。前者特别适用于大型项目创新设计和关键技术的应用推广；后者操作简便，是信息社会中能有效提高效率的创新方法。

七、反求设计法

反求设计是典型的逆向思维运用。反求工程是针对消化吸收先进技术的一系列工作方法和技术的综合工程。通过反求设计，在掌握先进技术中创新，也是创新设计的重要途径之一。

在现代化社会中，科技成果的应用已成为推动生产力发展的重要手段。把国外的科技成果加以引进，消化吸收，不断提高，再进行创新设计，进而发展自己的新技术，是发展民族经济的捷径。一般将这一过程称为反求工程。

反求设计借助已有的产品、图样、音像等可感观的事物，可创新出更先进、更完美的产品。

人的思维方式是习惯从形象思维开始，用抽象思维去思考。这符合大部分人所习惯的形象→抽象→形象的思维方式。由于对实物有了进一步的了解，并以此为参考，发扬其优点，克服其缺点，再凭借基础知识、思维、洞察力、灵感与丰富的经验，为创新设计提供了良好的环境。因此，反求设计法是创新的重要方法之一。

八、功能设计法

功能设计是典型的正向思维运用。

功能设计法是传统的常规设计方法，又称为正向设计法。这种设计方法步骤明确、思路清晰，有详细的公式、图表作为设计依据，是设计人员经常采用的方法。设计过程一般为根据给定产品的功能要求，制订多个原理方案，从中进行优化设计，选择最佳方案。对原理方案进行结构设计，并考虑材料、强度、刚度、制造工艺、使用、维修、成本、社会经济效益等多种因素，最后设计出满足人类要求的新产品。

正向设计过程符合人们学习过程的思维方式，其创新程度主要表现在原理方案的新颖程度，以及结构的合理性与可靠性等，所以正向设计法也是创新的重要设计方法。

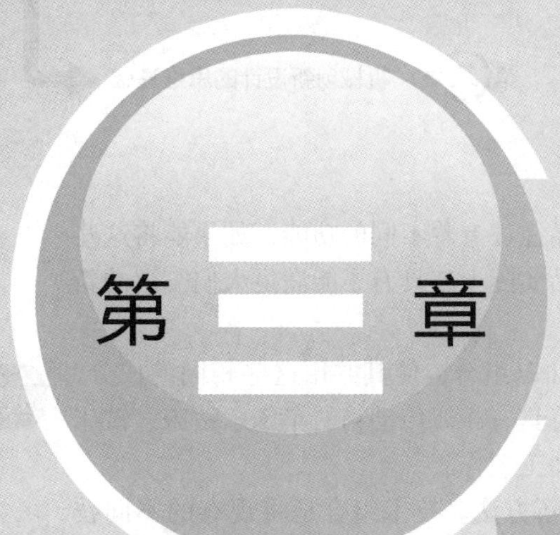

第三章 机械创新设计的技术基础

进行机械创新设计除了要具备创新思维、良好的数学基础、计算机基础之外，还必须熟悉机械的基础知识。多门知识的综合应用，才能在机械工程领域的创新设计过程中发挥更好的作用。本章主要介绍与机械创新设计有关的机械技术基础知识。

第一节　机器的组成分析

一、机械及其分类

1. 机器及机械的概念

随着生产和科学技术的发展，机器的定义也在不断地发展和完善。现代机器的定义：机器是执行机械运动的装置，用来变换或传递能量、物料与信息。而机构是执行机械运动的装置，从机械运动学的观点看两者没有差别，所以可把机构与机器统称为机械。

2. 机械的分类

机械的种类繁多，按不同的目的，可以有不同的分类方法。例如：按行业可分为作业机械、交通运输机械、起重机械、印刷机械、纺织机械、水力机械、矿山机械、冶金机械、化工机械等；也可按轻工机械和重工机械划分。

在大多数机械中，能量流、物料流、信息流同时存在，只是主次不同而已。因此，机械分为动力机、工作机和信息机。

（1）动力机　一般也称原动机，是一种以能量转换为主的机械。按原动机转换能量的方式可分为三大类。

第一类有三相交流异步电动机、单相交流异步电动机、直流电动机、伺服电动机、步进电动机等，它们都是把电能转化为机械能的机器。

第二类有柴油机、汽油机、蒸汽机、燃气轮机、原子能发动机等，它们都是通过燃煤、油、铀获得热能再转化为机械能的机器。

第三类有水轮机、风力机、潮汐发动机、地热发动机、太阳能发动机等，它们都是把自然力转化为机械能的机器。

根据原动机输出的运动函数的数学性质，还可把原动机划分为线性原动机和非线性原动机。当原动机输出的位移（或转角）函数为时间的线性函数时，称为线性原动机，如交、直流电动机是线性原动机。当原动机输出的位移（或转角）函数为时间的非线性函数时，称为非线性原动机，如步进电动机、伺服电动机是非线性原动机。非线性原动机包括控制系统，也可作为线性原动机使用，其最大特点是具有可控性。弹簧力、重力、电磁力、记忆合金的热变形力都可以提供驱动力，但不属于原动机的范畴。

在有电力供应的地方，优先考虑使用各类电动机。三相交流异步电动机因其体积小、力矩大，常作为工、矿、企业等单位动力设备的原动机。单相交流异步电动机因其使用方便，在电冰箱、洗衣机、空调、吸尘器等家用电器中得到广泛应用。直流电动机因其可以进行调速，易于实行自动控制，在机电一体化设备中得到广泛应用。在要求分度或步进运动的场合，可考虑使用步进电动机。在远离电源或要求大面积移动的地方，内燃机得到广泛应用。柴油机提供的功率比汽油机大，重载车辆大都使用柴油机作为动力机。

随着工业建设的发展，环境污染日益严重，环境保护的呼声渐高。研制、使用无污染的动力机已是当务之急。例如：核动力机及利用自然能源的动力机正在逐步普及；太阳能汽车已经问世；水轮机已作为水力发电设备中的原动机；汽轮机已作为核发电设备中的原动机；风力机也已作为风力发电设备中的原动机等。这些利用自然能源的动力机为发展国民经济和净化环境起了很大作用。

（2）工作机　工作机是指以物料转换为主的机械，如机床、包装机、收割机、搅拌机以及汽车、起重机、传送带等。由于工作机是完成各种复杂动作的机械，它不仅有运动精度的要求，也有强度、刚度、安全性、可靠性的要求。

（3）信息机　信息机是指以信息转换为主的机器，如打印机、绘图机、扫描仪、复印机、传真机等。

二、机器的组成

一般情况下，机器由原动机、传动机构、执行机构、控制系统组成，如图 3-1 所示。原动机相当于人的心脏，为系统提供能量和运动的驱动力。它接收控制系统发出的控制指令和信号，驱动传动机构和执行机构工作。

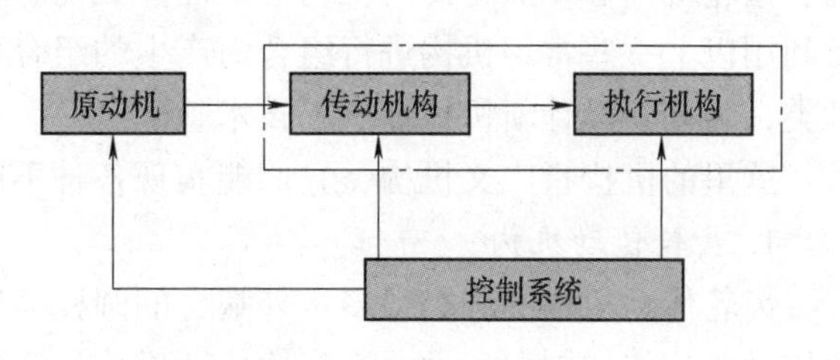

图 3-1　机器组成示意图

传动机构的功能反映驱动与执行机构间运动和动力的传递，包括运动形式、方向、大小的变化。传动机构有机械式、液气压式、电气式及它们的组合式。

执行机构是指机器进行工作的机构。从机构学的角度看问题，传动机构和工作执行机构是相同的，两者又称机械运动系统。

控制系统可以是手柄、按钮式的简单装置或电路，也可以是集微机、传感器、各类电子元件为一体的强、弱电相结合的自动化控制系统。控制系统可以对原动机直接进行控制，也可通过控制元件对传动机构或工作执行机构进行控制。

工程中，有些机械没有传动机构，而是由原动机直接驱动执行机构。如水力发电机组、

电风扇、鼓风机以及一些用直流电动机驱动的机械，都没有传动机构。

随着电机调速技术的发展，无传动机构的机械有增加的趋势。图 3-2 所示机械中都没有传动机构。图 3-2a 为水轮发电机，图 3-2b 为鼓风机，图 3-2c 为二坐标机床的工作台。具有传动机构的机械占大多数，图 3-3 所示的油田抽油机就是具有代表性的机械。图 3-3 中，带传动与齿轮减速箱为传动机构，起缓冲、过载保护、减速的作用。连杆机构 *ABCDE* 为执行机构，圆弧状驴头通过绳索带动抽油杆往复移动。

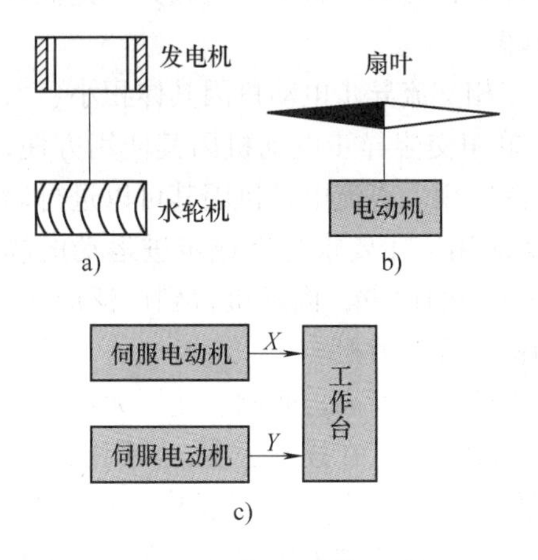

图 3-2 无传动机构的机械

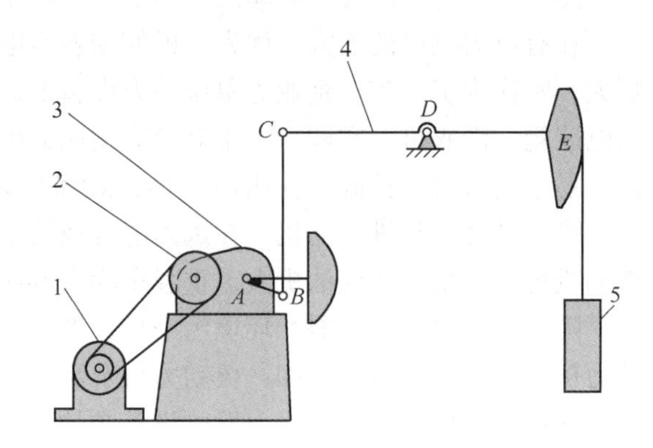

图 3-3 油田抽油机机构简图

1—电动机 2—带传动 3—减速箱 4—*ABCDE* 连杆机构 5—抽油杆

第二节 机构及其机械运动形态分析

一、机构及其运动形态

有些机械中有时很难分清传动机构和执行机构，故本书将两者统称为机械运动系统。机械运动系统可有齿轮传动机构、连杆机构、凸轮机构、螺旋传动机构、斜面机构、棘轮机构、槽轮机构、摩擦轮传动机构、挠性件机构、弹性件机构、液气传动机构、电气机构，以及利用以上一些常用机构进行组合而产生的组合机构。所以，研究实现不同运动形态的机构种类，为创新设计新机械提供了技术基础。

这里的机构指广义机构，它们能实现各种不同的运动形态。下面逐一介绍。

1. 齿轮传动机构

齿轮传动机构的种类很多。外啮合的圆柱齿轮传动机构传递反向运动、内啮合的圆柱齿轮传动机构传递同向运动、锥齿轮传动机构传递相交轴之间的运动、蜗杆传动机构传递垂直交错轴之间的运动，图 3-4 所示为典型齿轮传动机构示意图。从动轮的转速与两轮齿数有关：$\omega_2=\omega_1\dfrac{z_1}{z_2}$。

齿轮传动机构的基本型为外啮合直齿圆柱齿轮传动机构，可演化为内啮合直齿圆柱齿轮传动机构、斜齿圆柱齿轮传动机构、人字齿圆柱齿轮传动机构，可用渐开线齿形，也可用摆线齿形和圆弧齿形，还可以演化为行星齿轮传动机构。圆柱齿轮传动机构的基本型如图 3-4a、b所示。

锥齿轮传动机构的基本型为外啮合直齿锥齿轮传动机构，可演化为斜齿锥齿轮传动机构

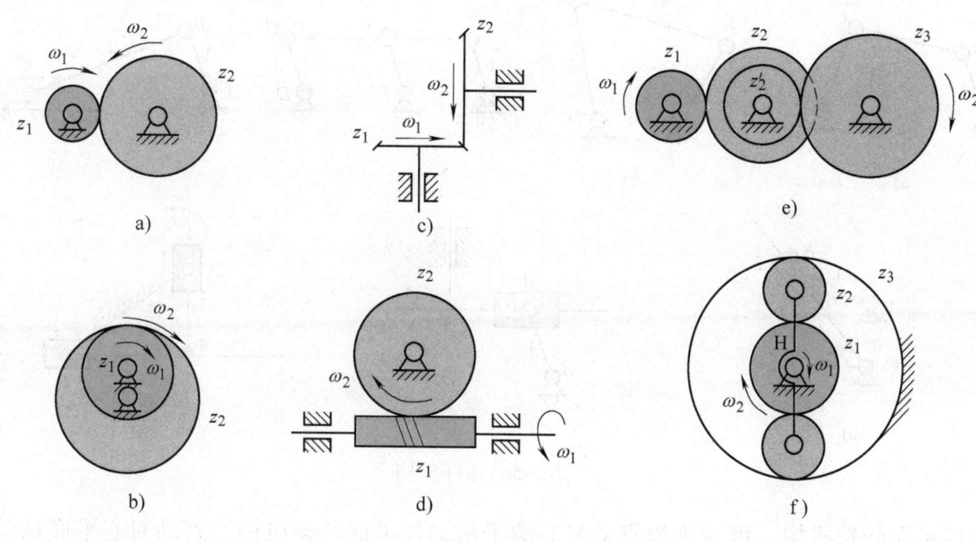

图 3-4　齿轮及轮系传动机构

和曲线齿锥齿轮传动机构。其基本型如图 3-4c 所示。

蜗杆传动机构的基本型为阿基米德圆柱蜗杆传动机构，可演化为延伸渐开线圆柱蜗杆传动机构、渐开线圆柱蜗杆传动机构。其基本型如图 3-4d 所示。

齿轮系可完成减速或增速运动。图 3-4e 所示为定轴轮系，图 3-4f 所示为行星轮系。

图 3-4e 中：$\omega_3=\dfrac{z_1z_2'}{z_2z_3}\omega_1$，图 3-4f 中：$\omega_H=\dfrac{z_1}{z_1+z_3}\omega_1$。

2. 连杆机构

连杆机构能实现转动到转动、摆动、移动的运动变换，其基本型为四杆机构。根据连接运动副的种类，四杆机构可分为以下几种：

（1）全转动副四杆机构　全转动副四杆机构的基本型为曲柄摇杆机构，可演化为双曲柄机构、双摇杆机构。图 3-5a、b 分别为曲柄摇杆机构和双曲柄机构的机构运动简图，其传动比为变量。图 3-5c 所示为双曲柄机构的一种特殊情况——平行四边形机构，可实现等速输出。为防止共线位置的运动不确定现象发生，一般要加装虚约束构件（如图中的 EF）。

（2）含有一个移动副的四杆机构　含有一个移动副的四杆机构的基本型为曲柄滑块机构，可演化为转动导杆机构、移动导杆机构、曲柄摇块机构、摆动导杆机构。图 3-5d 所示为曲柄滑块机构的机构运动简图，图 3-5e 所示为转动导杆机构的机构运动简图。

（3）含有两个移动副的四杆机构　含有两个移动副的四杆机构的基本型为正弦机构，可演化为正切机构、双转块机构、双滑块机构。图 3-5f 所示为正弦机构的机构运动简图，图 3-5g 所示为双转块机构的机构运动简图。

双曲柄机构、转动导杆机构都有运动急回特性，在要求有周期性快、慢动作的机械中广泛应用。

3. 凸轮机构

凸轮机构可实现从动件的各种形式运动规律，可以实现转动和移动的相互转换，以及转动向摆动的转化。根据从动件的运动形式和凸轮形状可分为以下几种：

（1）直动从动件平面凸轮机构　直动从动件平面凸轮机构的基本型是指直动对心尖底

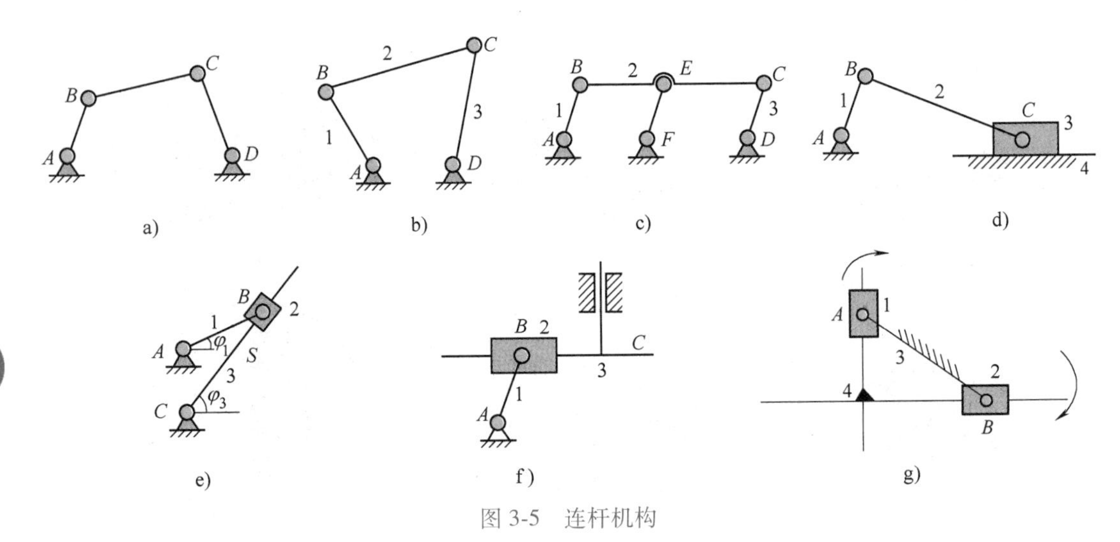

图 3-5 连杆机构

从动件平面凸轮机构，可演化为直动对心滚子从动件平面凸轮机构、直动对心平底从动件平面凸轮机构、直动偏置从动件平面凸轮机构。其基本型如图 3-6a 所示。

（2）摆动从动件平面凸轮机构　摆动从动件平面凸轮机构的基本型是指摆动尖底从动件平面凸轮机构，可演化为摆动滚子从动件平面凸轮机构、摆动平底从动件平面凸轮机构。其基本型如图 3-6b 所示。

（3）直动从动件圆柱凸轮机构　直动从动件圆柱凸轮机构的基本型主要指直动滚子从动件圆柱凸轮机构。其基本型如图 3-7a 所示。

（4）摆动从动件圆柱凸轮机构　摆动从动件圆柱凸轮机构的基本型主要指摆动滚子从动件圆柱凸轮机构。其基本型如图 3-7b 所示。

4. 螺旋传动机构

螺旋传动机构可以实现转动到直线移动的运动变换。其基本型是指三角形螺旋传动机构，可演化为梯形螺旋传动机构、矩形螺旋传动机构、滚珠丝杠传动机构，如图 3-8 所示。

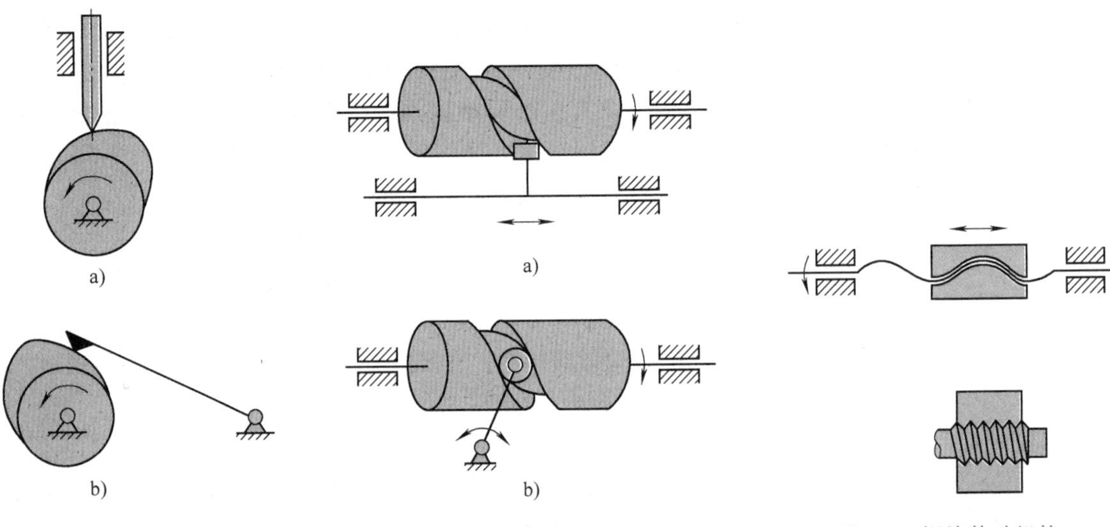

图 3-6 平面凸轮机构　　图 3-7 圆柱凸轮机构　　图 3-8 螺旋传动机构

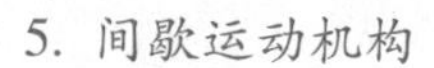

5. 间歇运动机构

间歇运动机构是指主动件连续转动，从动件间歇转动或间歇移动的机构。其基本型有棘轮机构、槽轮机构、分度凸轮机构、不完全齿轮机构等。每种机构都有不同的形式，可根据具体的要求进行设计。图 3-9a 所示为棘轮机构，调整摇杆的摆角可实现不同的步距。图 3-9b 所示为外槽轮机构，主动转臂每转一周，槽轮转过四分之一周，其余时间静止不动。图3-9c所示为分度凸轮机构，凸轮连续转动，带有滚子的圆盘实现步进转动。图 3-9d 所示为不完全齿轮机构，主动轮上的齿数按从动轮的运动时间与停歇时间的要求选择。

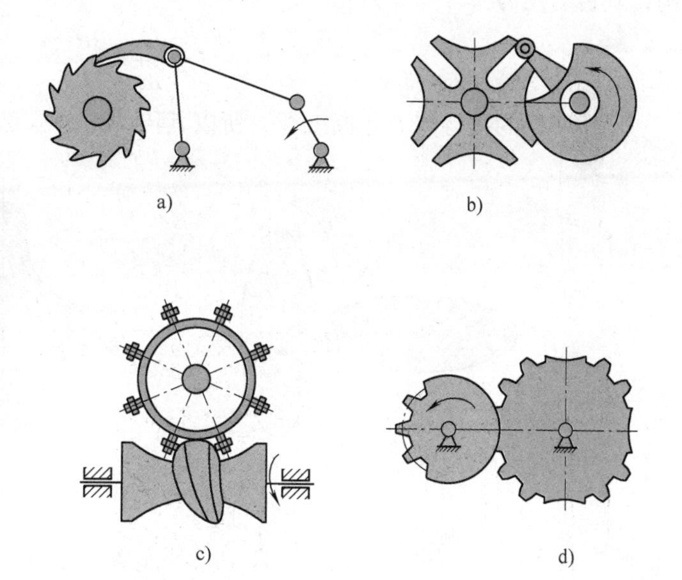

图 3-9　间歇运动机构

6. 摩擦轮传动机构

摩擦轮传动难以传递过大的动力，主要应用在仪器中传递运动。如收录机中磁带的前进与倒退运动就是靠摩擦轮传动实现的。图 3-10 所示为三种典型的摩擦轮传动机构，图 3-10a 所示为平行轴圆柱摩擦轮传动机构，$i_{12}=\dfrac{R_2}{R_1}$。图 3-10b 所示为圆锥摩擦轮传动机构，$i_{12}=\dfrac{\sin\delta_2}{\sin\delta_1}$。图 3-10c 所示为垂直轴圆柱摩擦轮传动机构，$i_{12}=\dfrac{R_2}{R_1}$。

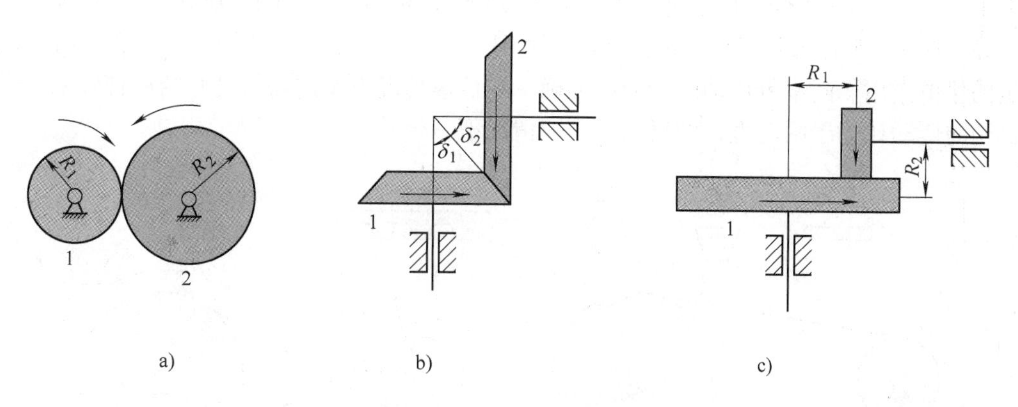

图 3-10　摩擦轮传动机构

7. 瞬心线机构

瞬心线机构是把主动轮的转动转换为不等速的从动轮转动的机构，其机构种类很多，但其设计原理基本相同，故仅列举两种瞬心线机构。图 3-11a 所示为椭圆形瞬心线机构，如果轮 1 转角为 φ_1，椭圆的偏心率为 e（偏心率等于椭圆焦点间距与其长轴直径之比），则其传动比为

$$i_{12}=\frac{\omega_1}{\omega_2}=\frac{BP}{AP}=\frac{1-2e\cos\varphi_1+e^2}{1-e^2}$$

由上式可知，从动椭圆轮做周期性的变速转动。图 3-11b 所示为四叶卵形线轮传动机构，其传动比为

$$i_{12}=\frac{\omega_1}{\omega_2}=\frac{BP}{AP}$$

由于两轮的接触点 P 不断变化，所以其传动比也是变量。

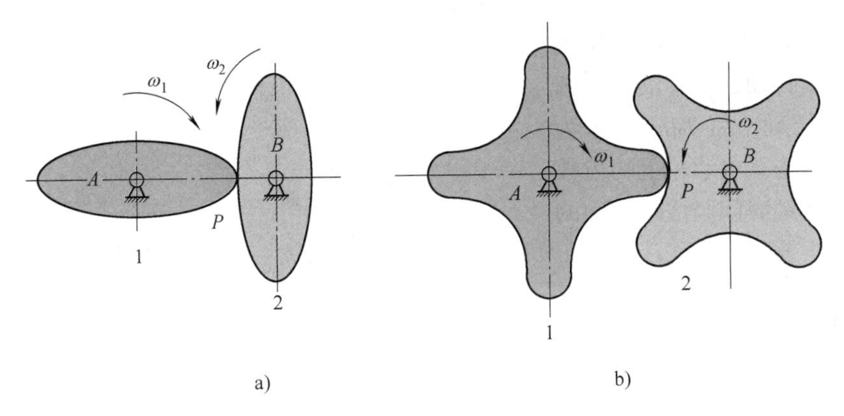

图 3-11　瞬心线机构

瞬心线机构可以靠摩擦传递运动或动力，也可以在瞬心线上制成轮齿，形成啮合传动。瞬心线机构可以实现连续的、周期性的变速转动输出。

8. 带传动机构

带传动机构是把主动轮的转动减速或增速为从动轮的转动的机构，其基本型是指平带传动机构，可演化为 V 带传动机构、圆带传动机构、活络 V 带传动机构、同步带传动机构。其中平带传动和圆带传动可交叉安装，实现反向传动。图 3-12 所示为带传动机构。图 3-12a 中下方小轮为张紧轮。带传动机构适用于较大中心距的传动场合，过载打滑可起到一定的保护作用。同步带传动的传动比准确，在低速情况下也能保持良好的运转效果。带传动机构的传动比等于两轮直径的反比，一般情况下，$i<3$。

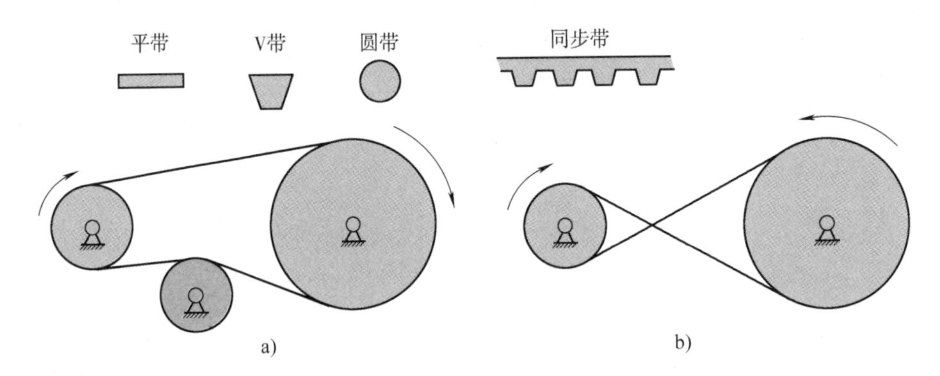

图 3-12　带传动机构

9. 链传动机构

链传动机构是把主动轮的转动减速或增速为从动轮的转动的机构，其基本型是指套筒滚

子链条传动机构，可演化为多排套筒滚子链条传动机构、齿形链条传动机构。链传动机构也是一种适合较大中心距的传动机构，其传动比为两链轮齿数的反比，输出同向的减速或增速连续转动。

10. 绳索传动机构

绳索传动机构也是把主动轮的转动变换到从动轮的转动的机构，除具有带传动的功能外，绳索传动机构还具有独特的作用。由于一轮缠绕，另一轮退绕，两轮中间可有多个中间轮。图3-13所示为绳索传动机构。绳索传动机构不能传递较大的载荷。

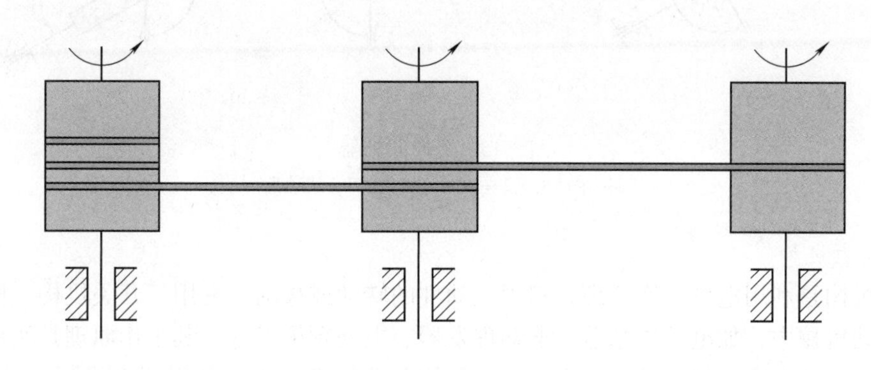

图3-13 绳索传动机构

11. 液、气传动机构

液、气传动是利用液体或气体的压力能或动能把主动件的运动传递到从动件。液、气传动机构的基本型是指缸体不动的液压缸和气动缸，它们可转化为摆动缸。其基本型如图3-14a所示。在以内燃机为原动机的车辆中常使用液力传动装置。图3-14b所示的液力耦合器中，壳体内充满油液，主动轮的转动带动油液随之转动，油液的动能驱动从动轮转动。

12. 钢丝软轴传动机构

钢丝软轴的内部由钢丝分多层缠绕而成。由于用软轴相连接，主、从动件的位置具有随意性。图3-14c所示为钢丝软轴传动机构。

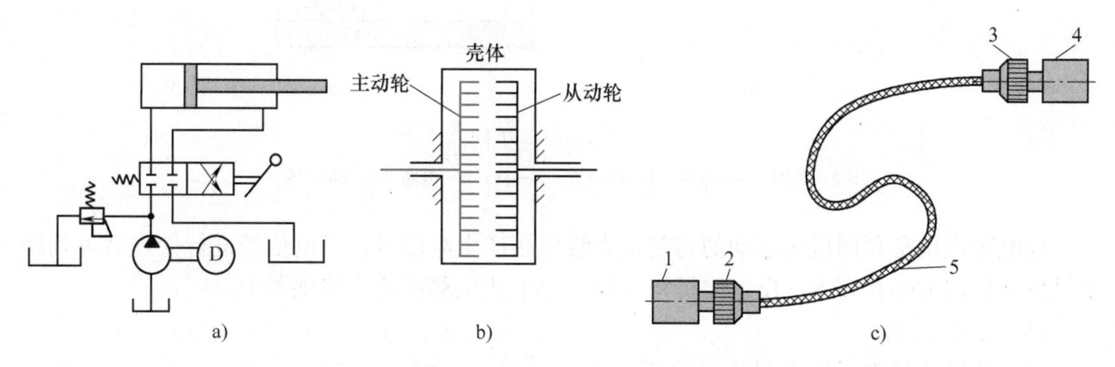

图3-14 液、气传动机构与钢丝软轴传动机构

1—动力源 2、3—接头 4—被驱动装置 5—软轴

13. 万向联轴器

万向联轴器是一种空间连杆机构，用于传递不共线的两轴之间的运动和动力。它可分为单万向联轴器（图3-15a）和双万向联轴器（图3-15b）。单万向联轴器提供输出轴的变速转

动，其角速度为 $\omega_3=\dfrac{\cos\beta}{1-\sin^2\beta\cos^2\varphi_1}\omega_1$。其中 β 为两叉面夹角，φ_1 为主动叉面转角。双万向联轴器提供输出轴的等速转动。万向联轴器广泛应用在不同轴线的传动机构中。

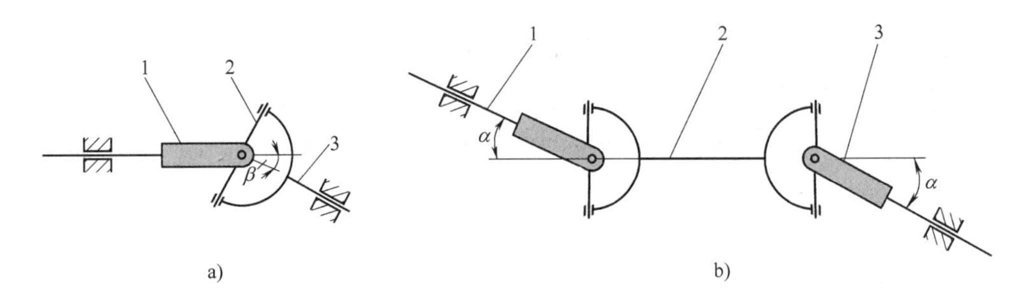

图 3-15　万向联轴器

1—主动叉　2—中间连接件　3—从动叉

14. 电磁机构

电磁机构是利用电磁转换原理，实现从动件的转动或移动，常用于开关机构、电磁振动机构等电动机械中，如电动按摩器、电动理发器、电动剃须刀等。其工作原理是利用电磁效应产生的磁力来完成机械运动。图 3-16a 所示的电动锤机构中，利用两个线圈 1、2 的交变磁化，使锤头 3 产生往复直线运动。电磁机构的种类很多，但都是利用电磁转换产生机械运动的。图 3-16b 所示机构为电磁开关，电磁铁 4 通电后吸合杆 5，接通电路 6。断电后，杆 5 在回位弹簧 7 作用下，脱离电磁铁，电路断开。

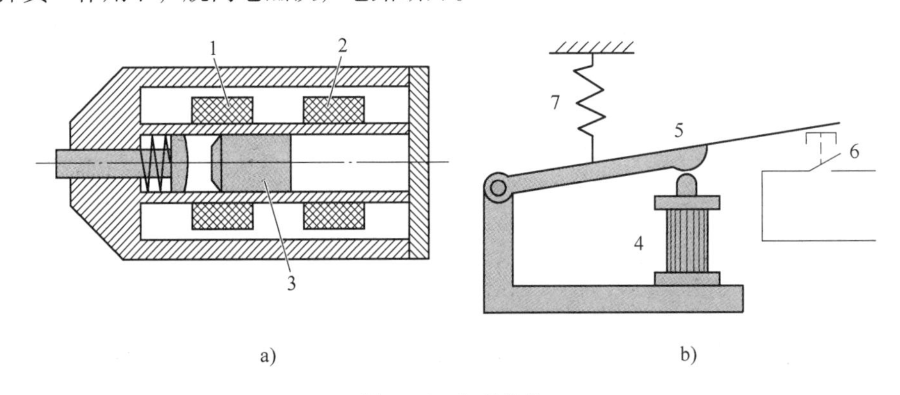

图 3-16　电磁机构

1、2—线圈　3—锤头　4—电磁铁　5—杆　6—电路　7—回位弹簧

反电磁机构是利用机械运动的切割磁力线作用产生电信号，对电信号进行处理后可判断机械振动位移大小和频率。反电磁机构多用于磁电式位移或速度传感器中。

15. 机构的组合

单一的机构经常不能满足不同的工作需要。把一些基本机构通过适当的方式连接起来，从而组成一个机构系统，称之为机构的组合。在机械运动系统中，机构的组合系统应用很多。图 3-17 是一个机构组合的应用实例。

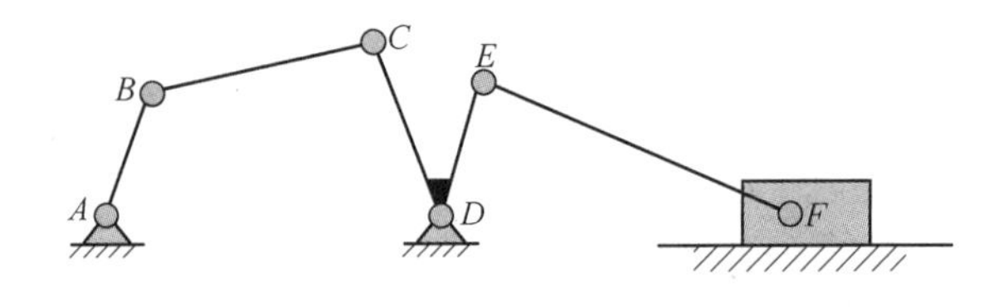

图 3-17　机构的组合系统

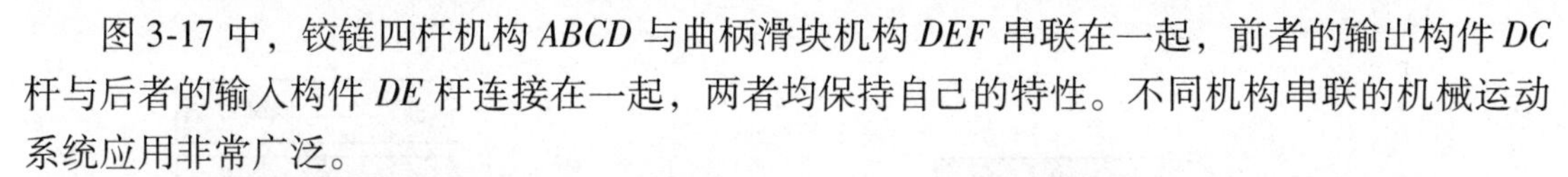

图 3-17 中，铰链四杆机构 *ABCD* 与曲柄滑块机构 *DEF* 串联在一起，前者的输出构件 *DC* 杆与后者的输入构件 *DE* 杆连接在一起，两者均保持自己的特性。不同机构串联的机械运动系统应用非常广泛。

16. 机、液机构组合

机、液机构组合主要是液压缸系统与连杆机构系统的组合，可满足执行机构的位置、行程、摆角、速度及复杂运动规律等多方面的工作要求。机、液机构组合中，液压缸一般是主动件，并驱动各种连杆机构完成预定的动作要求。其基本型有图 3-18a 所示的单出杆固定缸、图 3-18b 所示的双出杆固定缸以及图 3-18c 所示的摆动缸三种。其液压油路可根据执行机构的动作要求设计。

图 3-18a 所示的单出杆固定缸提供绝对移动，常用于夹紧、定位与送料装置中，图 3-18b 所示的双出杆固定缸常用于机床工作台的往复移动装置中，图 3-18c 所示的摆动缸在工程机械、交通运输机械等许多领域中都有广泛的应用。

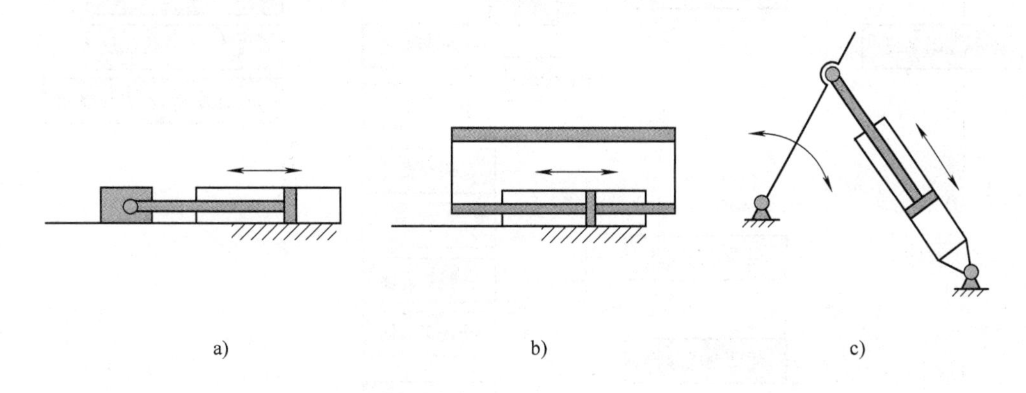

图 3-18　机、液机构组合的基本型

17. 机电一体化机构

机电一体化机构是指在信息指令下实现机械运动的机构。随着科学技术的发展，机电一体化发展迅速。机电一体化是指电子学技术与机械学技术互相渗透、结合，集自动控制、智能、机械运动为一体的新系统。它与智能机械系统有相同的含义，如打印机、传真机、绘图机等，离开信息传递与处理，将难以发挥机械运动的作用。

二、机构及其功能

机械运动系统最主要的作用是实现速度或力的变化，或实现特定运动规律，或实现特定的运动轨迹，或实现某种特殊信息的传递的要求，如图 3-19 所示。

工程中，各类原动机几乎都是输出一定的转速和力矩，因此以转动为原动件的功能变换需求最多。

1. 转动到转动的功能变换

一般情况下，主动件做等速转动，从动件大多数也要求做等速转动，但要求有特定的转动速度。最理想的机构是各类齿轮传动机构，其从动轮的转速可按选定的传动比计算。从动轮转速的变化会随着输出力矩的变化而变化。传力很小时，摩擦轮传动机构也是实现转动到转动功能变换的简单方式；当中心距较大时，一般采用各类带传动机构或链传动机构更好些。万向轴传动机构则用于两交叉轴之间的连接传动，双转块机构则用于连接相近的平行轴之间的转动，钢丝软轴用于两可转动件之间的连接，转动导杆机构可实现从动件的变速转

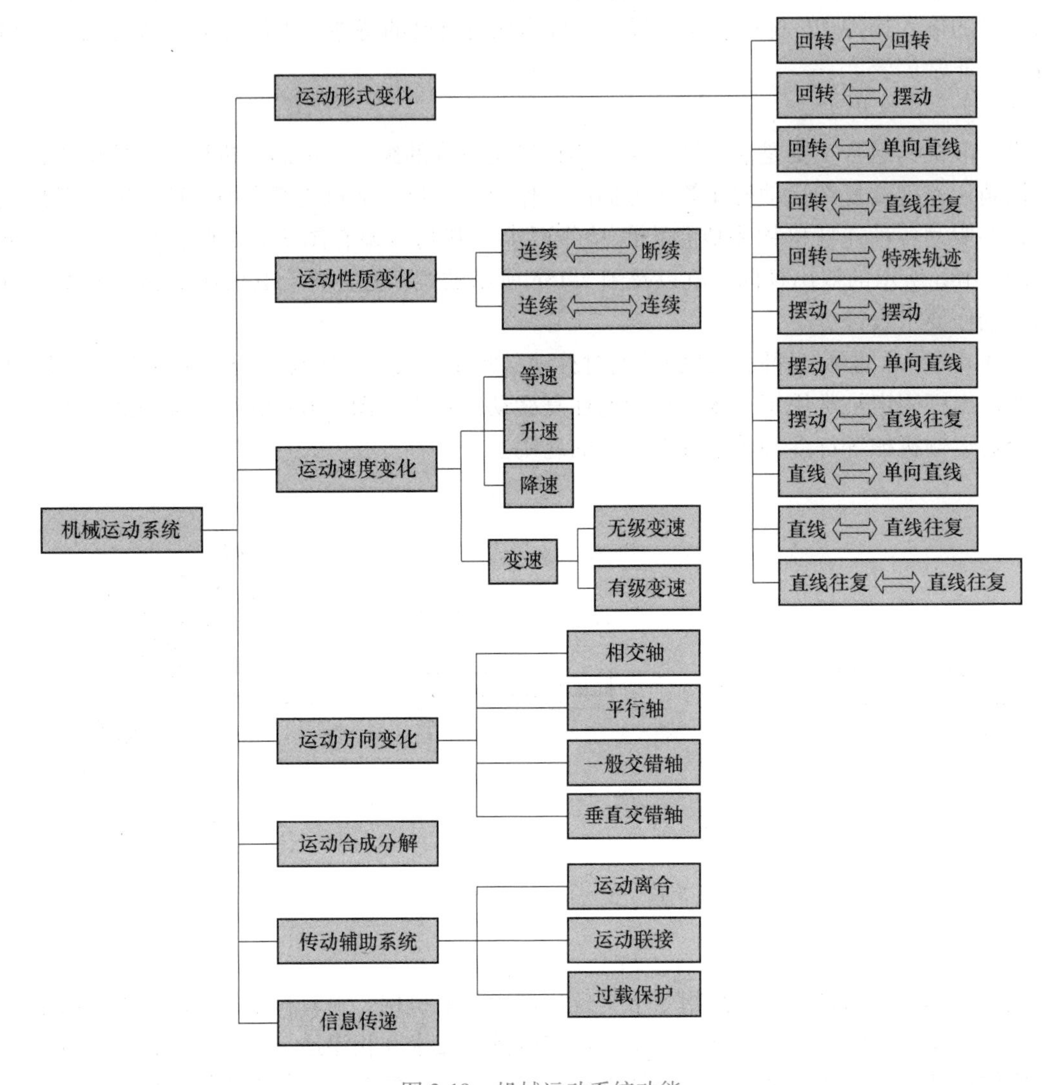

图 3-19　机械运动系统功能

动，利用其急回特性可设计特定的机械系统。近年来，随着制造水平的提高，瞬心线机构也得到了较好的应用。

2. 转动到移动的功能变换

工程中的移动大都是往复直线移动。齿轮齿条机构、曲柄滑块机构、正弦机构、直动从动件凸轮机构、螺旋传动机构都能实现转动到移动的功能变换，这也是一种常见的运动方式。其中大部分机构的运动是可逆的，可以实现移动到转动的运动变换。应注意的是，具有自锁特性的螺旋传动机构不能实现移动到转动的运动变换。如曲柄滑块机构中的曲柄为主动件时，利用滑块的往复直线移动，可设计成空气压缩机；当滑块为主动件时，可设计成各类内燃机。许多机床工作台的往复移动是靠螺旋传动机构实现的。

3. 转动到摆动的功能变换

曲柄摇杆机构、摆动导杆机构、摆动从动件凸轮机构是最常用的转动到摆动的功能变换机构。这类机构也具有运动的可逆性，即能实现摆动到转动的功能变换。但应注意曲柄摇杆机构和摆动导杆机构在极限位置的死点问题，注意摆动从动件凸轮机构的压力角问题。

4. 摆动到移动的功能变换

正切机构、摆动液压缸机构和无曲柄的滑块机构是实现这类运动变换的常用机构。

5. 间歇运动的变换

间歇性的转动或移动是自动化生产领域中的常见运动形式，棘轮机构、槽轮机构、不完全齿轮机构和分度凸轮机构均能满足该类运动变换。

6. 实现的特殊功能

位移缩放机构、微位移机构、自锁机构、力的放大机构等都是具有特殊功能的机械装置。一般情况下，可采用平行四边形机构做位移缩放机构。图 3-20 所示为位移缩放机构示意图，D 点沿给定轨迹运动时，E 点可得到放大图形，反之，则可得到缩小图形。差动螺旋机构常用于微位移机构；利用总反力作用在摩擦锥或摩擦圆之内，可设计出各类自锁机构，也可将螺旋机构和蜗杆机构作为自锁机构。图 3-21 所示为利用摩擦原理设计的自锁机构示意图，棒料只能向上运动，不能向下运动。

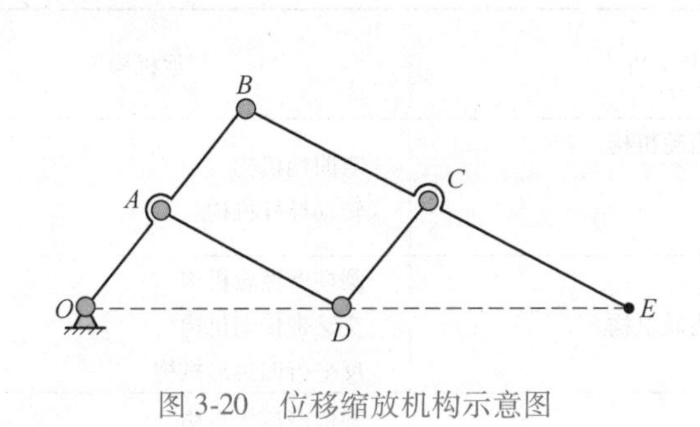

图 3-20　位移缩放机构示意图

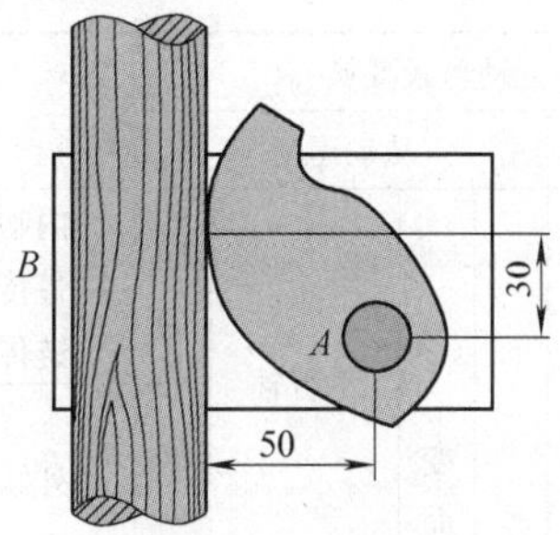

B
30
A
50

图 3-21　自锁机构

7. 实现特定的运动轨迹

在生产实际中，往往需要机构实现某种特定的运动轨迹，如直线、圆弧等。当运动轨迹要求比较复杂时，一般通过连杆机构或组合机构来完成。图 3-22a 所示为插秧机机构简图，四杆机构 $ABCD$ 中连杆上 E 点的运动轨迹可模拟手工插秧的动作。图 3-22b 所示的凸轮连杆机构中，五杆机构 $ABCDE$ 的两个输入运动是通过凸轮机构的凸轮和从动件来封闭的，从而

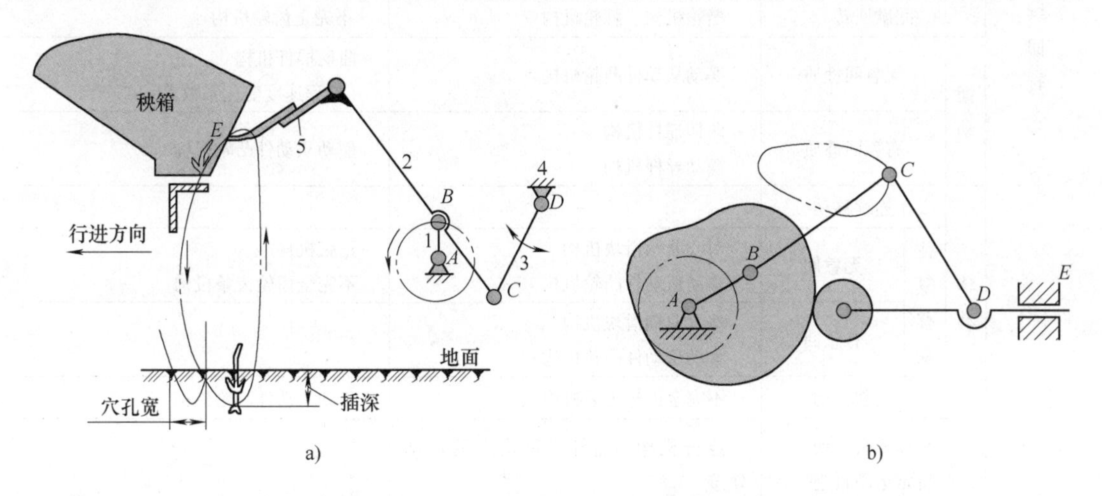

图 3-22　实现特定的运动轨迹

实现 C 点的复杂运动轨迹。设计时，可任意设定五杆机构 $ABCDE$ 的尺寸，使 C 点沿给定轨迹运动，然后找出曲柄转角和 D 点位移的关系曲线作为设计凸轮的已知数据。

8. 实现某种特殊的信息传递

机构不仅能完成机械运动和动力的传递，还能完成诸如检测、计数、定时、显示或控制等功能。这一类应用很多，如杠杆千分尺、家用水表、电表等使用的机械式计数器，家用洗衣机、电风扇等使用的机械式定时器。另外，还可以用机构来实现速度、加速度等的测量和数据记忆等功能。图 3-23 所示为齿轮齿条杠杆式的薄膜压力计，当压力改变时，薄膜 1 变形并使齿条 3 移动，驱动齿轮 4 绕 A 点转动，与齿轮 4 固接的指针 5 可指示压力的变化。

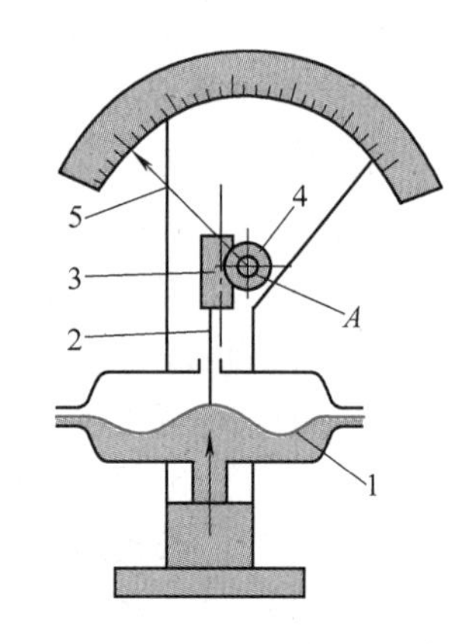

图 3-23 实现特定信息的传递
1—薄膜 2—连杆 3—齿条 4—齿轮 5—指针

实现运动形式变换的常用机构见表 3-1。

表 3-1 实现运动形式变换的常用机构

<table>
<tr><th colspan="5">运动形式变换</th><th rowspan="2">基本机构</th><th rowspan="2">其他机构</th></tr>
<tr><th>主动运动</th><th colspan="4">从动运动</th></tr>
<tr><td rowspan="14">连续回转</td><td rowspan="6">连续回转</td><td rowspan="4">变向</td><td rowspan="2">平行轴</td><td>同向</td><td>内啮合圆柱齿轮机构
带传动机构
链传动机构</td><td>双曲柄机构
转动导杆机构</td></tr>
<tr><td>反向</td><td>外啮合圆柱齿轮机构</td><td>圆柱摩擦轮机构
交叉带传动机构
反平行四边形机构</td></tr>
<tr><td colspan="2">相交轴</td><td>锥齿轮机构</td><td>圆锥摩擦轮机构</td></tr>
<tr><td colspan="2">交错轴</td><td>蜗杆机构
交错轴斜齿轮机构</td><td>双圆柱面摩擦轮机构
半交叉带传动机构</td></tr>
<tr><td rowspan="2">变速</td><td colspan="2">减速
增速</td><td>齿轮机构、蜗杆机构
带传动机构、链传动机构、齿轮机构</td><td>摩擦轮机构
绳轮传动机构</td></tr>
<tr><td colspan="2">变速</td><td>齿轮机构
无级变速机构</td><td>塔轮带传动机构
塔轮链传动机构</td></tr>
<tr><td colspan="4">间歇回转</td><td>槽轮机构、棘轮机构</td><td>不完全齿轮机构</td></tr>
<tr><td rowspan="2">摆动</td><td colspan="3">无急回性质</td><td>摆动从动件凸轮机构</td><td>曲柄摇杆机构
（行程速度变化系数 $K=1$）</td></tr>
<tr><td colspan="3">有急回性质</td><td>曲柄摇杆机构
摆动导杆机构</td><td>摆动从动件凸轮机构</td></tr>
<tr><td rowspan="4">移动</td><td colspan="3">连续移动</td><td>—</td><td>—</td></tr>
<tr><td rowspan="2">往复移动</td><td colspan="2">无急回</td><td>对心曲柄滑块机构
移动从动件凸轮机构</td><td>正弦机构
不完全齿轮齿条机构</td></tr>
<tr><td colspan="2">有急回</td><td>偏置曲柄滑块机构
移动从动件凸轮机构</td><td>—</td></tr>
<tr><td colspan="3">间歇移动</td><td>不完全齿轮齿条机构</td><td>移动从动件凸轮机构</td></tr>
<tr><td colspan="4">平面复杂运动
特定运动轨迹</td><td>连杆机构，连杆上特定点的运动轨迹</td><td>—</td></tr>
</table>

（续）

运动形式变换		基本机构	其他机构
主动运动	从动运动		
摆动	摆动	双摇杆机构	摩擦轮机构、齿轮机构
	移动	摆杆滑块机构、摇块机构	齿轮齿条机构
	间歇回转	棘轮机构	—

第三节　机械运动及其控制

机械的运动形态由机械的组成形式和机械的控制方式所决定。如鼓风机之类的机械仅需单向转动，但有调速要求。车床主轴的转动不但有调速要求，还有正反转的要求，其转向的改变是靠改变电动机的转向来实现的。而牛头刨床、压力机之类的换向不是靠电动机实现的，而是靠机械组成的特性来实现的。还有的机械运动位置是通过限位开关和各类传感器控制电动机转向来实现。液压传动则通过换向阀或调速阀改变其运动形态。特别是现代机械，其机械运动形态的改变与控制方法的关系更为密切。本节内容主要介绍机械运动与控制形式的基本知识。

一、机械运动的换向与控制

要求不断改变机械运动方向的机械很多，各种车辆的前进与后退，旋转机械的正转与反转等许多机械都有换向的要求。

1. 旋转运动的换向与控制

旋转运动的换向问题是工程中常见的运动变换，很多机器都有正转、反转或正向转过某一角度再反向转过某一角度的运动要求。旋转运动的换向方式主要有以下几种：

（1）改变电动机转向　改变电动机的转向达到机械换向的目的是一种最常用的简单易行的换向方法。图 3-24 为最常用的三相交流异步电动机的换向控制电路图。

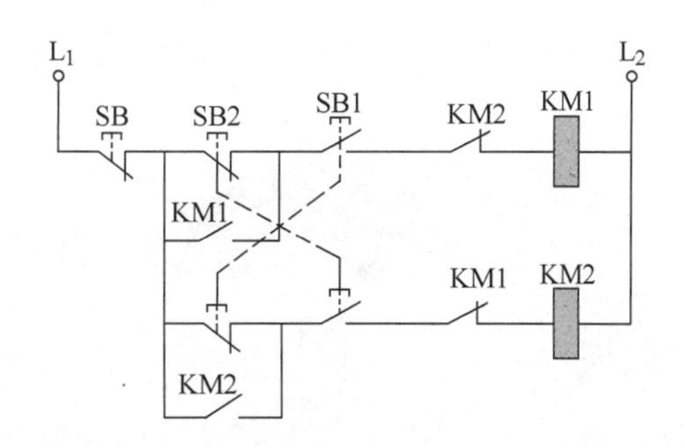

图 3-24　三相交流异步电动机的换向控制电路图

正转按钮 SB1 接通时，正转接触器 KM1 接通，常闭触头 KM1 断开反向电路，电动机正转。反转按钮 SB2 接通时，反转接触器 KM2 接通，常闭触头 KM2 断开正向电路，电动机反转。若要定时正反转，可使用可调的延时电路。

（2）限位开关换向　限位开关换向是最常用的控制换向方法。限位开关的种类很多，有机械式开关、光电式开关、磁开关等。图 3-25 为采用机械式限位开关的电动机换向控制原理图。按下正向按钮 SB1，电动机正向运转。当碰到双联限位开关 SQ1 后，正转接触器线圈 KM1 断电，SQ2 接通，反转接触器线圈 KM2 通电，电动机反向运转。当碰到限位开关 SQ2 后，接触器线圈 KM1 通电，电动机又恢复正向运转。周而复始，电动机不断进行正反转的运动变换。

对于液压传动，通过限位开关控制电磁换向阀线圈的通电与断电，以改变液流的方向而

达到液压缸换向的目的。利用机动换向阀也可达到换向的目的。

（3）惰轮换向　在齿轮传动中常采用惰轮换向，汽车的前进与倒退运动就是利用变速器中的惰轮来实现的。图 3-26 是采用惰轮换向的示意图。图 3-26a 中，齿轮啮合路线是齿轮 1、2、3、4，有两个惰轮参与啮合，轮 1、轮 4 反向运转。图 3-26b 中，啮合路线是齿轮 1、3、4，有一个惰轮参与啮合，轮 1、轮 4 同向运转。

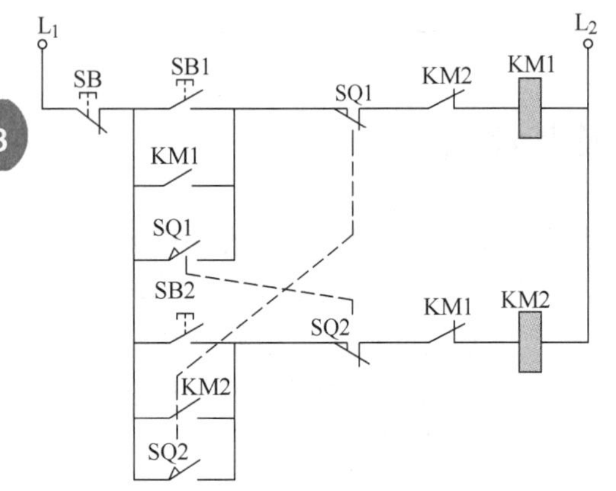

图 3-25　限位开关电动机换向控制原理图

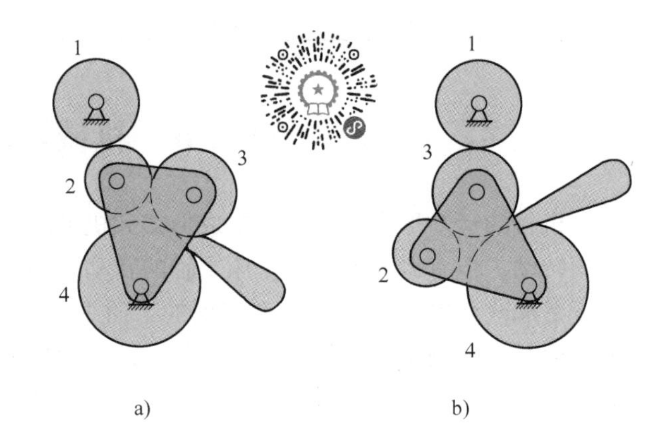

图 3-26　惰轮换向示意图

（4）棘轮换向　利用改变棘爪的方向带动棘轮换向在牛头刨床上的进给系统有广泛的应用。图 3-27 所示为棘轮换向示意图。改变棘爪的棘齿方向，可改变棘轮的转向。图 3-27a 中，棘爪带动棘轮沿逆时针方向旋转。图 3-27b 中，棘爪带动棘轮沿顺时针方向旋转。

（5）摩擦轮换向　图 3-28 中，控制摩擦轮 *A*、*B* 在轴上的滑动位置，利用摩擦轮 *A* 与 *C*、*B* 与 *C* 的交替接触，实现 *C* 轮的正反转，完成螺旋 *D* 的往复移动。该机构广泛应用在摩擦压力机上。

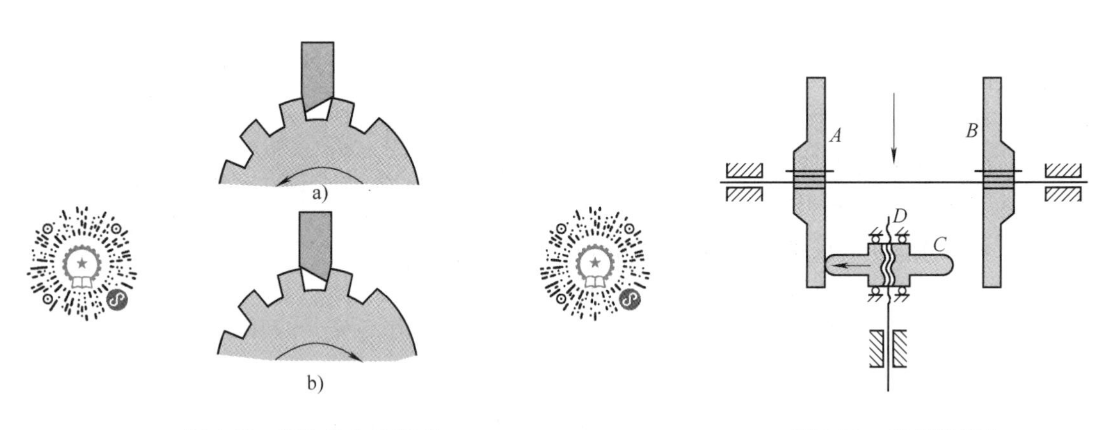

图 3-27　棘轮换向示意图

图 3-28　摩擦轮换向

（6）自身摆动换向机构　利用机构本身的结构特点，使得从动件的运动自动换向，称之为自身换向机构。曲柄摇杆机构、摆动凸轮机构以及一些组合机构都能完成自动换向任务。图 3-29a 中，曲柄 *AB* 连续转动，摇杆 *DC* 往复摆动，其摆动角度一般小于 180°。图 3-29b 中，凸轮连续转动，摆杆 *BC* 往复摆动，其摆动角度一般小于 90°。空间摆动凸轮也能完成摆杆的往复摆动。

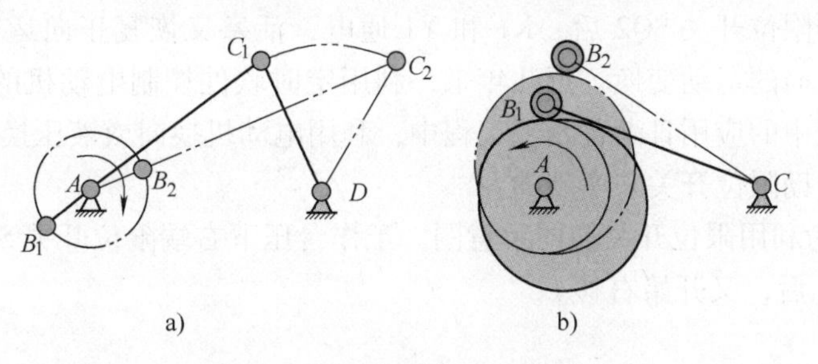

图 3-29　自身摆动换向机构示例

2. 直线移动的换向与控制

要求往复直线移动的机械种类很多，如内燃机、压缩机的活塞运动，刨床、插床的刀具运动，推拉电动大门的启闭运动，机床工作台的运动等均需要往复的直线移动。直线移动的换向方法主要有以下几种：

（1）改变电动机转向来实现往复的直线移动　利用直线电动机可直接完成直线运动，其换向控制方法同转动电动机。图 3-30a 所示为推拉式电动大门的启闭示意图，电动机正反转，经齿轮驱动固定在大门上的齿条，使大门往复移动。图 3-30b 所示为电动感应推拉门示意图，两扇门固定在带的上下两侧，利用电动机的正反转和上下带的反向运动完成门的开启与关闭动作。利用电动机换向驱动螺旋传动的换向运动，在工程中的应用也很广泛，这里不再一一列举。

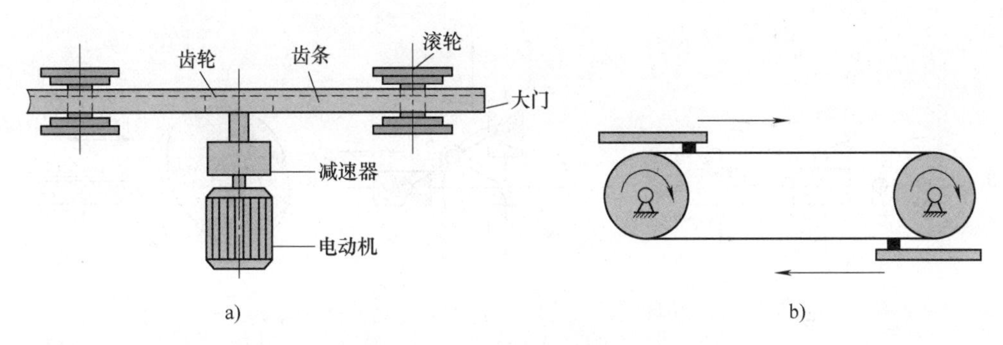

图 3-30　电动大门启闭示意图

（2）液压换向　在液压传动中，改变液流方向可实现液压缸的往复直线运动。其移动的距离、移动速度、移动过程中所克服的阻力都可以进行调节。

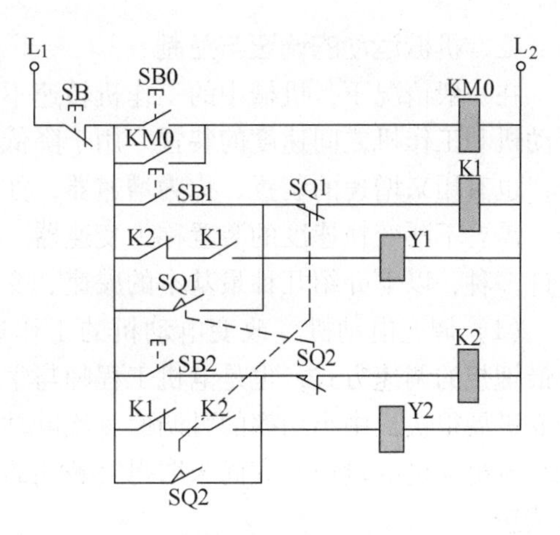

图 3-31　液压换向传动控制原理图

图 3-31 所示为液压换向传动控制原理图。按下液压泵电动机起动按钮 SB0，接触器线圈 KM0 通电，常开触头 KM0 闭合，电动机带动液压泵卸载运转。按下起动按钮 SB1，继电器 K1 和电磁铁线圈 Y1 先后通电，使活塞杆移动，碰到双联限位开关 SQ1 后，继电器 K1 和电磁铁线圈 Y1 断电，活塞停止移动。同时 SQ2 接通，继电器 K2 和电磁铁线圈 Y2 通电，活塞

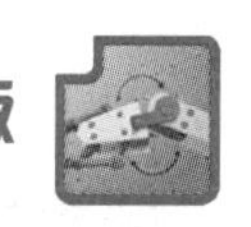

反向运动。当碰到限位开关 SQ2 后，K1 和 Y1 通电，活塞又恢复正向运动。周而复始，活塞杆不断进行正反向的运动变换。近几年来，利用定时软件控制电动机的运转时间和方向，在机电一体化机械中的应用日渐普及。工程中，利用电动机换向或液压换向来实现往复直线运动，一般都是借助限位开关来实现的。

图 3-32 所示为利用限位开关换向示意图。工作台压下右端限位开关 SQ3 后，开始左移。当压下左端的 SQ1 后，又开始右移。

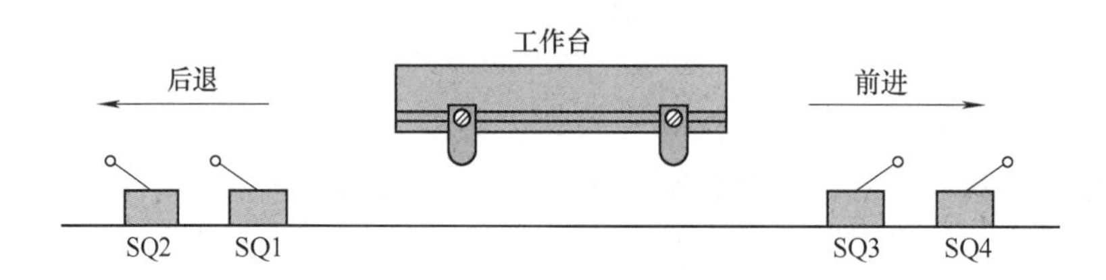

图 3-32 工作台换向示意图

（3）自身换向机构 自动进行往复直线移动的换向机构主要有曲柄滑块机构、正弦机构、双滑块机构、直动凸轮机构以及一些特殊设计的机构等，这些机构的特点是主动件连续转动，从动件做往复的直线移动。图 3-33a 中，曲柄转过一周，滑块往复移动一次。图 3-33b 所示的双滑块机构中，曲柄转过一周，两滑块各往复移动二倍曲柄的长度。图 3-33c 所示的凸轮机构中，凸轮转动一周，从动件往复移动一次。

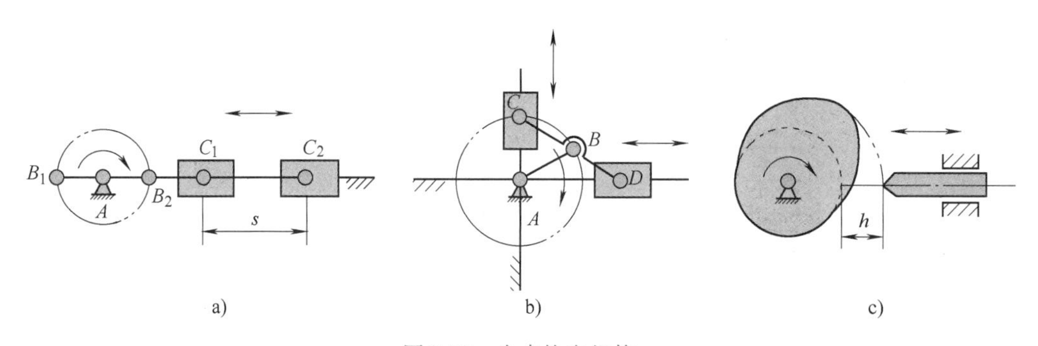

图 3-33 自身换向机构

二、机械运动的调速与控制

在一般情况下，机械中的工作机转速不等于原动机转速，所以很多机械中都需要有协调原动机和工作机之间速度的装置。用于降低速度、增大转矩的装置，称为减速器。在特殊场合，也有用来增速的装置，称为增速器，如风力发电机的叶片与发电机之间就需要安装增速器。需要不断变换速度的装置称为变速器。根据传动比和工作条件的不同，常用的减速方式有许多种，以下介绍几种最基本的减速、变速方式。

（1）调速电动机 改变电动机的工作速度，使电动机能在低速大转矩的条件下工作，是最理想的调速方式，也是电机工程师与学者正在研究的问题。目前，对直流电动机的调速研究进展很快，中小功率的可调速直流电动机已经产品化，其缺点是成本过高、体积过大。对交流电动机的调速研究尚未取得突破性的结果。目前，只能在恒转矩的条件下在一定范围内调速。

（2）齿轮减速器 齿轮减速器的特点是传动效率高、使用寿命长、工作可靠性好、维护简便、制造成本低，因而得到广泛应用。其产品已标准化、系列化，设计时可直接选用。

平行轴减速器可选用直齿圆柱齿轮减速器或斜齿圆柱齿轮减速器，也可选用人字齿圆柱齿轮减速器。一般按传动比、传递功率及安装条件选择减速器。

输入输出同轴的减速器主要有行星齿轮减速器、摆线针轮减速器、谐波减速器。

交错轴减速器可选用蜗杆蜗轮减速器。

垂直轴减速器可选用锥齿轮减速器，传动比大时可选用与圆柱齿轮组合应用的减速器。图 3-34 所示为几种减速器的示意图。

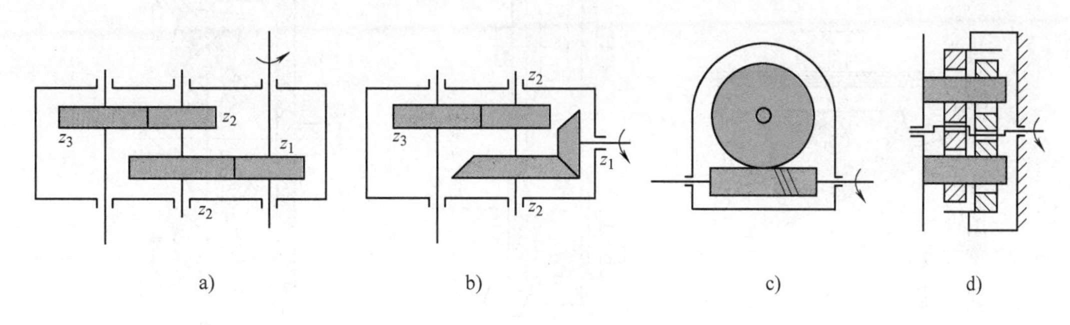

图 3-34　减速器示意图

图 3-34a 所示为圆柱齿轮减速器，图 3-34b 所示为圆柱齿轮、锥齿轮组合减速器，图 3-34c 所示为蜗杆蜗轮减速器，图 3-34d 所示为行星齿轮减速器。

（3）其他减速装置　各类带传动、链传动、摩擦传动都可起到减速作用。带传动、链传动多用在传动比不大、中心距较大的场合。

（4）变速器　变速器可分为有级变速器和无级变速器。有级变速器主要是通过控制不同齿轮的啮合来实现的。图 3-35a 所示为二档滑移齿轮变速器，控制方式为手动控制。图 3-35b 所示为某型号坦克的行星齿轮变速器，该减速器由五个行星齿轮排组成，有五个前进档和一个倒退档，控制方式为电动控制。

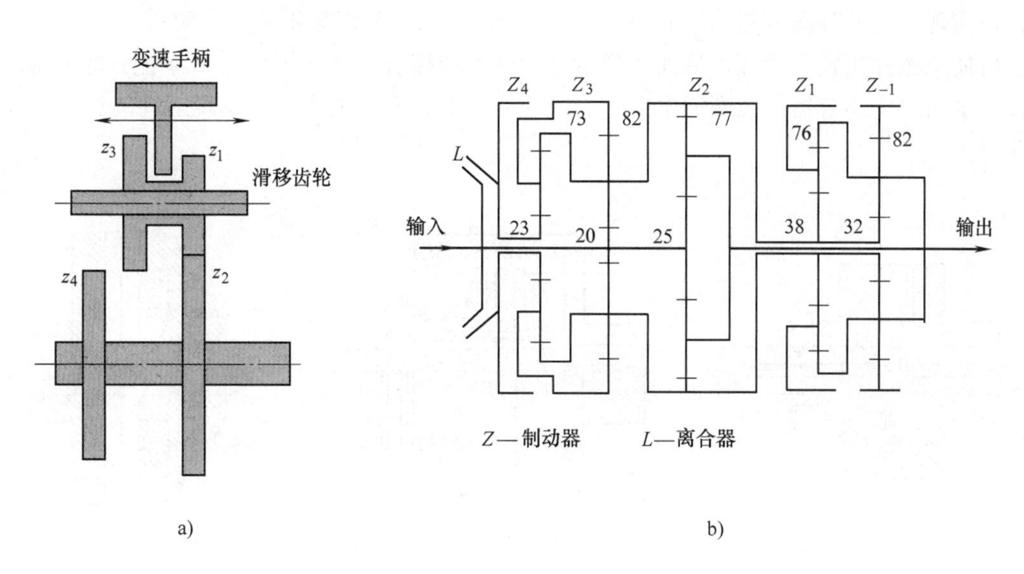

图 3-35　齿轮变速器简图

目前的无级变速器大都通过摩擦传动来实现，因此不能传递过大的功率（≤20kW）。摩擦无级变速器的种类很多，这里仅介绍传动原理。图 3-36 所示为几种常见的无级变速器示意图。图 3-36a 中，圆柱轮 *A* 沿轴向移动，通过改变与圆锥轮 *B* 的接触半径而实现变速。图 3-36b 中，利用 *A*、*B* 轮的分开与靠近来调节 V 带轮的半径，同时调整中心距，从而实现变速。图 3-36c 中，通过改变 *B* 轮轴线的角度来改变摩擦半径，从而实现变速。

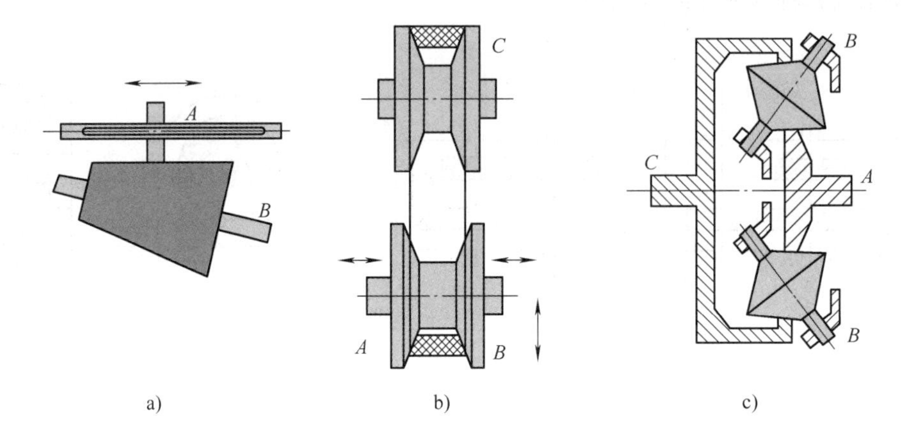

图 3-36　无级变速器示意图

此外，还有链式无级变速器、连杆式脉动无级变速器等多种其他形式的变速器，读者可参阅有关书籍。

三、机械运动的离合与控制

有时在不停止原动机运转的状态下，需暂时中止执行机构的工作，因此离合器在机械中得到广泛的应用。离合器的种类很多，但常用的离合器主要有手动离合器和电磁离合器。常用离合器的工作原理如图 3-37 所示。图 3-37a 为两端面有牙的牙嵌离合器，移动右半离合器，可实现运动的分离或接合。图 3-37b 所示为多片式摩擦离合器，移动右半离合器的滑环，可使摩擦片压紧或脱开，从而实现运动的分离或接合。图 3-37c 所示为电磁离合器，空套在轴上的左半离合器的线圈通电后，可吸住右半离合器上的衔铁，实现运动的接合，反之则脱开。

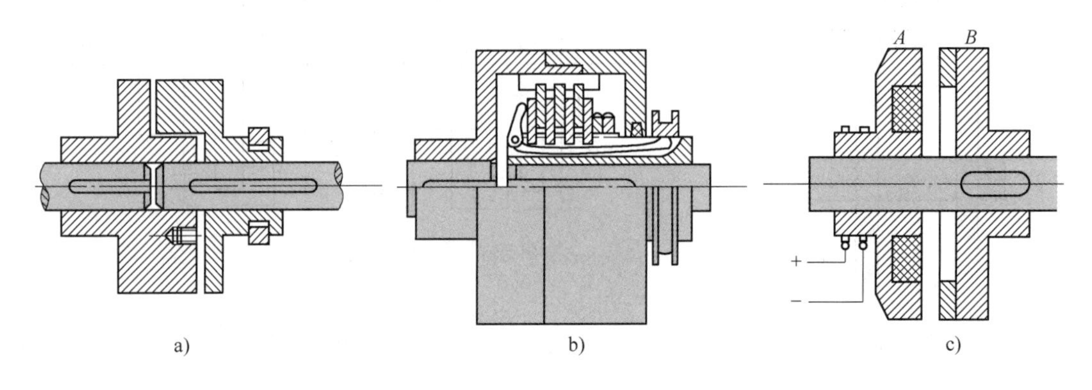

图 3-37　常用离合器的工作原理

四、机械运动的制动与控制

为缩短机械的停车时间，许多机械中都有制动器。制动器分为机械式制动器、电磁式制动器、液压制动器、液力制动器、气动制动器等多种类型。机械式制动器又可分为摩擦式、楔块式、杠杆式、棘轮式等多种。图 3-38 是几种最简单的制动器示意图。图 3-38a 所示为杠杆带式制动器，图 3-38b 所示为闸瓦式制动器，图 3-38c 所示为凸轮楔块式制动器。

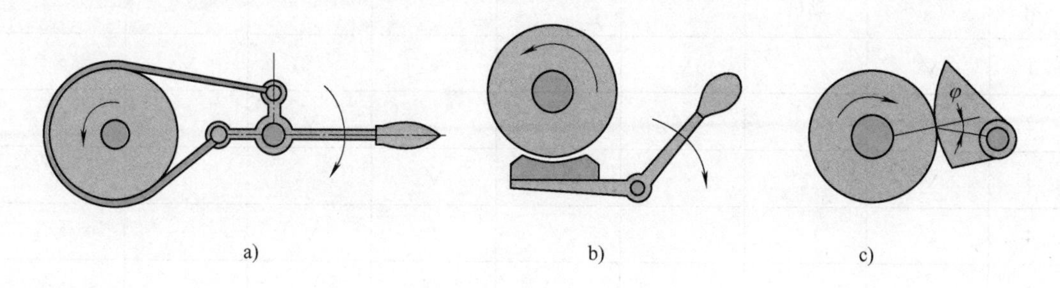

图 3-38　最简单的制动器示意图

工程中，经常使用电磁式制动器和气动制动器。图 3-39a 所示为电磁式制动器示意图，图 3-39b 所示为气动制动器示意图。

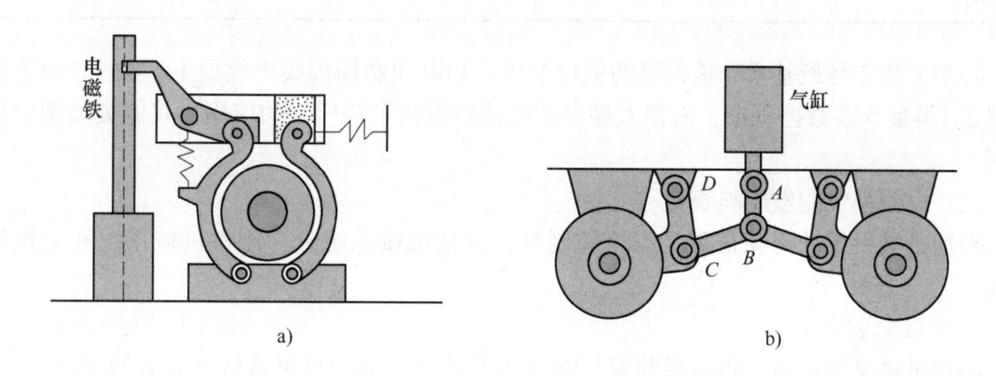

图 3-39　电磁式制动器和气动制动器

制动器可用于制动、防止逆转。其控制方式根据在机械中的作用不同有很大差别，为防止控制系统失灵而造成破坏，一般机械中都有采取手动或脚动的紧急制动装置。

机械的运动形式与其控制方式有关。在对满足机械运动要求的机构进行机械创新设计时，应共同考虑其运动形式与控制方式，从而使所设计的机械运动方案更加完善。

第四节　机械系统及其发展

一、机械系统的基本组成形式

根据原动机、传动机构、执行机构的不同组合以及机械系统运动输出特性的不同，机械系统的基本组成形式见表 3-2。

表 3-2 中的线性机构是指机构传动函数为线性函数的机构，如齿轮机构、螺旋传动机构、带传动机构及链传动机构等。而机构传动函数为非线性函数的机构，则称为非线性机

构，如凸轮机构、连杆机构、间歇运动机构等。

表 3-2 机械系统的基本组成形式

类型编号	原动机		传动机构		执行机构		机械系统的输出运动	
	线性原动机	非线性原动机	线性机构	非线性机构	线性机构	非线性机构	简单运动	复杂运动
1	√		√		√		√	
2	√		√			√		√
3	√			√	√			√
4	√			√		√		√
5		√	√		√			√
6		√	√			√		√
7		√		√	√			√
8		√		√		√		√

类型 1 和 2 是最基本、最常见的机械系统。如电动卷扬机属于类型 1，颚式破碎机属于类型 2。类型 5 在数控机床、机器人等自动机械中得到了较广泛的应用。其他类型则少见其应用。

二、机械系统的发展与演变

根据机械系统的运动是否具有可控制性，可把机械系统分为刚性机械系统和柔性机械系统。

1. 刚性机械系统

刚性机械系统一般泛指机械装置与电气装置独立组合的机械系统，只有简单的开、关、正反转、停止等独立的控制要求，其运动不具有可控性。许多传统的机械，如车床、铣床、刨床、钻床、起重机等都属于刚性机械系统。

2. 柔性机械系统

柔性机械系统可借助传感器或控制电路，通过计算机按位置、位移、速度、压力、温度等参数实施智能化控制，其运动具有可控性。改变控制软件或个别硬件，可改变机械功能，数控机床和机器人都属于柔性机械系统。

3. 机械系统的发展

电子技术的飞速发展正在改变传统的机械系统，电子技术与机械技术不断地紧密结合，诞生了机械电子学这一新的学科。刚性机械系统也在向柔性机械系统演化，使机电一体化的机械系统发展很快。图 3-40 所示为机械系统的演变过程框图。图 3-40a 所示为典型的刚性机械系统；图 3-40b 所示为改进的刚性机械系统，以电子控制的调速电动机取代了机械变速装置；图 3-40c 所示为柔性机械系统；图 3-40d 所示为直接驱动式柔性机械系统，由于该系统中省去了传动机构，有更高的运动精度，其应用日益广泛，如磁悬浮列车等。

从机械系统的演变过程可以看出，随着机械电子学的诞生与发展，刚性机械系统正在向柔性机械系统发展。

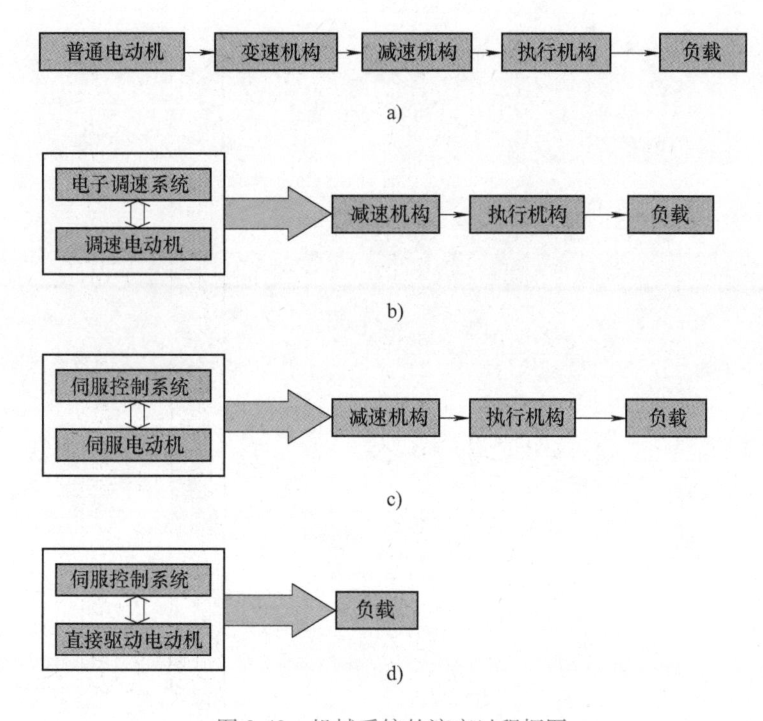

图 3-40 机械系统的演变过程框图

a）刚性机械系统 b）改进的刚性机械系统 c）柔性机械系统 d）直接驱动式柔性机械系统

第二篇

机械创新设计的理论与方法篇

机构的演化、变异与创新设计

通过机构的演化与变异等各种创新手段，有时没有创造出新机构，但可设计出具有相同机构简图、不同外形，而且功能也不同的、能满足特殊工作要求的机械装置。该方法属于机构的应用创新范畴。基本机构的应用创新是机械设计过程中常见的问题，也是机械设计过程中迫切需要解决的问题。

第一节　机架变换与创新设计

一个基本机构中，以不同的构件为机架，可以得到不同功能的机构。这一过程统称机构的机架变换。机架变换规则不仅适合低副机构，也适合高副机构。但这两种变换具有很大的区别，以下分别论述。

一、低副机构的机架变换

低副机构主要是连杆机构，所以针对各种连杆机构进行分析与讨论。

1. 低副运动的可逆性

低副运动的可逆性是指低副机构中，两构件之间的相对运动与机架的改变无关。

图 4-1a、b 所示的机构中，A、B 为转动副，构件 AD 为机架时，AB 相对 AD 为转动，当 AB 为机架时，AD 相对 AB 仍然为转动。低副运动的可逆性是低副机构演化设计的理论基础。

2. 铰链四杆机构的机架变换

如图 4-1a 所示的曲柄摇杆机构 $ABCD$ 中，AD 为机架，AB 为曲柄。其中运动副 A、B 可做整周转动，称之为整转副。运动副 C、D 不能做整周转动，只能往复摆动，称之为摆转副。

图 4-1b 中，当以 AB 为机架时，运动副 A、B 仍为整转副，所以构件 AD、BC 均为曲柄，该机构演化为双曲柄机构。图 4-1c 中，当以 CD 为机架时，运动副 C、D 为摆转副，所以构件 AD、BC 均为摇杆，该机构演化为双摇杆机构。但转动副 A、B 仍为整转副。

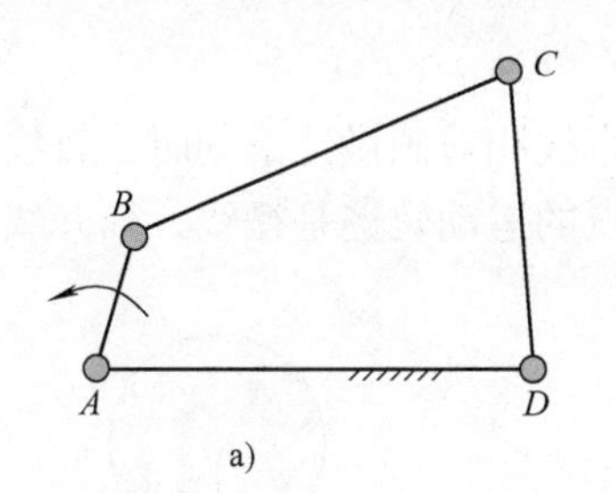

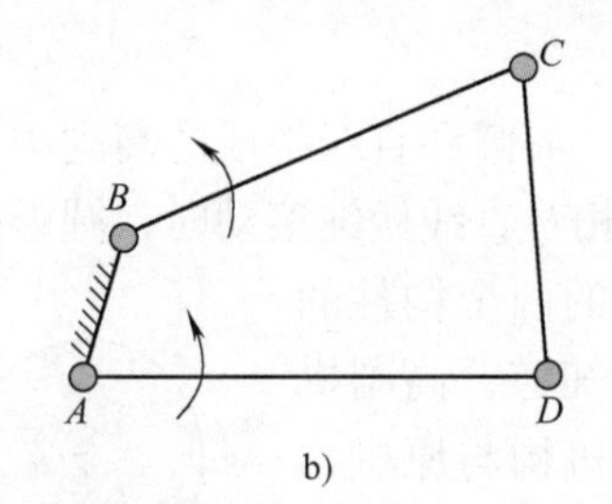

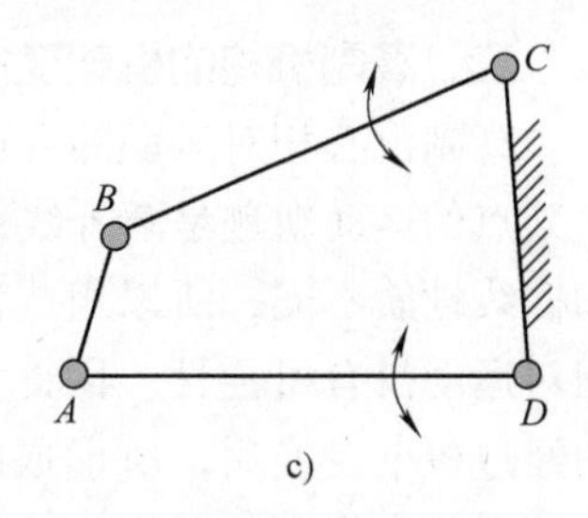

图 4-1　曲柄摇杆机构的机架变换

a）曲柄摇杆机构　b）双曲柄机构　c）双摇杆机构

3. 含有一个移动副四杆机构的机架变换

对心曲柄滑块机构是含有一个移动副四杆机构的基本形式，图 4-2 所示为其机架变换示意图。

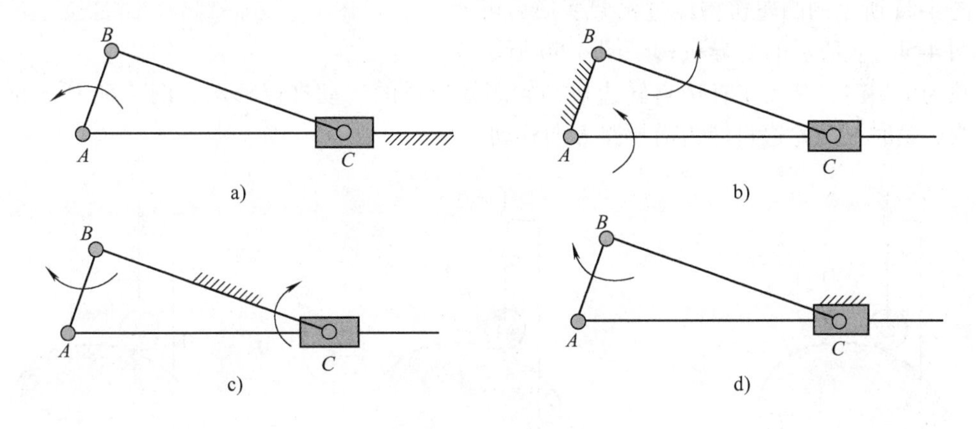

图 4-2　曲柄滑块机构的机架变换

a）曲柄滑块机构　b）转动导杆机构　c）曲柄摇块机构　d）移动导杆机构

由于无论以哪个构件为机架，*A*、*B* 均为整转副，*C* 为摆转副，因此图 4-2 所示的机构分别为曲柄滑块机构、转动导杆机构、曲柄摇块机构和移动导杆机构。

4. 含有两个移动副四杆机构的机架变换

以图 4-3a 所示的双滑块机构为基本机构为例，*A*、*B* 均为整转副。以其中的任一个滑块为机架时，得到图 4-3b 所示的正弦机构；以连杆 *AB* 为机架时，得到图 4-3c 所示的双转块机构。

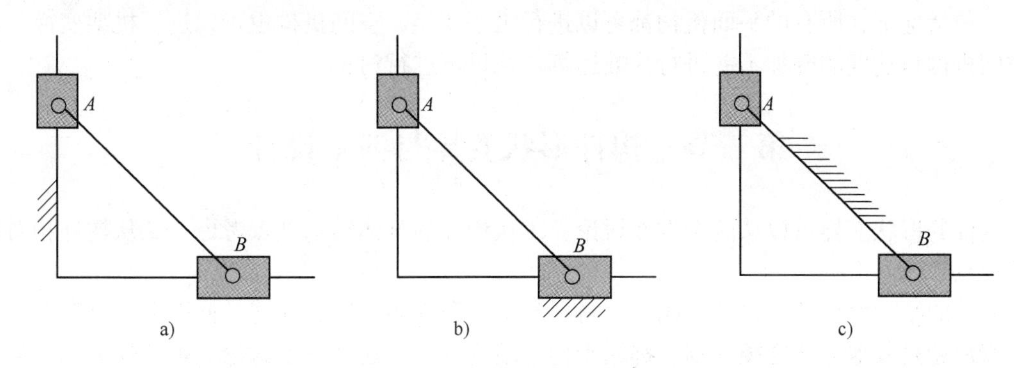

图 4-3　双滑块机构的机架变换

二、高副机构的机架变换

高副没有相对运动的可逆性。如圆和直线组成的高副中，直线相对圆做纯滚动时，直线上某点的运动轨迹是渐开线；圆相对直线做纯滚动时，圆上某点的运动轨迹是摆线，渐开线和摆线性质不同，所以组成高副的两个构件的相对运动没有可逆性。因此可以知道，高副机构经过机架变换后，所形成的新机构与原机构的性质也有很大的区别，这说明了高副机构机架变换有更大的创造性。

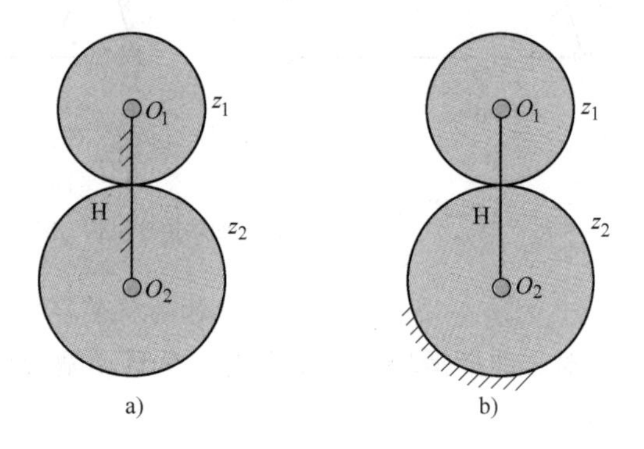

图 4-4　齿轮机构的机架变换

图 4-4a 所示的齿轮机构经过机架变换后可得到图 4-4b 所示的行星轮系机构，由于齿轮 1 具有公转与自转特性，该机构的传动比发生了巨大变化。

图 4-5a 所示的凸轮机构经过机架变换后可得到图 4-5b、c 所示的变异机构。图 4-5b 所示的凸轮为机架时，从动推杆边自转边按凸轮廓线提供的运动规律移动；图 4-5c 所示的滚子推杆为机架时，凸轮边自转边沿导路方向移动。

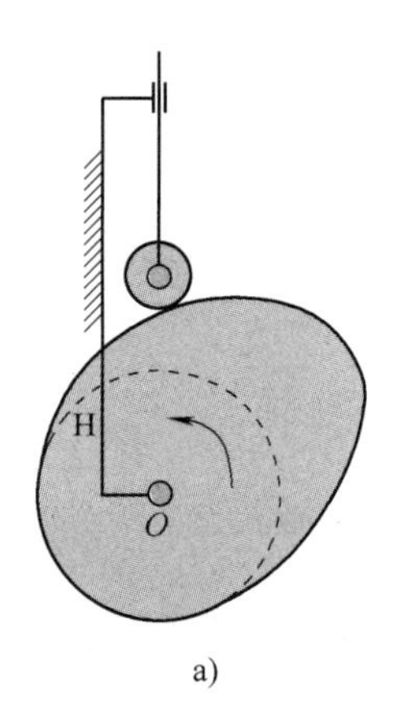

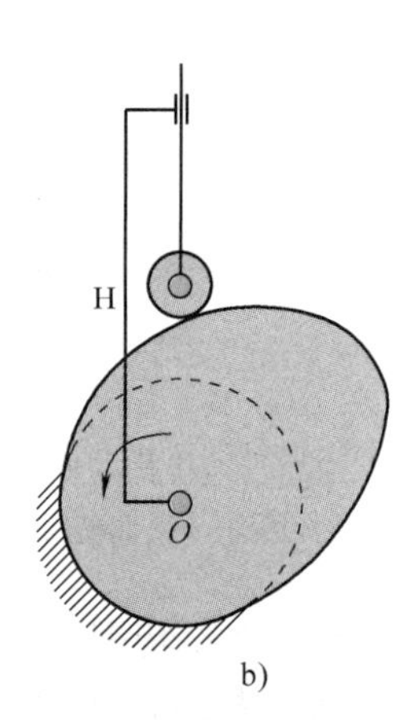

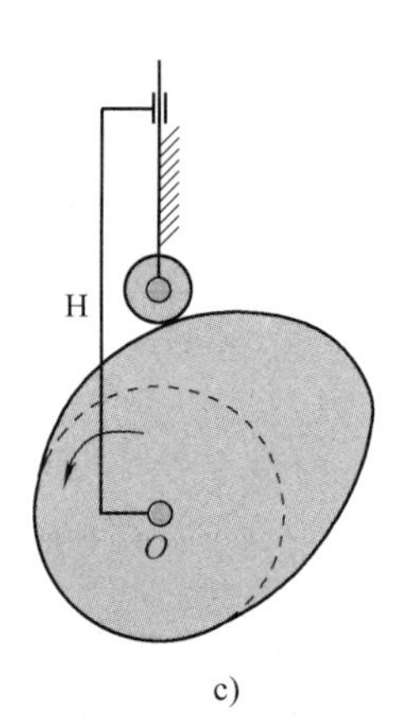

图 4-5　凸轮机构的机架变换

机架变换过程中，机构的构件数目和构件之间的运动副类型没有发生变化，但变异后的机构性能却可能发生很大变化，所以机架变换为机构的创新设计提供了良好的前景。

一般情况下，所有的平面机构都可以进行机架变换，空间机构也可以进行机架变换，由于空间机构角速度的叠加不能进行代数运算，这里不进行讨论。

第二节　构件形状变异与创新设计

构件的形状变异可以从两个方面讨论：①从构件的具体结构观点考虑；②从构件相对运动的观点考虑。

构件的结构设计涉及强度、刚度、材料与加工等许多问题，如连杆截面形状是圆形、方形、管形还是其他形状之类问题，都属于构件结构设计，这里不予讨论。本节仅从相对运动的观点讨论构件的形状变异与创新设计。

构件的形状变异大都与运动副有密切关系，这里先讨论单纯的构件形状变异。

一、避免构件之间的运动干涉

研究机构运动时，各构件的运动空间是必须要考虑的问题，否则构件之间或构件与机架之间可能发生运动干涉。图 4-6a 所示的启闭公共汽车门的曲柄滑块机构中，为避免曲柄与启闭机构箱体发生碰撞，需要把曲柄做成图 4-6b 所示的弯臂状。

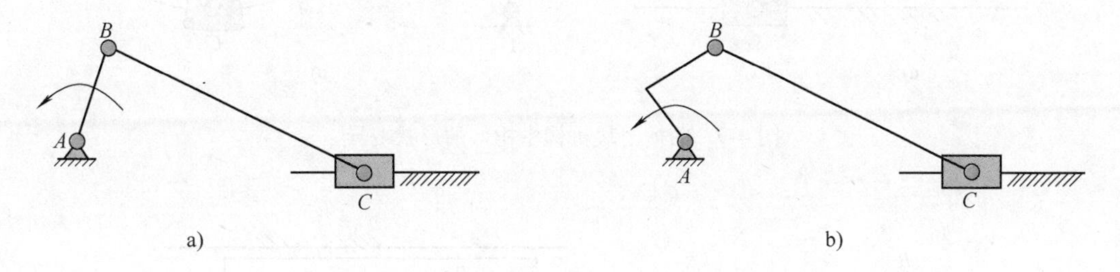

图 4-6　曲柄滑块机构中曲柄的形状变异

在摆动凸轮机构中，为避免摆杆与凸轮廓线发生运动干涉，经常把摆杆做成曲线状或弯臂状。如图 4-7a 所示为机构的综合结果，图 4-7b、c 为摆杆变异设计结果。

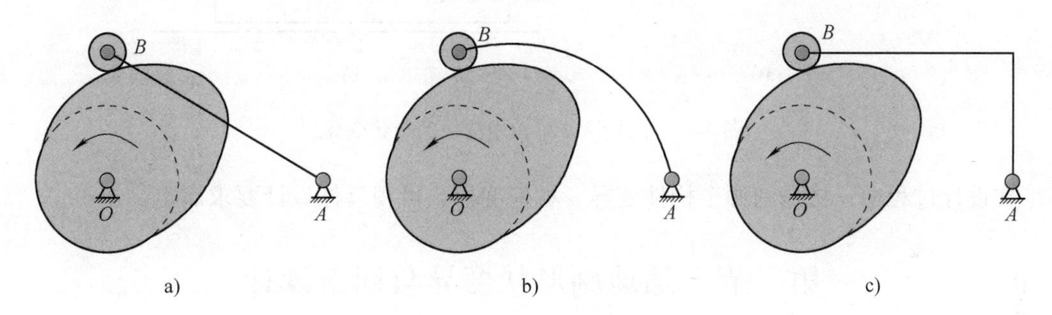

图 4-7　凸轮机构中摆杆的形状变异

连杆机构和凸轮机构中，为避免运动干涉，经常涉及构件的形状变异设计，变异设计时还要考虑到构件的强度和刚度。

二、满足特定的工作要求

有时为满足特定的工作要求，可以改变两个做相对运动构件的形状。图 4-8a 所示的曲柄摆块机构中，把摆块 3 做成杆状，把连杆 2 做成块状，则演化为图 4-8b 所示的摆动导杆机构。曲柄摆块机构应用在插齿机中，摆动导杆机构则在牛头刨床中有广泛应用。

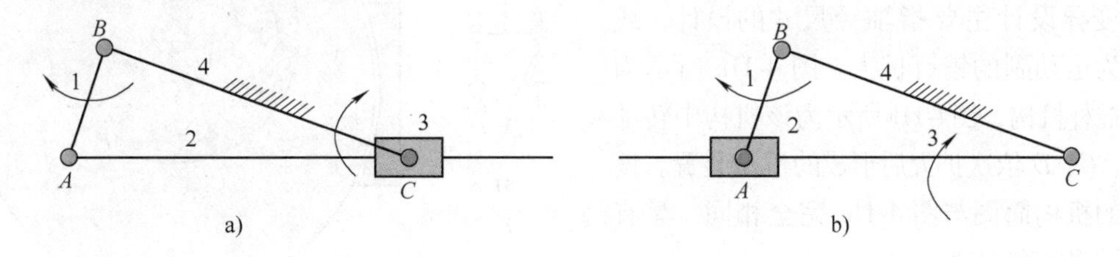

图 4-8　连杆机构中杆块的形状变异

图 4-9a 所示的曲柄滑块机构中，将导路和滑块制作为曲线状，可得到图 4-9b 所示的曲柄曲线滑块机构，曲率中心的位置按工作需要确定。该机构可用在圆弧门窗的启闭装置中。

如果对曲柄滑块机构的滑块形状变异，如图 4-10b 所示，曲柄与连杆均置于空心的滑块内部，该机构可驱动大面积的块状物体。

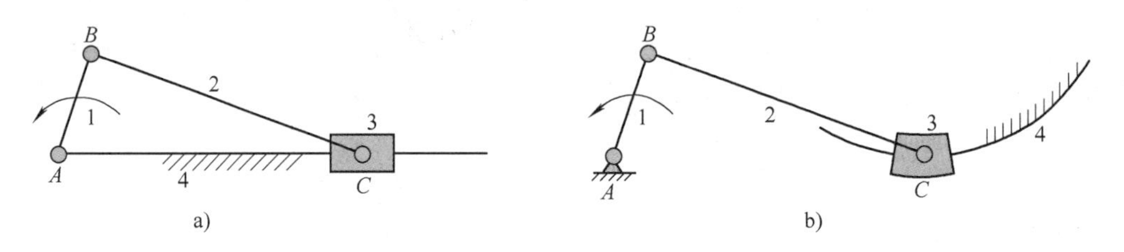

图 4-9　曲柄滑块机构中构件的形状变异

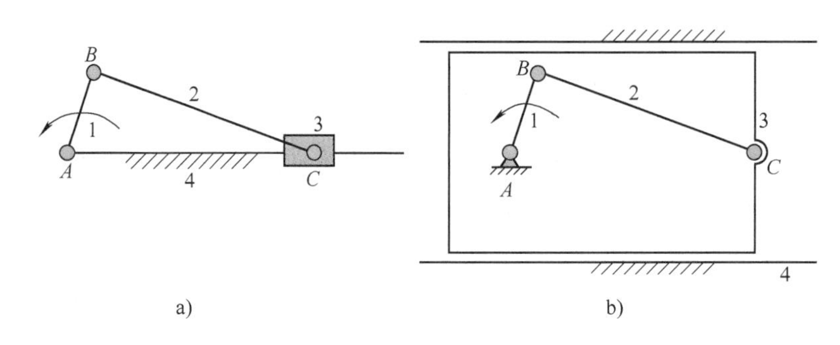

图 4-10　曲柄滑块机构中滑块的形状变异

在设计过程中，机构的哪个构件变异，如何变异，可视具体设计要求而定。

第三节　运动副形状变异与创新设计

运动副的变异设计是机械结构设计中的重要创新内容。机构是由运动副把各构件连接起来的具有确定运动的组合体，因此各构件之间的相对运动是由运动副来保证的。高副的形状是已设计完的曲线，这里主要讨论低副的变异设计。在工程设计中，运动副的变异设计常常和构件形状的设计密切相关。

一、转动副的变异设计

两构件之间的相对运动为转动时，常常用滚动轴承或滑动轴承作为转动副。这里的变异设计主要指轴径尺寸的设计，或者称为运动副的销钉扩大。图 4-11a 所示为曲柄摇杆机构，图4-11b所示为该机构中转动副 B、C、D 依次扩大后形成的机械装置。该装置的机构简图与图 4-11a 完全相同，具有较高的强度和刚度。

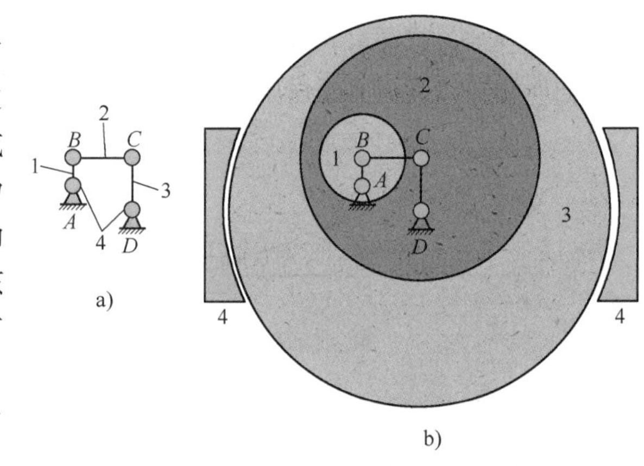

图 4-11　曲柄摇杆机构中转动副的形状变异

图 4-12 给出一些运动副销钉扩大和构件形状变异共同发生的机构演化实例。

图 4-12a、b 所示机构均为曲柄摇块机

构，图 4-12c 所示机构为双曲柄机构，图 4-12d 所示机构为曲柄滑块机构。

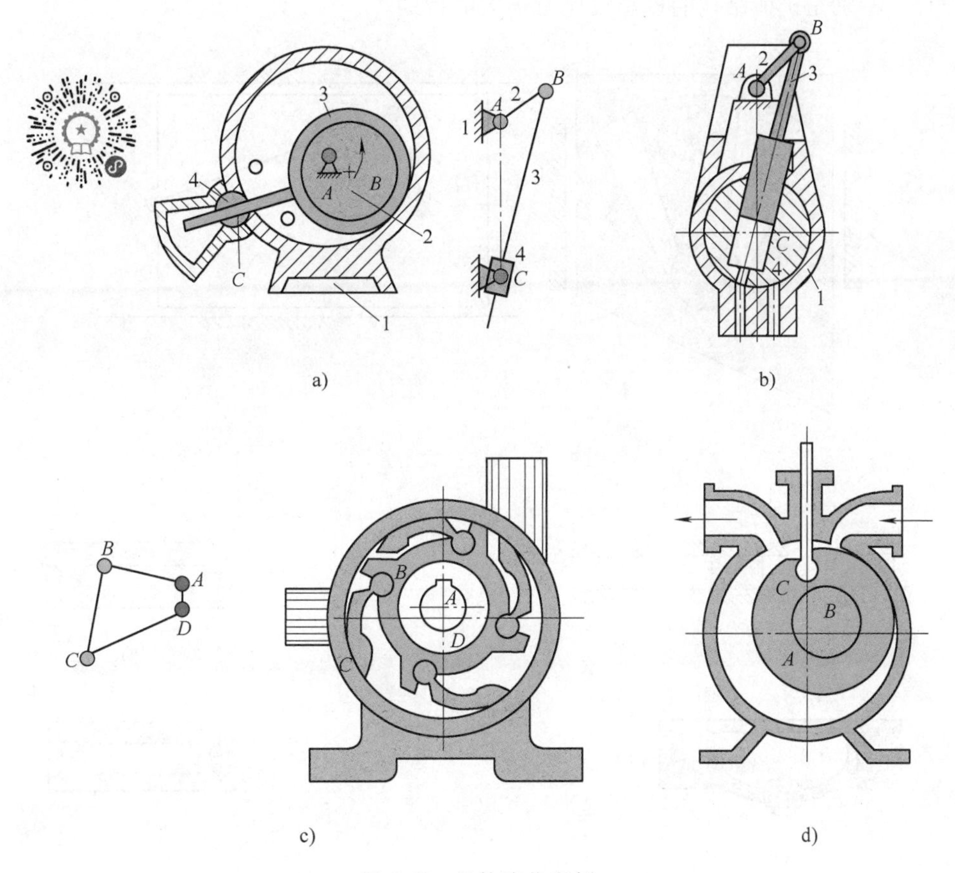

图 4-12　机构演化实例

图 4-13 所示曲柄滑块机构中，为提高转动副 C 的强度和刚度，可把销轴做成半球状，其上面与滑块底面的球形凹槽接触，其下面做成与偏心盘等半径的弧面，其作用仍是连杆与滑块之间的转动连接，但承载能力获得极大提高。

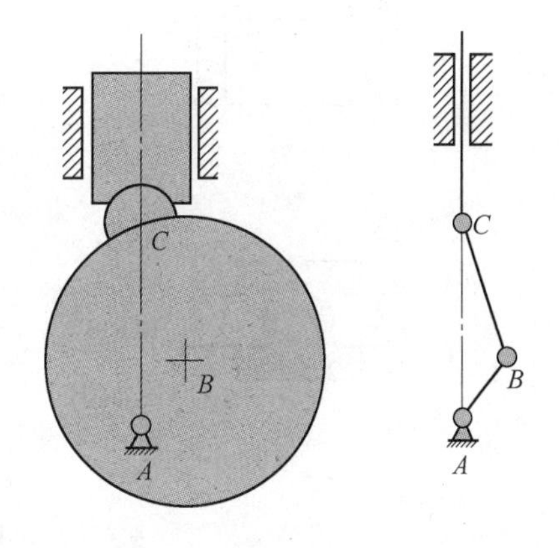

图 4-13　转动副的形状变异

二、移动副的变异设计

移动副的变异设计可分为移动滑块的扩大和滑块形状的变异设计两部分。图 4-14 所示为滑块扩大示意图。

滑块扩大后，可把其他构件包容在块体内部，适合应用在剪床或压力机之类的工作装置中。移动副的变异设计多体现在形状与结构上。图 4-15 所示移动副为滑块形状变异设计的典型示意图。移动副中，有时需要用滚动摩擦代替滑动摩擦，因此滚动导轨代替滑动导轨是常见的移动副变异设计。为避免形成移动副的两构件发生脱离，移动副的变异设计必须考虑虚约束的形状问题。读者可从图 4-15 所示的移动副示例中得到一定的启发。

总之，运动副的形状变异一般都伴随着构件的形状变异。认真对待这些变异，对机构的创新设计，特别是机械结构的创新设计有很大的帮助。

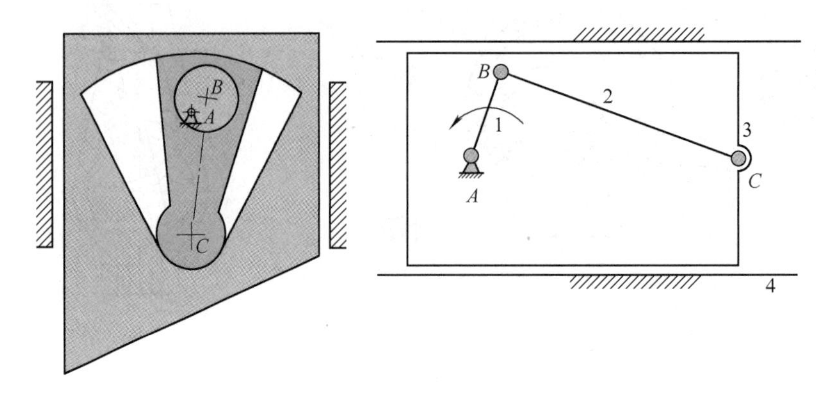

图 4-14　滑块扩大示意图

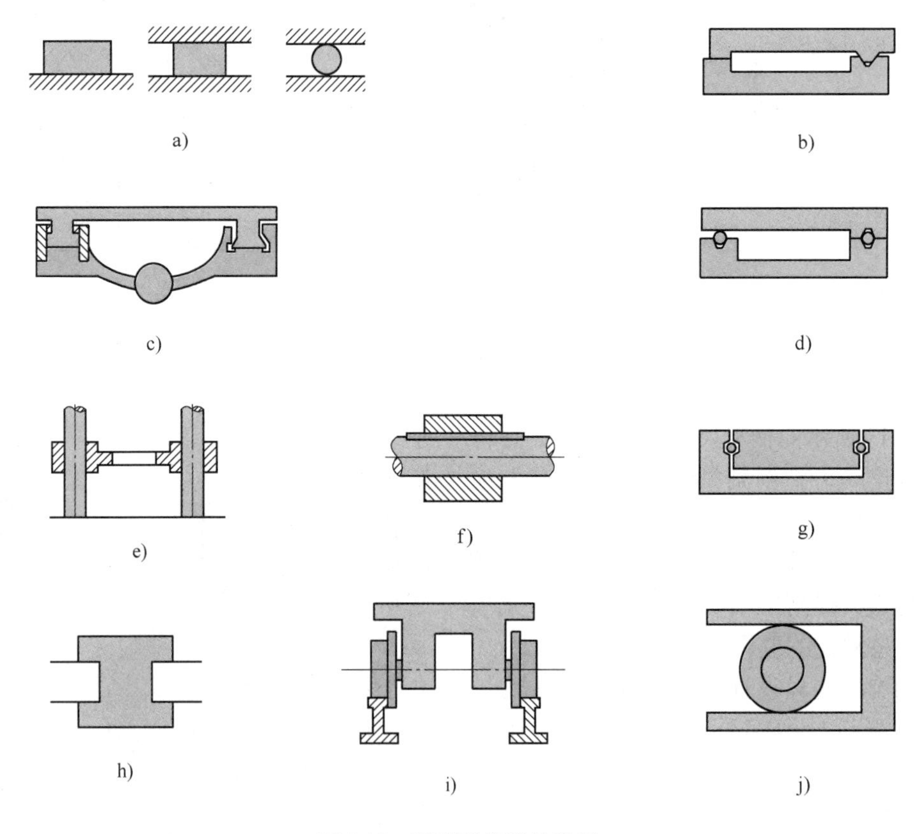

图 4-15　移动副的形状变异

第四节　运动副等效代换与创新设计

运动副的等效代换是指在不改变运动副自由度的条件下，用平面运动副代替空间运动副，或是低副与高副之间的代换，而不改变运动副的运动特性。运动副的等效代换不仅能使机构实用化增强，还为创造新机构提供了理论基础。

一、空间运动副与平面运动副的等效代换

常用的空间机构主要有球面副、球销副和圆柱副。其中圆柱副主要用于从动件的连接，因此对机构创新设计而言，一般不需进行替换。但是，球面副常出现在机构主动件的连接处，特别是主动件与机架之间出现球面副时，给机构的运动控制带来许多不便，有时很难做到，这时可利用三个轴线相交的转动副代替一个球面副。图 4-16a 所示 SSRR 空间四杆机构中，若以 SS 杆为主动件，则难以控制主动件的运动。这时可用图 4-16b 所示的三个转动副代替球面副。代替条件是运动副自由度不变，转动中心不变，运动特性不变。图 4-16b 所示的三个电动机驱动三个转动副的转轴，各转动副的轴线相交于 O 点。各转轴的转角 φ_x、φ_y、φ_z 的合成运动即为空间转动，各转轴的角速度 ω_x、ω_y、ω_z 的合成即为曲柄的角速度。

两自由度的球销副的代替也可按上述过程进行。

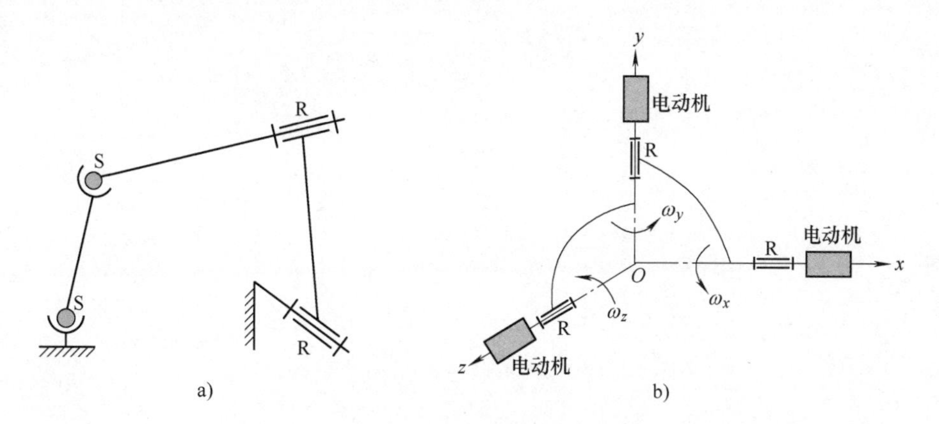

图 4-16　球面副与转动副的等效代换

二、高副与低副的等效代换

高副与低副的等效代换在工程设计中有广泛的应用，如用滚动导轨代替滑动导轨、用滚珠丝杠代替传统的螺旋副。在机构结构分析中讲到的高副低代方法，虽然得到的机构是瞬时机构，但是当组成高副机构的轮廓曲线的曲率半径是常数时，则可以用低副机构代替高副机构应用在工程实践中。图 4-17 所示的偏心盘凸轮机构就可以用相应的四杆机构代替。其中，图 4-17a、b 所示的运动等效，图 4-17c、d 所示的运动等效。

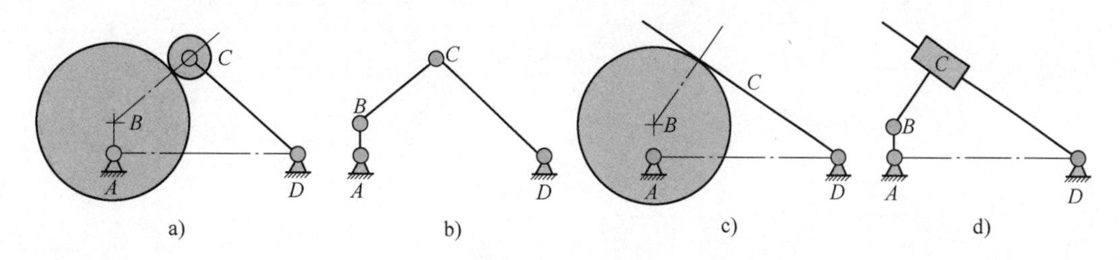

图 4-17　偏心盘凸轮机构的等效代替机构

高副低代过程中应注意：共轭曲线高副机构是啮合高副机构，这类高副机构可以用低副机构代替；瞬心线高副机构是摩擦高副机构，其连心线与过两曲线接触点的公法线共线，因而不能用相应的低副机构代替。

三、滑动摩擦副与滚动副的等效代换

运动副是两个构件之间的可动连接，按其相对运动方式可分为转动副和移动副。但以面接触的相对运动产生滑动摩擦，较大的摩擦力将导致磨损发生。根据相对运动速度和承受载荷的大小，运动副处常选择使用滑动摩擦或滚动摩擦。对转动副而言，常使用滚动轴承作为运动副，但对于承受重载的转动副，常使用滑动轴承作为转动副。对移动副而言，考虑到滑动构件定位与约束的方便，经常使用滑动摩擦的导轨。但对于要求运动灵活，且承受载荷较小的机构，使用滚动导轨更加方便。按此类推，低速、重载的螺旋副常使用滑动摩擦副，否则，使用滚珠螺旋副更加方便。

运动副的等效代换设计一般和工程设计有密切联系，是工程设计中一种有效创新方法。

第五章 Chapter 机构的组合与创新设计

在工程实际中，单一的基本机构应用较少，而基本机构的组合系统却应用于绝大部分的机械装置中。因此，机构的组合是机械创新设计的重要手段。其组合方法主要有连接杆组法，以及各类基本机构的串联、并联、叠加连接、封闭连接五种。本章从机构组合理论出发详细讨论机构的组合方法，为探讨机构创新设计奠定基础。

第一节　机构组合的基本概念

机构是机器中执行机械运动的主体装置，机构的类型和复杂程度与机器的性能、成本、制造工艺、使用寿命、工作可靠性等有密切关系。因此，机构的设计在机械设计的全过程中占有极其重要的地位。

任何复杂的机构系统都是由基本机构组合而成的。这些基本机构可以进行串联、并联、叠加连接和封闭连接，组成各种各样的机械，也可以是互相之间不连接的单独工作的基本机构组成的机械系统，但机构之间的运动必须满足运动协调条件，能完成各种各样的动作。机械原理课程中所讲述的机构综合大都指基本机构的综合，所以研究基本机构以及它们之间的组合方法是机构创新设计的重要内容。

一、基本机构的应用

（1）基本机构的单独使用　基本机构可以直接应用在机械装置中，但只包含一个基本机构的机械应用较少。也就是说，只有一些简单机械中才包含一个基本机构，如空气压缩机中包含一个曲柄滑块机构。

（2）互不连接的基本机构的组合　若干个互不连接、单独工作的基本机构可以组成复杂的机械系统。设计要点是选择满足工作要求的基本机构，各基本机构之间进行运动协调设计。图 5-1 所示的压片机中包含三个独立工作的基本机构，送料机构与上、下加压机构之间的运动不能发生运动干涉。送料机构必须在上加压机构上行到某一位置、下加压机构把药片送出型腔后，才开始送料，当上、下加压机构开始压紧动作时，送料机构返回原位静止不动。

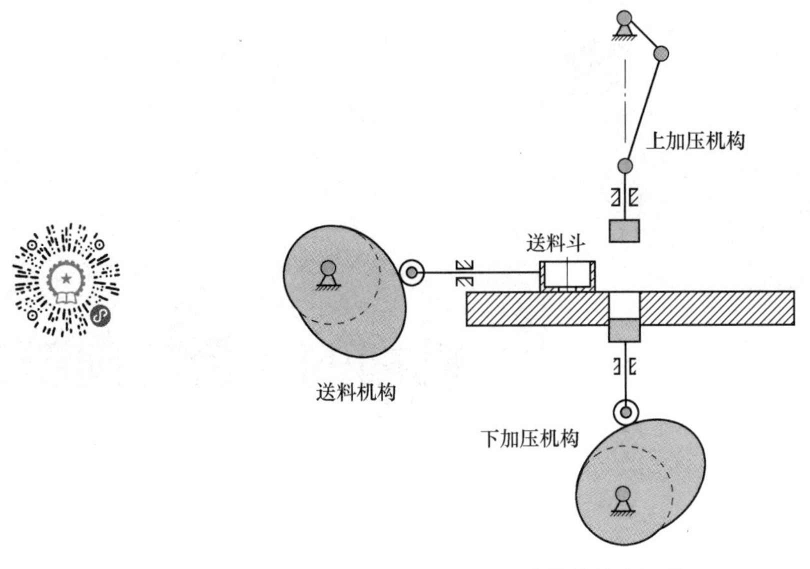

图 5-1　互不连接的基本机构

（3）各基本机构互相连接的组合　各基本机构通过某种连接方法组合在一起，形成一个较复杂的机械系统，这类机械是工程中应用最广泛和最普遍的。

基本机构的连接组合方式主要有串联组合、并联组合、叠加组合和封闭组合等。其中串联组合应用最普遍。

图 5-2 所示为基本机构的串联组合示意图，图 5-3 所示为基本机构的并联组合示意图。

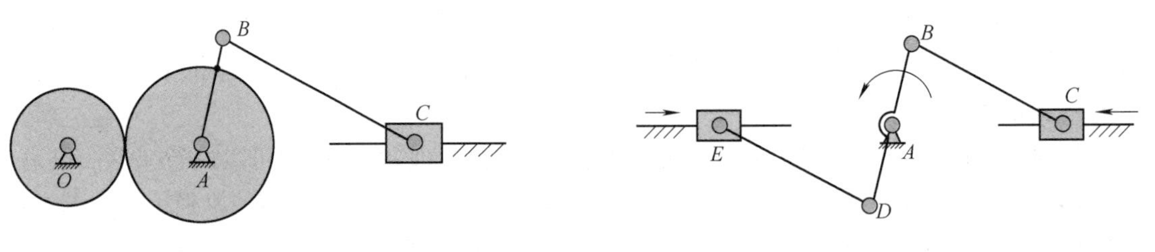

图 5-2　基本机构的串联组合　　图 5-3　基本机构的并联组合

只要掌握基本机构的运动规律和运动特性，再考虑到具体的工作要求，选择适当的基本机构类型和数量，对其进行组合设计，就为设计新机构提供了一条最佳途径。

机械的运动变换是通过机构来实现的。不同的机构能实现不同的运动变换，具有不同的运动特性。这里的基本机构主要有各类四杆机构、凸轮机构、齿轮机构、间歇运动机构、螺旋机构、带传动机构、链传动机构、摩擦轮机构等，基本机构的设计与分析是机械原理课程的主要内容，同时基本机构是机械运动方案设计的首选机构。

图 5-4 所示的带式输送机是由带传动机构与齿轮机构组合而成的机构系统；图 5-5 所示的带式输送机是由齿轮机构组合而成的机构系统；图 5-6 所示的卷扬机也是由齿轮机构组合而成的机构系统。这些最简单的机械装置都包含了两个以上的基本机构，可见机构的组合设

计在机械设计中占有多么重要的地位。

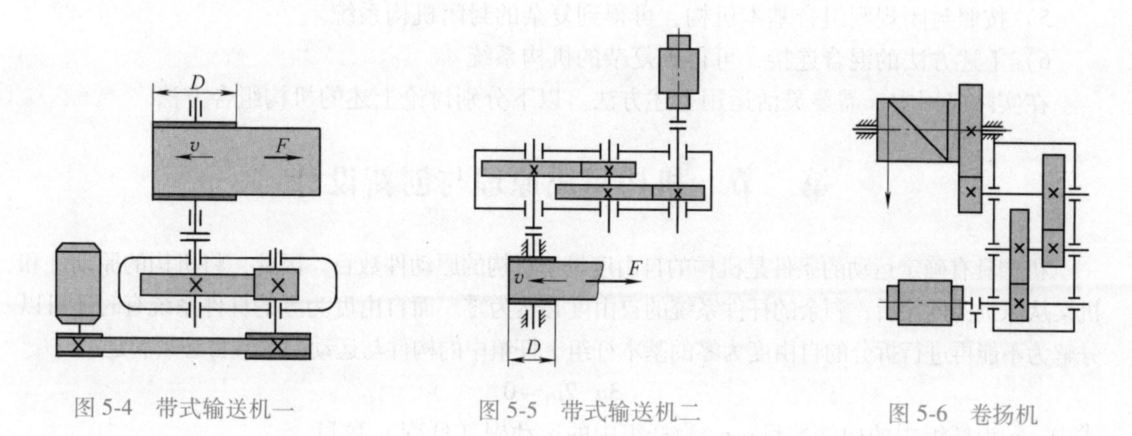

图 5-4 带式输送机一　　图 5-5 带式输送机二　　图 5-6 卷扬机

图 5-7 所示机构系统是较为复杂的机械装置简图。图 5-7a 所示为牛头刨床机构简图，由齿轮机构和连杆机构组合而成。图 5-7b 所示为压力机机构简图，由带传动机构、多级齿轮机构和连杆机构组合而成。

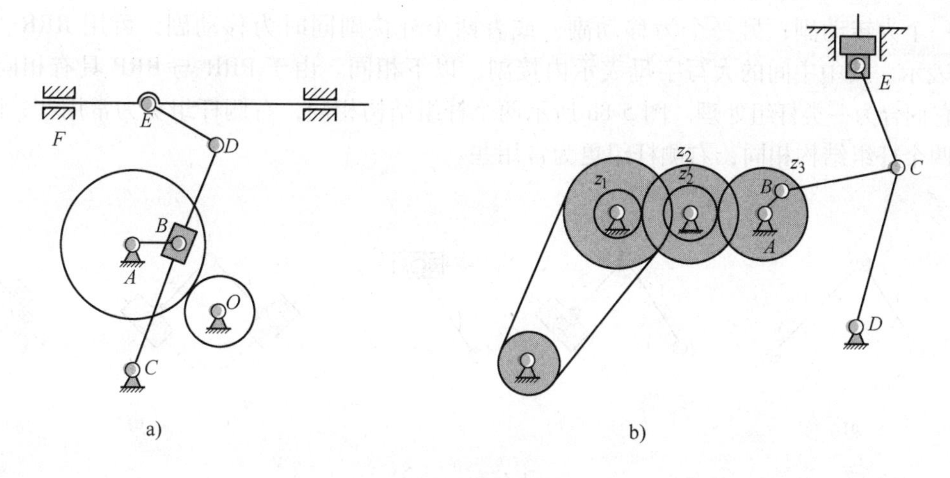

图 5-7 复杂机械的组成

a）牛头刨床机构简图 b）压力机机构简图

综上所述，一般的机械运动系统都是由若干个基本机构组合而成的，完成特定的工作任务。但机构的组合方法必须遵循一定的理论与规则，学习和掌握这些机构组合的理论与规则，对于机构系统的创新设计有很大的指导意义。

二、常用机构组合方法

机构的组合是指把相同或不同类型的机构通过一定的连接方法，按照一定规则组合成一个机构系统，从而实现既定的功能目标。

常用的机构组合方法如下：

1）利用机构的组成原理，不断连接各类杆组，可得到复杂的机构系统。

2）按照串联规则组合基本机构，可得到复杂的串联机构系统。

3）按照并联规则组合基本机构，可得到复杂的并联机构系统。

4）按照叠加规则组合基本机构，可得到复杂的叠加机构系统。

5）按照封闭规则组合基本机构，可得到复杂的封闭机构系统。

6）上述方法的混合连接，可得到复杂的机构系统。

在实际应用中，需要灵活运用上述方法。以下分别讨论上述的机构组合方法。

第二节　机构组成原理与创新设计

机构具有确定运动的条件是机构的自由度等于机构的原动件数目。因此，将机构的原动件和机架从原机构拆除后，剩余的杆件系统的自由度必然为零。而自由度为零的杆件系统有时还可以分解为不能再进行拆分的自由度为零的基本杆组。杆组中的构件与运动副的数目必须满足：

$$3n-2p_{L}=0$$

式中，n 为杆组中的构件数目；p_{L} 为杆组中的运动副（低副）数目。

最常见的基本杆组有Ⅱ级杆组和Ⅲ级杆组，即具有 2 个构件和 3 个运动副的杆组以及 4 个构件和 6 个运动副的杆组。

一、Ⅱ级杆组的类型

图 5-8 所示为Ⅱ级杆组的分类。当内接副为转动副时，两个外接副可同时为转动副；也可以一个为转动副，另一个为移动副；或者两个外接副同时为移动副，可用 RRR、RRP、PRP 表示。其中中间的大写字母表示内接副，以下相同。由于 PRR 与 RRP 具有相同性质，可将它们合为一类杆组处理。图 5-8b 所示两个杆组结构相同，右侧杆组更为常用些；图 5-8c 所示两个杆组结构相同，右侧杆组更为常用些。

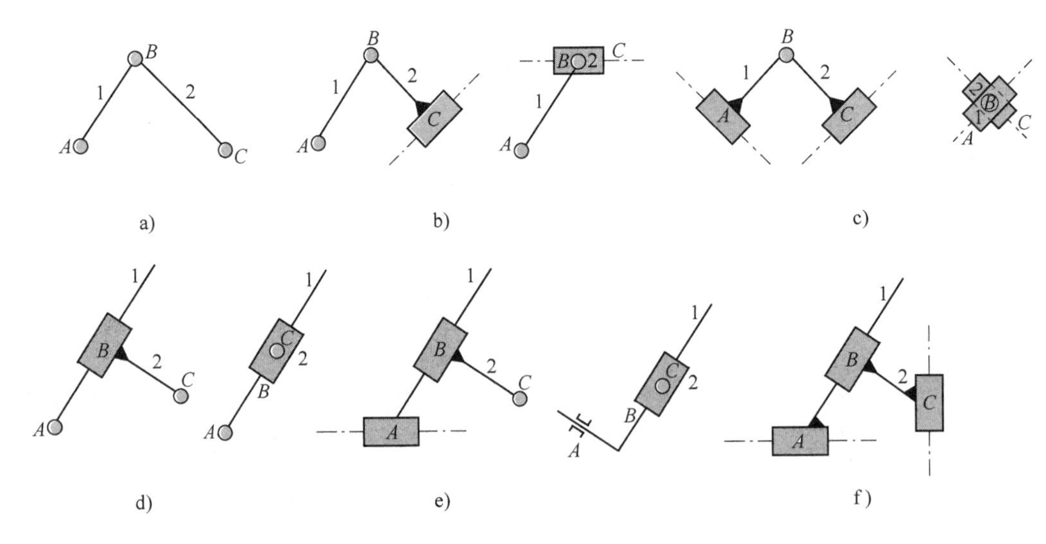

图 5-8　Ⅱ级杆组的分类

a）RRR 杆组　b）RRP 杆组　c）PRP 杆组　d）RPR 杆组　e）PPR 杆组　f）PPP 杆组

当内接副为移动副时，两个外接副可同时为转动副；也可以一个为转动副，另一个为移动副；或者两个外接副同时为移动副。这时也可分为 3 种Ⅱ级杆组，用 RPR、PPR、PPP 表示。由于 PPR 与 RPP 具有相同的性质，可将它们合为一类杆组处理。图 5-8d 所示杆组为 RPR 类型，右侧杆组更为常用些；图 5-8e 所示两个 PPR 杆组结构相同，右侧杆组更为常用

些；图 5-8f 所示 PPP 杆组很少应用。

Ⅱ级杆组总共有 6 种不同的形式，常用的有 5 种。

二、Ⅲ级杆组的类型

Ⅲ级杆组的类型很多，三个内接副均为转动副时，对应有 4 种杆组类型，如图 5-9 所示。三个内接副中有两个转动副和一个移动副时，对应有 4 种杆组类型，如图 5-10 所示。三个内接副中有一个转动副和两个移动副时，对应有 4 种杆组类型，如图 5-11 所示。三个内接副均为移动副时，对应有 4 种杆组类型，如图 5-12 所示。为方便起见，前三个大写字母表示三个内接副，后三个大写字母表示外接副，也可以用图示简化表示方法。

其中，图 5-9a、b、c 应用较多，3R3R 类型的Ⅲ级杆组应用最广泛（前面的 3R 表示内接副，后面的 3R 表示外接副）。

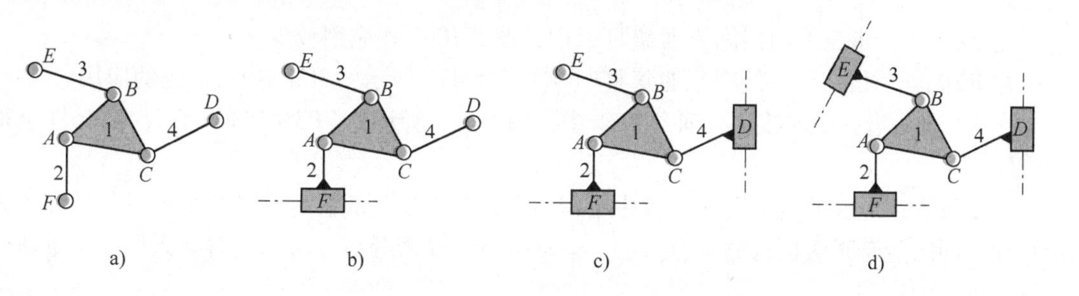

图 5-9　3R 类Ⅲ级杆组

a）3R3R　b）3RP2R　c）3R2PR　d）3R3P

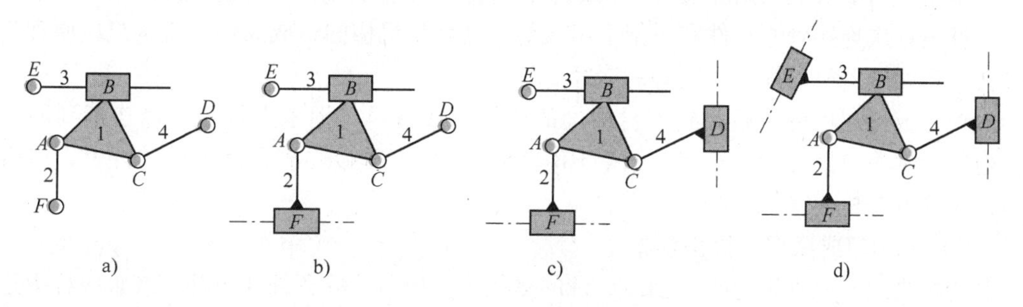

图 5-10　2RP 类Ⅲ级杆组

a）2RP3R　b）2RP2RP　c）2RPR2P　d）2RP3P

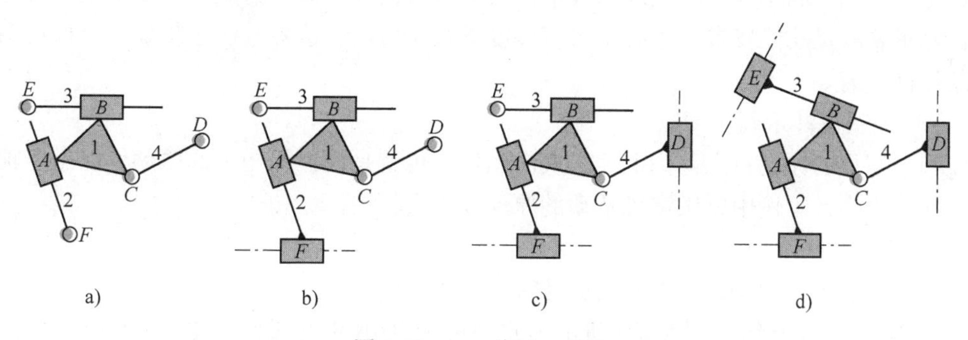

图 5-11　R2P 类Ⅲ级杆组

a）R2P3R　b）R2P2RP　c）R2PR2P　d）R2P3P

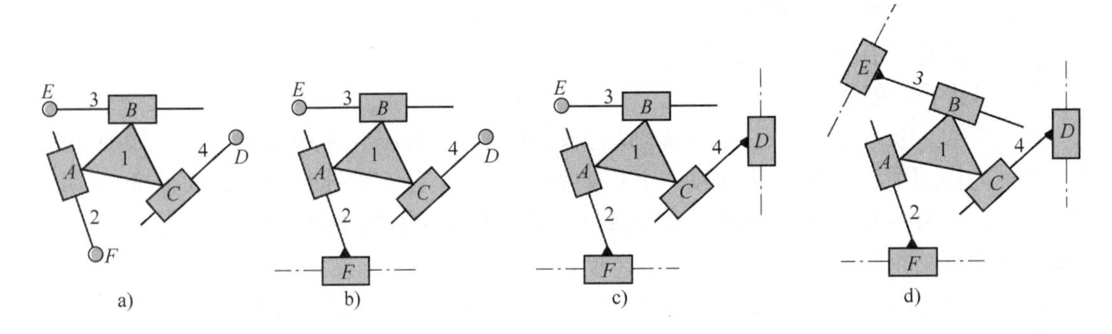

图 5-12 3P 类Ⅲ级杆组

a）3P3R b）3P2RP c）3PR2P d）3P3P

在 2RP 类（指三个内接副）Ⅲ级杆组中，图 5-10c、d 应用较少。

在 R2P 类（指三个内接副）Ⅲ级杆组中，图 5-11a 所示的 R2P3R 有广泛的应用。

在 3P 类（指三个内接副）Ⅲ级杆组中，图 5-12a 所示的 3P3R 有所应用，其余杆组很少应用。

由Ⅲ级杆组组成的机构，在工程中应用不多，但由于Ⅲ级机构有其独特的运动学和动力学特性，同时随着Ⅲ级机构的综合方法、运动分析和受力分析方法的完善，人们正在重新认识Ⅲ级机构的应用。

三、机构组成原理与机构创新设计

（一）机构组成原理

把基本杆组依次连接到原动件和机架上，可以组成新机构。或者说，任何机构都是通过把基本杆组依次连接到原动件和机架上组成的，这就是机构的组成原理。机构组成原理为创新设计一系列的新机构提供了明确的途径。

机构组成原理也可以拓展到多自由度的机构组成分析，把基本杆组直接连接到原动件上，也能得到多自由度的新机构。如把 RRR 型Ⅱ级杆组直接连接到两个原动件上，可得到二自由度的五杆机构（图 1-5）。

（二）机构组成原理与机构创新

利用机构组成原理进行机构创新设计的途径是：把前述的各种Ⅱ级杆组或Ⅲ级杆组连接到原动件和机架上，可以组成基本机构；再把各种Ⅱ级杆组或Ⅲ级杆组连接到基本机构的从动件上，可以组成复杂的机构系统。以此类推，可以组成各种各样的、能实现不同功能目标的新机构。可见，利用机构的组成原理进行机构创新设计，概念清楚、方法简单、可操作性强，但真正要满足功能要求，还必须进行尺度综合。所以，这种方法还是处于机构运动方案的创新设计范畴。

（三）创新设计示例

工程中常见的原动机大都为电动机或内燃机，也就是说，机构中的原动件以做定轴转动为主，在以下设计示例中以做定轴转动的原动件为主。

1. 连接Ⅱ级杆组

Ⅱ级杆组有 6 种类型，仅以常见的Ⅱ级杆组为例说明。

（1）连接 RRR 杆组 图 5-13a 所示为原动件和 RRRⅡ级杆组，图 5-13b 所示为铰链四杆机构 *ABCD*。在图 5-13c 中，Ⅱ级杆组 *EGF* 中的外接副 *E* 连接到连架杆 *DC* 上，具体位置可通过机构尺度综合来确定，另一个外接副 *F* 连接到机架上。在图 5-13d 中，Ⅱ级杆组 *EGF* 中的外接副 *E*、*F* 分别连接到连杆 *BC* 上和机架上，具体位置也要通过机构尺度综合来确定。

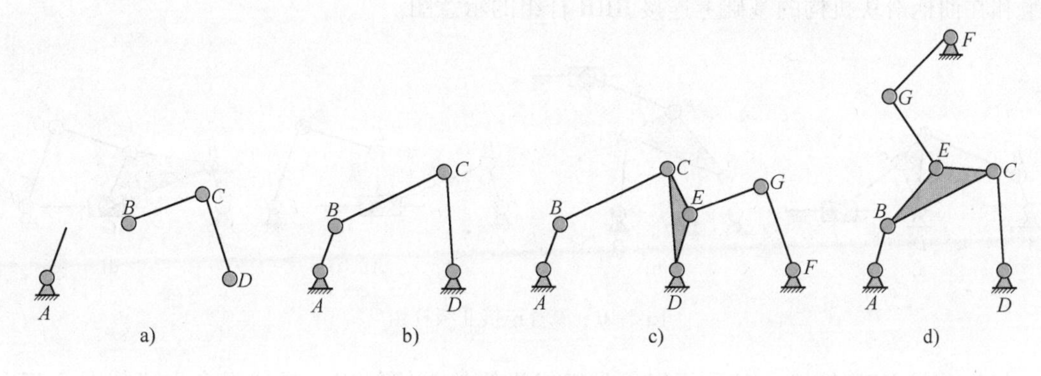

图 5-13 连接 RRR 杆组

（2）连接 RRP 杆组 在原动件 *AB* 的基础上，连接 RRP 杆组的组合示例如图 5-14 所示。

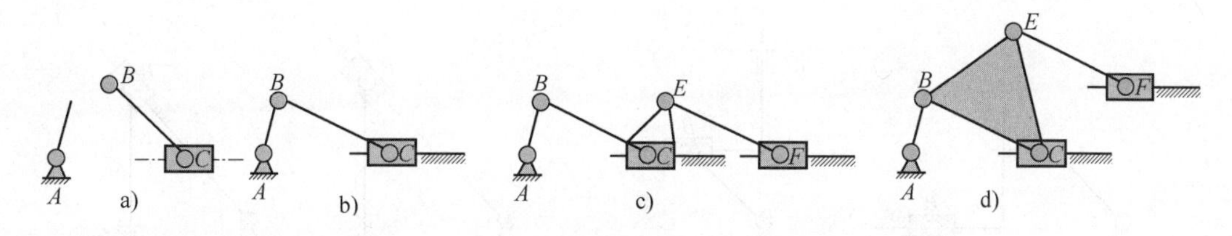

图 5-14 连接 RRP 杆组

在图 5-14c 中，Ⅱ级杆组 *EF* 中的 *E* 点可以连接到滑块上，具体位置可通过机构尺度综合来确定；在图 5-14d 中，Ⅱ级杆组 *EF* 中的 *E* 点也可连接到连杆上，具体位置也要通过机构尺度综合来确定。

（3）连接 RPR 杆组 把 RPR 杆组的一个外接副 *B* 连接到原动件上，另一个外接副 *C* 连接到机架上，如图 5-15b 所示，可产生往复摆动的运动方式。转动副 *C* 与机架的相对位置决定摆杆的转动角度。

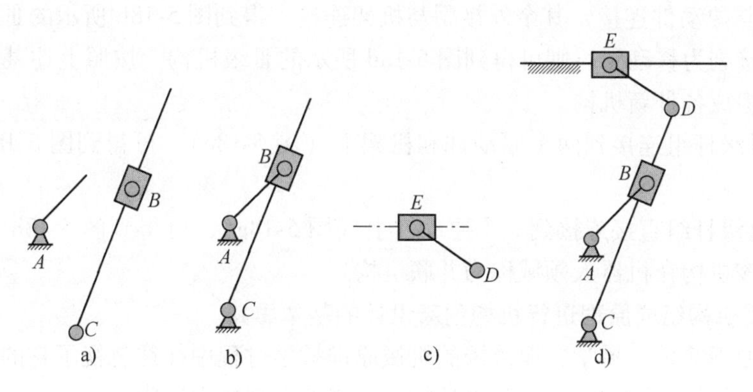

图 5-15 连接 RPR 和 RRP 杆组

在这个基本机构上，还可以不断连接Ⅱ级杆组，如连接 RRPⅡ级杆组，则得到图 5-15d

所示的典型牛头刨床机构。

（4）RRR 与 RRP 杆组的混合连接　图 5-16 所示为在铰链四杆机构的基础上连接 RRP 杆组和在曲柄滑块机构的基础上连接 RRR 杆组的示意图。

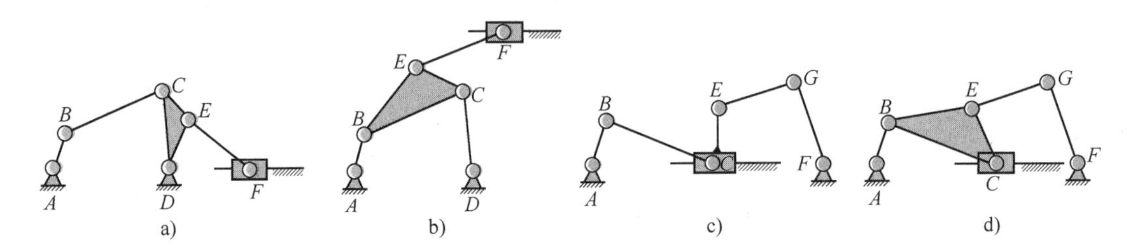

图 5-16　混合连接Ⅱ级杆组

（5）连接 RPP 杆组　RPP 杆组也是组成机构的常用杆组，具体组合方式如图 5-17 所示。把 RPP 杆组中的外接 R 副与原动件连接，可得到图 5-17a 所示的正弦机构；把 RPP 杆组中的外接 P 副与原动件连接，可得到图 5-17b 所示的正切机构。

Ⅱ级杆组的形状变异类型很多，杆组连接法为机构创新设计提供了明确的方向。

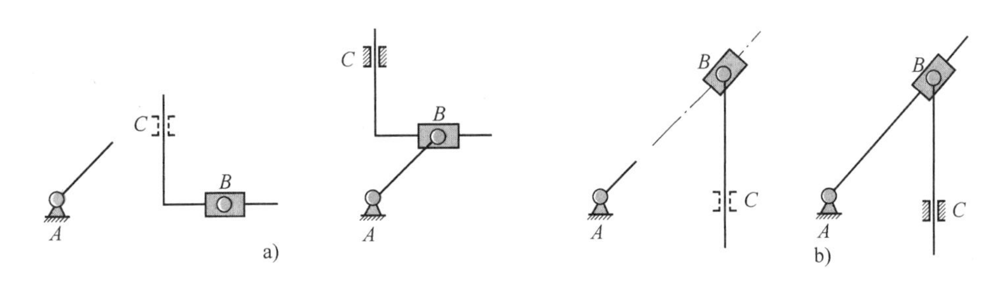

图 5-17　连接 RPP 杆组

a）外接 R 副　b）外接 P 副

2. 连接Ⅲ级杆组

由Ⅲ级杆组组成的Ⅲ级机构在工程中应用相对较少，这里仅做简单介绍。

图 5-18 所示为连接 3R3R 和 3R2RP Ⅲ级杆组组成的机构示意图。如 3R3R Ⅲ级杆组的一个外接副 E 与原动件连接，其余外接副与机架连接，得到图 5-18b 所示的Ⅲ级机构。如果其中的一个外接副为移动副，则可得到图 5-18d 所示的Ⅲ级机构。按照上述基本原理，可与许多Ⅲ级杆组组成各种新机构。

如 3R3R Ⅲ级杆组连接到两个原动件和机架上（图 5-18e），可得到图 5-18f 所示的二自由度Ⅲ级机构。

如 3R3R Ⅲ级杆组直接连接到三个原动件上（图 5-18g），可得到图 5-18h 所示的三自由度Ⅲ级机构。该机构在机器人领域称为并联机构。

（四）利用机构组成原理进行机构创新设计的基本思路

机构组成原理简单、易学，但传统的机械原理教学过程中往往忽视了它的重要性。在采用这种方法进行机构运动方案的创新设计时，可遵循下列基本原则：

1）Ⅱ级机构的综合方法、分析方法已经成熟，可优先考虑采用Ⅱ级杆组进行机构的组合设计。

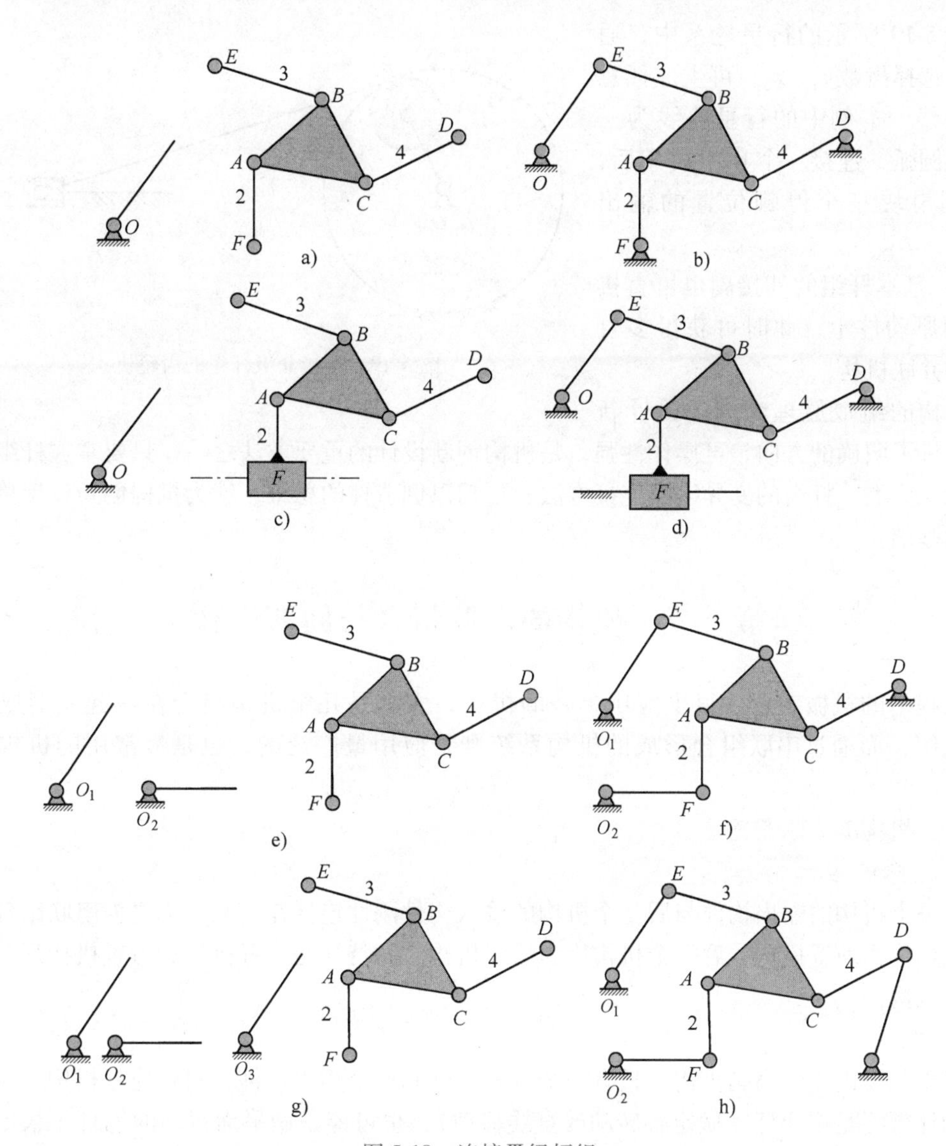

图 5-18　连接Ⅲ级杆组

2）掌握Ⅱ级杆组的 6 种基本形式，学会Ⅱ级杆组的变异设计，图 5-8b、c、d、e 右侧所示仅是杆组变异的几种简单形式。

3）Ⅱ级杆组的一个外接副连接活动构件，另一个外接副连接机架，可获得单自由度的机构。

4）根据机构输出运动的方式选择杆组类型。输出运动为转动或摆动时，可优先选择带有两个以上转动副的杆组，如 RRR、RPR、PRR 等杆组；输出运动为移动时，可优先选择带有移动副的杆组，如 RRP、PRP、RPP 等杆组，RPR 杆组也能实现移动到摆动的运动变换。

5）连接杆组法只能实现机构运动方案的创新设计，实现具体的机构功能要求还需进行机构的尺度综合。综合过程与杆组的连接位置的确定有时需要反复进行，才能得到满意的设计结果。

6）连接杆组法也适合齿轮、凸轮等其他机构的组合设计。

图 5-19 所示的行星轮系中，通过合理选择齿数 z_1、z_2，可生成任意行星曲线。本例中的行星曲线为三段近似圆弧，连接一个 RRP 杆组后，可得到滑块三个停顿位置的输出运动。

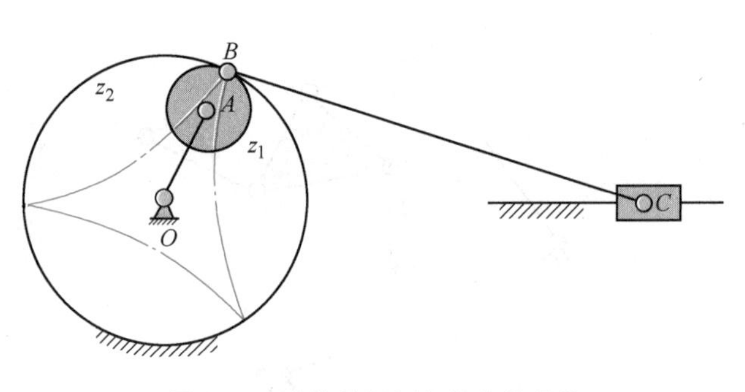

图 5-19　连接Ⅱ级杆组的齿轮机构

7）基本杆组的外接副也可直接连接到原动件上，此时可获得多自由度的并联机构。

机构的组成原理为创新设计新机构提供了明确的方向，可操作性强，是机构创新设计的重要方法之一。只要掌握杆组的基本概念、分类、杆组的变异以及连接方法，再辅以创造性的思维，就为机构创新设计奠定了良好的基础。

第三节　机构的串联组合与创新设计

工程中的机械装置，很少应用单一的机构，大都是几个机构组合在一起，形成一个机构系统，而通过串联组合形成的机构系统则是应用最广泛的，也是最常用的机构组合方法。

一、机构的串联组合

1. 基本概念

前一个机构的输出构件与后一个机构的输入构件刚性连接在一起，称之为串联组合。前一个机构称为前置机构，后一个机构称为后置机构。其特征是前置机构和后置机构都是单自由度的机构。

2. 分类

对于单自由度的高副机构，只有一个输入构件和一个输出构件；对于连杆机构，输出运动的构件可能是连架杆（做定轴转动或直线移动），也可能是做平面运动的连杆。根据参与组合的前后机构连接点的不同，可分为两种串联组合方法。连接点选在做简单运动的构件（一般为连架杆）上，称为Ⅰ型串联。做简单运动的构件指做定轴旋转或往复直线移动的构件。连接点选在做复杂平面运动的构件上，称为Ⅱ型串联。做复杂平面运动的构件指连杆或行星轮。图 5-20 所示为机构的串联组合框图。

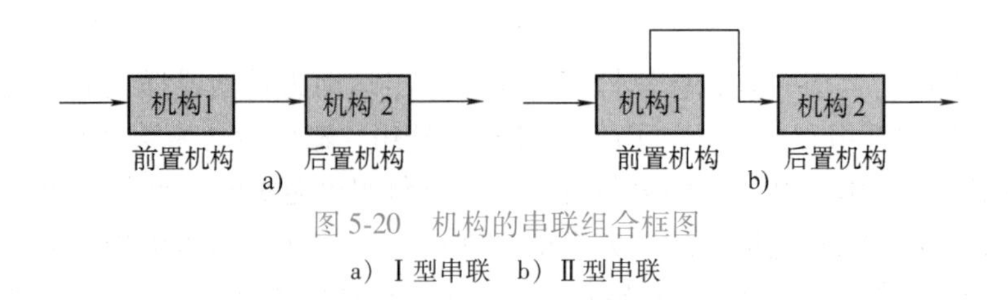

图 5-20　机构的串联组合框图
a）Ⅰ型串联　b）Ⅱ型串联

串联组合中的各机构可以是同类型机构，也可以是不同类型机构。串联中，前置机构和后置机构没有严格区别，按工作需要选择即可。设计要点是两机构连接点的选择。

3. 组合示例

图 5-21a 中，铰链四杆机构 *ABCD* 为前置机构，连杆机构 *DEF* 为后置机构。前置机构中的输出构件 *DC* 与后置连杆机构的输入构件 *DE* 固接，形成Ⅰ型串联。合理进行机构尺度综合后，可获得滑块的特定运动规律。

图 5-21b 中，前置机构为平行四边形机构 *ABCD*，后置机构为 z_1、z_2 组成的内啮合齿轮机构，齿轮机构中的内齿轮 1 与做平动的连杆固接，且圆心位于连杆的轴线上。齿轮 1 的圆心位于曲柄的平行线上，且满足 $O_1O_2=AB=CD$。该机构为Ⅱ型串联机构。

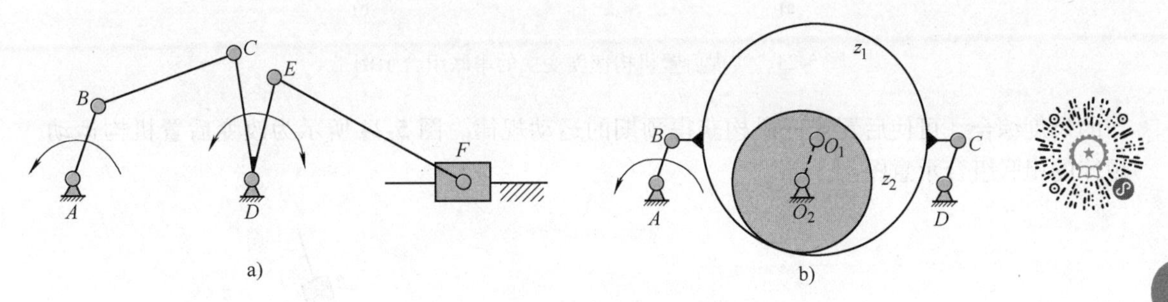

图 5-21　串联机构示意图

a）Ⅰ型串联　b）Ⅱ型串联

二、串联组合的基本思路

串联组合的机构系统在工程中的应用最为广泛。串联组合的基本思路如下：

（1）实现后置机构的速度变换　工程中的原动机大都采用输出转速较高的电动机或内燃机，而后置机构的转速较低。为实现后置机构低速或变速的工作要求，前置机构经常采用各种齿轮机构、齿轮机构与 V 带传动机构、齿轮机构与链传动机构，其中的齿轮机构、带传动机构、链传动机构已经标准化、系列化。图 5-22 所示为组合示例简图。

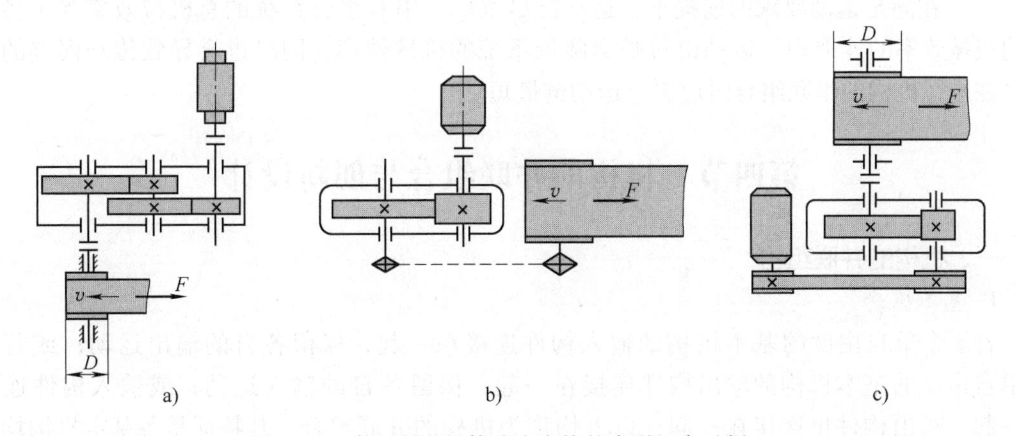

图 5-22　实现后置机构速度变换的串联组合示例一

a）前置机构为齿轮机构　b）后置机构为链传动机构　c）前置机构为 V 带传动机构

图 5-23a、b 所示分别为实现连杆机构、凸轮机构等后置机构速度变换的串联组合示意图。齿轮机构是应用最为广泛的实现速度变换的前置机构。

（2）实现后置机构的运动变换　基本机构的运动规律受机构类型的限制，如曲柄滑块机构的滑块或曲柄摇杆机构的摇杆很难获得等速运动，当串联一个前置连杆机构，并通过适

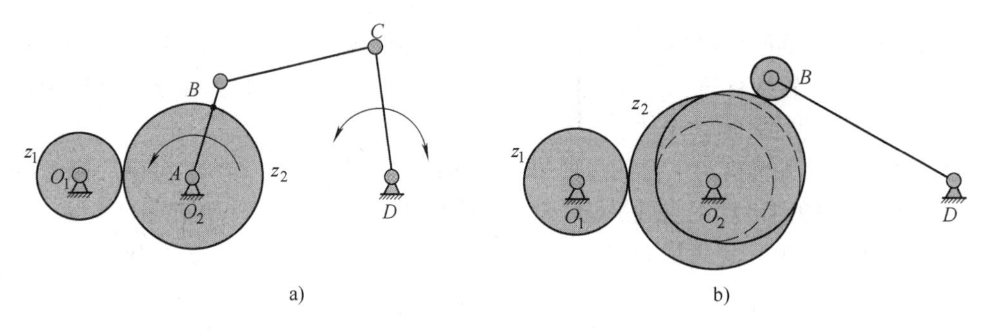

图 5-23　实现后置机构速度变换的串联组合示例二

当的尺度综合，可使后置连杆机构获得预期的运动规律。图 5-24 所示为改变后置机构运动规律的串联组合示意图。

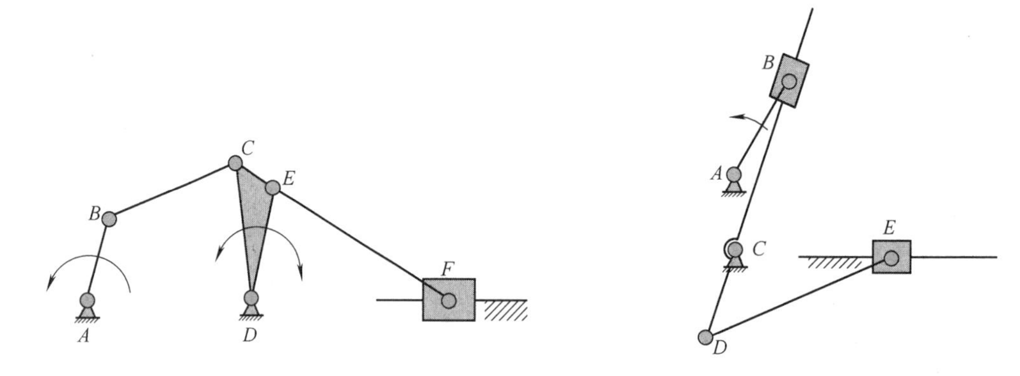

图 5-24　改变后置机构运动规律的串联组合

（3）在满足运动要求的前提下，运动链尽量短　串联组合系统的总机械效率等于各机构的机械效率的连乘积，运动链过长会降低系统的机械效率，同时也会导致传动误差的增大。在进行机构的串联组合时应力求运动链最短。

第四节　机构的并联组合与创新设计

一、机构的并联组合

1. 基本概念

若干个单自由度的基本机构的输入构件连接在一起，保留各自的输出运动；或若干个单自由度的基本机构的输出构件连接在一起，保留各自的输入运动；或输入构件连接在一起、输出构件也连接在一起；以上均称为机构的并联组合。其特征是各基本机构均是单自由度机构。

2. 分类

根据并联机构输入与输出特性的不同，可将并联机构分为三种并联组合方式。各机构把输入构件连接到一起，保留各自输出运动的连接方式，称为Ⅰ型并联；各机构保持不同的输入件，把输出构件连接在一起的方式，称为Ⅱ型并联；各机构的输入构件和输出构件分别连接在一起的连接方式，称为Ⅲ型并联。图 5-25 所示为机构的并联组合框图。

3. 组合示例

并联组合是最为常见的机构组合方法。图 5-26a 所示为两个曲柄滑块机构的并联组合，其中两个机构的曲柄连接在一起，成为共同的输入构件，两个滑块各自输出往复移动。

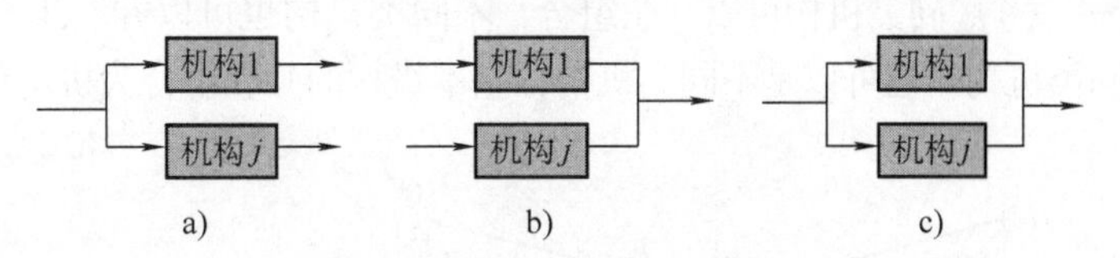

图 5-25 机构的并联组合框图

a) Ⅰ型并联 b) Ⅱ型并联 c) Ⅲ型并联

图 5-26b所示为两个曲柄摇杆机构的并联组合，其中两个机构的曲柄连接，成为共同的输入构件，两个摇杆均输出往复摆动。它们都是Ⅰ型并联组合。Ⅰ型并联组合机构可实现机构的惯性力完全平衡或部分平衡，还可实现运动的分解。被连接的输入构件之间的相位可根据具体的设计要求决定。图 5-26c 所示为Ⅱ型并联组合机构，四个主动滑块的移动共同驱动一个曲柄的输出。Ⅱ型并联组合机构可实现运动的合成，这类组合方法是设计多缸发动机的理论依据。

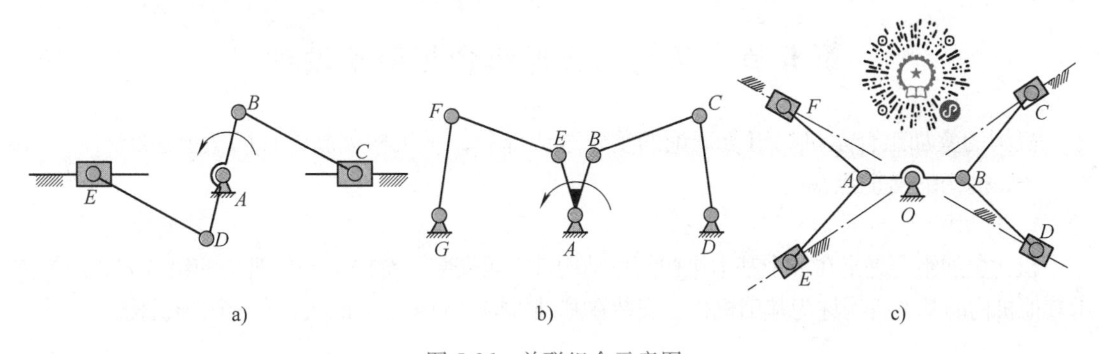

图 5-26 并联组合示意图

图 5-27 所示为Ⅲ型并联组合机构，共同的输入构件为主动带轮，共同的输出构件为滑块 *KF*。Ⅲ型并联组合机构常应用在压力机中。

为保持曲柄 *OA* 和 *OB* 的反向转动，可通过图示的同向带和交叉带传动机构实现。

二、并联组合的基本思路

串联组合的目的主要是改变后置机构的运动速度或运动规律，并联组合的目的主要是实现运动的分解或运动的合成，有时也可以改变机构的动力性能。并联组合的基本思路如下：

（1）对称并联相同的机构，可实现机构的平衡　通过对称并联同类机构，可以实现机构惯性力的部分平衡与完全平衡。利用Ⅰ型并联组合可实现此类目的。

（2）实现运动的分解与合成　Ⅰ型并联组合可以实现运动的分解或运动分流，Ⅱ型并联组合可以实现运动的合成。

（3）改善机构受力状态　图 5-27 所示机构中，两个曲柄驱动两套相同的串联机构，再通过滑块输出动力，使滑块受力均衡。Ⅲ型并联组合机构可使机构的受力状况大大改善，因此在压力机中得到广泛的应用。

图 5-21b 所示平动齿轮机构中，采用并联组合后，可得到图 5-28 所示的三环减速器机构。三个平动齿轮共同驱动一个外齿轮减速输出，不但增加了运动平稳性，而且改善了传力性能。

（4）同类机构可以并联组合，不同类机构也可以并联组合 并联组合中的分路机构可以是同类机构，也可以是不同类机构，基本机构的并联组合为机构创新设计提供了广泛的应用前景。

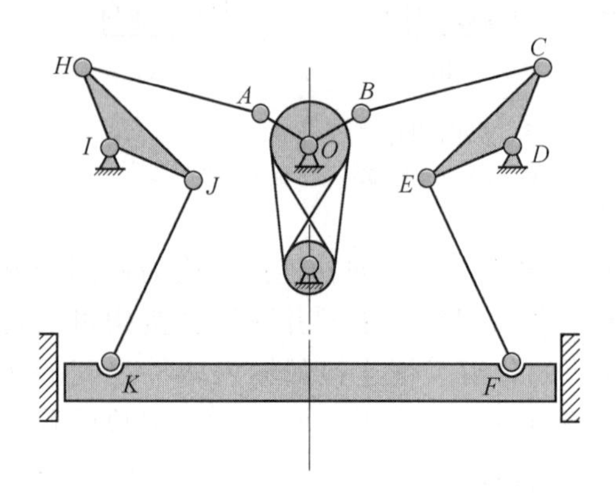

图 5-27 Ⅲ型并联组合机构

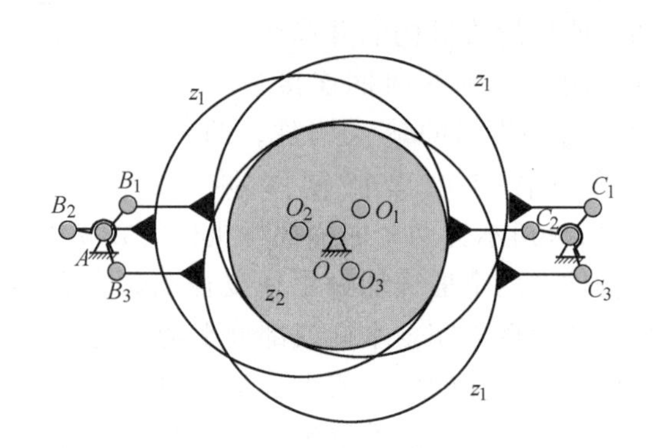

图 5-28 三环减速器机构

第五节 机构的叠加组合与创新设计

机构的叠加组合是机构组合理论的重要组成部分，是机构创新设计的重要途径。

一、机构的叠加组合

1. 基本概念

机构叠加组合是指在一个基本机构的可动构件上再安装一个以上基本机构的组合方式。把支承其他机构的基本机构称为基础机构，安装在基础机构可动构件上的机构称为附加机构。

2. 分类

机构叠加组合有两种方法。图 5-29 所示为机构的叠加组合框图，分别称为Ⅰ型叠加机构和Ⅱ型叠加机构。

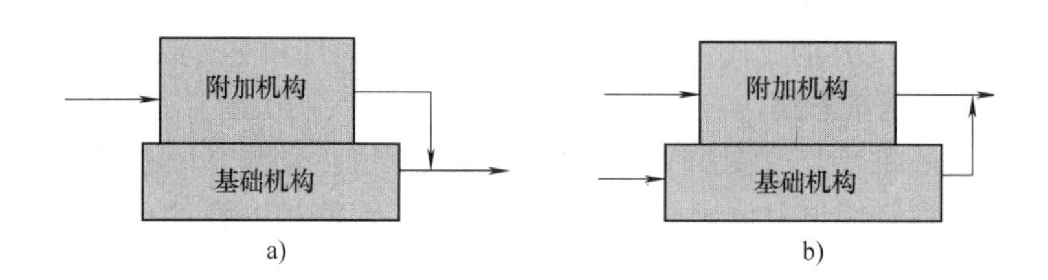

图 5-29 机构的叠加组合框图

a）Ⅰ型叠加机构 b）Ⅱ型叠加机构

（1）Ⅰ型叠加机构 图 5-29a 所示的叠加机构中，动力源作用在附加机构上，或者说主动机构为附加机构，还可以说由附加机构输入运动。附加机构在驱动基础机构运动的同时，也可以有自己的运动输出。附加机构安装在基础机构的可动构件上，同时附加机构的输出构件驱动基础机构的某个构件。

（2）Ⅱ型叠加机构 图 5-29b 所示的叠加机构中，附加机构和基础机构分别有各自的动力源，或有各自的运动输入构件，最后由附加机构输出运动。Ⅱ型叠加机构的特点是附加机构安装在基础机构的可动构件上，再由设置在基础机构可动构件上的动力源驱动附加机构运动。进行多次叠加时，前一个机构即为后一个机构的基础机构。

3. 组合示例

图 5-30 所示机构是根据Ⅰ型叠加原理设计的机构。蜗杆传动机构为附加机构，行星轮系机构为基础机构。蜗杆传动机构安装在行星轮系机构的系杆 H 上，附加机构的输出蜗轮与基础机构的行星轮连接在一起，为基础机构提供输入运动，带动系杆缓慢转动。附加机构的蜗杆驱动扇叶转动，又可通过基础机构的运动实现附加机构 360° 的全方位慢速转动，该机构可设计出理想的电风扇。扇叶转数可通过电动机调速调整。

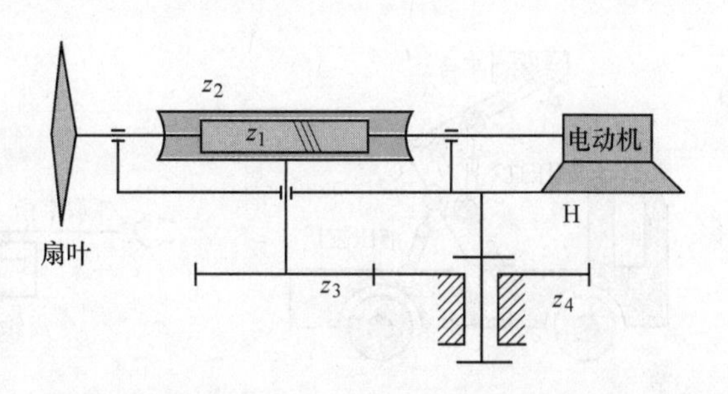

图 5-30　蜗杆机构与轮系机构组成的叠加机构

Ⅰ型叠加机构是设计摇头电风扇机构的理论基础，图 5-31a 所示为常用电风扇的机构简图，图 5-31b 所示为按Ⅰ型叠加原理设计的双重轮系机构。一般情况下，以齿轮机构为附加机构，以连杆机构或齿轮机构为基础机构的叠加方式应用较为广泛。

Ⅰ型叠加机构在军事装备中有广泛应用。

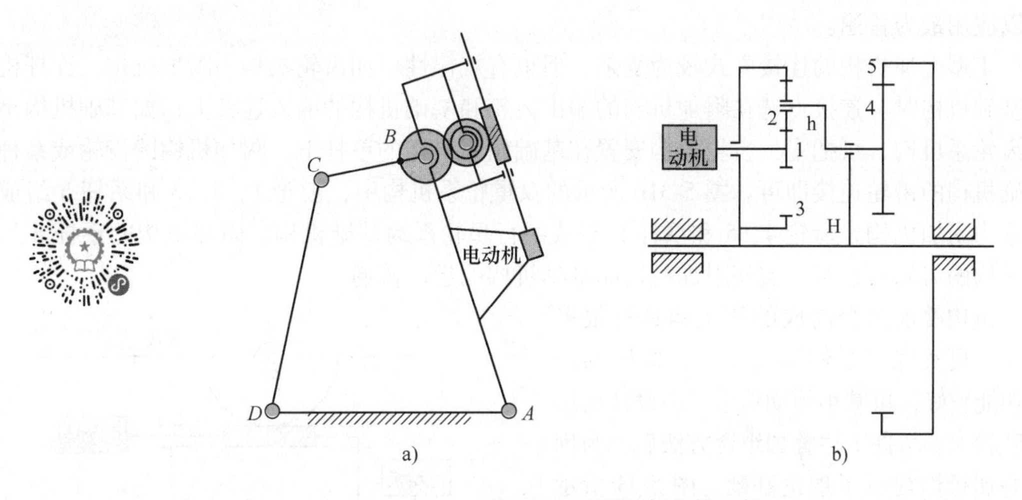

图 5-31　Ⅰ型叠加机构示例

a）连杆机构为基础机构　b）齿轮机构为基础机构

Ⅱ型叠加机构在工程中得到广泛应用。图 5-32a 所示的户外摄影车机构即为Ⅱ型叠加机构的示例。平行四边形机构 *ABCD* 为基础机构，由液压缸 1 驱动 *BC* 杆运动。平行四边形机构*CDFE*为附加机构，并安装在基础机构的 *CD* 杆上。安装在基础机构 *AD* 杆上的液压缸 2 驱动附加机构的 *DF* 杆，使附加机构相对基础机构运动。平台的运动为叠加机构的复合运动。

Ⅱ型叠加机构在各种机器人和机械手机构中得到了非常广泛的应用。图 5-32b 所示的机械手就是按Ⅱ型叠加原理设计的叠加机构。

机构的叠加组合为创建新机构提供了坚实的理论基础，特别在要求实现复杂的运动和特殊的运动规律时，机构的叠加组合有巨大的创新潜力。

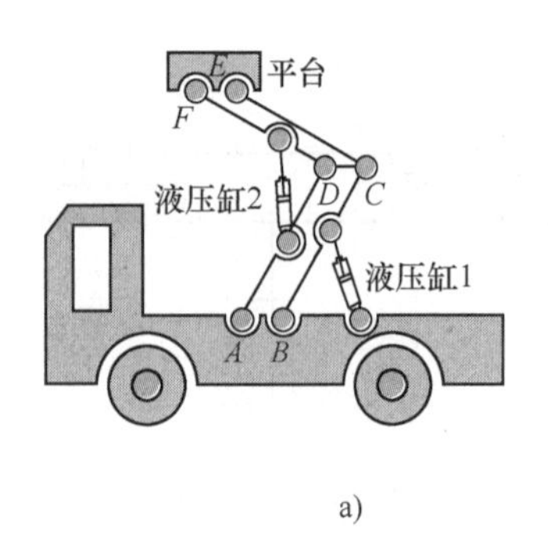

a)

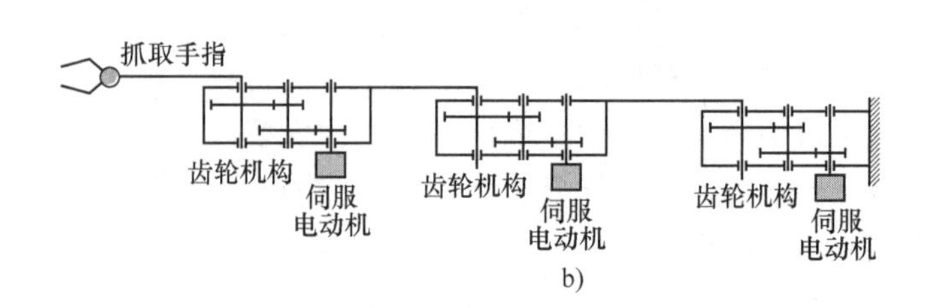

b)

图 5-32 Ⅱ型叠加机构示例

a）户外摄影车机构 b）机械手机构

二、机构叠加组合的关键问题

机构叠加组合的概念明确，思路清晰。创新设计的关键问题是确定附加机构与基础机构之间的运动传递，或者附加机构的输出构件与基础机构的哪一个构件连接。

Ⅱ型叠加机构中，动力源安装在基础机构的可动构件上，驱动附加机构的一个可动构件，按附加机构数量依次连接即可。Ⅱ型叠加机构之间的连接方式较为简单，且规律性强，所以应用最为普遍。

Ⅰ型叠加机构的连接方式较为复杂，但也有规律性。如齿轮机构为附加机构，连杆机构为基础机构时，连接点选在附加机构的输出齿轮和基础机构的输入连杆上；如基础机构是行星齿轮系机构，可把附加齿轮机构安置在基础轮系机构的系杆上，附加机构的齿轮或系杆与基础机构的齿轮连接即可。图 5-31b 所示的双重轮系机构中，齿轮 1、2、3 和系杆 h 组成的轮系为附加机构，齿轮 4、5 和系杆 H 组成的行星轮系为基础机构。附加机构的系杆 h 与基础机构的齿轮 4 连接，实现附加机构向基础机构的运动传递。

机构叠加组合而成的新机构具有很多优点，可实现复杂的运动要求，机构的传力功能较好，可减小传动功率，但设计构思难度较大。掌握上述叠加组合方法后，为创建叠加机构提供了理论基础。图 5-33 所示是利用机构的叠加组合原理设计的新机构。设计要求是天线可做全方位的空间转动。

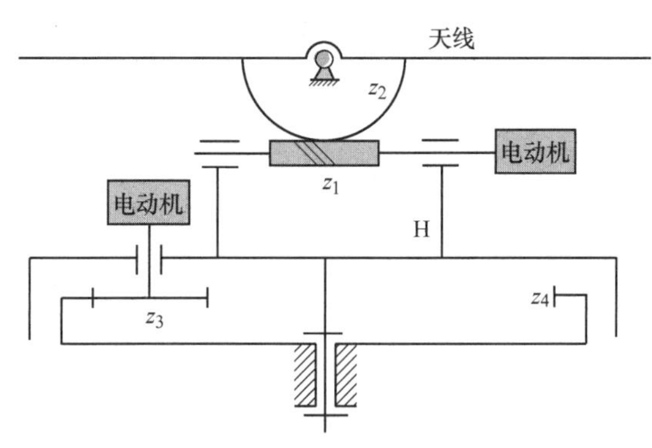

图 5-33 天线旋转机构

设计构思：天线既可绕水平轴旋转，又可绕垂直轴旋转，两者运动的合成可实现空间全方位转动。采用单自由度的平面机构难以实现空间任意位置要求，采用绕水平轴旋转和绕垂直轴旋转运动的两个单自由度平面机构的叠加组合可实现设计要求。而采用齿轮机构则更为简单，且体积小。

如图 5-33 所示，绕水平轴（y 轴）的转动用蜗杆传动机构完成，可作为附加机构。驱动电动机安装在蜗杆轴上。绕垂直轴（z 轴）的转动可用行星轮系完成，使其为基础机构。其中行星轮为主动件。固接在系杆上的步进电动机直接驱动行星轮，迫使系杆转动。附加机构安置在基础机构的系杆 H 上，系杆成为附加机构的机架。同时控制系杆上的两个步进电动机，可实现天线的任意方向和位置。

第六节　机构的封闭组合与创新设计

一、机构的封闭组合

1. 基本概念

一个二自由度机构中的两个输入构件或两个输出构件或一个输入构件和一个输出构件用单自由度的机构连接起来，形成一个单自由度的机构系统，称为封闭式连接。其特征是基础机构为二自由度机构，附加机构为单自由度机构。

具有二自由度的机构为基础机构，共有 3 个运动。因此，附加单自由度的机构可封闭 2 个输入运动或封闭 2 个输出运动或封闭 1 个输入运动和 1 个输出运动。由于单自由度的机构连接了二自由度基础机构中的两个构件的运动，也就限制了被连接构件的 1 个独立运动，使组合机构系统的自由度减少 1 个，因此封闭组合机构的自由度为 1。

基础机构的 3 个运动中，有 2 个运动被另外一个附加机构封闭连接，因此不能分别单独设计基础机构和附加机构，必须把基础机构和附加机构看作一个整体来考虑设计方法。明白其组合原理后，将为封闭组合机构的分析与设计提供有利条件。

2. 分类

根据封闭组合机构输入与输出特性的不同，共有 3 种封闭组合方法。一个单自由度的附加机构封闭基础机构的两个输入或输出运动，称为Ⅰ型封闭组合机构，如图 5-34a 所示（运动流程也可反向）；两个单自由度的附加机构封闭基础机构的两个输入或输出运动，称为Ⅱ型封闭组合机构，如图 5-34b 所示（运动流程也可反向）；一个单自由度的附加机构封闭基础机构的一个输入运动和输出运动，称为Ⅲ型封闭组合机构，如图 5-34c 所示。

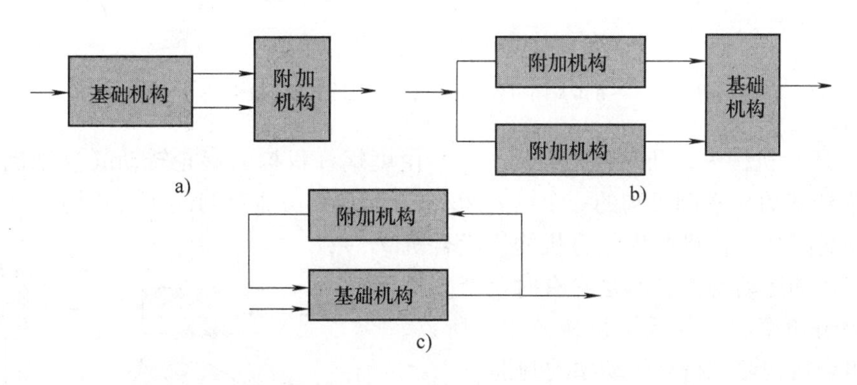

图 5-34　机构的封闭组合框图

a）Ⅰ型封闭组合机构　b）Ⅱ型封闭组合机构　c）Ⅲ 型封闭组合机构

3. 组合示例

图 5-35a 所示差动轮系有两个自由度，给定任意两个输入运动（如齿轮 1、3），可实现系杆的预期输出运动。在齿轮 1、3 之间组合附加定轴轮系（齿轮 4、5、6 组成）后，可获得图 5-35b 所示的Ⅰ型封闭组合机构，调整定轴轮系的传动比，可得到任意预期的系杆转速。把系杆 H 的输出运动通过定轴轮系（齿轮 4、5、6 组成）反馈到输入构件（齿轮 3）

后，可得到图 5-35c 所示的Ⅲ型封闭组合机构。

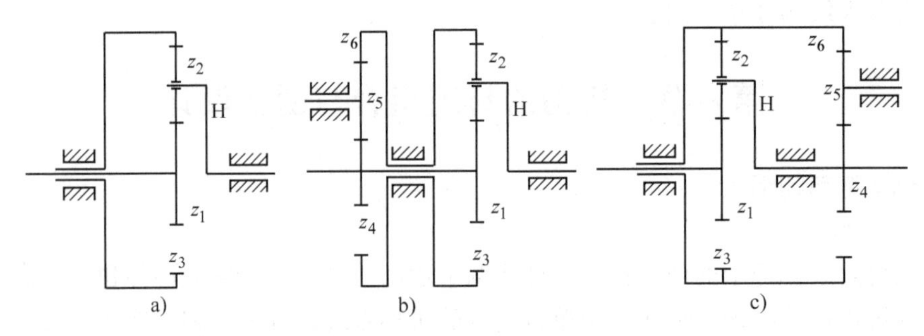

图 5-35 封闭组合机构示例之一

a）差动轮系 b）Ⅰ型封闭组合机构 c）Ⅲ型封闭组合机构

图 5-36a 所示机构中，由齿轮 1、2、3 和系杆 H 组成的差动轮系为基础机构，差动轮系的系杆和齿轮 1 经连杆机构 *ABCD* 和齿轮机构 z_1、z_4 封闭，四杆机构和定轴齿轮机构组成两个附加机构，形成Ⅱ型齿轮连杆封闭组合机构，组合概念非常清晰。

图 5-36b 所示机构中，二自由度的五杆机构 *OABCD* 为基础机构，凸轮机构为封闭机构。五杆机构的两个连架杆分别与凸轮和推杆固连，形成Ⅰ型凸轮连杆封闭组合机构。

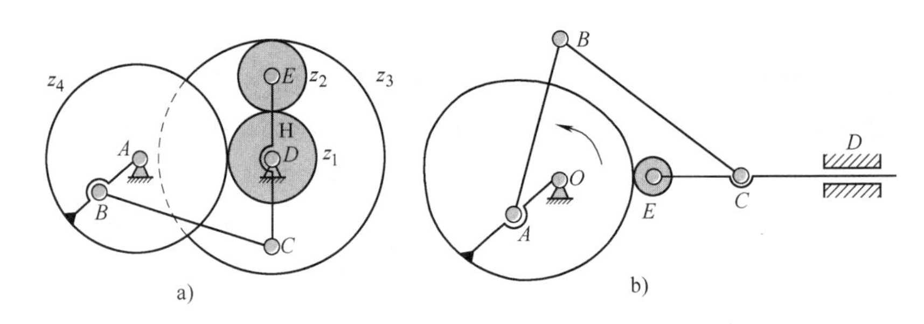

图 5-36 封闭组合机构示例之二

a）Ⅱ型封闭组合机构 b）Ⅰ型封闭组合机构

图 5-37 所示机构中，凸轮机构封闭了二自由度蜗杆机构的蜗轮转动（基础机构的输出运动）和蜗杆移动（基础机构的一个输入运动），是典型的Ⅲ型封闭组合机构。

机构的封闭式组合将产生组合机构，组合机构可实现优良的运动特性。但是它有时会产生机构内部的封闭功率流，降低了机械效率。所以，传力封闭组合机构要进行封闭功率的判别。

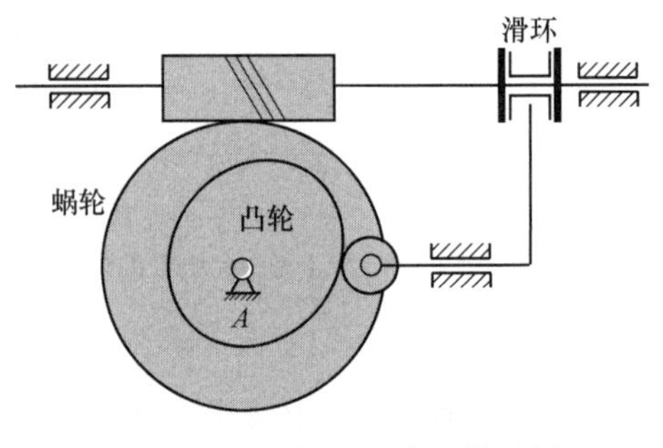

图 5-37 Ⅲ型封闭组合机构示例

二、封闭组合的基本思路

封闭组合的前提是二自由度的基础机构和单自由度机构的组合，组合而成的新机构是组合机构，基本组合思路如下：

1）常见的基础机构主要有五杆机构和差动轮系机构，附加封闭机构可以是齿轮机构、凸轮机构和四杆机构，有时也用间歇运动机构作为封闭机构。

2）附加机构封闭基础机构的两个输入运动或两个输出运动简便易行，在工程中的应用最为广泛。

3）附加机构封闭基础机构的一个输入构件和一个输出构件，输出运动反馈回输入构件。其反馈条件必须满足：

$$3n_1-2p_1=2$$

$$3n_2-2p_2=1$$

二式相减，可有：

$$3(n_2-n_1)-2(p_2-p_1)=-1$$

$$3\Delta n-2\Delta p=-1$$

$$\Delta n=\frac{2\Delta p-1}{3}$$

式中，n_1、p_1 为二自由度基础机构的可动构件数和运动副数；n_2、p_2 为封闭连接后的机构系统的可动构件数和运动副数；Δn、Δp 为附加机构的构件数和运动副数。

附加机构的构件与运动副数目见表 5-1。

表 5-1　附加机构的构件与运动副数目

附加机构	1	2	3	4	5	6	7
Δp	2	3.5	5	6.5	8	9.5	11
Δn	1	2	3	4	5	6	7

附加机构的组成必须满足表 5-1 中的数据，由于构件数和运动副数必须是整数，故表 5-1 中的 1、3、5、7 列数据是有效的。高副机构可用其等效低副机构代替。

图 5-38a 所示为Ⅰ型封闭组合机构，其附加机构满足表 5-1 中第 1 列数据。图 5-38b 所示为Ⅱ型封闭组合机构，经过高副低代后，其附加机构满足表 5-1 中第 3 列数据。图 5-38c 所示为Ⅲ型封闭组合机构，其附加机构也满足表 5-1 中第 3 列数据。

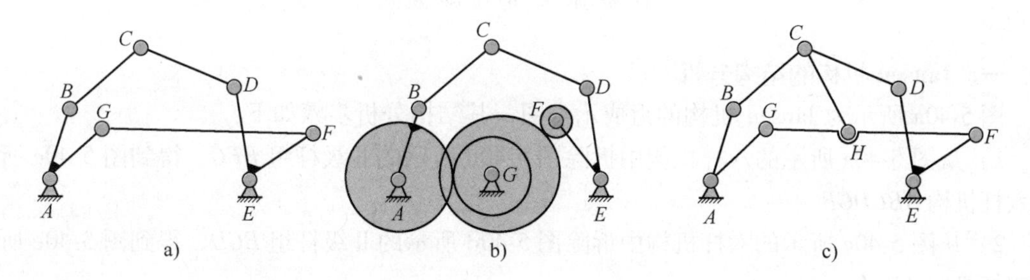

图 5-38　封闭组合机构示例之三
a）Ⅰ型封闭组合机构　b）Ⅱ型封闭组合机构　c）Ⅲ型封闭组合机构

附加机构封闭基础机构的输入与输出构件时，基础机构的输出运动端与附加机构之间必须增加一个含有两个低副的构件或者一个高副，这样才能满足表 5-1 的基本条件。图 5-37 中的滑环为一个构件，滑环与蜗杆轴和凸轮的推杆以低副连接。图 5-38c 中，C 点的运动经 CH 构件通过附加机构 $AGFE$ 反馈到基础机构的另一个输入构件 DE 上。

4）机构的封闭式组合结果将导致形成组合机构，其设计和分析方法与基础机构和附加机构的类型有密切关系。任意两个自由度的机构均可作为基础机构，而单自由度的机构则可

作为附加机构。如基础机构为连杆机构，附加机构可为连杆机构、齿轮机构、凸轮机构和间歇运动机构等，这时可组成连杆—连杆组合机构、连杆—齿轮组合机构、连杆—凸轮组合机构、连杆—槽轮组合机构等。

第七节　机构组合创新设计实例分析

前面各节讨论了机构的各种组合方法，每种组合方法都是机构创新的源泉和基本思路，都是机械创新设计最实用的方法。下面以荷兰艺术家 Theo Jansen 发明的风靡世界的海滩怪兽为例，说明机构组合原理在机械创新设计中的实际应用。

Theo Jansen 做出的海滩怪兽，也叫魔力风车，其以风力作为前进的动力。也就是说，其无须人力或发动机的动力。该机械的腿看起来庞大而复杂，但是却能够非常好地保持运动协调的一致性，可以在海滩上自由的漫步。图 5-39a 所示为魔力风车实物样机，图 5-39b 为魔力风车单腿机构简图。

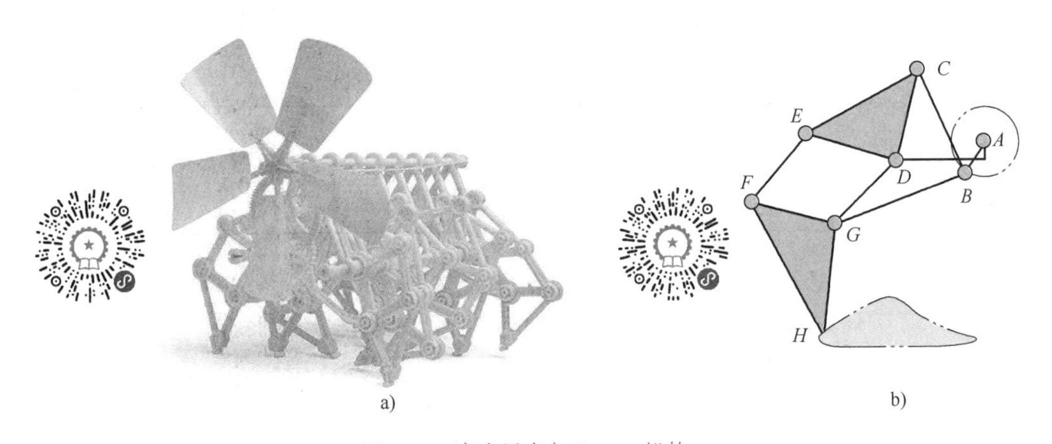

图 5-39　魔力风车与 Jansen 机构

a）魔力风车　b）Jansen 机构

一、Jansen 机构的结构分析

图 5-40a 所示为 Jansen 机构的组成示意图，其结构分析步骤如下：

1）从图 5-40a 所示的八杆机构中拆除图 5-40b 所示的Ⅱ级杆组 *EFG*，得到图 5-40c 所示的六杆机构 *ABCDGB*。

2）从图 5-40c 所示的六杆机构中拆除图 5-40d 所示的Ⅱ级杆组 *BGD*，得到图 5-40e 所示的四杆机构 *ABCD*。

3）从图 5-40e 所示的四杆机构中拆除图 5-40f 所示的Ⅱ级杆组 *BCD*，得到图 5-40g 所示的原动件 *AB*。

该机构是由一个原动件 *AB* 和三个Ⅱ级杆组组成的自由度为 1 的Ⅱ级机构。它是一个看似复杂、实际简单的多杆机构。

二、Jansen 机构的创新过程

1. 利用机构组成原理的创新过程

1）根据机构的组成原理，把图 5-41b 所示的Ⅱ级杆组 *BCD* 的外接副 *B* 连接到图 5-41a 所示的原动件 *AB* 的 *B* 点，另一个外接副 *D* 连接到机架上，组成图 5-41c 所示的铰链四杆机构 *ABCD*。

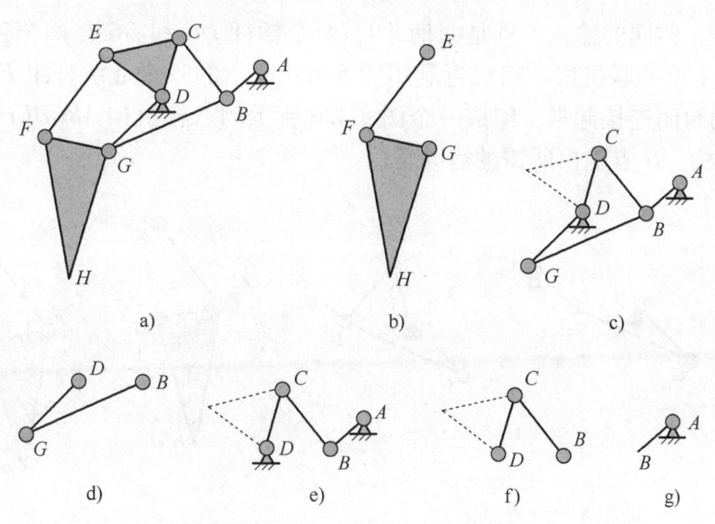

图 5-40　Jansen 机构的结构分析

2）把图 5-41d 所示的Ⅱ级杆组 *BGD* 的外接副 *B* 连接到图 5-41c 所示的原动件 *AB* 的 *B* 点，另一个外接副 *D* 也连接到机架的 *D* 点上，组成图 5-41e 所示的铰链六杆机构 *ABCDGB*。

3）把图 5-41f 所示的Ⅱ级杆组 *EFG* 的外接副 *E* 连接到图 5-41e 所示机构的摆杆 *DC* 上的 *E* 点，另一个外接副 *G* 连接到该机构摆杆 *DG* 上的 *G* 点，这样，Ⅱ级杆组 *EFG* 就把两个摆杆的运动封闭起来，最后组成一个八杆机构 *ABCDEFGH*，构件 *FG* 上的 *H* 点可形成适合步行机械行走的走行曲线，如图 5-39b 所示。

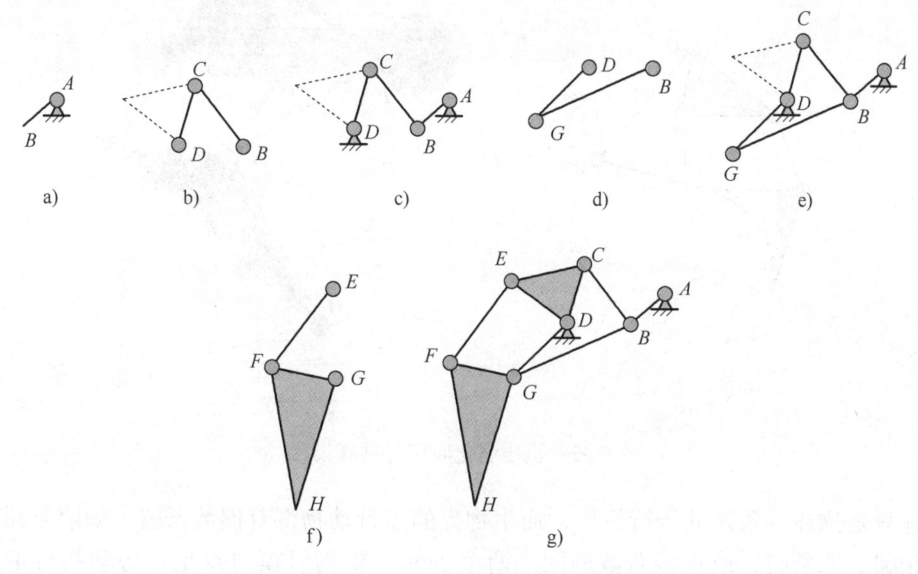

图 5-41　Jansen 机构的创新过程

机构的组合创新过程是机构结构分析的逆过程，看似复杂的机构都是按照机构组成原理设计的，即把基本杆组依次连接到原动件和机架上或直接连接到多个原动件上，可组成一系列新机构。

2. 利用机构之间连接的创新过程

Jansen 机构实质上是图 5-42a、b 所示的两个铰链四杆机构 *ABCD* 和 *ABGD* 并联组合成的

六杆机构 *ABCDG*，共同的输入构件是曲柄 *AB*，两个摆杆 *DC* 和 *DG* 是两个独立输出的摆动构件，这是一个Ⅰ型并联机构。然后再利用图 5-42d 所示的一个Ⅱ级杆组 *EFG* 把两个摆杆 *DC* 和 *DG* 的运动封闭连接起来，组成一个图 5-42e 所示的八杆机构 *ABCDEFG*，这样就成为一个Ⅲ型并联机构。*H* 点输出所需的运动轨迹。

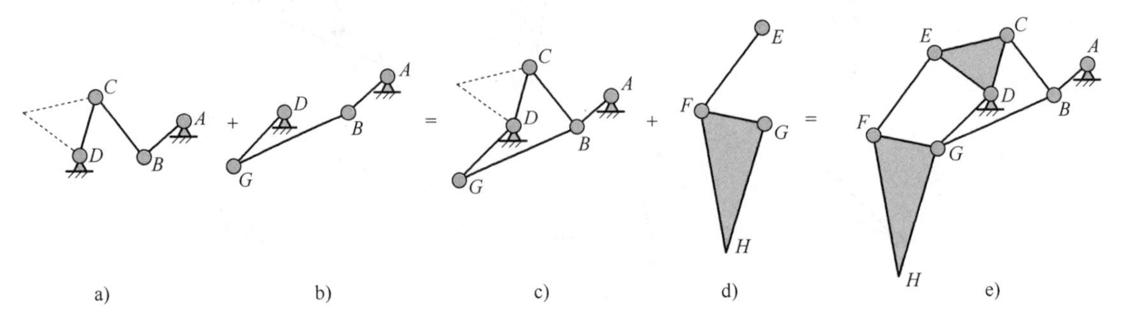

图 5-42　Jansen 机构的设计

3. 利用机构演化与变异原理，改变机构足端运动轨迹

如果把图 5-42 所示的 Jansen 机构 *EFGD* 尺寸调整为一个平行四边形，则该机构演化为图 5-43a 所示的爬行机械腿机构；如果把图 5-43a 所示机构 *EFGD* 尺寸调整为一个四边相等的平行四边形，而且使 *BC*=*BG*，则其运动轨迹更加适合模仿爬行动物的腿机构。

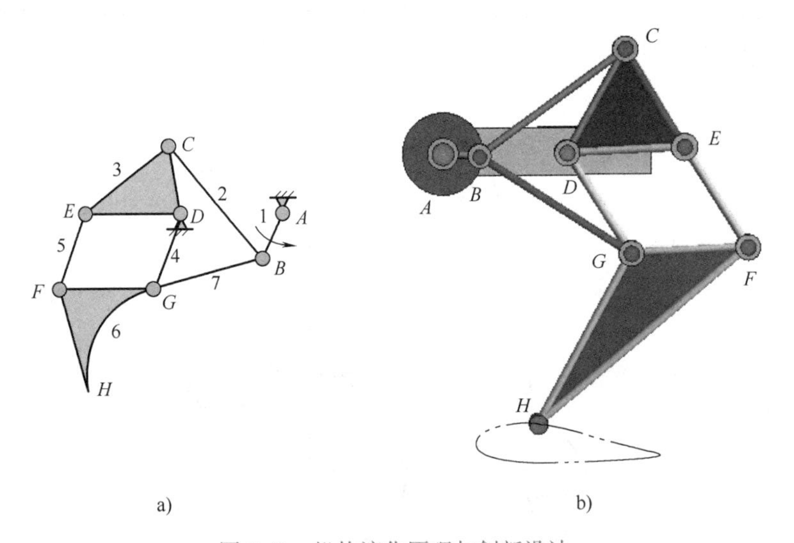

图 5-43　机构演化原理与创新设计

上述只是描述一条腿的步行机构，而生物界的步行动物都有偶数条腿，如两条腿、四条腿、六条腿、八条腿，或更多对数的腿。两个 Jansen 机构可模仿双足步行动物行走，四个 Jansen 机构可模仿四足步行动物行走，多个 Jansen 机构可模仿多条腿的动物行走。图 5-44a 所示机构系统为两个 Jansen 机构组成的两足步行机械，图 5-44b 所示机构系统为四个 Jansen 机构组成的四足步行机械。实线部分为两条腿，虚线部分为两条腿。曲柄 *AB* 为主动件。

机器中执行机械运动的装置就是机构，创新设计新机器的核心内容是设计执行机械运动的机构，而任何复杂的机构都是由最简单的机构组合而成的。因此研究机构组合原理与方法，并把它们应用到实际的工程设计中，为创新设计新机械提供了一条十分有效的途径。

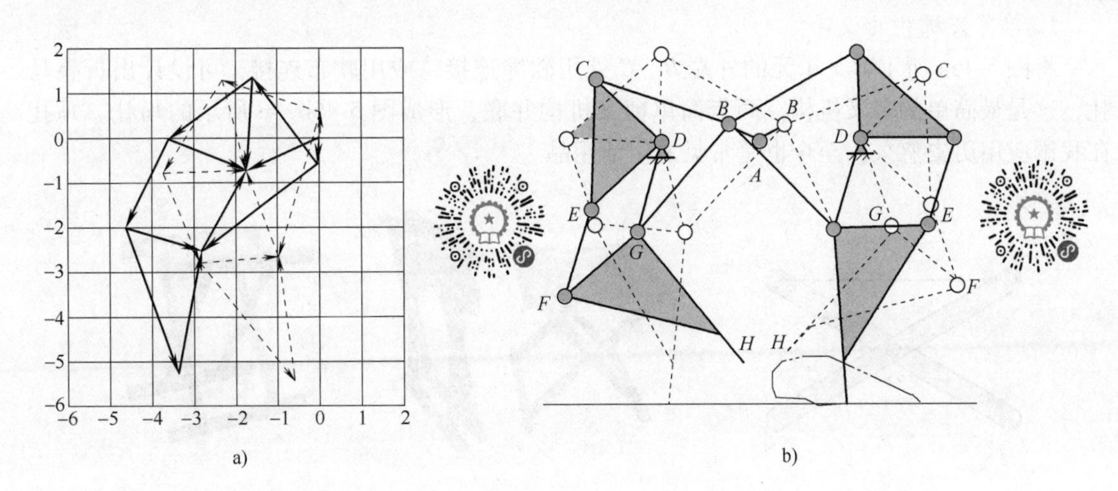

图 5-44　风车的步行腿组成

第八节　剪叉机构及其创新设计

剪叉机构是一种连杆机构，具有良好的扩展特性和折叠特性，不但在各领域中得到了广泛的应用，而且应用前景及应用范围还在扩大。

一、剪叉机构的基本概念

两个杆件之间用一个转动副连接起来，其结构类似于剪刀，故称为剪叉机构。最简单的剪叉机构，又称为剪叉单元。多个剪叉单元相连接，构成了各种各样的剪叉机构。

图 5-45a 所示的剪叉单元中，两杆等长，即 $AB=CD$，铰链位于两杆中间，称为 A 型剪叉单元，也称为对称剪叉单元，是应用最广泛的剪叉单元。图 5-45b 所示的剪叉单元中，两杆等长，即 $AB=CD$，铰链不在两杆中间，称为 B 型剪叉单元。图 5-45c 所示的剪叉单元中，两杆不等长，$AB\neq CD$，铰链位于两杆中间，称为 C 型剪叉单元（剪叉单元的类型，如 A、B、C 型为作者自行命名）。除此以外还有其他类型的剪叉单元，但均可以看作是这几种剪叉单元的演化与变异。

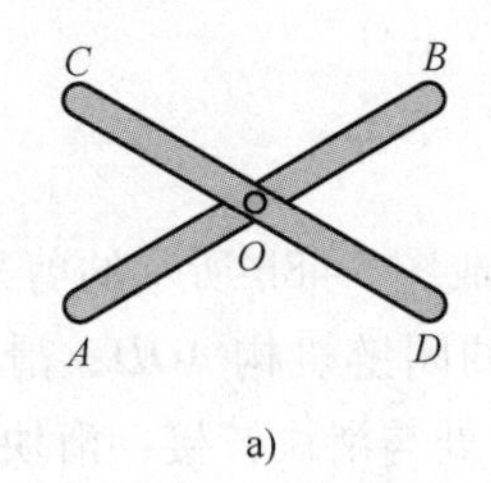

a)

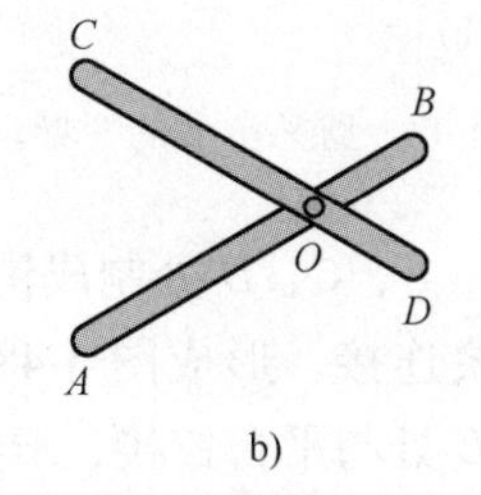

b)

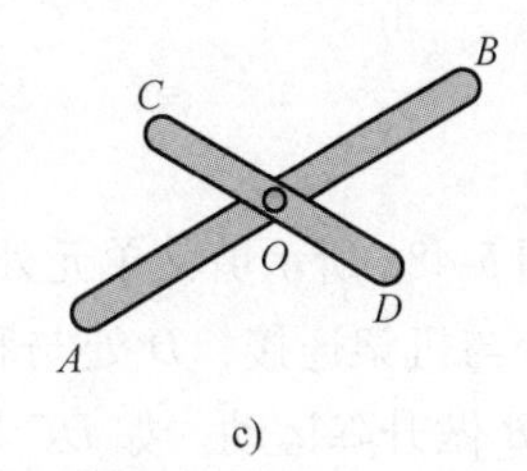

c)

图 5-45　基本剪叉单元

二、剪叉机构的组合与创新

我国是最早利用剪叉单元的基本原理设计剪叉机构的国家，如剪刀、钳子、折叠凳子等。单个剪叉单元在工程中应用的意义不大，但通过对剪叉单元进行各种组合，如串联组合、并联组合、叠加组合等，可设计出各种各样的功能不同的剪叉机构。

1. 单剪叉机构的设计

将图5-46a所示剪叉单元的外端 B、C 处用软绳连接，或用软布连接，可设计出折叠马扎，这是最简单的剪叉机构，两套简单剪叉机构并联，形成图5-46b、c所示的马扎。马扎在我国应用历史悠久，至今也是常见的生活用品。

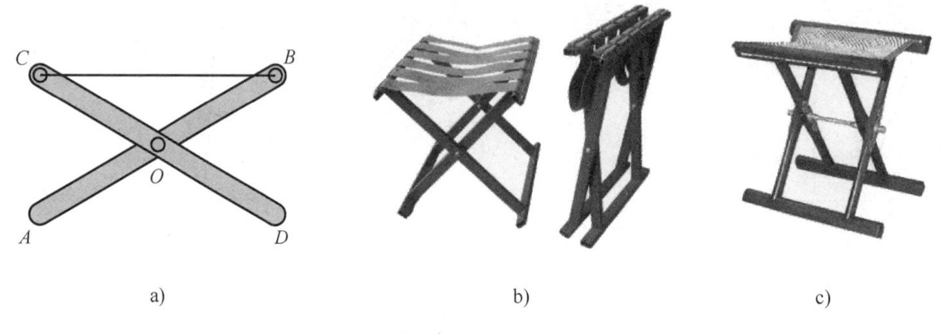

a) b) c)

图5-46 折叠马扎

若将剪叉单元中的某一杆伸长，可得到图5-47a所示的折叠椅子。将伸长杆的尺寸与形状进行变异设计，可得到图5-47b所示的折叠椅子，该椅子具有很好的艺术性。剪叉单元还可以设计成曲线形状。图5-47c所示为伸缩架，若干剪叉单元连接在一起，不但能增加伸缩距离，而且具有美观性和艺术性。

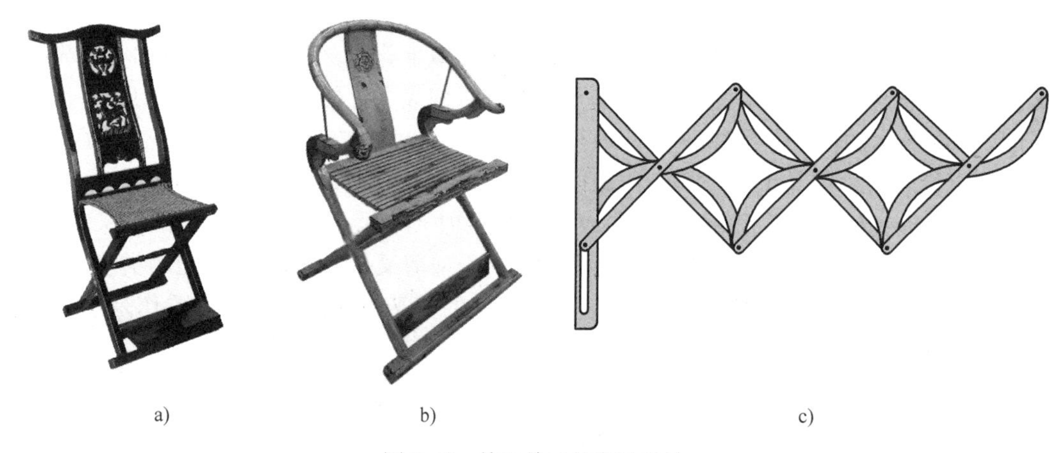

a) b) c)

图5-47 剪叉单元的变异设计

将图5-48a所示剪叉单元外端 A、B、C、D 处制成销孔，形成图5-48b所示的剪叉单元；再将 A 处与机架连接，D 处与移动块连接，形成图5-48c所示的闭链机构 AOD；滑块移动时，C、B 做升降运动。如 DC 杆的 C 处与平台铰接，AB 杆的 B 处与滑块铰接，滑块与平台以移动副连接，可设计出图5-48d所示的最简单的剪叉升降机构。为增大机构的刚度，一般需要两个剪叉机构并联使用。

图5-49所示为两个剪叉机构并联，采用液压驱动的升降平台，该装置可用于较小高度的升降场合。

图5-50a所示的剪叉单元中，B、C 连接一个Ⅱ级杆组 BEC，则可设计出图5-50b所示的折叠凳，图5-50c为可坐状态。当然，也必须并联两套同样的剪叉机构才能稳定工作。

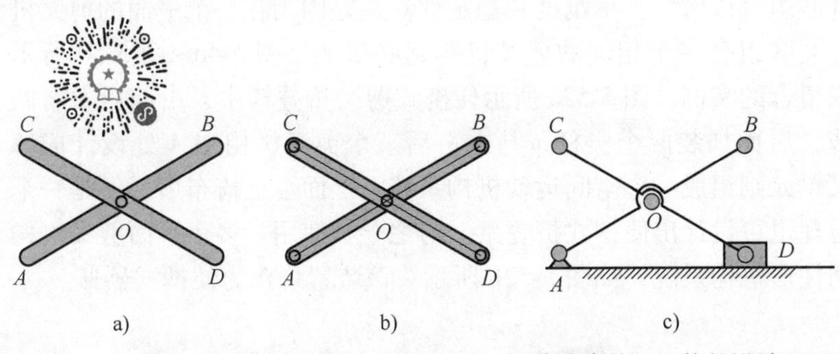

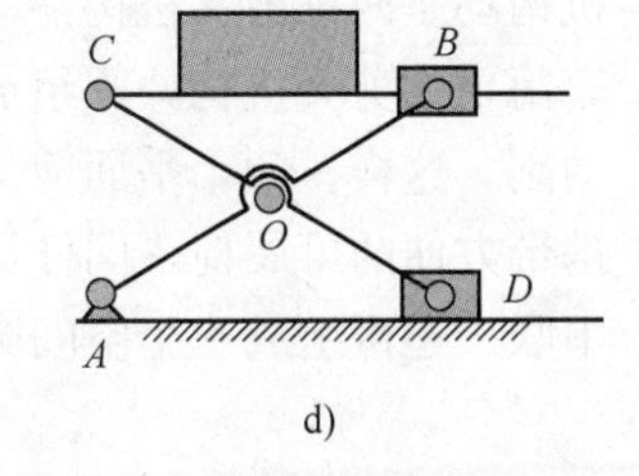

图 5-48　简单升降剪叉机构的设计

图 5-49　简单剪叉式升降机

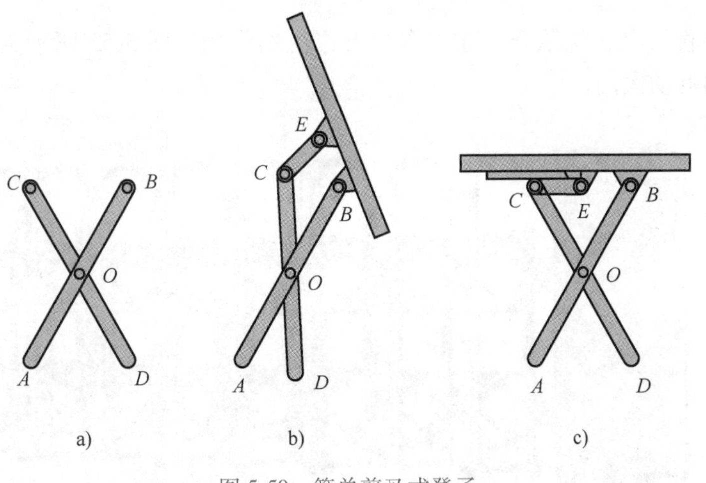

图 5-50　简单剪叉式凳子

上述连接Ⅱ级杆组的方法也适于 B 型剪叉单元的组合设计。图 5-51a 所示为双 B 型剪叉单元连接Ⅱ级杆组 *CDE* 设计成靠椅；图 5-51b 为 B 型剪叉单元组成的大桌子示意图。

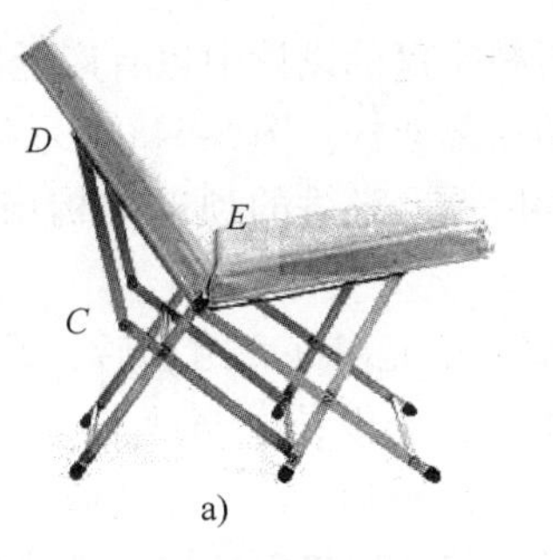

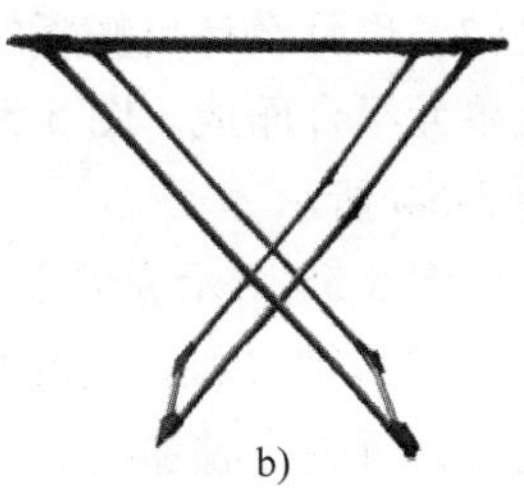

图 5-51　B 型剪叉单元组成的剪叉机构

2. 剪叉机构的组合设计

实际工程中，剪叉机构的组合应用最多。

（1）并联与串联组合　剪叉机构作

为支承机构时，必须进行并联组合以增大支承刚度和稳定性。这是因为在一个平面的剪叉机构稳定性差、支承刚度小，并联组合多个相同的剪叉机构是必要的。图 5-46～图 5-50 所示机构均是两排剪叉机构并联组合的实例。图 5-52a 所示便携式剪叉折叠椅中，由前后左右四套简单的剪叉机构并联组成，后面加装两个竖杆，与左右后三个剪叉机构在 *A* 处设计成移动副。这样，四个平面剪叉单元则组成一个空间运动机构系统。上面套上椅布后，便是一个携带方便的可展椅。同样道理也可设计出便携式折叠桌，与之配套使用。多个平面剪叉机构串联，还可组成一个空间圆柱形机构系统，如图 5-52b 所示。该装置可作为便携式器皿。

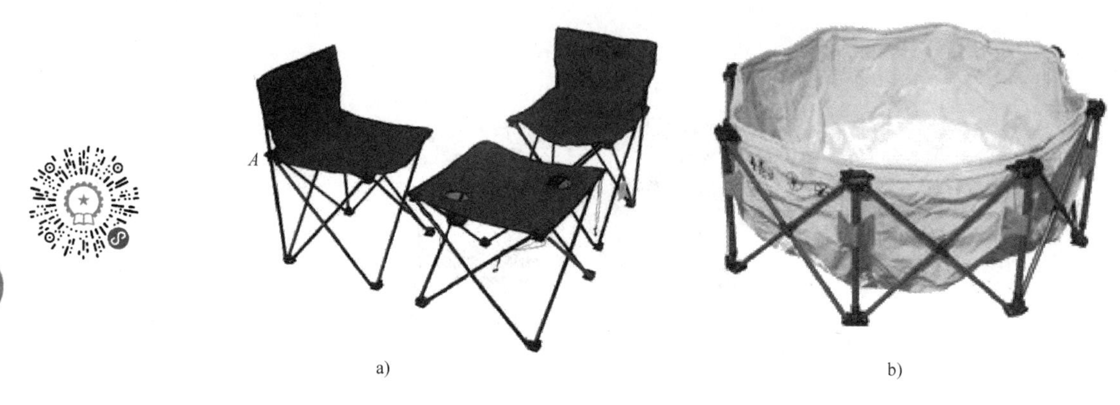

图 5-52　简单剪叉单元的组合

多个平面剪叉机构并联与串联相结合，在工程中有广泛的应用。图 5-53 所示为多个剪叉机构并联再串联组成的电动大门。

图 5-53　剪叉单元组合而成的电动大门

剪叉机构在便携式折叠帐篷的设计中也有广泛应用。剪叉机构可设计出帐篷的可展支承机构，也可设计出帐篷的顶部架构。图 5-54a 所示帐篷的可展支承机构和顶部架构全部由剪叉单元组合而成。图 5-54b 所示帐篷的顶部架构由剪叉单元组合设计而成，其收起状态如图 5-54c所示。

图 5-55 所示为多个剪叉单元串并联组合后，设计成的可展折叠桌凳机构。

（2）剪叉机构的叠加组合与设计　当剪叉机构用于举升重物时，一般在并联组合的基础上，再进行叠加组合。图 5-56a 所示为 A 型剪叉单元，图 5-56b 所示为其叠加组合。A 型剪叉单元的叠加组合是设计剪叉型起重机构的理论基础。

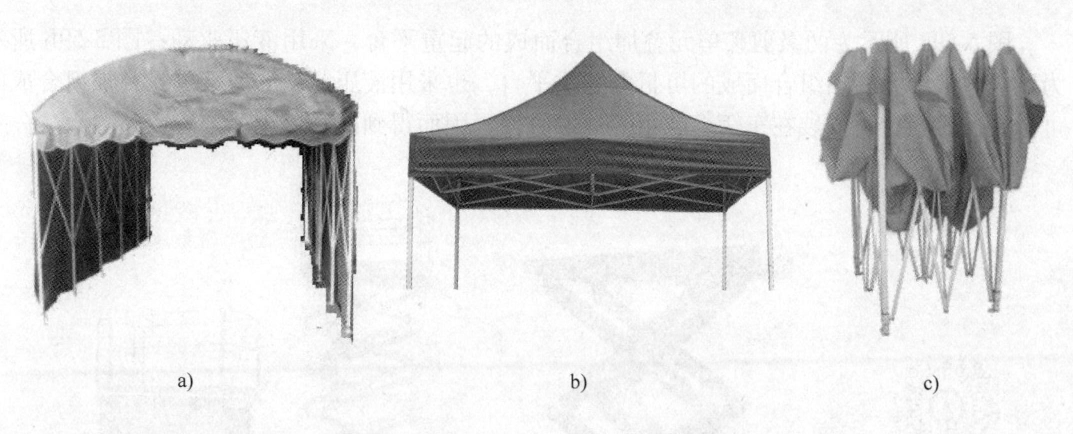

图 5-54 剪叉单元组合而成的可展帐篷

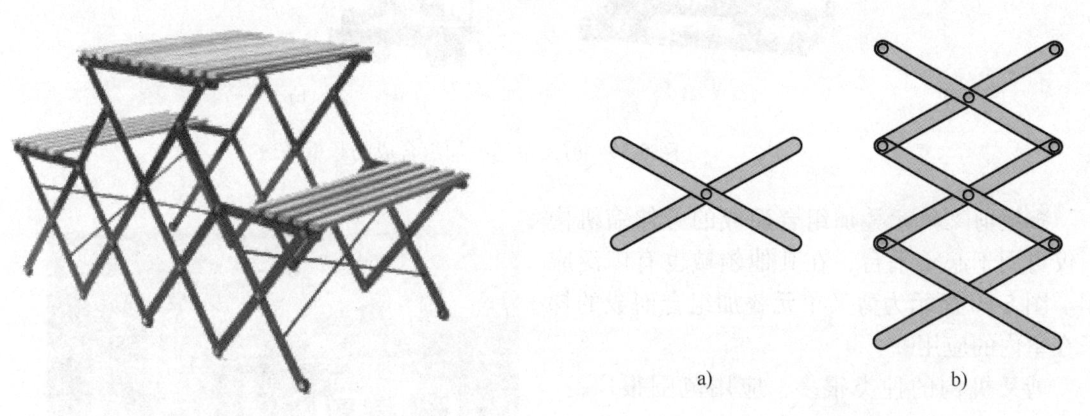

图 5-55 剪叉单元组合而成的可展桌凳

图 5-56 A 型剪叉单元的叠加组合

图 5-57a 所示为 B 型剪叉单元，图 5-57b 所示为其叠加组合。该类剪叉单元叠加组合设计时，两杆中心铰链点 O 的轨迹为曲线，利用该类型剪叉单元的叠加组合可进行结构的艺术设计。

图 5-58a 所示为 C 型剪叉单元，图 5-58b 所示为其叠加组合。该类剪叉单元叠加组合设计时，两杆中心铰链点 O 的轨迹为斜直线，利用该类型剪叉单元的叠加组合也可进行结构的艺术设计。

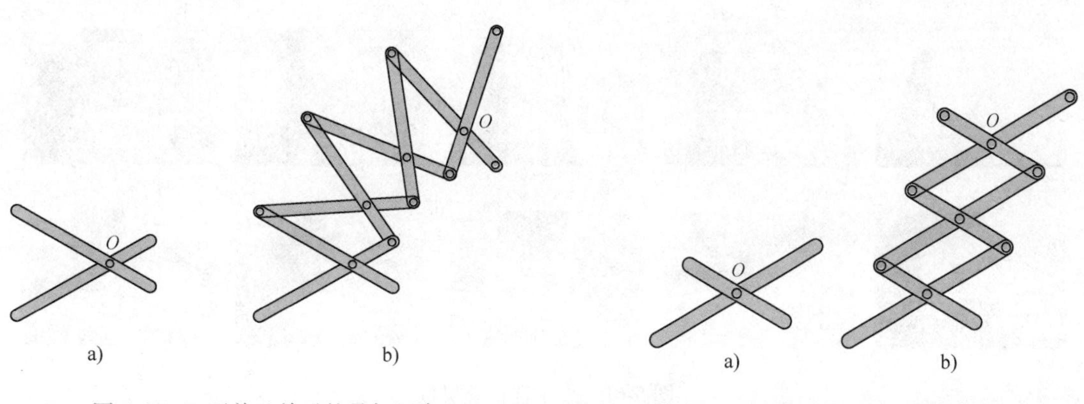

图 5-57 B 型剪叉单元的叠加组合

图 5-58 C 型剪叉单元的叠加组合

图 5-59a 所示为两级剪叉单元叠加组合而成的起重平台，采用液压驱动；图 5-59b 所示为 6 级剪叉单元叠加组合而成的可折叠起重平台，也采用液压驱动。剪叉单元叠加组合成的可折叠起重平台可安装在车辆上，由于运输方便，因而得到广泛应用。

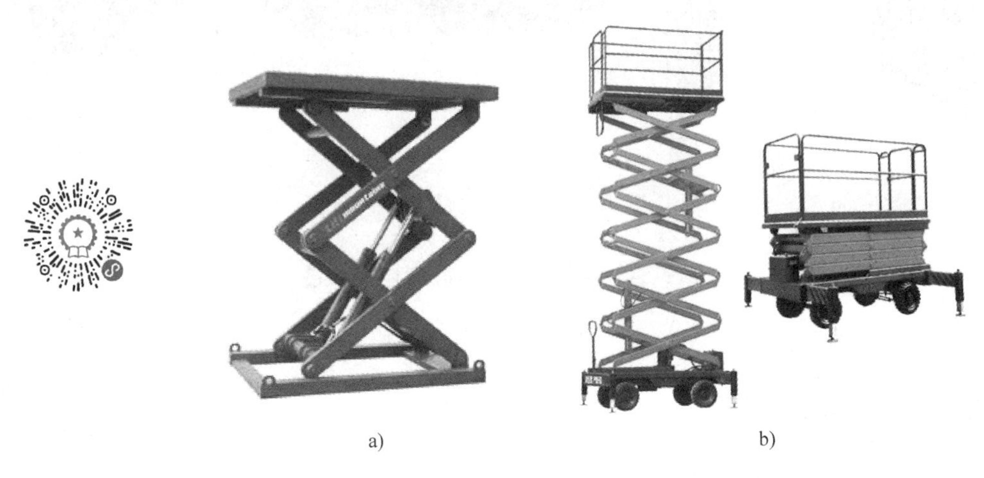

a) b)

图 5-59　剪叉单元叠加组合成的起重平台

多级剪叉单元叠加组合而成的可伸缩机构不仅可用于起重平台，在其他领域也有广泛应用。图 5-60 所示为剪叉单元叠加组合而成的梯子在室内的应用。

图 5-60　剪叉单元叠加组合而成的梯子

剪叉机构的种类很多，应用范围很广泛，其设计的基本问题是剪叉单元的选型、尺度综合以及连接方法。

在折叠可展机构的研究领域中，还出现了一种新型柔性机构。该类机构由几根封闭弹性钢丝包上尼龙布组成，可作为野外活动的便携式帐篷。图 5-61 所示为全柔性机构的展开与折叠过程。这类全柔性机构的设计理论和设计方法研究较少，目前正在发展过程之中，相信这类全柔性机构的创新作品会越来越多。

图 5-61　全柔性折叠机构

第六章 机械结构与创新设计

机构设计、机构的演化与变异设计、机构的组合设计等设计成果要变成产品，还必须经过机械的结构设计，才能转换为供加工用的图样，机械结构设计的过程也充满着创新。根据机构由运动副、构件、机架组成的特点，进行结构设计时，在满足强度、刚度的基础上，各类运动副的形状与结构、构件的形状与结构、机架的形状与结构对产品的性能、成本等有重要意义。机械零件的集成化设计、机械产品的模块化设计，为机械结构的创新设计开辟了广阔的前景。

第一节　机械结构设计的概念与基本要求

机械的创新一般都要经历功能→机构→结构的思维过程。机械结构设计就是将原理方案设计结构化，即把机构系统转化为机械实体系统。一方面，原理方案及其创新需要通过结构设计得以实现；另一方面，结构设计不但要使零部件的形状和尺寸满足原理方案的要求，还必须解决与零部件结构有关的力学、工艺、材料、装配、使用、美观、成本、安全和环保等一系列问题，因此在结构设计过程中具有巨大的创新空间。结构设计的质量和创新水平的高低，对机械创新的成败起着十分关键的作用。在机械结构设计过程中，要充分考虑以下几方面的基本要求：

1. 功能要求

机械结构设计就是将原理设计方案具体化，即构造一个能够满足功能要求的三维实体的零部件及其装配关系。概括地讲，各种零件的结构功能主要有承受载荷、传递运动和动力，以及保证或保持有关零部件之间的相对位置或运动轨迹关系等。功能要求是结构设计的主要依据和必须满足的要求。

2. 使用要求

对于承受载荷的零件，为保证零件在规定的使用期限内正常地实现其功能，在结构设计中应使零部件的结构受力合理，降低应力，减少变形，节省材料，以利于提高零件的强度、刚度和延长使用寿命。

3. 结构工艺性要求

组成机器的零件要能最经济地制造出和装配好，应具有良好的结构工艺性。机器的成本主要取决于材料和制造费用，因此工艺性与经济性是密切相关的。通常应从以下几个方面考虑：

1）应使零件形状简单合理。

2）适应生产条件和规模。

3）合理选用毛坯类型。

4）便于切削加工。

5）便于装配和拆卸。

6）易于维护和修理。

4. 人机学要求

在结构设计中还必须考虑使用和安全问题，此外应使结构造型美观，操作舒适，有利于环境保护。

对于由机构系统组成的机械来说，它的基本组成要素是运动副、运动构件和固定构件（即机架）。它们在机械系统中的功能不同，因此设计的出发点也有所不同。根据机械的基本组成要素，可从功能要求出发分别考虑其结构化过程中的问题，这样的过程符合结构设计初学者的思维方式，同时也为今后结构创新设计能力的培养和逐步提高奠定了基础。

第二节　转动副的结构与创新设计

一、对转动副结构的基本要求

两个构件之间的相对运动是转动，可用转动副连接。转动副是机械中最常用的运动副。图 6-1a 是一个转动副的简图，图 6-1b 则是它的结构化例子，构件 1 与构件 2 用销轴连接，两构件只能做相对转动。

对转动副结构的基本要求是保证两相对回转件的位置精度、承受压力、减小摩擦损失和保证使用寿命。

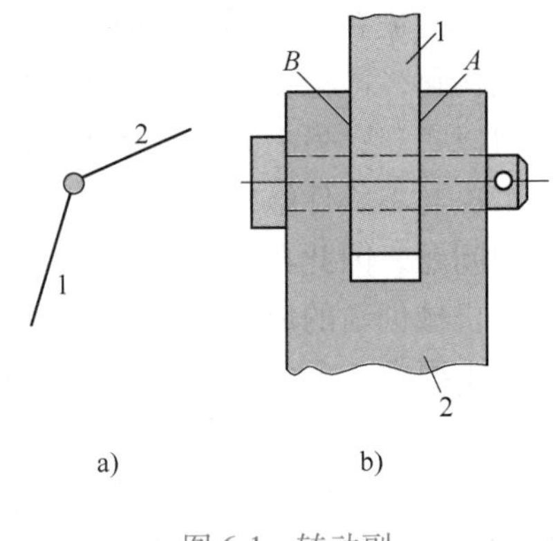

图 6-1　转动副

二、轴承用于转动副

两构件之间只要有相对运动就会产生摩擦。为了减小相对转动时的摩擦和磨损，人们将相对转动中的圆柱表面部分用轴承替代。最早的轴承是滑动轴承。为了进一步减小摩擦，人们又发明了滚动轴承。随着工业的现代化进程，机器越来越向高速度和大功率方向发展，对于轴承的各方面性能要求也越来越高，新型轴承不断出现，为节能降耗做出了贡献。

图 6-2 和图 6-3 分别是使用滑动轴承和滚动轴承实现转动副的例子。

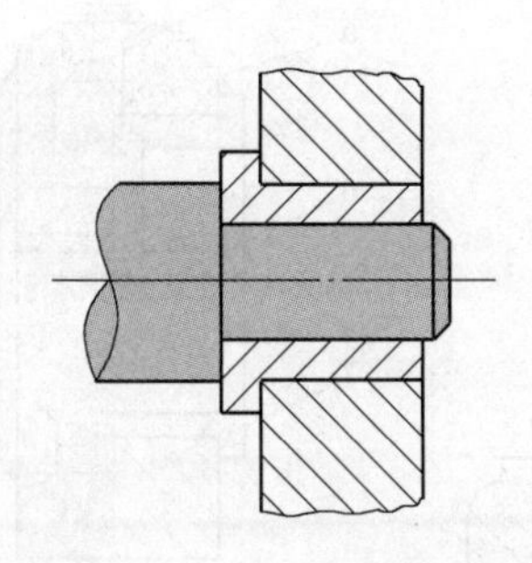

图 6-2　滑动轴承作为转动副

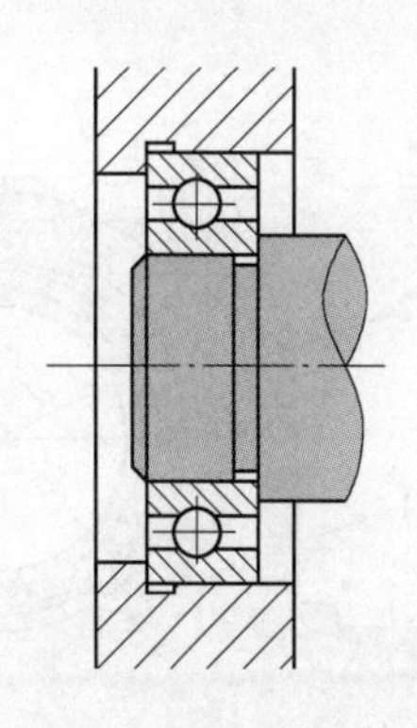

图 6-3　滚动轴承作为转动副

三、滑动轴承的特点及常见结构型式

滑动轴承的结构简单，适用于高速或低速重载以及结构上要求剖分等场合。

滑动轴承按表面间的润滑状态可分为两种，即非液体润滑状态和液体润滑状态。润滑状态不同，对滑动轴承的结构提出的要求也不相同。

（一）滑动轴承的基本结构型式

常见的径向滑动轴承结构有整体式、剖分式和调心式。图 6-4 所示为一整体式滑动轴承，它由轴承座 1 和整体轴瓦 2 组成。整体式滑动轴承具有结构简单、成本低、刚度大等优点，但在装拆时需要轴承或轴做较大的轴向移动，故装拆不便；而且当轴颈与轴瓦磨损后，无法调整其间隙。所以，这种结构常用于轻载、不需经常装拆且不重要的场合。

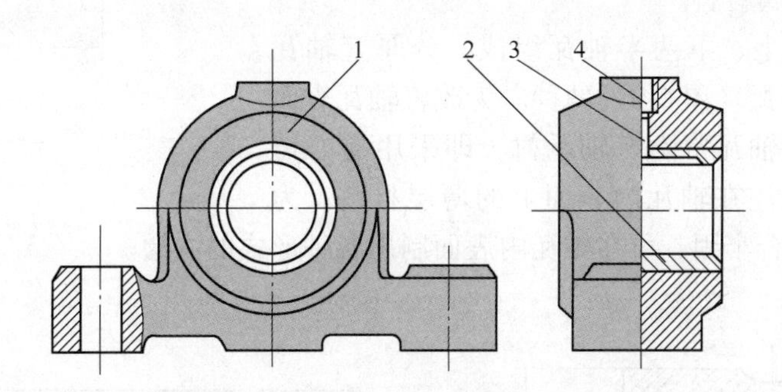

图 6-4　整体式径向滑动轴承

1—轴承座　2—整体轴瓦　3—油孔　4—螺纹孔

剖分式径向滑动轴承如图 6-5 所示，它由轴承座 1、轴承盖 2、剖分式轴瓦 7 和双头螺柱 3 等组成。为防止轴承座与轴承盖间相对错动，接合面要做成阶梯形或设止动销钉。这种结构装拆方便，且在接合面之间可放置垫片，通过调整垫片的厚薄来调整轴瓦和轴颈间的间隙。

调心式滑动轴承如图 6-6 所示，其轴瓦和轴承座之间以球面形成配合，使得轴瓦和轴相对于轴承座可在一定范围内摆动，从而避免安装误差或轴的弯曲变形较大时，造成轴颈与轴瓦端部的局部接触所引起的剧烈偏磨和发热。但由于球面加工不易，因此这种结构一般只用在轴承的长径比较大的场合。

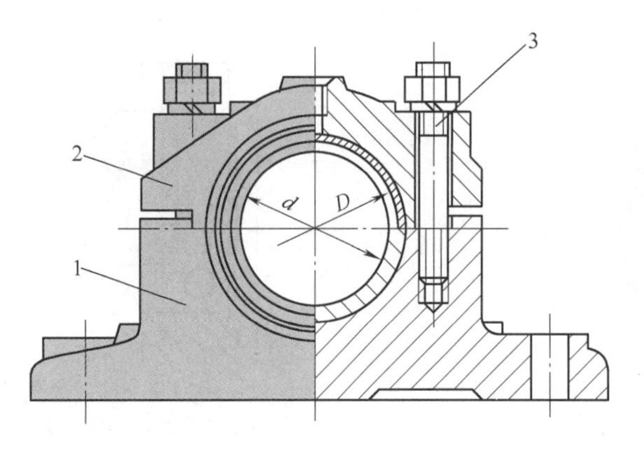

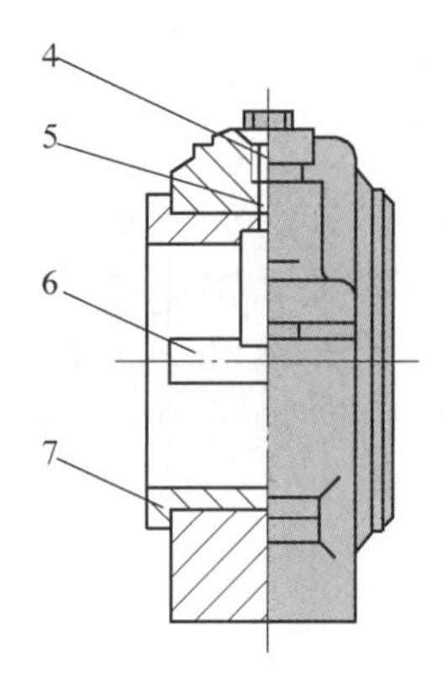

图 6-5　剖分式径向滑动轴承

1—轴承座　2—轴承盖　3—双头螺柱　4—螺纹孔　5—油孔　6—油槽　7—剖分式轴瓦

（二）径向滑动轴承的轴瓦结构

1. 轴瓦的形式和构造

径向滑动轴承的轴瓦常有整体式和对开式两种结构，整体式轴瓦用于整体式轴承，而对开式轴瓦用于剖分式轴承。按制造工艺和材料不同，整体式轴瓦有整体轴套（图 6-7a）和卷制轴套（图 6-7b）两种，卷制轴套由单层材料、双层材料或多层材料组成。非金属整体式轴瓦既可以是单纯的非金属轴套，也可以是在钢套上镶衬非金属材料。

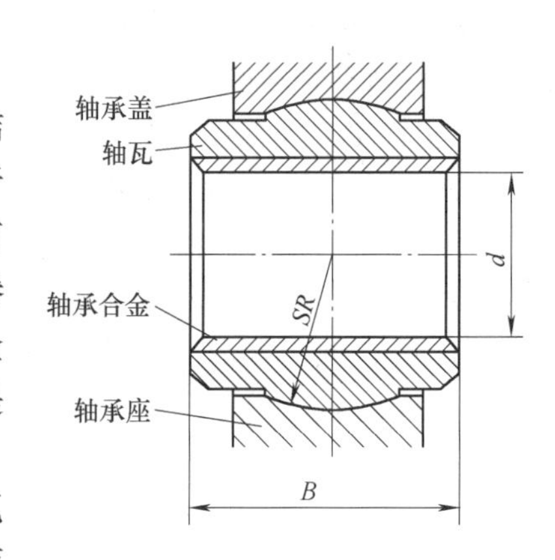

图 6-6　调心式径向滑动轴承

对开式轴瓦由上、下两半轴瓦组成，分厚壁轴瓦（图 6-8）和薄壁轴瓦（图 6-9）两种。为改善轴瓦表面的摩擦性质，厚壁轴瓦常附有轴承衬，即采用离心铸造法将轴承合金浇注在轴瓦内表面上的薄层材料。为使轴瓦和轴承衬贴合牢固，可在轴瓦内表面制出各种形式的沟槽。

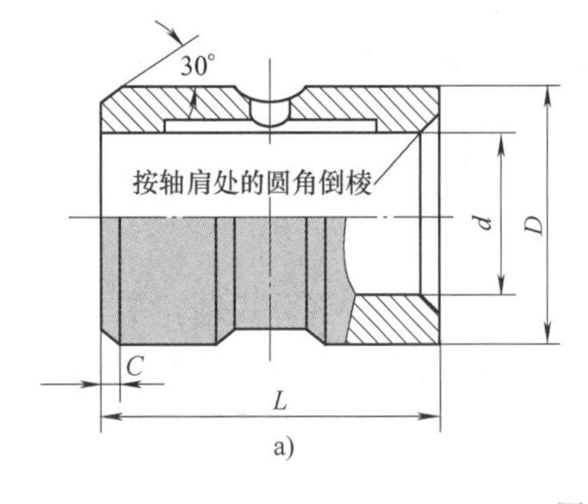

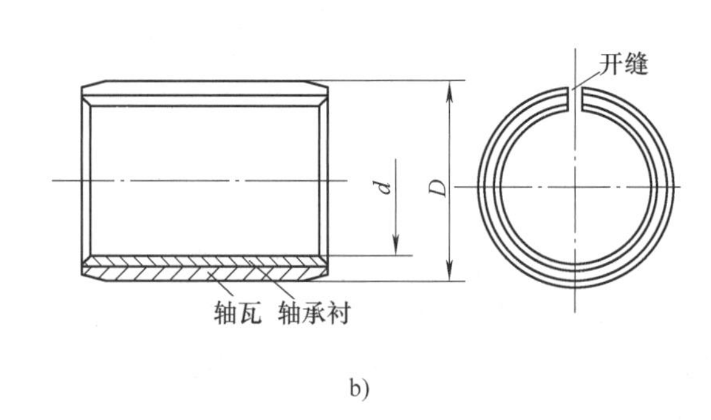

图 6-7　整体式轴瓦

a）整体轴套　b）卷制轴套

与厚壁轴瓦不同，薄壁轴瓦可以直接用双金属板连续轧制的工艺进行大批量生产，质量稳定，成本也较低。但薄壁轴瓦刚度小，装配后的形状完全取决于轴承座的形状，因此需对

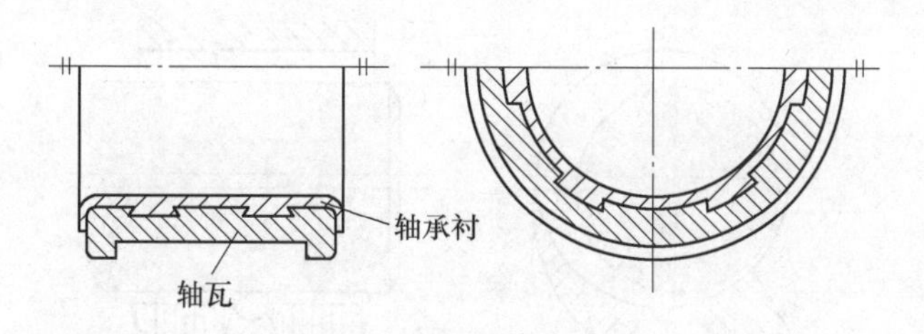

图 6-8　对开式厚壁轴瓦

轴承座精密加工。薄壁轴瓦在汽车发动机、柴油机中得到了广泛应用。

2. 轴瓦的定位

轴瓦和轴承座不允许有相对移动，因此可将轴瓦两端做成凸缘（图 6-8）用于轴向定位，或用销钉（或螺钉）将其固定在轴承座上（图 6-10）。

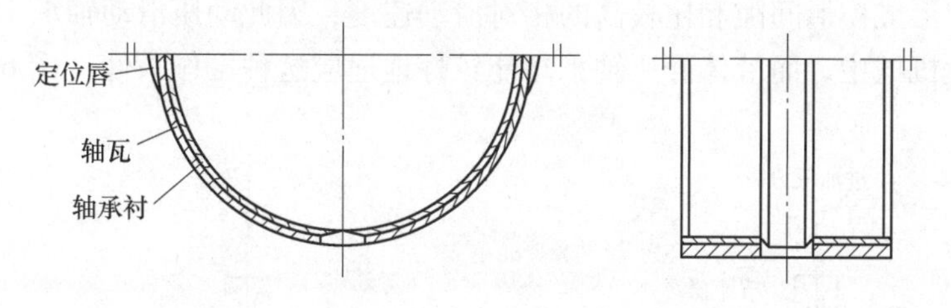

图 6-9　对开式薄壁轴瓦

3. 油孔及油槽的开设

为了把润滑油导入整个摩擦面间，使滑动轴承获得良好的润滑，轴瓦或轴颈上需开设油孔及油槽。油孔用于供应润滑油，油槽用于输送和分布润滑油。图 6-11 所示为几种常见的油孔及油槽形式。油孔及油槽的开设原则：①油槽的轴向长度应比轴瓦长度短（大约为轴瓦长度的 80%），不能沿轴向完全开通，以免油从两端大量流失；②对于液体润滑轴承，油孔及油槽应开在非承载区，以免破坏承载区润滑油膜的连续性，降低轴承的承载能力。图 6-12 表明，如果油槽开在了承载区，其承载能力（用实线标注）显然低于不在承载区开设油槽时的承载能力（用虚线标注）。对于混合润滑轴承，油槽应尽量延伸到最大承载区附近，以保证在该处获得足够的润滑油。

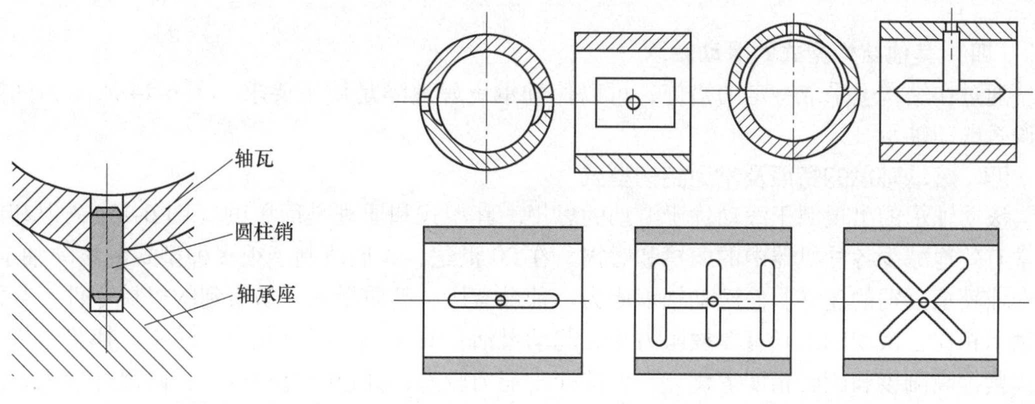

图 6-10　销钉固定轴瓦

图 6-11　常见的油孔、油槽形式

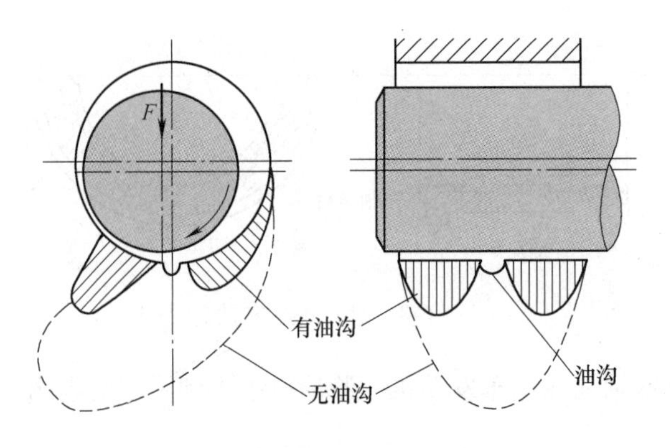

图 6-12 油槽位置对油膜承载能力的影响

（三）液体静压润滑轴承

动压润滑要求形成楔形间隙和比较高的相对滑动速度，因此动压滑动轴承不适用于高精度机床和重载低速机械中，而液体静压轴承却能较好地适应这种工作条件（图 6-13）。

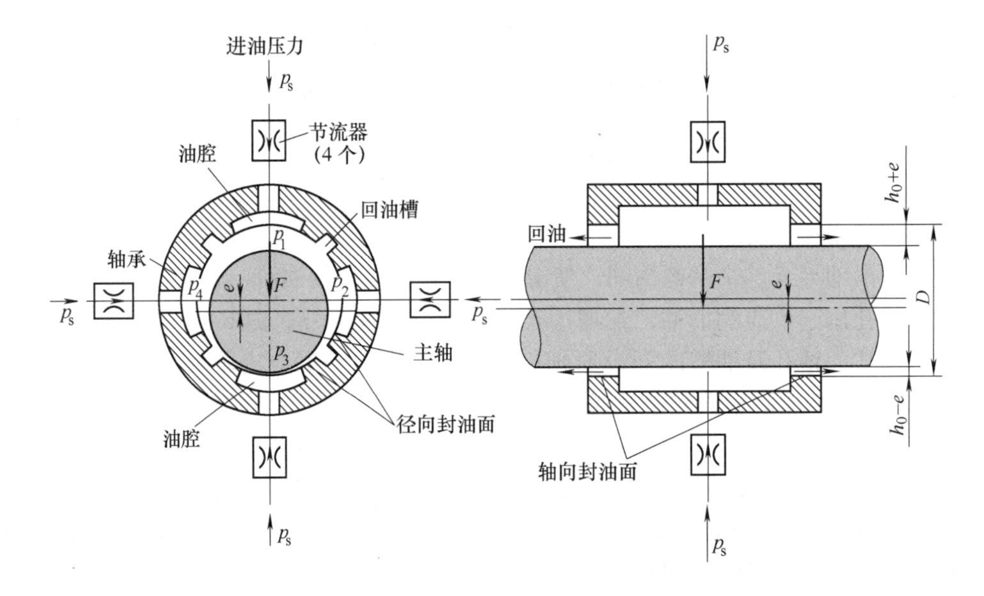

图 6-13 液体静压径向轴承原理结构

（四）其他结构型式的滑动轴承

通过在结构上采取一定的措施，可以使轴承更好地满足使用要求。图 6-14 所示为间隙可调式滑动轴承。

四、滚动轴承的特点及常见结构型式

滚动轴承的出现源于滚动优于滑动的思想。其型式和原理是简单的（图 6-15），但却能非常有效地减少各种机器中的摩擦和磨损。在 20 世纪，人们研制了很多种型式的滚动轴承，而专业轴承公司的建立，使滚动轴承成为一种最有用、高质量和容易买到的机械零件。与滑动轴承相比，滚动轴承具有摩擦阻力小、起动灵活、效率高、润滑简便、易于互换且可以通过预紧提高刚度和旋转精度等优点，但抗冲击能力较差，高速时有噪声，径向尺寸较大，工作寿命也不及液体摩擦的滑动轴承。

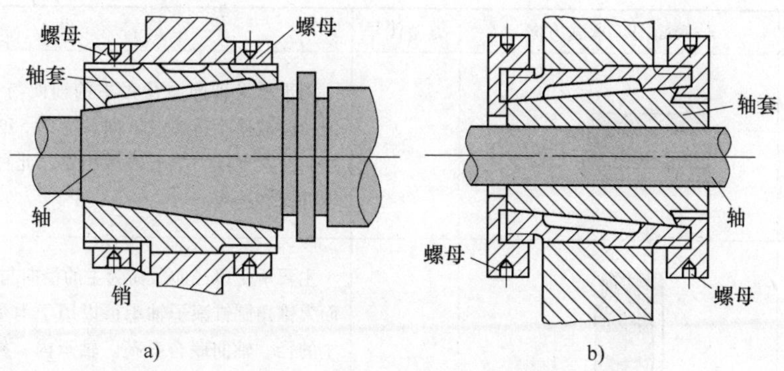

图 6-14 间隙可调式滑动轴承

a）三油叶轴承 b）四油叶轴承

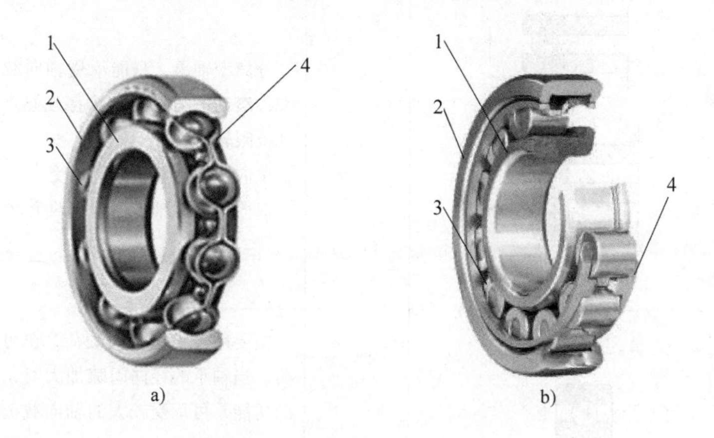

图 6-15 滚动轴承的基本结构

a）深沟球轴承 b）圆柱滚子轴承

1—内圈 2—外圈 3—滚动体 4—保持架

滚动轴承的主要类型和特点见表 6-1。

表 6-1 滚动轴承的主要类型和特点

轴承类型	结构简图、承载方向	类型代号	特 点
调心球轴承	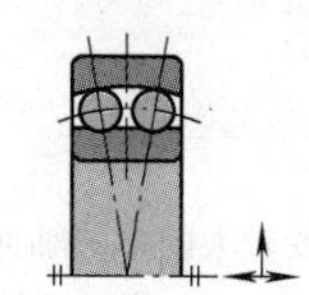	1	主要承受径向载荷，能承受少量的轴向载荷，不宜承受纯轴向载荷，极限转速高。外圈滚道为内球面形，具有自动调心的性能，可以补偿轴的两支点不同心产生的角度偏差
调心滚子轴承	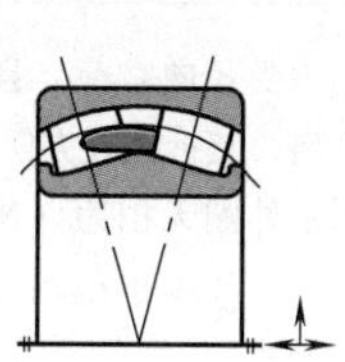	2	主要承受径向载荷，同时也能承受一定的轴向载荷。有高的径向承载能力，特别适用于在重载或振动载荷下工作，但不能承受纯轴向载荷。调心性能良好，能补偿同轴度误差

（续）

轴承类型	结构简图、承载方向	类型代号	特　点
推力调心滚子轴承		2	用于承受轴向载荷为主的轴向与径向联合载荷，但径向载荷不得超过轴向载荷的55%，并具有调心性。与其他推力滚子轴承相比，此种轴承摩擦系数较低，转速较高
圆锥滚子轴承	α	3	主要承受以径向载荷为主的径向与轴向联合载荷，而大锥角圆锥滚子轴承可以用于承受以轴向载荷为主的径、轴向联合载荷。轴承内、外圈可分离，装拆方便，成对使用
推力球轴承	单向 双向	5	分离型轴承，只能承受轴向载荷。高速时离心力大，滚动体与保持架摩擦发热严重，寿命较低，故其极限转速很低 单向推力球轴承只能承受一个方向的轴向载荷 双向推力球轴承能承受两个方向的轴向载荷
深沟球轴承		6	主要用于承受径向载荷，也可承受一定的轴向载荷。当轴承的径向间隙加大时，具有角接触球轴承的功能，可承受较大的轴向载荷。此类轴承摩擦系数小，极限转速高。在转速较高不宜采用推力球轴承的情况下，可用该类轴承承受纯轴向载荷 该类轴承结构简单、使用方便，是生产批量大、制造成本低、使用极为普遍的轴承
角接触球轴承	α	7	可以同时承受径向载荷和轴向载荷，也可以承受纯轴向载荷，其轴向承受载荷能力由接触角决定，并随接触角增大而增大，极限转速较高。通常成对使用
推力圆柱滚子轴承		8	能承受较大的单向轴向载荷，轴向刚度大，占用轴向空间小，极限转速低
圆柱滚子轴承		N	只能承受径向载荷，且径向承载能力大。内、外圈可分离，装拆比较方便，极限转速高 除图示外圈无挡边（N）结构外，还有内圈无挡边（NU）、外圈单挡边（NF）、内圈单挡边（NJ）等结构型式

（续）

轴承类型	结构简图、承载方向	类型代号	特　点
滚针轴承		NA	只能承受径向载荷，且径向承载能力大。与其他类型的轴承相比，在内径相同的条件下，其外径尺寸最小。内、外圈可分离，极限转速低

滚动轴承是标准件，由专业化工厂大量生产供应市场，类型和尺寸系列很多。一般设计者只需根据具体的工作条件，正确选择轴承的类型、尺寸和公差等级，并合理地进行轴承组合结构设计。

五、限制构件之间的相对轴向移动

在转动副的结构设计中应注意限制构件之间的相对轴向移动，如图 6-1b 利用构件 2 上槽的侧面和构件 1 的两端面 A 和 B 的间隙配合确定两构件的相对轴向位置。在滚动轴承组合结构设计中，滚动轴承内圈与轴的固定以及轴承外圈与座孔的轴向固定都是为了保证形成转动副的两构件具有确定的轴向位置。

第三节　移动副的结构与创新设计

一、对移动副结构的基本要求

连接做相对移动的两构件的运动副，称为移动副。如图 6-16 所示构件 2 相对于构件 1 只能沿箭头所示的方向移动。内燃机中活塞和气缸之间所组成的运动副即为移动副。机床导轨是最常见的移动副。按摩擦性质导轨可分为滑动导轨和滚动导轨。

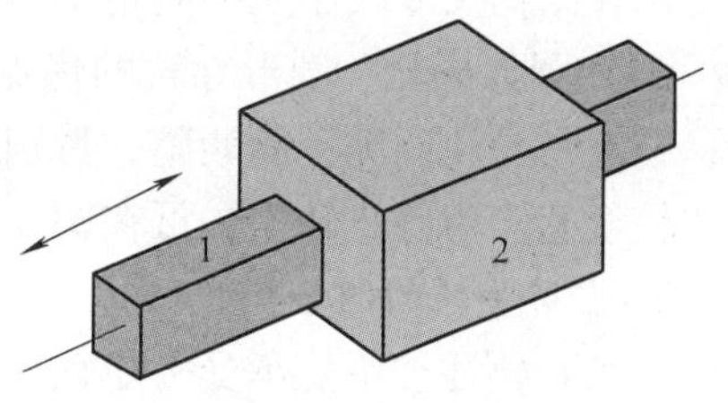

图 6-16　移动副的例子

对移动副结构的基本要求有：导向和运动精度高、刚度大、耐磨性高及结构工艺性好等。此外，结构设计时还要注意限制两构件的相对转动和间隙的调整。

二、滑动导轨的特点及常见结构型式

滑动导轨的动、静导轨面直接接触。其优点是结构简单，接触刚度大；缺点是摩擦阻力大，磨损快，低速运动时易产生爬行现象。

导轨由凸形和凹形两种相互配合组成。当凸形导轨为下导轨时，不易积存切屑、脏物，但也不易保存润滑油，故宜做低速导轨，如车床的床身导轨。凹形导轨为下导轨则相反，其可做高速导轨，如磨床的床身导轨，但需有良好的保护装置，以防切屑、脏物掉入。表 6-2 所列为各种导轨截面示意图。

1. 导轨的基本结构型式

按导轨的截面形状，滑动导轨可分为 V 形导轨、矩形导轨、燕尾形导轨和圆形导轨等。

（1）V 形导轨　V 形导轨磨损后能自动补偿，故导向精度较高。它的截面角度由载荷大小及导向要求而定，一般为 90°。为增加承载面积，减小压强，在导轨高度不变的条件下，采用较大的顶角（110°～120°）；为提高导向性，采用较小的顶角（60°）。如果导轨上

所受的力在两个方向上的分量相差很大，应采用不对称 V 形导轨，以使力的作用方向尽可能垂直于导轨面。

表 6-2　滑动导轨截面形状

形状	对称 V 形	不对称 V 形	矩　形	燕尾形	圆　形
凸形	45°　45°	90°　15°~30°		55°　55°	
凹形	90°~120°	65°~70°　90°		55°　55°	

（2）矩形导轨　矩形导轨的特点是结构简单，制造、检验和修理容易。矩形导轨可以做得较宽，因而承载能力和刚度较大，应用广泛。缺点是磨损后不能自动补偿间隙，用镶条调整时，会降低导向精度。

（3）燕尾形导轨　燕尾形导轨的主要优点是结构紧凑、调整间隙方便。缺点是几何形状比较复杂，难于达到很高的配合精度，并且导轨中的摩擦力较大，运动灵活性较差，因此通常用在结构尺寸较小及导向精度与运动灵活性要求不高的场合。

（4）圆形导轨　圆形导轨的优点是导轨面的加工和检验比较简单，易于获得较高的精度；缺点是导轨间隙不能调整，特别是磨损后间隙不能调整和补偿，闭式圆形导轨对温度变化比较敏感。为防止转动，可在圆柱表面开槽或加工出平面。

2. 常用导轨的组合形式

一条导轨往往不能承受力矩载荷，故通常都采用两条导轨来承受载荷和进行导向，在重型机械上，还可采用 3~4 条导轨。常用滑动导轨的组合形式有：

（1）双 V 形组合（图 6-17a）　两条导轨同时起着支承和导向作用，故导轨的导向精度高，承载能力大，两条导轨磨损均匀，磨损后能自动补偿间隙，精度保持性好。但这种导轨的制造、检验和维修都比较困难，因为它要求四个导轨面都均匀接触，刮研劳动量较大。此外，这种导轨对温度变化比较敏感。

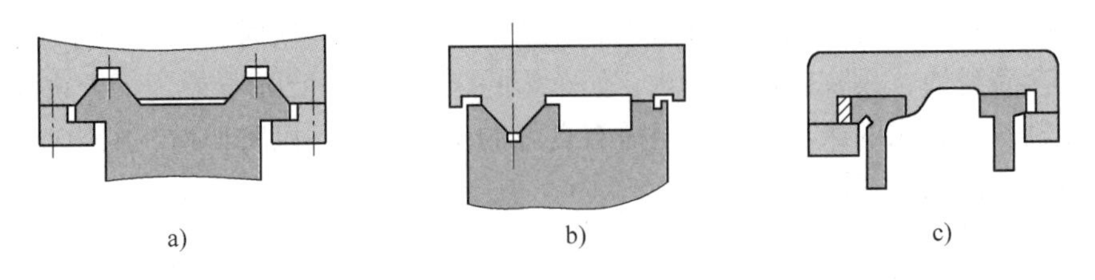

图 6-17　导轨的组合形式之一

（2）V 形和平面形组合（图 6-17b）　这种组合保持了双 V 形组合导向精度高、承载能力大的特点，避免了由于热变形所引起的配合状况的变化，且工艺性比双 V 形组合导轨好，因而应用很广。缺点是两条导轨磨损不均匀，磨损后不能自动调整间隙。

(3) 矩形和平面形组合（图 6-17c） 承载能力高，制造简单，间隙受温度影响小，导向精度高，容易获得较高的平行度。侧导向面间隙用镶条调整，侧向接触刚度较低。

(4) 双矩形组合（图 6-18a） 其特点与矩形和平面形组合相同，但导向面之间的距离较大，侧向间隙受温度影响大，导向精度较矩形和平面形组合差。

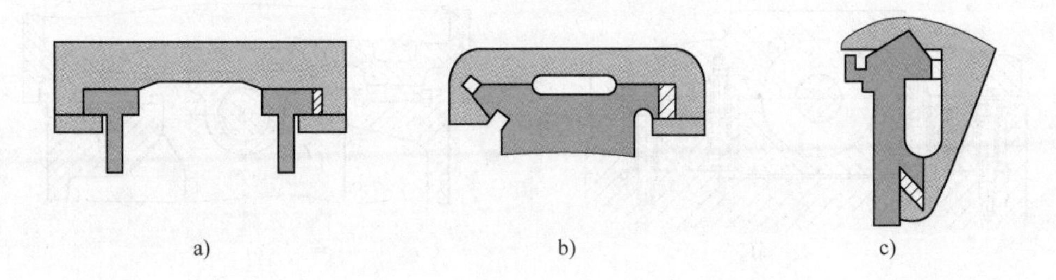

图 6-18 导轨的组合形式之二

(5) 燕尾形和矩形组合（图 6-18b） 能承受倾覆力矩，用矩形导轨承受大部分压力，用燕尾形导轨做侧导向面，可减小压板的接触面，调整间隙简便。

(6) V 形和燕尾形组合（图 6-18c） 组合成闭式导轨的接触面较少，便于调整间隙。V 形导轨起导向作用，导向精度高。加工和测量都比较复杂。

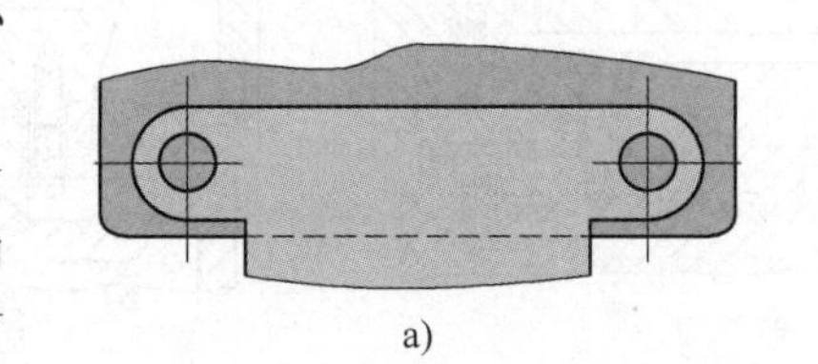

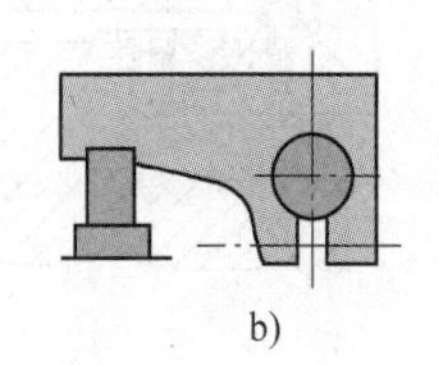

图 6-19 导轨的组合形式之三

(7) 双圆形组合（图 6-19a） 结构简单，圆柱面既是导向面又是支承面。其对两导轨的平行度要求严。导轨刚度较小，磨损后不易补偿。

(8) 圆形和矩形组合（图 6-19b） 矩形导轨可用镶条调整，对圆形导轨的位置精度要求比双圆形组合低。

三、滚动导轨的特点及常见结构型式

滚动导轨是在运动部件和支承部件之间放置滚动体，如滚珠、滚柱、滚动轴承等，使导轨运动时处于滚动摩擦状态。

与滑动导轨比较，滚动导轨的特点：①摩擦系数小，并且静、动摩擦系数之差很小，故运动灵便，不易出现爬行现象；②导向和定位精度高，且精度保持性好；③磨损较小，寿命长，润滑简便；④结构较为复杂，加工比较困难，成本较高；⑤对脏物及导轨面的误差比较敏感。

滚动导轨已在各种精密机械和仪器中得到广泛应用。

滚动导轨按滚动体的形状可分为滚珠导轨、滚柱导轨、滚动轴承导轨等。

(1) 滚珠导轨 如图 6-20a 所示，具有结构紧凑、制造容易、成本相对较低的优点，缺点是刚度低、承载能力小。

(2) 滚柱导轨 如图 6-20b 所示，具有刚度大、精度高、承载能力大的优点，主要缺点是对配对导轨副平行度要求过高。

(3) 滚针导轨 如图 6-21a 所示，承载能力大，径向尺寸比滚珠导轨紧凑，缺点是摩擦

阻力稍大。

（4）十字交叉滚柱导轨　如图6-21b所示，滚柱长径比略小于1。它具有精度高、动作灵敏、刚度大、结构较紧凑、承载能力大且能够承受多方向载荷等优点，缺点是制造比较困难。

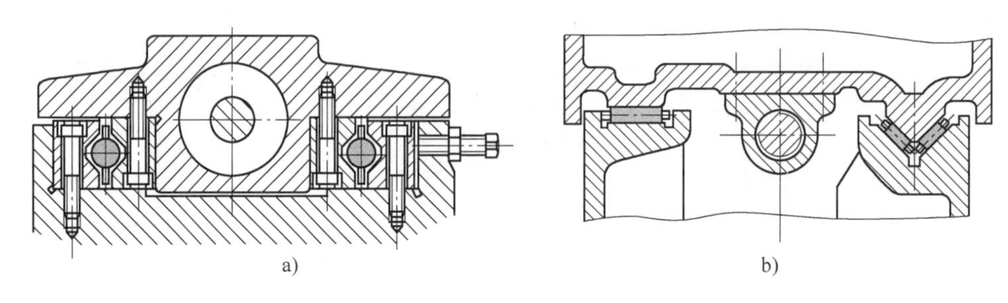

图6-20　滚动导轨示意图之一

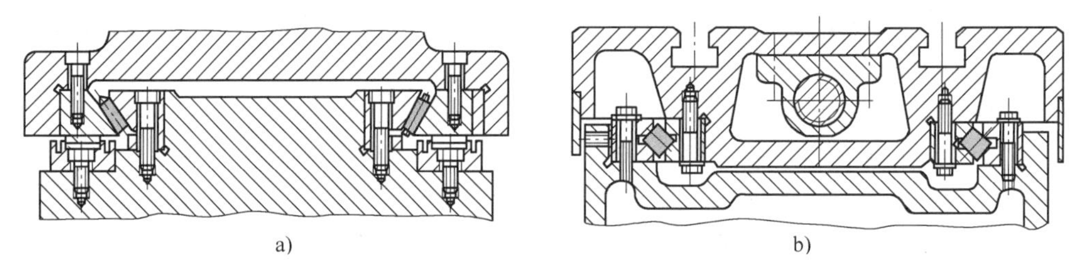

图6-21　滚动导轨示意图之二

（5）滚动轴承导轨　如图6-22所示，直接用标准的滚动轴承做滚动体，结构简单，易于制造，调整方便，广泛应用于一些大型光学仪器上。

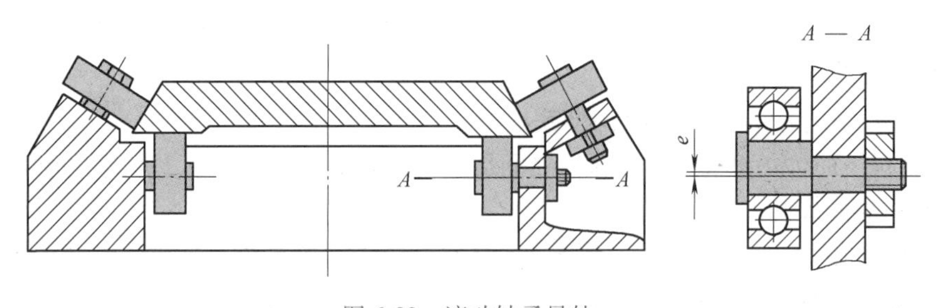

图6-22　滚动轴承导轨

把滑动摩擦的导轨转换为滚动摩擦的导轨，是导轨设计中的技术突破，是设计中的创新。根据滑动摩擦转换为滚动摩擦的方式，还有许多没有出现的结构型式。也就说，滚动导轨还有非常大的创新空间。

第四节　构件的结构与创新设计

相对机架运动的构件称为活动构件。为了满足便于制造、安装等要求，机构系统中的一个构件经常由多个零件组成，此时组成同一构件的不同零件之间需要连接和相对固定。连接的方法有多种，如螺纹连接以及各种用于轴毂连接的方法等。例如，齿轮相对机架的转动是通过轴与轴承实现的，一般的齿轮与轴并不制成一体，而是通过齿轮中心的毂孔与轴之间形成轴毂连接，并保证齿轮相对轴有确定的轴向位置。此时齿轮、轴及连接等组成的这个实体成为机构系统中的一个构件。在进行构件的结构设计时，需考虑组成构件的各零件的连接关系、构件与运动副的连接关系及各组成零件本身的结构设计。

一、杆类构件

1. 结构型式

连杆机构中的构件大多制成杆状，图 6-23 所示为杆状构件。杆状结构构造简单，加工方便，一般在杆长尺寸 R 较大时采用。图 6-24 所示为常见的杆类构件端部与其他构件形成铰接的结构型式。

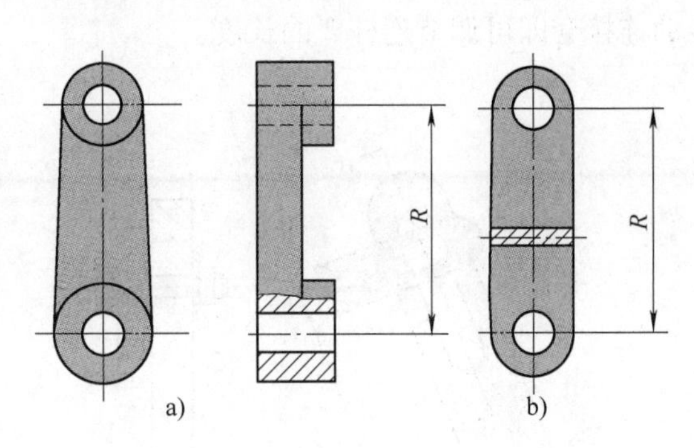

图 6-23 杆状构件

有时杆类构件也做成盘状，如图 6-25 所示，此时构件本身可能就是一个带轮或齿轮，在圆盘上距中心 R 处装上销轴，以便和其他构件组成转动副，尺寸 R 即为杆长。这种回转体的质量均匀分布，故盘状结构比杆状结构更适用于高速，常用作曲柄或摆杆。

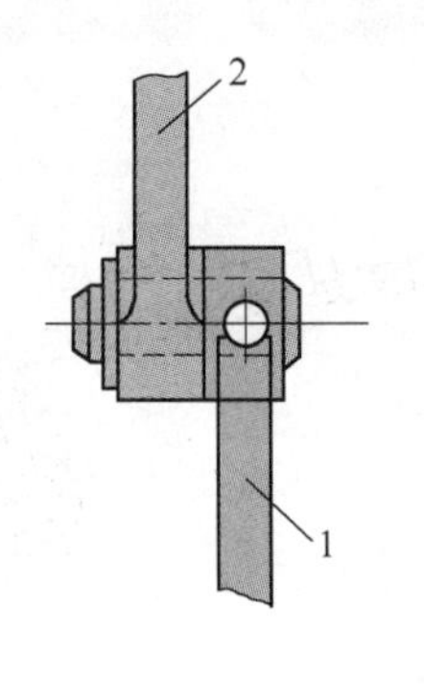

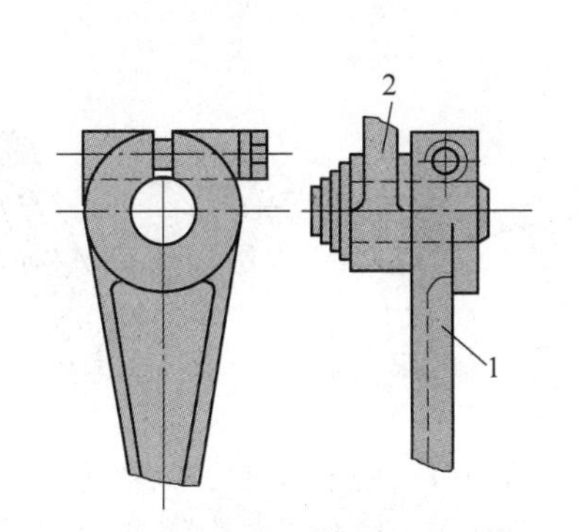

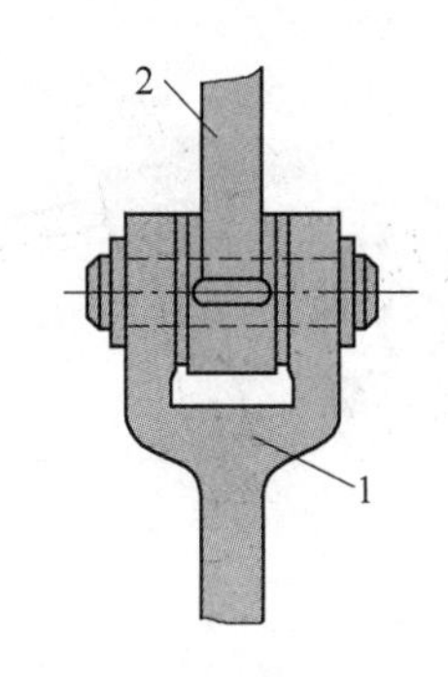

图 6-24 杆类构件端部的结构型式

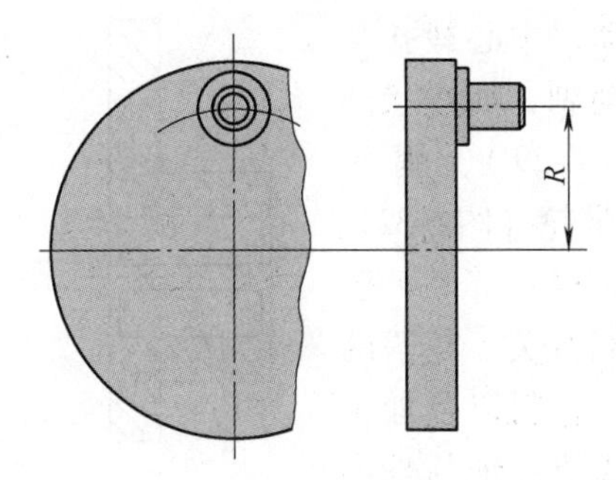

图 6-25 盘状的杆件

2. 可调节杆长的结构

调节构件的长度，可以改变从动杆的行程、摆角等运动参数。调节杆长的方法有很多，

图 6-26 所示为两种曲柄长度可调的结构型式。图 6-26a 调节曲柄长 R 时，可松开螺母4，在杆 1 的长槽内移动销子 3，然后固紧。图 6-26b 所示为利用螺杆调节曲柄长度，转动螺杆 8，滑块 6 连同与它相固接的曲柄销 7 即在杆 5 的滑槽内上下移动，从而改变曲柄长度 R。图 6-27 是调节连杆长度的结构型式。图 6-27a 所示为利用固定螺钉来调节连杆 2 的长度。图 6-27b 中的连杆 2 做成左右两半节，每节的一端带有螺纹，但旋向相反，并与连接套构成螺旋副，转动连接套即可调节连杆 2 的长度。

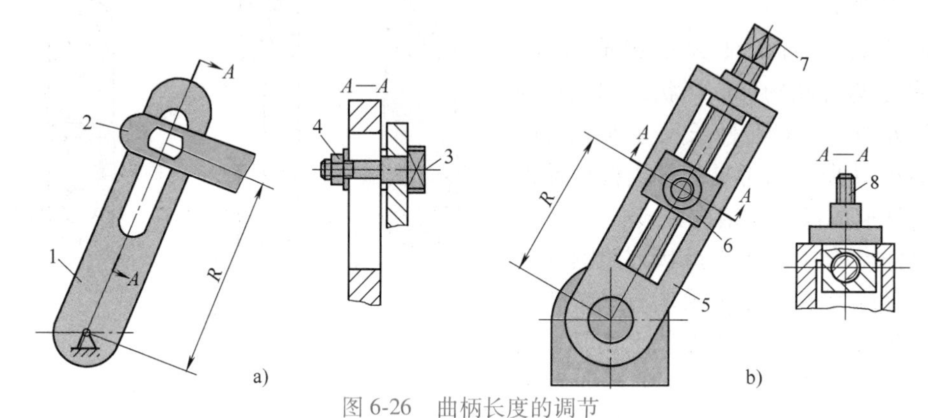

图 6-26　曲柄长度的调节

1、5—杆　2—连杆　3—销子　4—螺母　6—滑块　7—曲柄销　8—螺杆

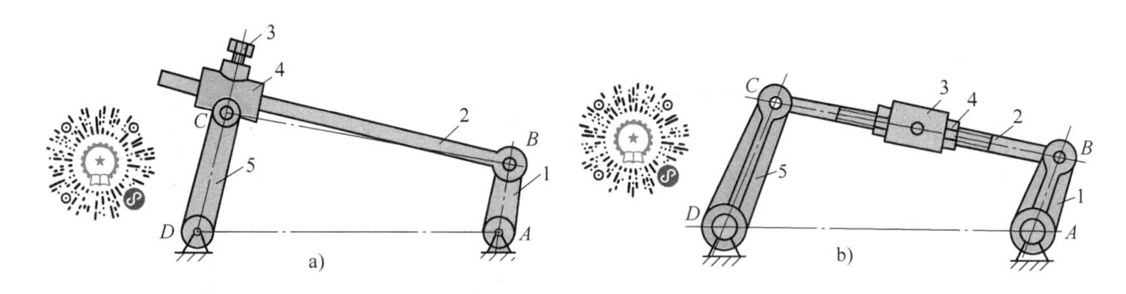

图 6-27　连杆长度的调节

1—曲柄　2—连杆　3、4—长度调节装置　5—摇杆

二、盘类结构

此类构件大多做定轴转动，中心毂孔与轴连接后与支承轴承形成转动副，如盘状凸轮（图 6-28）、齿轮（图 6-29）、蜗轮（图 6-30）、链轮（图 6-31）、带轮（图 6-32）、棘轮（图 6-33）、槽轮（图 6-34）等。一般轮缘的结构型式与构件的功能有关，轮辐的结构型式与构件的尺寸大小、材料以及加工工艺等有关，轮毂的结构型式要保证与轴形成可靠的轴毂连接。如齿轮的结构设计，当尺寸较小时采用实心式，尺寸较大时采用腹板式，尺寸很大时采用轮辐式（铸造毛坯）。对于蜗轮采用轮缘与轮毂的组合式结构，一般

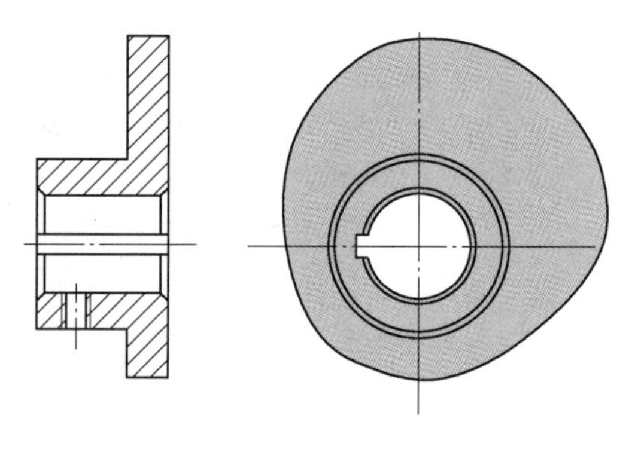

图 6-28　盘状凸轮结构

为节省较贵重的有色金属材料，轮缘与轮毂的材料往往不同。

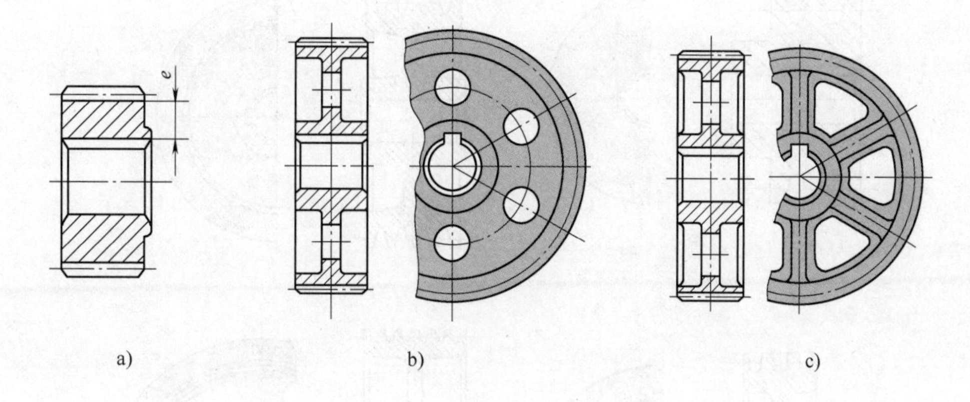

图 6-29　齿轮结构
a）实心式　b）腹板式　c）轮辐式

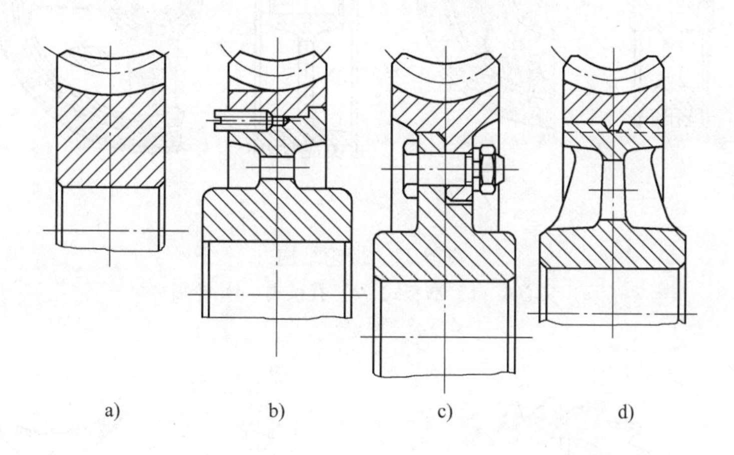

图 6-30　蜗轮结构
a）整体式　b）过盈配合连接式　c）螺栓连接式　d）拼铸式

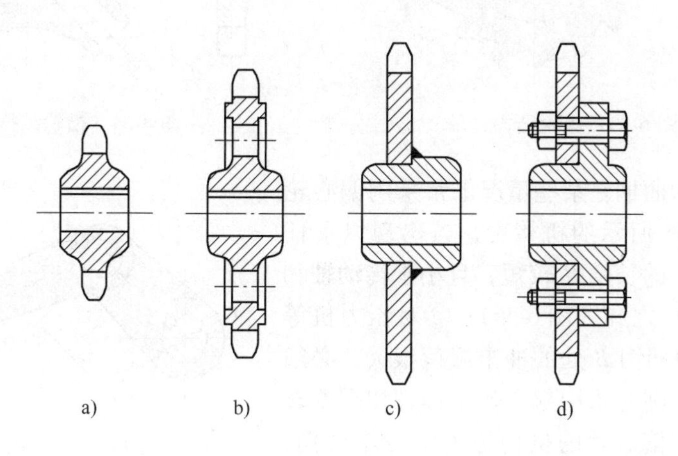

图 6-31　链轮结构
a）实心式　b）腹板式　c）组合式（焊接）　d）组合式（螺栓连接）

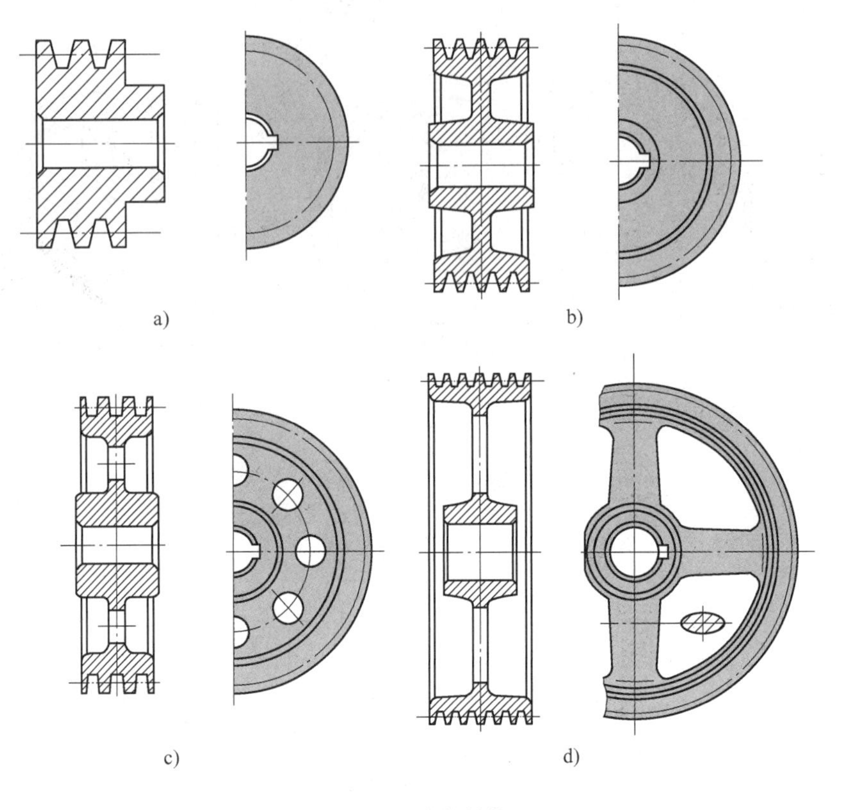

图 6-32 带轮结构

a）实心式 b）腹板式 c）孔板式 d）轮辐式

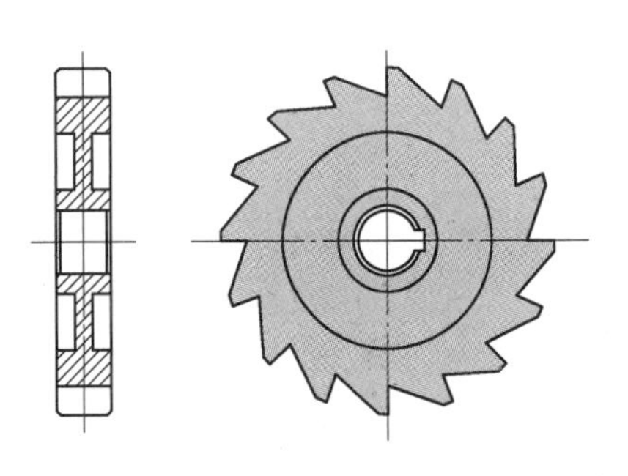

图 6-33 棘轮结构

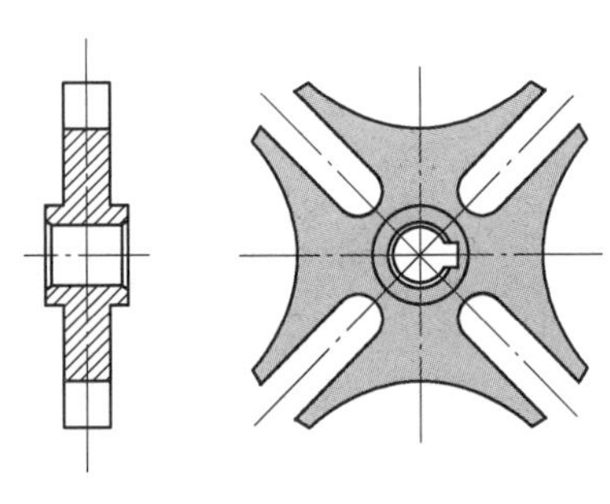

图 6-34 槽轮结构

连杆机构中的曲柄在某些情况下常采用偏心轮结构。如在图 6-35 所示的机构中，若出现以下任一情况：①曲柄 1 的长度 R 较短，且小于传动轴和销轴半径（r_A+r_B）之和（图 6-36）；②对压力机等工作机械来说，曲柄销 B 处的冲击载荷很大，必须加大曲柄销尺寸，则应采用偏心轮结构，如图 6-36 中的构件 1。带有偏心轮的机构称为偏心轮机构，偏心距 e 即曲柄的长度。

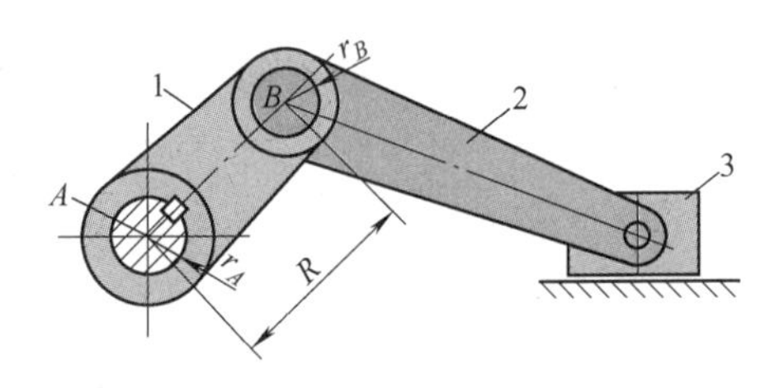

图 6-35 机构示意图

三、轴类结构

图 6-37 所示为两种型式的曲轴，在机构中常用来做曲柄。图 6-37a 所示的曲轴结构简单，但由于悬臂，强度及刚度较差。当工作载荷和尺寸较大或曲柄设在轴的中间部分时，可用图 6-37b 所示的型式，此型式在内燃机、压缩机等机械中经常采用，曲柄在中间轴颈处与剖分式连杆相连。

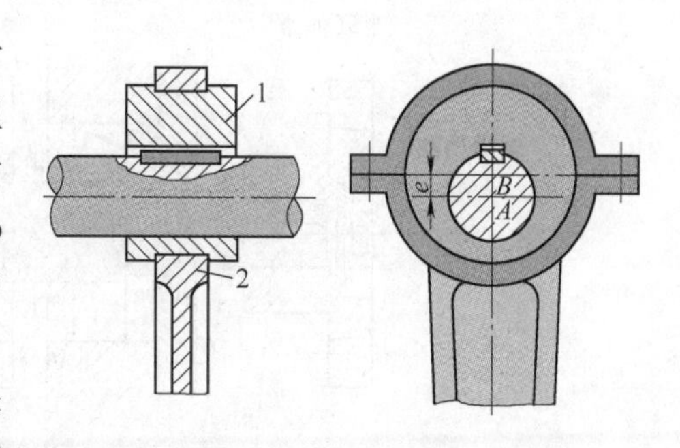

图 6-36　偏心轮

当盘类构件径向尺寸较小，若毂孔仍与轴采用连接结构导致强度过弱或无法实现时，常与轴制成一体，如凸轮与轴制成一体称为凸轮轴，如图 6-38 所示；齿轮与轴制成一体称为齿轮轴，如图 6-39 所示；蜗杆与轴制成一体称为蜗杆轴，如图 6-40 所示；偏心轮与轴做成一体称为偏心轴，如图 6-41 所示。

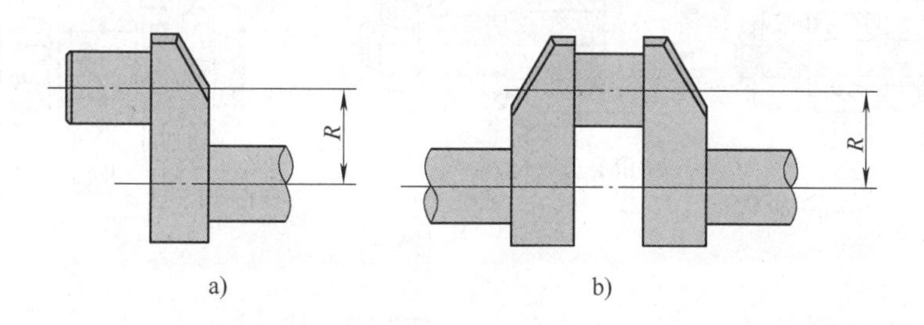

图 6-37　曲轴

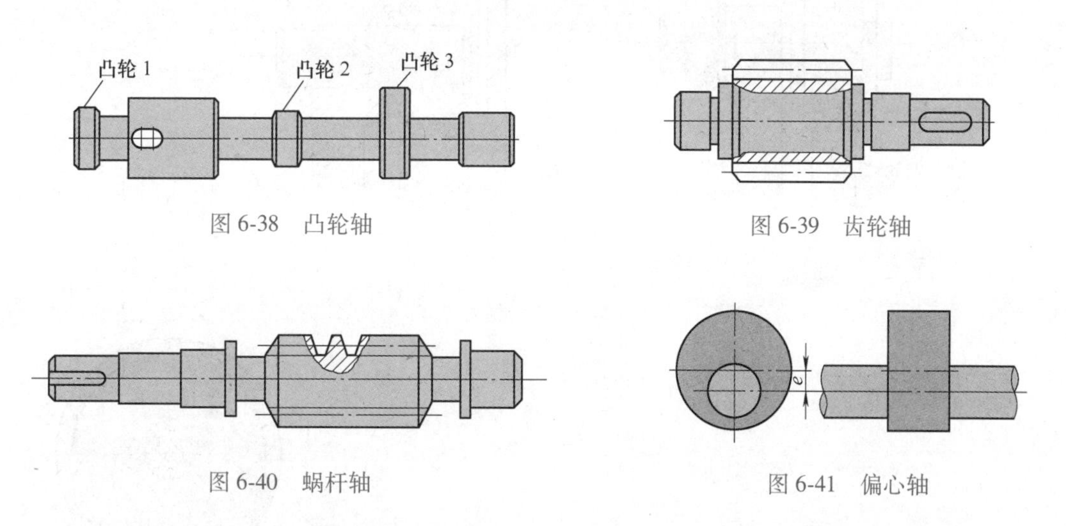

图 6-38　凸轮轴

图 6-39　齿轮轴

图 6-40　蜗杆轴

图 6-41　偏心轴

轴的主要作用是支承回转零件，用得最多的是直轴，其结构设计主要是保证轴上零件的连接、定位以及满足加工、装配工艺性等要求。图 6-38 ~ 图 6-41 是典型的轴类构件。图 6-42 所示轴系中的轴是典型的轴的结构，它可以保证齿轮、半联轴器及滚动轴承内圈等的装配及定位要求。

四、其他活动构件

凸轮机构的从动件、棘轮机构的棘爪、槽轮机构的拨盘等构件各具有一定的结构型式，如图 6-43 所示凸轮机构中滚子从动件的结构型式、图 6-44 所示棘轮机构中棘爪的结构型式以及图 6-45 所示槽轮机构中拨盘的结构型式。

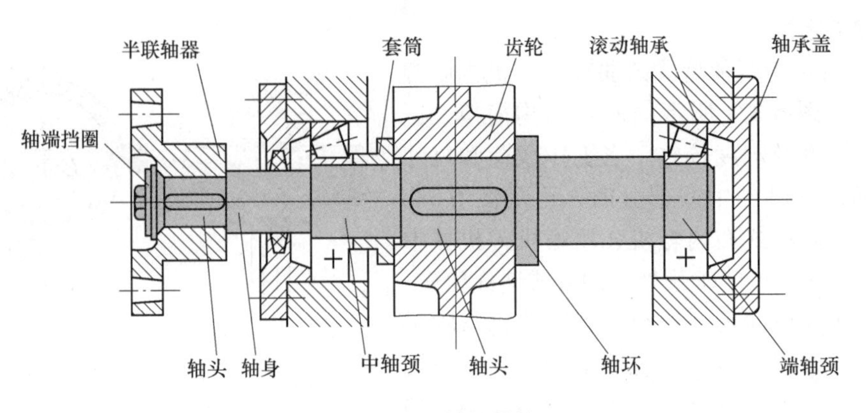

图 6-42　轴的结构

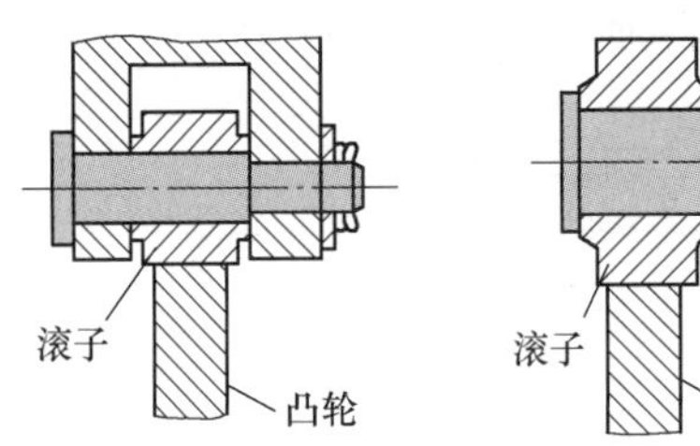

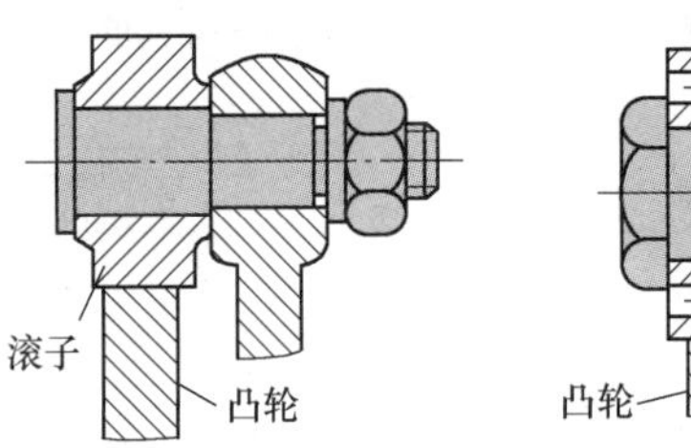

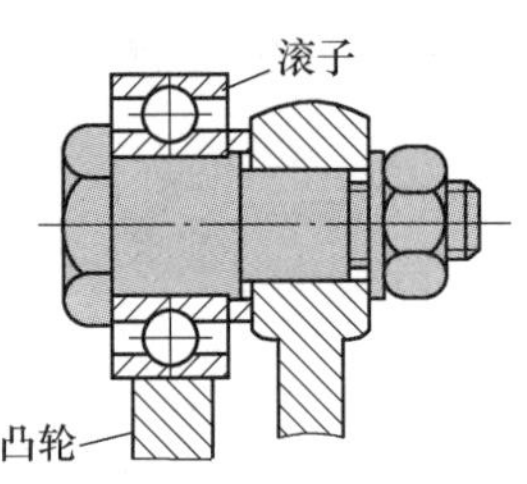

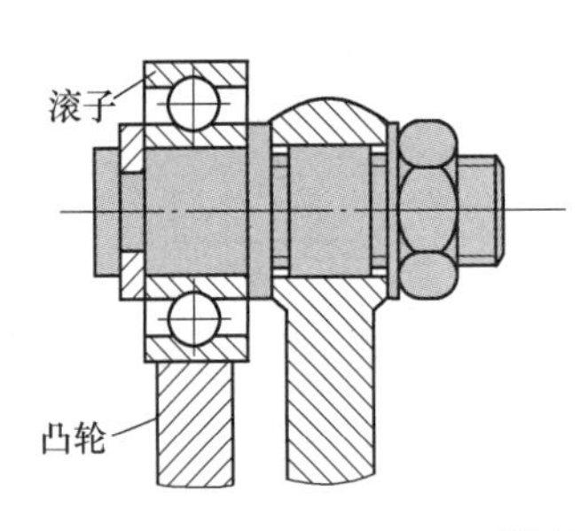

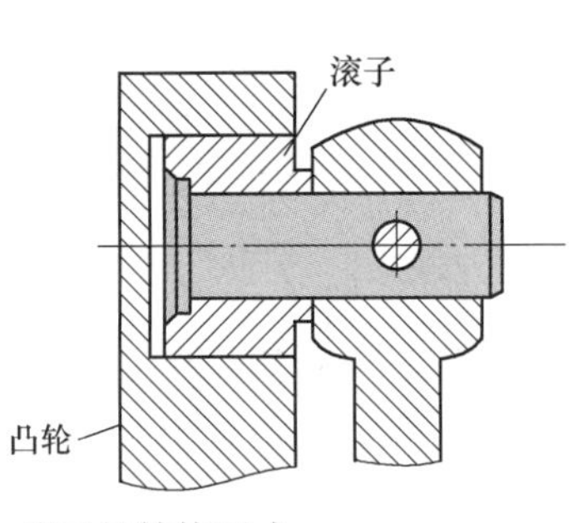

图 6-43　滚子的结构型式

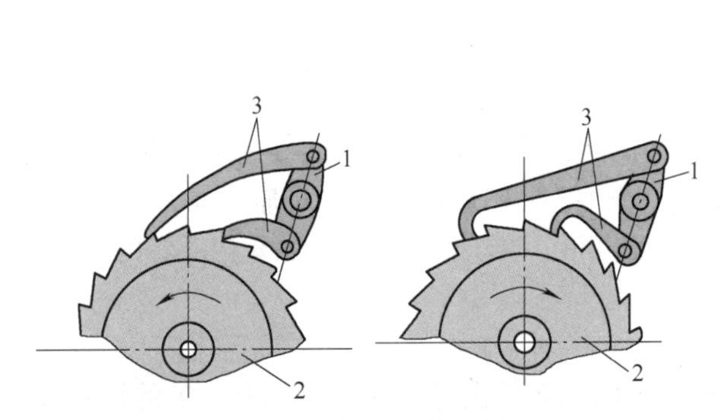

图 6-44　棘爪的结构型式

1—摆杆　2—棘轮　3—棘爪

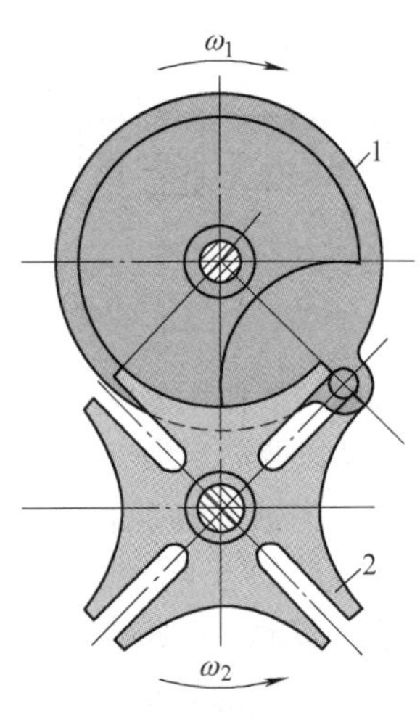

图 6-45　拨盘的结构型式

1—拨盘　2—槽轮

五、执行机构的执行构件

执行构件是执行系统中直接完成工作任务的构件，如挖掘机的铲斗、推土机的铲斗、起重机的吊钩、铣床的铣刀、轧钢机的轧辊、缝纫机的机针和工业机器人的手爪等。执行构件与工作对象直接接触并携带它完成一定的工作，或在工作对象上完成诸如喷涂、洗涤、锻压等一定的动作。执行构件的结构型式根据机构执行的功能不同而多种多样，即使功能相同，也可以有不同的结构型式。它们的结构设计最需要设计者的创新思维，其设计好坏对机械设计成败起着至关重要的作用。

通过下面的 4 个例子来反映执行构件结构设计的多样性和巧妙性。

例 6-1 机械手结构

图 6-46 所示为齿轮式自锁性抓取机构，该机构以气缸为动力带动齿轮，从而带动手爪做开闭动作。当手爪闭合抓住工件（图 6-46 所示位置）时，工件对手爪的作用力 G 的方向线在手爪回转中心的外侧，故可实现自锁性夹紧。

图 6-47 所示为斜楔杠杆式夹持器，当斜楔 3 往复运动时，手爪 4 绕固定轴 O_1、O_2 摆动完成夹持或松开工件。

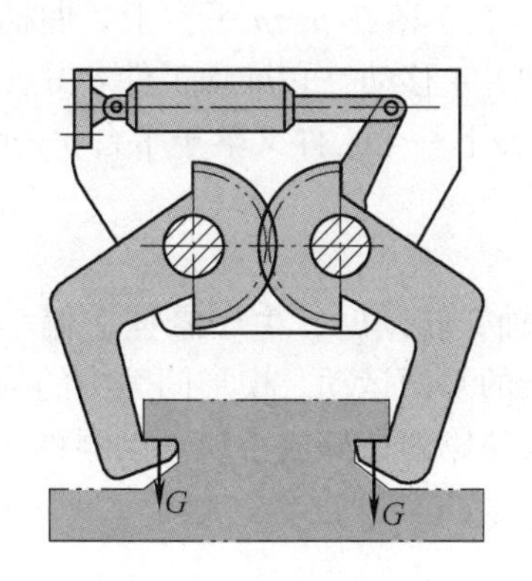

图 6-46 齿轮式自锁性抓取机构

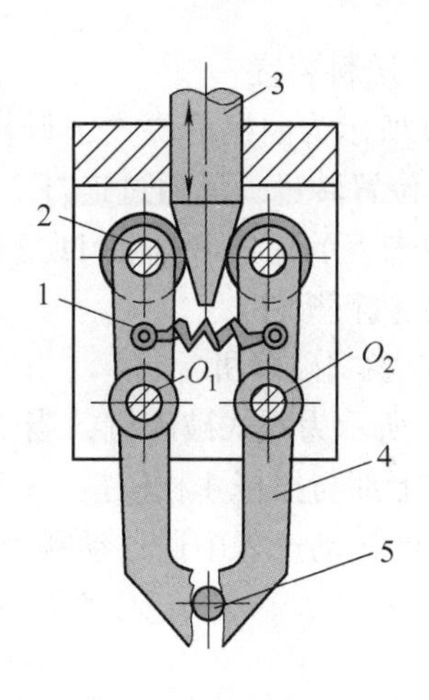

图 6-47 斜楔杠杆式夹持器

1—弹簧 2—滚子 3—斜楔

4—手爪 5—工件

例 6-2 泵结构

图 6-48 所示为两轮同形的六齿摆线齿轮泵，齿轮 1 和 2 分别绕固定轴线 A 和 B 旋转，每个轮都有六个相同的齿形 d，其廓线为摆线的一部分。当两轮转动时，液体按图示箭头方向由 a 向 b 连续流动。两轮上用特殊廓线制出的齿形 d，用来把吸入腔和输出腔隔开。在两轮的轴上分别用键连接两个相同齿数的啮合齿轮。齿轮 1 和 2 为执行构件。

图 6-49 所示为曲柄摇块机构型摆缸式活塞泵，曲柄 1 绕固定轴线 A 旋转，且与活塞杆 3 用转动副 B 连接，活塞杆 3 可在摆缸 2 的缸体 a 中往复移动，摆缸 2 绕固定轴线 C 转动。当曲柄 1 转动时，摆缸 2 摆动并轮换地与吸入口 b 和输出口 d 的泵腔连通。摆缸 2 和活塞杆 3 为执行构件。

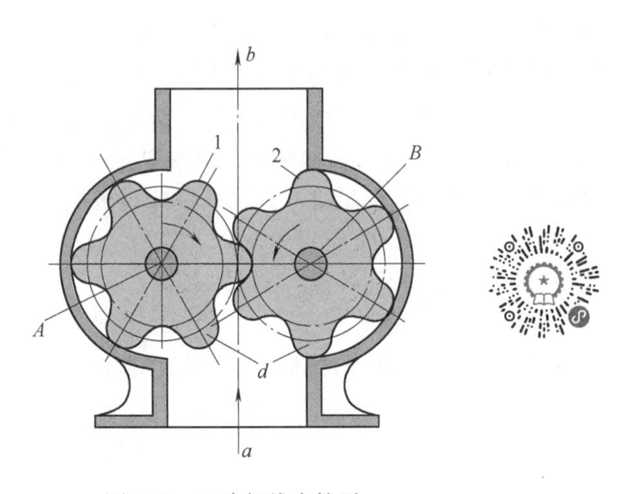

图 6-48　六齿摆线齿轮泵

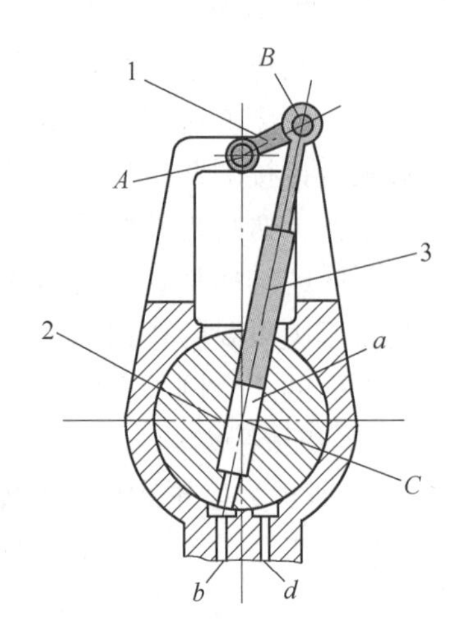

图 6-49　曲柄摇块机构型摆缸式活塞泵
1—曲柄　2—摆缸　3—活塞杆

例 **6-3**　送料装置

图 6-50 所示为曲柄滑块式送料装置，工件 *a* 从料仓 1 落在 *p*—*p* 平台上，曲柄 2 周期性地从左极限位置转过一周通过连杆 3 带动推杆（滑块）4 移动，它推动工件 *a* 并使其进入接料器（图中未表示）。当曲柄 2 回复至左极限位置时，下一个工件又落于平台 *p*—*p* 上。推杆（滑块）4 是执行构件。

例 **6-4**　颚式破碎机

图 6-51 所示为颚式破碎机，当带轮 1 带动偏心轴 2 转动时，由于悬挂在偏心轴 2 上的动颚板 5 在下部与摇杆 4 相铰接，使得动颚板做复杂的平面运动。楔形间隙中的物料 7 在从大口到小口的运动过程中通过动颚板的往复运动将大块物料挤碎成小块。动颚板 5 可视为执行构件。

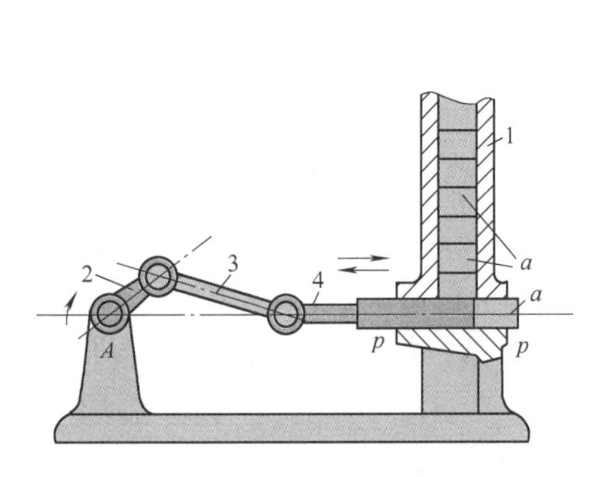

图 6-50　曲柄滑块式送料装置
1—料仓　2—曲柄　3—连杆　4—推杆

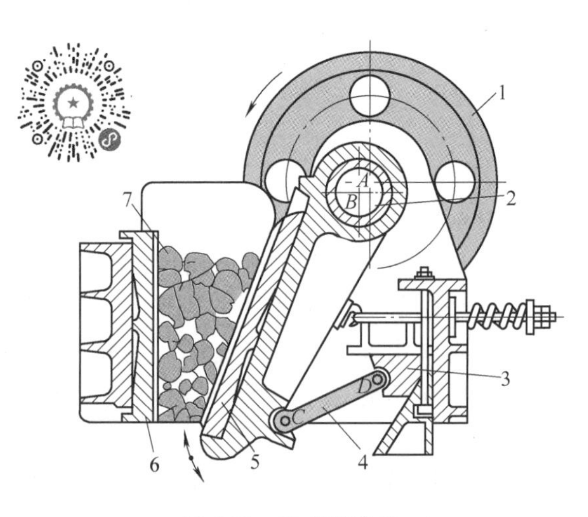

图 6-51　颚式破碎机
1—带轮　2—偏心轴　3—调整块　4—摇杆
5—动颚板　6—定颚板　7—物料

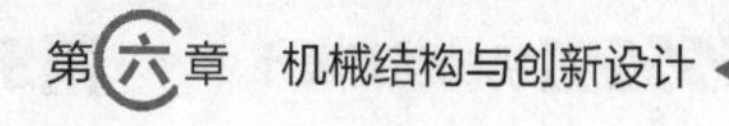

第五节 机架的结构与创新设计

机架是机构中不动的构件，在实际的机械系统中机架实体主要起着支承和容纳其他构件的作用。支架、箱体、工作台、床身、底座等支承件均可视为机架。一个机械系统的支承件可能不止一个，它们有的相互固定连接，有的可以做相对移动，以满足调整部件相对位置的要求。机架零件承受各种力和力矩的作用，一般体积较大且形状复杂。各类运动副、活动构件的设计都有一定的设计模式。机架的设计则没有固定的模式，也没有固定的计算公式，需要根据机械的总体结构和设计经验确定机架的类型，它们的设计和制造质量对整个机械的质量有很大的影响。

一、机架的分类和基本要求

机架的种类虽然很多，但根据其结构形状可大体分为四类，即梁型、板型、框型和箱型，图 6-52 中给出各类典型的机架示意图。

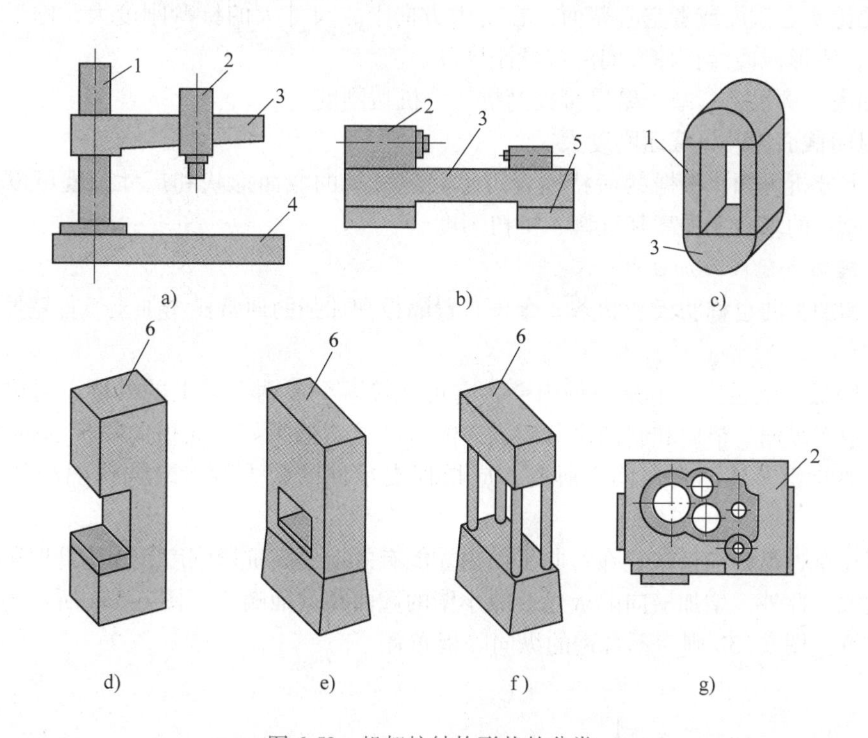

图 6-52 机架按结构形状的分类

a）摇臂钻床 b）车床 c）预应力钢丝缠绕机机架 d）开式锻压机机架
e）闭式锻压机机架 f）柱式压力机机架 g）机械传动箱体

梁型机架的特点是其某一方向尺寸比其他两个方向尺寸大得多，因此在分析或计算时可将其简化为梁，如车床床身、各类立柱、横梁、伸臂等。图 6-52 中的构件 1、3、5 均为梁型机架。

板型机架的特点是其某一方向尺寸比其他两个方向尺寸小得多，可近似地简化为板件，如钻床工作台及某些机器的较薄的底座等。图 6-52 中的构件 4 为板型机架。

框型机架具有框架结构，如轧钢机机架、锻压机机身等。图 6-52 中的构件 6 为框型机架。

箱型机架是三个方向的尺寸差不多的封闭体，如减速器箱体、泵体、发动机缸体等。图 6-52 中的构件 2 为箱型机架。

这类零部件的设计要求有：足够的强度和刚度，足够的精度，较好的工艺性，较好的尺寸稳定性和抗振性，外形美观；还要考虑到吊装、安放水平、电气部件安装等问题。因此，机架的结构设计要满足机械对机架的功能要求。

二、保证机架功能的结构措施

1. 合理确定截面的形状和尺寸

机架的受力和变形情况往往很复杂，而对其影响较大者为弯曲、扭转或者两者的组合。截面积相同而形状不同时，其截面惯性矩和极惯性矩差别很大，因此其抗弯和抗扭刚度差别也很大。

1）无论圆形、方形，还是矩形，空心截面都比实心的刚度大，故机架一般设计成空心形状。

2）无论实心截面或者空心截面，在受力方向上，尺寸大的抗弯刚度大，圆形截面的抗扭刚度高，矩形截面沿长轴方向的抗弯刚度高。

3）加大外廓尺寸、减小壁厚可提高抗弯、抗扭刚度。

4）封闭截面比开口截面刚度大。

由以上分析可知，根据载荷特性合理地确定机架的截面形状和尺寸，就可以在减轻重量、降低成本的基础上提高其抗弯、抗扭刚度。

2. 合理布置隔板和加强肋

隔板和加强肋也称肋板和肋条。合理布置隔板和加强肋通常比增加支承件壁厚的综合效果更好。

（1）隔板　隔板实际上是一种内壁，它可连接两个或两个以上的外壁。对梁型支承件来说，隔板有纵向、横向和斜向之分。纵向隔板的抗弯效果好，而横向隔板的抗扭作用大，斜向隔板则介于上述两者之间。所以，应根据支承件的受力特点来选择隔板类型和布置方式。

应该注意，纵向隔板布置在弯曲平面内才能有效地提高抗弯刚度，因为此时隔板的抗弯惯性矩最大。此外，增加横向隔板还会减小壁的翘曲和截面畸变。图 6-53a 所示为合理的纵向隔板布置，图 6-53b 则为不合理的纵向隔板布置。

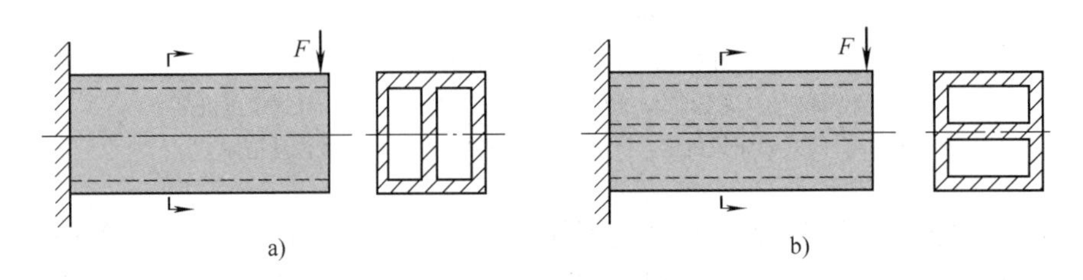

图 6-53　纵向隔板的布置

（2）加强肋　加强肋的作用主要在于提高外壁的局部刚度，以减小其局部变形和薄壁振动，一般布置在壁的内侧，有时也布置在壳体外侧。图 6-54 所示为加强肋的几种常见型式，图 6-54a 用于加强导轨的刚度；图 6-54b 用于提高轴承座的刚度；其余 3 种则用于壁板面积大于 400mm×400mm 的构件，以防止产生薄壁振动和局部变形。其中，图 6-54c 所示结构最简单、工艺性最好，但刚度也最低，可用于较窄或受力较小的板型机架上；图 6-54d 所示结构刚度最高，但铸造工艺性差，需要几种不同型芯，成本较高；图 6-54e 所示结构居于上述两者之间。常见的还有米字形和蜂窝形肋，其刚度更高，但工艺性也更差，仅用于非常重要的机架上。肋的高度一般可取为壁厚的 4 ~ 5 倍，肋的厚度可取为壁厚的 4/5 左右。

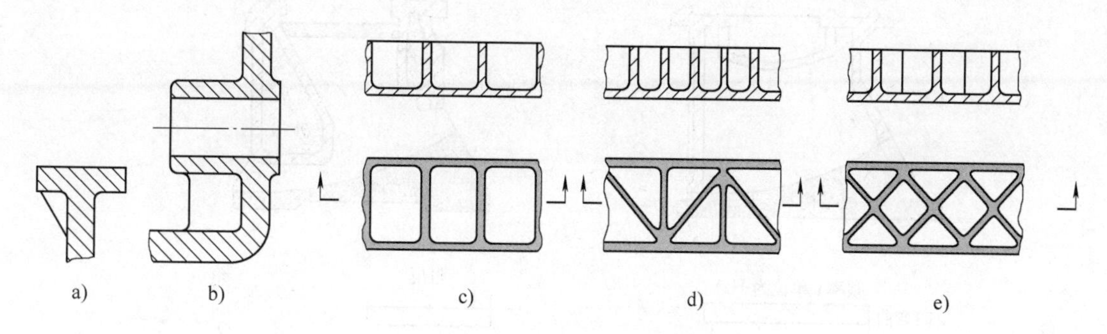

图 6-54　加强肋的几种常见型式

3. 合理开孔和加盖

在机架壁上开孔会降低刚度，但因结构和工艺要求常常需要开孔。当开孔面积小于所在壁面积的 1/5 时，对刚度影响较小；当大于 1/5 时，抗扭刚度降低很多。故孔宽或孔径以不大于壁宽的 1/4 为宜，且应开在支承件壁的几何中心附近或中心线附近。

开孔对抗弯刚度影响较小，若加盖且拧紧螺栓，抗弯刚度可接近未开孔的水平，且嵌入盖比覆盖盖效果更好。抗扭刚度在加盖后可恢复到原来的 35% ~ 41%。

4. 提高局部刚度和接触刚度

所谓局部刚度是指支承件上与其他零件或地基相连接部分的刚度。当为凸缘连接时，其局部刚度主要取决于凸缘刚度、螺栓刚度和接触刚度；当为导轨连接时，则主要反映在导轨与本体连接处的刚度上。

为保证接触刚度，应使接合面上的压强不小于 2MPa，表面粗糙度 Rz 值不能超过 8μm。同时，应适当确定螺栓直径、数量和布置形式，如从抗弯考虑螺栓应集中在受拉一面，从抗扭出发则要求螺栓均布在四周。

用螺栓连接时，连接部分可有不同的结构型式，如图 6-55 所示。其中图 6-55a 所示的结构简单，但局部刚度差，为提高局部刚度，可采用图 6-55b 所示的结构型式。

图 6-56a 为龙门刨床床身，其 V 形导轨处的局部刚度低，若改为如图 6-56b 所示的结构，即加一纵向肋板，则刚度得到提高。

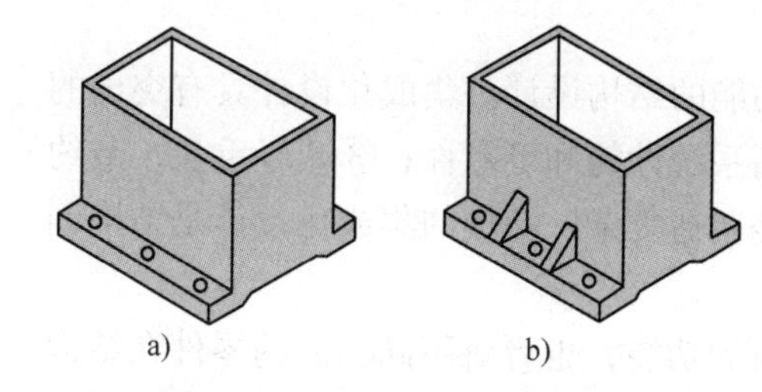

图 6-55　连接部分的结构型式

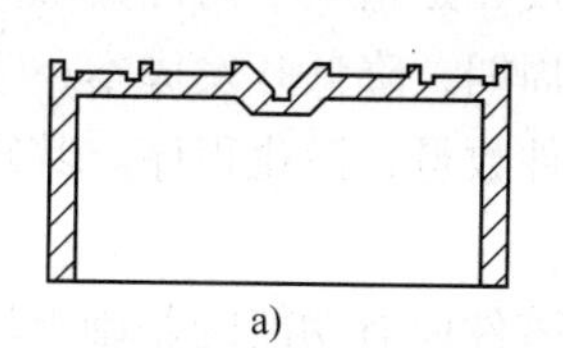

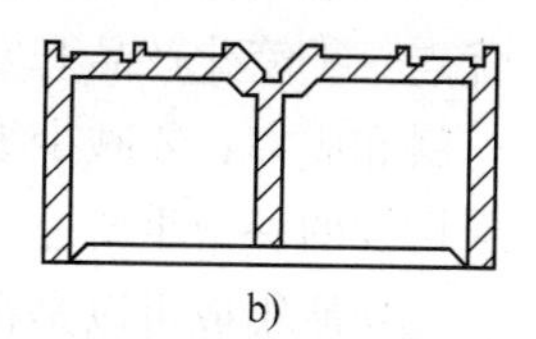

图 6-56　提高导轨连接处局部刚度

5. 增加阻尼以提高抗振性

增加阻尼可以提高抗振性。铸铁材料的阻尼比钢的大。在铸造的机架中保留型芯，在焊接件中填充砂子或混凝土，均可增加阻尼。图 6-57 所示为某车床床身有无型芯两种情况下固有频率和阻尼的比较。由图可见，虽然两者的固有频率相差不多，但由于型芯的吸振作用使阻尼增大很多，从而提高了床身的抗振性。其不足之处是增加了床身的重量。

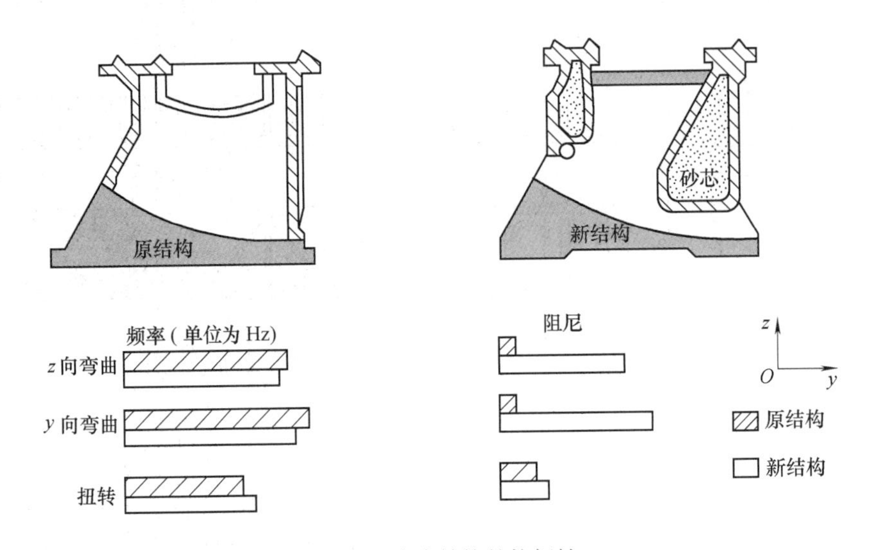

图 6-57 床身结构的抗振性

6. 材料的选择

应根据机械系统机架的功能要求来选择它的材料。如在机床上，当导轨与机架做成一体时，按导轨的要求来选择材料；当采用镶嵌导轨或机架上无导轨时，仅按机架的要求选择材料。机架的材料有铸铁、钢、轻金属和非金属。由于机架的结构复杂，多用铸铁件，受力较大的用铸钢件，生产批量很少或尺寸很大而铸造困难的用焊接件。为了减轻机械重量用铸铝做机架，而要求高精度的仪器用铸铜做机架以保证尺寸稳定性。

7. 结构工艺性

设计机架必须注意它的结构工艺性，包括铸造、焊接或铆接以及机械加工的工艺性。例如，铸件的壁厚应尽量均匀或截面变化平缓，要有出砂孔便于水爆清砂或机械化清砂，要有起吊孔等。结构工艺性不单是理论问题，因此，除要学习现有理论外，还应注意在实践中学习，注意经验积累。

第六节 机械零件结构的集成化与创新设计

机械结构的集成化设计是指一个构件实现多个功能的结构设计。集成化设计具有突出的优点：①简化产品开发周期，降低开发成本；②提高系统性能和可靠性；③减轻重量，节约材料和成本；④减少零件数量，简化程序。其缺点是制造复杂。结构的集成化设计是结构创新设计的一个重要途径。

功能集成可以是在零件原有功能的基础上增加新的功能，也可将不同功能的零件在结构上合并。图 6-58 所示是将扳拧功能集成设计到螺钉头部的各种结构；图 6-59 所示是头部具有很高防松能力的三合一螺钉；图 6-60 所示是一种自攻自锁螺钉，该螺钉尾部具有弧形三角截面，可直接拧入金属材料的预制孔内，挤压形成内螺纹，它是一种具有低拧入力矩、高锁紧性能的螺钉。

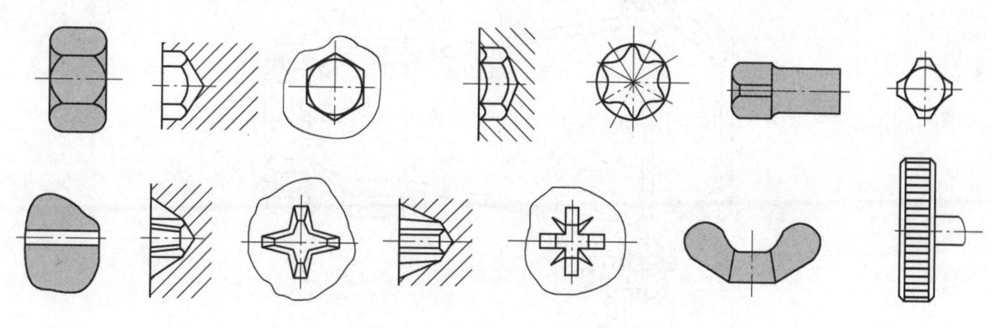

图 6-58　螺钉头的扳拧结构

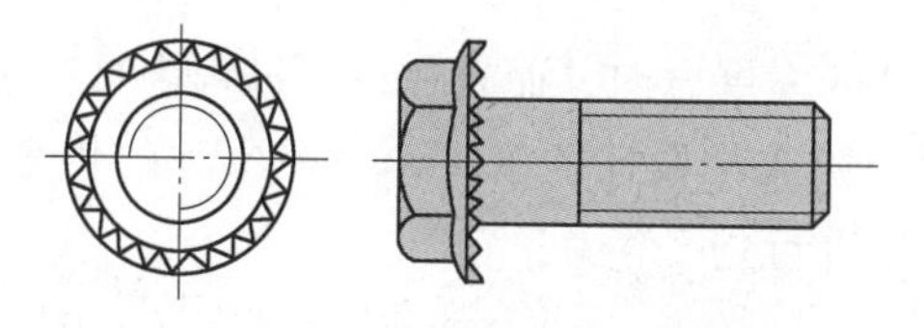

图 6-59　法兰面螺钉头

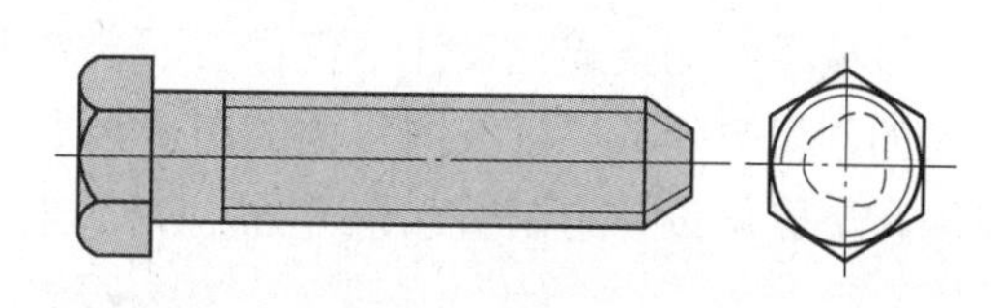

图 6-60　自攻自锁螺钉

图 6-61 所示是一种带轮与飞轮的集成功能零件，按带传动要求设计轮缘的带槽与直径，按飞轮转动惯量要求设计轮缘的宽度及其结构形状。

现代滚动轴承的设计中更是体现了集成化的设计理念。如侧面带有防尘盖的深沟球轴承（图 6-62a）、外圈带止动槽的深沟球轴承（图 6-62b）、带法兰盘的圆柱滚子轴承（图 6-62c）等。这些结构型式使支承结构更加简单、紧凑。

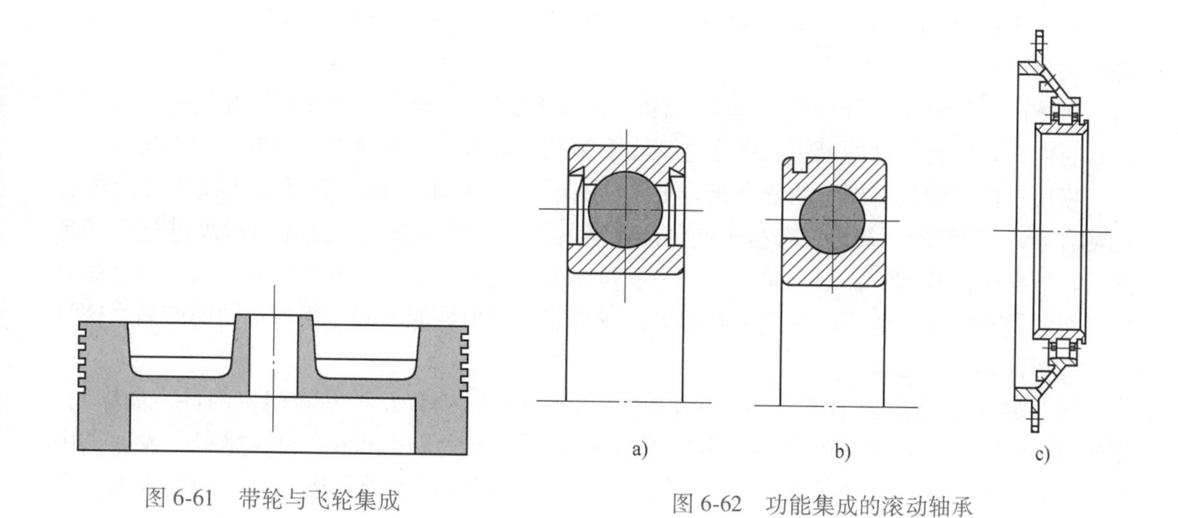

图 6-61　带轮与飞轮集成

图 6-62　功能集成的滚动轴承

图 6-63 所示是在航空发动机中应用的将齿轮、轴承和轴集成的轴系结构。这种结构设计大大减轻了轴系的重量，并对系统的高可靠性要求提供了保障。

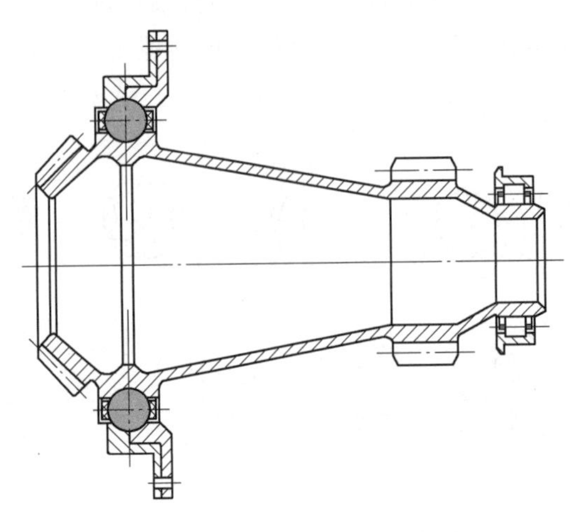

图 6-63　齿轮—轴—轴承的集成

机械零件的集成化设计不仅代表了未来机械设计的发展方向，而且在设计过程中具有非常大的创新空间。尽管我国目前的制造水平还落后于集成化设计的水平，但在不远的将来，我国在集成化设计与制造水平方面一定会进入世界先进行列。

第七节　机械产品的模块化与创新设计

一、模块化设计的概念

模块并不是一个新的概念，如建筑用的砖、板、梁就是构成建筑物的基本模块。由模块所构成的系统称为模块系统，也可称为组合系统。模块系统的概念是受到儿童积木的启发而得出的。一套儿童积木由形状、大小及颜色相同或不相同的一定数量的积木块组成，用这些积木块进行不同的搭配、组合就构成不同的玩具造型。因此，积木就是这一模块系统的基本模块，用积木块进行不同搭配、组合的方法和原理就是最简单、最基本的模块化设计。

机械产品的模块化设计始于 20 世纪初。1920 年左右，模块化设计原理开始用于机床设计。目前，模块化设计的思想已经渗透到许多领域，如机床、减速器、家电、计算机等。

模块是指一组具有同一功能和接合要素（指连接部位的形状、尺寸、连接件间的配合或啮合等），但性能、规格或结构不同却能互换的单元。模块化设计是在对产品进行市场预测、功能分析的基础上，划分并设计出一系列通用的功能模块，根据用户的要求，对这些模块进行选择和组合，就可以构成不同功能，或功能相同但性能不同、规格不同的产品。这种设计方法称为模块化设计。

图 6-64 所示为数控车床和加工中心模块化部件。以少数几类基本模块部件，如床身、主轴箱和刀架等为基础，可以组成多种不同规格、性能、用途和功能的数控车床或加工中心。例如：用图 6-64 中双点画线所示不同长度的床身可组成不同规格的数控车床或加工中心；应用不同主轴箱和带有动力刀座的转塔刀架可构成具有车铣复合加工用途的加工中心；配置高转速主轴箱和大功率的主轴电动机可实现高速加工；安装上料装置的模块可使该类数控机床增加自动输送棒料的功能。

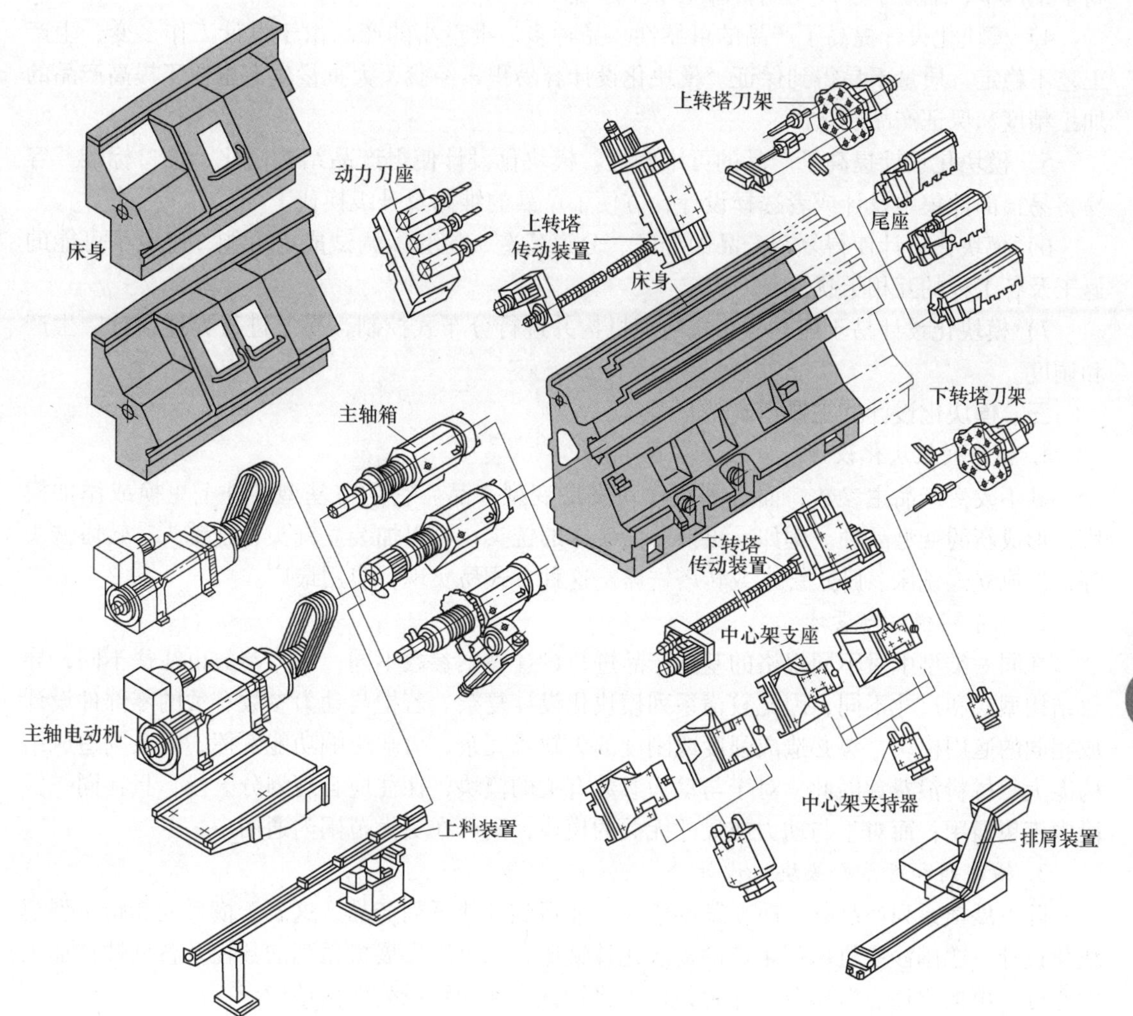

图 6-64 数控车床和加工中心模块化部件

除机床行业外，其他机械产品也渐趋向于模块化设计。例如，德国弗兰德公司（FLENDER）开发的模块化减速器系列和西门子公司用模块化原理设计的工业汽轮机。目前，国外已有由关节模块、连杆模块等模块化装配的机器人产品问世。

二、模块化设计的优点

产品采用模块化设计具有多方面的优势，具体表现如下：

1）模块化设计为产品的市场竞争提供了有力手段。当今市场竞争激烈，要求产品形式多变，性能各异，结构上具有高度的灵活性。模块化设计特别适用于那些品种多、批量小、结构复杂的产品。

2）模块化设计有利于开发新技术。模块化设计使得设计工作简化，避免了大量的重复设计工作，便于优化设计及发展新产品、新品种。这对缩短产品研制周期，加快产品的更新换代，提高复杂产品的可靠性、可维修性和综合保障能力，减少生寿命周期内的费用投入意义重大。

3）模块化设计有利于组织大生产。模块化设计将复杂产品的非标准单件生产变成结构相同、工艺相同的批量生产，使得生产过程简化，有利于实现生产自动化和工艺标准化，提高了生产率，缩短了生产周期，降低了生产成本。

4）模块化设计提高了产品的可靠性。品种多、批量小的产品由于设计工作多变、生产工艺不稳定，质量不易得到保证。模块化设计容易积累经验，大批量生产也便于提高产品的加工精度和保证产品质量。

5）模块化设计提高了产品的可维修性。模块化设计使得产品结构简化、接口标准，容易将易损部件集中设计或者选择设计，方便了产品的维修及升级换代。

6）模块化设计使得复杂产品的分区、分道建造、检验、调试成为可能，避免了可能的返工及各工种的互相干扰。

7）模块化设计易于建立分布式组织机构并进行分布式控制，易于进行异地设计、生产和调度。

三、模块化设计的主要方式

1. 横系列模块化设计

其不改变产品主参数，而是利用模块发展变型产品。它是在基型品种上更换或添加模块，形成新的变型品种。例如，更换端面铣床的铣头，可以加装立铣头、卧铣头、转塔铣头等，形成立式铣床、卧式铣床或转塔铣床。这种方式易实现，应用最广。

2. 纵系列模块化设计

在同一类型中对不同规格的基型产品进行设计。主参数不同，动力参数也往往不同，导致结构型式和尺寸不同，因此较横系列模块化设计复杂。若把与动力参数有关的零部件设计成相同的通用模块，势必造成强度或刚度的欠缺或冗余，欠缺影响功能发挥，冗余则造成结构庞大、材料浪费。因此，对于与动力参数有关的模块，往往应合理划分区段，只在同一区段内模块通用；而对于与动力或尺寸无关的模块，则可在更大范围内通用。

3. 横系列和跨系列模块化设计

除发展横系列产品外，改变某些模块还能得到其他系列产品，这属于横系列和跨系列模块化设计。德国沙曼机床厂生产的模块化镗铣床，除可以发展横系列的数控及各型镗铣加工中心外，更换立柱、滑座及工作台，即可将镗铣床变为跨系列的落地镗床。

4. 全系列模块化设计

全系列包括纵系列和横系列。例如，德国某厂生产的工具铣床，除可改变为立铣头、卧铣头、转塔铣头等形成横系列产品外，还可以改变床身、横梁的高度和长度，得到三种纵系列的产品。

5. 全系列和跨系列模块化设计

这种方式主要是在全系列基础上进行结构比较类似的跨产品的模块化设计。例如，全系列的龙门铣床结构与龙门刨床和龙门导轨磨床相似，可以发展跨系列模块化设计。

四、模块化设计的关键

1. 模块标准化和通用化

它是指模块结构标准化，尤其是模块接口标准化和通用化。模块化设计所依赖的是模块的组合，即连接或啮合，又称为接口。显然，为了保证不同功能模块的组合和相同功能模块的互换，必须提高其标准化、通用化、规格化的程度。例如，具有相同功能、不同性能的单元一定要具有相同的安装基面和相同的安装尺寸，才能保证模块的有效组合。

2. 模块的划分

模块化设计的原则是力求以少数模块组成尽可能多的产品，并在满足要求的基础上使产品精度高、性能稳定、结构简单、成本低廉，且模块结构应尽量简单、规范，模块间的联系尽可能简单。因此，如何科学地、有节制地划分模块，是模块化设计中很有艺术性的一项工作，既要照顾制造管理方便，具有较大的灵活性，避免组合时产生混乱，又要考虑到该模块系列将来的扩展和向专用、变型产品的辐射。划分的好坏直接影响模块系列设计得成功与否。总的说来，划分前必须对系统进行仔细的、系统的功能分析和结构分析，并要注意以下各点：

1）模块在整个系统中的作用及其更换的可能性和必要性。

2）保持模块在功能及结构方面有一定的独立性和完整性。

3）模块间的接合要素要便于连接与分离。

4）模块的划分不影响系统的主要功能。

五、模块化设计实例

电磁环境检测系统中，要求锅状天线能绕水平轴在 90°范围内旋转，而且能绕垂直轴 360°旋转，整套运动系统安装在三角支架上。因此，组成该系统的模块有天线模块、绕水平轴旋转模块、绕垂直轴旋转模块、支承模块和控制模块，如图 6-65 所示。

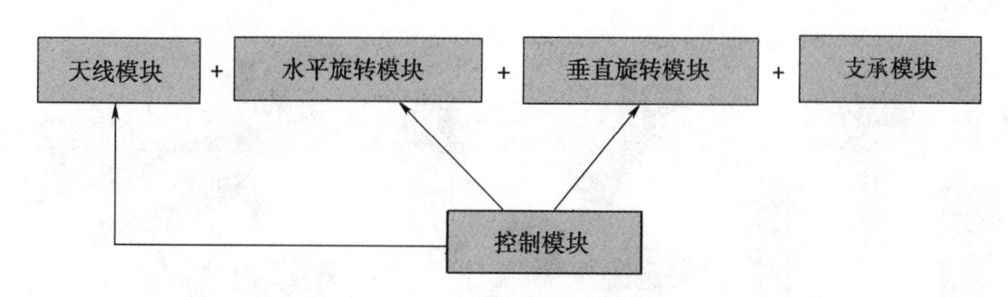

图 6-65　电磁环境检测系统的模块

控制模块不属于机械范围，这里不予讨论。其中，天线模块可根据检测距离使其尺寸规格化和系列化，形成系列模块；水平旋转模块可按照天线尺寸规格化和系列化，形成系列模块，电动缸系列产品可直接用于该模块，电动缸系列的示意图如图 6-66 所示；垂直旋转模块也可按照天线尺寸规格化和系列化，形成系列模块，谐波齿轮减速器和内平动齿轮减速器可作为该系列模块，电动机与减速器组合的示意图如图 6-67 所示；对应的支承模块也根据三角支架的尺寸系列化，并形成系列模块。

图 6-66　电动缸　　　图 6-67　电动机与减速器

图 6-68a 所示为电动机系列示意图，图 6-68b 所示为直线导轨组合系列示意图，图 6-68c 所示为滚珠丝杠组合系列示意图。

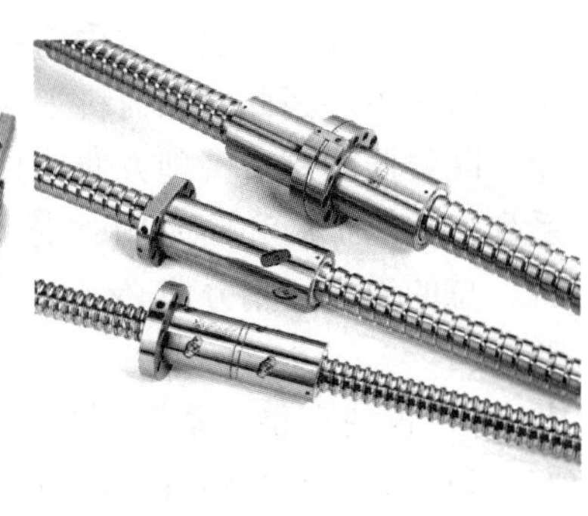

a) b) c)

图 6-68 典型模块示意图一

图 6-69a 所示为球窝轴承系列示意图，图 6-69b 所示为机床滑轨组合模块示意图。模块化设计为机械创新提供了广阔的空间。其中，把电动机、减速器、电动缸、天线和支架进行模块化的组合，可得到一系列的不同要求的电磁环境检测系统。图 6-70 所示就是根据模块化设计的成果。

a) b)

图 6-69 典型模块示意图二

另外，虚拟轴机床也是由上平台、下平台、滚珠丝杠、万向联轴器和电动机等模块组成的。

模块化设计提高了产品质量，缩短了设计周期，是机械设计的发展方向。不同模块的组合，为设计新产品提供了良好的前景。所以，模块化设计充满了创新。

图 6-70 电磁环境检测系统

第七章 仿生原理与创新设计

自古以来，自然界的生物就是人类各种技术思想、工程原理及重大发明的源泉。人类在观察和认识生物的基础上，运用人类所独有的思维和设计能力模仿生物的结构、功能、运动等特性，经过长久不懈的努力和不断总结经验，终于开创了指导人类进行创新设计的仿生学和仿生机械学。

利用仿生学和仿生机械学中的基本原理和方法可以创新设计新装置、新机械，例如模仿人类肢体功能而设计的仿生机械肢体、模仿陆地步行动物的仿生步行机器人、模仿陆地爬行动物的仿生爬行机器人、模仿鸟类和昆虫类在天空中飞行的仿生飞行机器人、模仿水中游动的鱼类和海豚类的仿生水中游动机器人。本章的目的是通过介绍仿生学基本知识为机械创新设计提供一个更广阔的空间。

第一节 仿生学与仿生机械学简述

仿生学是模仿生物的性质、结构、功能、运动、能量转换、信息传递与控制等特征，并将它们应用于技术系统，创新设计新产品的科学。

因为生物具有的功能比任何人工制造的类似产品都要优越得多，所以仿生学试图在技术方面模仿动物和植物在自然中的功能，在生物学和工程技术之间架起一座桥梁，这对解决工程技术难题有很大的帮助。因此，仿生学得到了飞速发展。

仿生学与机械学相互交叉、渗透，形成了仿生机械学。仿生机械学主要是从机械学的角度出发，研究生物体的结构、运动与力学特性，然后设计出类生物体的机械装置的学科。当前，仿生机械学的主要研究内容有人工关节、假肢、人工器官、拟人机械手、仿生步行机器人、仿生爬行机器人、仿生飞行机器人、仿生水中游动机器人等。

一、仿生学简介

1. 仿生学的基本概念

仿生学是一门独立学科，1960 年美国的斯蒂尔（J. E. Steel）为这门新兴的科学命名为

"Bionics"，译为"仿生学"。斯蒂尔把仿生学定义为"模仿生物系统的原理来建造技术系统，或者使人造技术系统具有或类似于生物特征的科学"。简言之，仿生学就是模仿生物的科学。确切地说，仿生学是研究生物系统的结构、特质、功能、能量转换、信息传递与控制等各种优异的特征，并把它们应用到技术系统，改善已有的技术设备，或创造出新的技术系统、建筑构型以及自动化装置等。

仿生学能为人类提供最可靠、最灵活、最高效、最经济的接近于生物系统的技术系统，为人类造福。仿生学的研究内容极其丰富多彩，因为生物界本身就包含着成千上万的种类，它们具有各种优异的结构和功能供各个行业进行研究。

2. 仿生学的分类

由于仿生学涉及生物学、物理学、化学、医学、力学、材料学、机械学、控制科学与技术、信息科学与技术、计算机科学与技术等多门学科的知识，因此对其进行精准分类比较难，但大体上有两种分类方法。

（1）第一种分类方法　把仿生学分为力学仿生、分子仿生、细胞仿生、神经仿生、能量转换仿生、信息与控制仿生等。在生物学界，把仿生学列入生物学的分支。因此，这种分类方法侧重于生物科学界，生物科技人员经常采用这种分类方法。

（2）第二种分类方法　把仿生学分为电子仿生、信息与控制仿生、机械仿生、化学仿生、建筑仿生、医学仿生等。这种分类方法侧重各学科门类，生物学界之外的科学研究人员容易接受这种分类方法。

实际上，两大分类方法并无本质差别。如研究与模仿生物体的器官发光与放电现象，前者列入能量转换仿生，后者列入化学仿生或电子仿生；模仿生物体的运动，前者列入力学仿生，后者列入机械仿生；模仿壳状建筑，前者列入力学仿生，后者列入建筑仿生；模仿生物体的神经网络，前者列入神经仿生，后者列入医学仿生。不同的分类方法并不影响仿生学的研究与进展，所以仿生学的分类还处于仁者见仁，智者见智的阶段。由于本书的工程背景，本书采用第二种分类方法介绍仿生学的基本内容。

3. 仿生学的研究内容

仿生学的研究内容主要有：机械仿生、信息与控制仿生、化学仿生、电子仿生、建筑仿生、医学仿生等。

（1）机械仿生　模仿自然界生物运动特征，从而实现创新设计仿生机械的目的，此类仿生称为机械仿生。如仿生机器鱼、仿生蜻蜓、仿生飞鸟、仿生四足步行机器人、仿生六足步行机器人、仿生爬行机器人、仿生两足步行机器人等都是机械仿生设计的典型产品。

（2）信息与控制仿生　模仿自然界生物的感官及信息传递特征，从而实现设计各类信息处理、传递与控制装置的目的，此类仿生称为信息与控制仿生。如模仿响尾蛇跟踪猎物的红外线探测机理，设计出红外线传感器；模仿蝙蝠的超声波定位原理，设计出超声探测定位器；模仿鸟类、鱼类等生物的迁徙特性，设计出各类导航装置；模仿动物灵敏的嗅觉，设计出各类气味传感器。

（3）化学仿生　模仿植物叶片的光合作用，研究制氧设备；模仿植物叶片的吸附作用，设计空气净化器；模仿萤火虫通过自身荧光素和荧光酶作用下发出冷光的现象，研制节能冷光源灯泡；模仿有些植物（如洋槐树）能够通过叶、皮、根等分泌、释放某些化学物质，对周围其他植物的生长产生抑制作用，研制绿色除草剂；利用有些昆虫通过分泌、释放微量化学物质（性外激素的信息传递），实现觅偶、标迹、聚集等活动，研制出仿生农药。此类仿生称为化学仿生。

（4）电子仿生　模仿青蛙眼睛能快速识别所喜欢吃的飞虫的机理，设计出电子蛙眼；将电子蛙眼和雷达相配合，就可以像蛙眼一样，看运动中的东西很敏锐，对静止的东西却视而不见，可实现敏锐、迅速跟踪飞行中的目标，为反导设计奠定了基础。模仿变色龙皮肤随周边环境改变肤色的机理，设计模仿变色龙的弹性电子皮肤，电子皮肤在人工假肢、智能机器人等方面有着广泛应用；模拟自然界光合作用中的一个重要环节，开发出一种仿生电子“继电器”，大大提高了人造树叶光合作用的反应速度，在廉价高效地利用太阳能把水转化为氢气和氧气方面迈出了重要一步。此类仿生称为电子仿生。

（5）建筑仿生　模仿蜂巢结构，设计出多六边形孔状建筑用梁、柱、板材；模仿植物的茎干结构，设计出建筑用梁柱，减轻了重量，提高了强度。生物界的各种蛋壳、贝壳、乌龟壳、海螺壳以及人的头盖骨等都是一种曲度均匀、质地轻巧的“薄壳结构”。这种“薄壳结构”的表面虽然很薄，但非常耐压。模仿壳体在外力作用下，内力沿着整个表面扩散和分布，没有集中力的特性，设计薄壳形建筑物，并已经得到广泛应用。车前子的叶子一般呈螺旋状排列，这样每片叶子都能得到最多的阳光。设计师们向车前子借鉴了调节日光辐射的原理，匠心独具地建造一座呈螺旋状排列的高层楼房，每个房间都可以得到最充足的阳光。此类仿生称为建筑仿生。

（6）医学仿生　模仿人体的具体结构，研制人体的各种器官，治疗人类疾病。如人造仿生皮肤治疗皮肤烧伤，人工关节代替损坏的关节，仿生肌肉代替萎缩肌肉，仿生人工手指、人工脚掌、上假肢或下假肢安装在失去肢体的部位，而且可受大脑意识控制。仿生耳廓、仿生眼皮、仿生机器心脏都已问世，医学仿生的快速发展，为治疗人类疾病正在发挥越来越大的作用。随着医学的发展，仿生医学也将得到快速发展，直接造福于人类。

（7）其他仿生　由于生物特性的多样性和复杂性，可模仿之处不可胜数，有些仿生内容还没有单独分类。如模仿动物皮毛中空特性，研制出保暖内衣；模仿蝴蝶的斑斓色彩，研制出的各种迷彩伪装等。还有很多生物特性没有被人类所认识，所以仿生学的发展才刚刚开始，前景非常广阔。

二、仿生机械学简介

自从1960年诞生了仿生学这一新学科之后，1970年在日本召开了第一届生物机构研讨会，确立了生物力学和生物机构学两个新学科，此后，在这两个新学科的基础上逐渐形成了仿生机械学。我国在2016年出版了《仿生机械学》教材，全面系统地介绍了采用机械手段模仿生物结构特性与运动状态的理论与方法。

仿生机械学的主要内容有：模仿动物步行、爬行，设计具有相应功能的自动机械；模仿动物在水中游动和在空中飞行，设计具有相应功能的自动机械；模仿人类肢体、器官，设计具有相应功能的假肢、器官、关节等。简言之，仿生机械学就是为设计仿生机械提供理论与方法。仿生机械学涉及的内容经常与其他学科交叉，如人工心脏是典型的机械产品，但又是仿生医学的研究内容；一些模仿昆虫的微型仿生机器人，如仿生蝴蝶、仿生蜻蜓等，又是信息与控制领域的研究内容。总之，仿生机械学也是多种学科知识的交叉、融合与渗透。

仿生机器人是仿生机械中的一个最为典型的应用实例，其发展现状基本上代表了仿生机械的发展水平。

三、仿生创新设计的步骤

根据仿生研究的经验总结，利用仿生学的基本原理进行创新设计可分为以下三个步骤，也称为仿生创新设计三部曲。

1. 建立生物原型

根据具体的设计任务，确定相应的生物原型。例如，设计任务是研制仿生四足步行机器人，而且具有运动灵活、奔跑速度快、可以跳跃、适应复杂地面行走且有一定的负重能力等要求。马、山羊、狗、狼、豹、狮子、老虎等许多四足哺乳动物都可以选为生物原型；蜥蜴、鳄鱼等四足爬行动物则不符合设计要求，不宜作为满足上述要求的生物原型；老鼠、兔子类的四足步行动物也不宜作为满足上述要求的生物原型，除运动速度不满足要求外，也不能满足负重要求。总之，对生物原型的选择一定要满足设计要求，而且生物原型容易找到。

2. 建立生物模型

在仿生学领域中，生物模型也称为物理模型或数学模型。物理模型就是根据相似原理，把真实事物按比例放大或缩小制成的模型，其状态变量和原事物基本相同，可以模拟客观事物的某些功能和性质。数学模型则是人们抽象出生物原型某方面的本质属性而构思出来的模型，如呼吸过程的图解或符号、光合作用过程的图解或符号等过程均可抽象为数学模型。

在仿生机械学领域中，生物模型多为机构运动简图。

需要说明的是所谓“模型”，就是模拟所要研究的生物原型的结构形态或运动形态，是生物原型的一些重要表征和体现，同时又是生物原型的抽象和概括。它不再包括原型的全部特征，但能描述原型的本质特征。

在满足设计要求的前提下，对生物模型进行简化、改造，得到实用的生物模型。这一部分设计是最富有创造性的工作，也是仿生创新设计成败的关键步骤。既模仿生物，又不机械照搬生物，是仿生创新设计的灵魂与精髓。

3. 建立实物模型

对经过改造后的生物模型进行分析、计算、设计、制造，将生物模型转换为工程技术领域的实物模型，然后进行各种性能测试，不断改进和提高，最后得到所需产品，服务于人类社会。

实物模型就是设计、制造样机的过程。

以上就是仿生创新设计的三个步骤，利用仿生原理进行仿生机械的创新设计必须遵循上述三个步骤。

四、仿生创新设计实例

通过以下两个完全不同的设计实例说明仿生创新设计三个步骤的应用过程。

1. 仿生设计实例一：设计仿生四足步行机器人的行走系统

按照仿生设计的三个步骤，其设计过程如下：

（1）选择狼狗为生物原型　图 7-1a 为狼狗的生物原型，图 7-1b 为生物原型的简化，图 7-1c 为生物原型的再简化，得到最终生物原型。在仿生设计过程中，对生物原型的选择、分析很重要，一定要舍弃非本质因素、无关因素，重点突出反映本质特征的因素，即骨骼、关节系统。

（2）建立生物模型　建立图 7-2a 所示的生物模型（机构简图），对图 7-2a 所示的模型

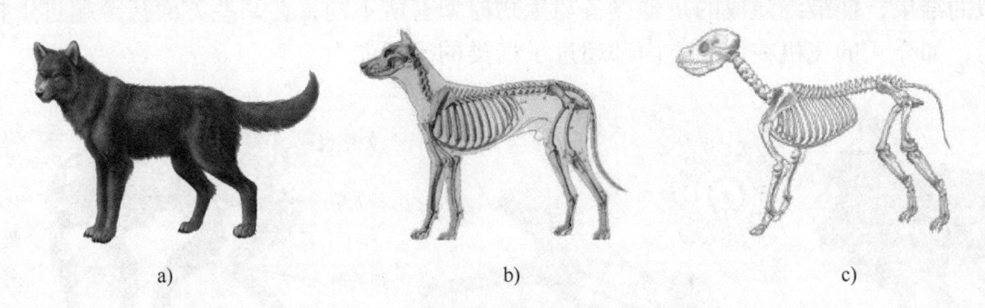

图 7-1 生物原型的建立过程

进行简化，把三自由度的球面副 B 简化为两个互相垂直布置的单自由度转动副，得到图 7-2b 所示的机构模型；再简化踝关节 C、P，得到图 7-2c 所示的实用生物模型。因为每条腿的自由度一般在 3~4 之间，进行运动控制比较复杂。所以，建立生物模型阶段是具有创新性和挑战性的设计阶段。需要注意的是，生物模型经常具有多值性，应根据具体设计要求选择最实用、最经济的生物模型。

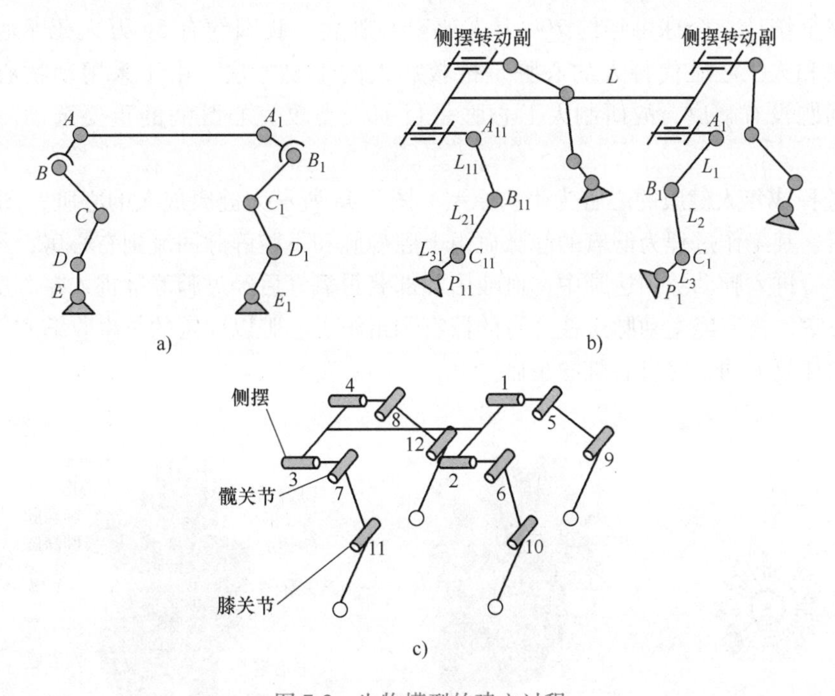

图 7-2 生物模型的建立过程

（3）建立实物模型 对生物模型进行分析、设计、计算，诸如自由度计算、驱动方式选择、运动分析、动力分析、稳定性设计、结构设计、强度与刚度计算、控制方式选择等，最后制作实物模型，实物模型也具有多值性。图 7-3a、b、c 为对应的实物模型。对实物模型进行可行性分析，最后确定图 7-3a 所示为定型产品，该产品即是著名的波士顿大狗。

由以上设计实例可以看出，在对生物特性的模拟过程中，不能进行生搬硬套式的仿生，要在仿生中有所创新。这是因为有些生物体的结构远比想象的复杂，很难进行百分之百的原样仿生。经过实践—认识—再实践的多次重复，才能使模拟出来的产品满足人类需要。但这样模拟的结果，使最终建成的机器设备与生物原型有所不同，在某些方面甚至超过生物原型的能力，如今天的飞机在许多方面都超过了鸟类的飞行能力。

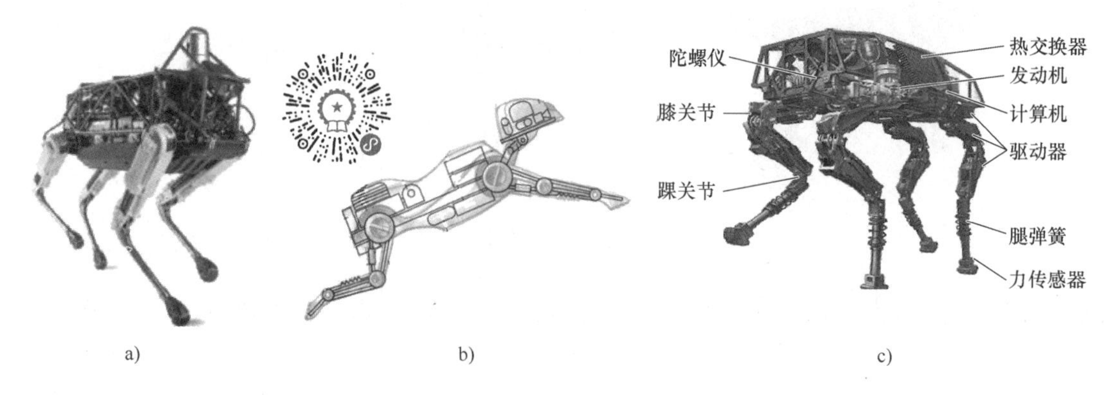

图 7-3 实物模型的建立

2. 仿生设计实例二：设计仿生人工心脏

据不完全统计，全球每年约 700 万人死于心脏病，我国约有 55 万人死于心脏病。采用动物心脏和人工心脏代替人的心脏是抢救病人的主要方法。由于采用动物心脏的身体排异反应问题没有解决，故研制人工心脏是目前人类攻克心脏病的重要选项。其设计过程如下：

（1）选择成年人健康的心脏为生物原型 图 7-4a 所示为健康成人的心脏，图 7-4b 所示为其解剖图。其工作过程为低氧的静脉血由上腔静脉和下腔静脉回流到右心房，经三尖瓣到右心室，然后进入肺动脉到达肺中；血液由肺部获得氧气后经过肺静脉进入左心房，经二尖瓣进入左心室，再流经主动脉送往全身的器官和组织。心脏以固定的频率收缩和舒张，引起循环血液的往复流动，完成心脏的泵血。

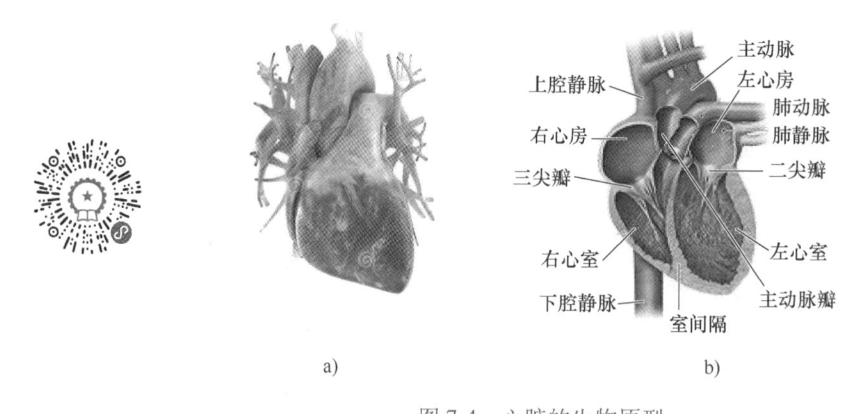

图 7-4 心脏的生物原型

a）心脏原型 b）心脏解剖图

（2）建立生物模型（物理模型） 生物模型可以是机构简图，也可以是框图、流程图或数学表达式，根据心脏工作原理可建立工作框图，如图 7-5a 所示；但工作框图还是有些抽象，比较理想的生物模型如图 7-5b 所示。其中静脉管网和动脉管网的连接如图 7-5c 所示，心脏中的各类瓣膜用单向阀代替，人体心脏的收缩压血功能用液压泵代替，泵与电动机制成一体化，控制系统与电源置于体外。

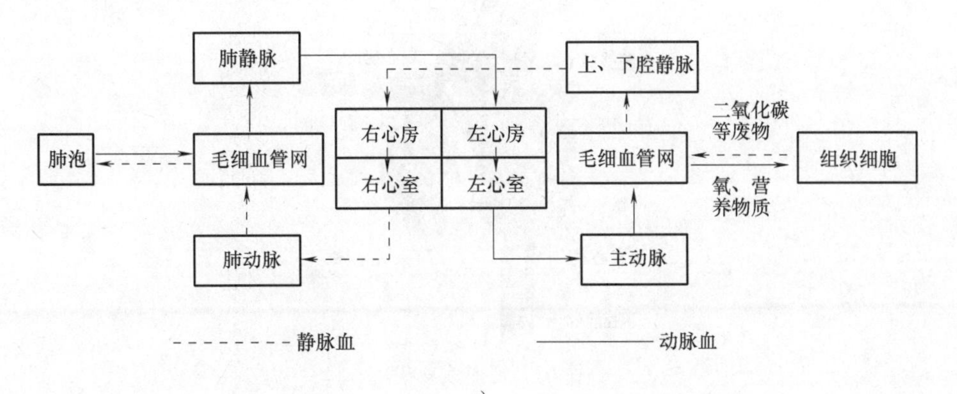

a)

b)

c)

图 7-5　心脏生物模型

a）心脏初始生物模型（框图） b）心脏改进生物模型 c）人体静脉微细管网与动脉微细管网的连接

（3）建立实物模型　制作实物样机时，泵的放置位置可以在右心室和肺之间，但是为了制造和放置方便，一般直接放在左心室出口处。心脏实物模型如图 7-6 所示。

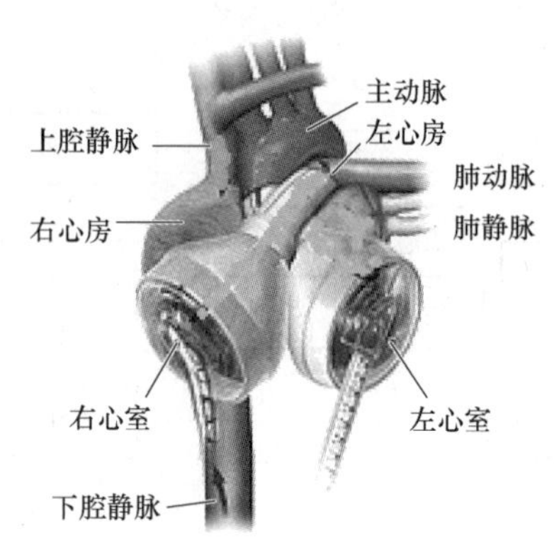

图 7-6　心脏实物模型

随着人工心脏的力学性能、血流动力学性能、能源、抗血栓性能以及测控方法等问题的改进与完善，人工心脏的仿生技术也将进一步得到发展。

第二节　仿动物步行的机械与设计

一、步行运动的分类

凡是依靠腿的交替摆动蹬地实现身体移动的运动形式，统称步行运动。如各类两足动物、四足动物以及多足动物的运动形式都是步行运动。步行运动分为走行和爬行两种运动方式。

1. 走行

如两足的人、鸡鸭、鸟类，四足的牛、马、羊、狮、虎、豹之类哺乳动物，他们的腿向身体躯干正下方伸出，与身体重心方向一致，可以完全支承其体重，但重心位置较高。足的蹬踏力与运动方向一致，步行速度快，运动灵活，此类步行又称为走行。图 7-7a 所示的人、鸡的两条腿是向身体下方伸出的，图 7-7b 所示的马的四肢也是向身体下方伸出的，且双腿距身体的纵轴面距离短，摆动力矩很小，蹬踏力基本转化为前进动力。

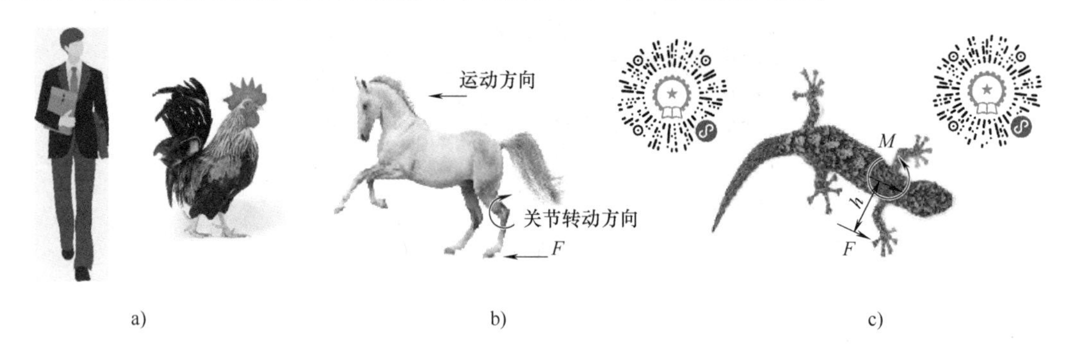

图 7-7　走行和爬行运动
a）两足走行　b）四足走行　c）四足爬行

2. 爬行

有些步行动物，如蜥蜴类、蜘蛛类、蚂蚁类、蜈蚣类等动物，它们的腿由身体两侧向外伸出，不能完全支承其身体重量，在运动时经常腹部着地，腿在身体外侧拨动地面，这种运动方式称为爬行，这类爬行动物的重心较低。由于这类爬行动物的蹬踏力在身体外侧，因此运动时同时产生身体前进的力和使身体摆动的力矩，影响了前进速度。图 7-7c 所示壁虎类爬行动物，四足着力点距离身体纵轴面较远，蹬踏力对身体产生力矩，使身体扭动前进。这类爬行动物在逃跑时偶尔也能身体离地，但只能坚持较短时间。

由于走行和爬行腿的受力不同，因此其结构也不相同，但都是依靠摆腿迈步运动的，故统称为步行运动。

二、步行机械腿及其设计

步行机械腿可分为连杆型闭链腿和开链型腿，开链型腿也称为关节型腿。有时也采用闭链连杆机构和关节型开链机构相结合的结构型式。

1. 连杆型腿的结构

闭链连杆型腿可分为四杆机构型腿和多杆机构型腿。四杆机构型腿结构简单，但不能准确实现复杂的足端运动轨迹。

（1）四杆机构型腿　在仿生机械的步行机构中，经常采用铰链四杆机构和曲柄摆块机构。这种连杆型机构的腿一般为单自由度，控制容易，工作可靠。图 7-8a 所示三角形连杆上的 P 点为足端，机构尺寸可按给定的走行曲线进行设计，该类机械腿的刚度大，六足以上爬行机械的腿常用该连杆机构；图 7-8b 所示四杆机构型腿中，连杆为杆状，连杆上的 E 点为足，此类结构腿轻便灵活，在步行机械中最为常用，四足到八足仿生机械常用该类机械腿；图 7-8c 所示曲柄摆块机构也是常用的机械腿机构，该类机构常用于两足步行机械的连杆型机械腿。

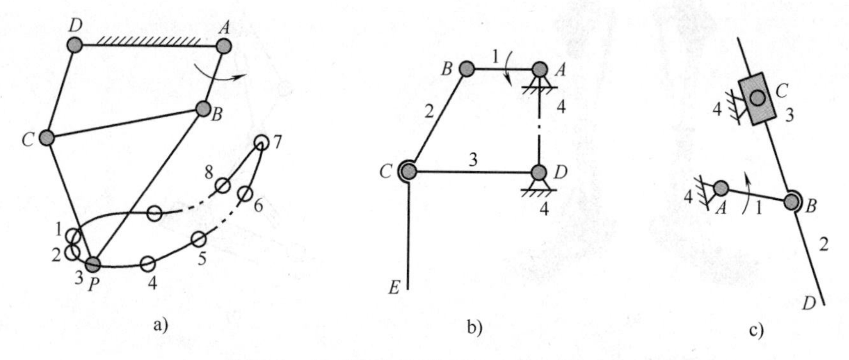

图 7-8　闭链四杆机构型机械腿机构简图

图 7-9a 所示六足仿蜘蛛机器人采用了图 7-8a 所示的闭链机构腿的结构；图 7-9b 所示四足步行机器人采用了图 7-8b 所示的闭链机构腿的结构；图 7-9c 所示两足步行机器人采用了图 7-8c 所示的闭链机构，即曲柄摆块机构腿。一般情况下，这类连杆机构的尺寸可按给定的走行曲线设计。在走行曲线上选择 3~5 个点进行机构综合即可。

（2）液压机械腿　图 7-9 所示机械腿一般采用电动机驱动，一些重载机器人的步行机构经常采用液压驱动，如图 7-10 所示机械腿就是采用了液压驱动。图 7-10a 所示为两足步行机械腿的部分结构，图 7-10b 所示为其对应的机构简图，该机构有 2 个自由度，即小腿和脚掌的转动自由度。图 7-10c 所示为两足步行机械腿的整体结构，图 7-10d 所示为其机构简图。每条腿有 4 个自由度，即大腿、小腿和脚掌的转动自由度和腿的侧摆自由度。两条腿共有 8 个自由度。液压传动型机械腿虽然动力强大，刚度好，但是具有体积大的缺点。

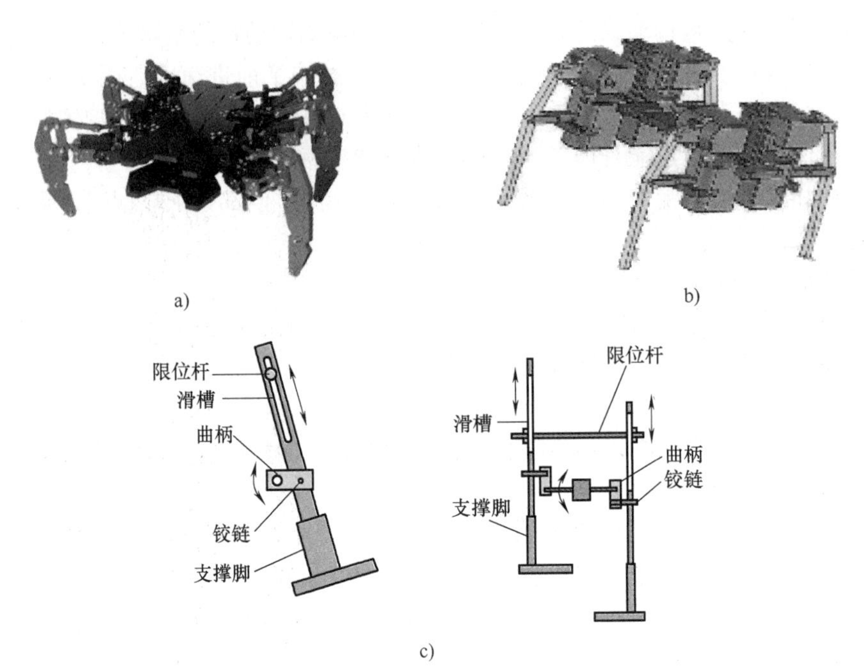

图 7-9 闭链四杆机构型机械腿的应用

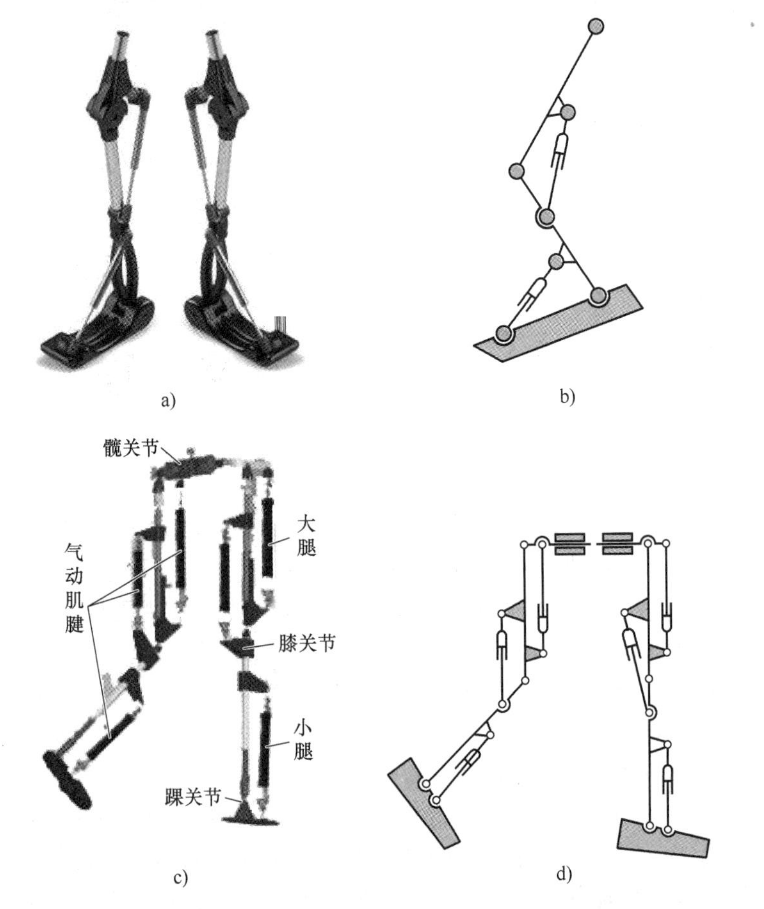

图 7-10 液压机械腿

（3）多杆机构型腿　为实现逼真的走行曲线，经常采用多杆机构。实际上，多杆机构是在四杆机构的基础上，运用第五章介绍的机构组合原理实现的。图 7-11a 所示为一条腿的走行周期，图 7-11b 所示为其机构简图。由机构简图可以看出，在曲柄摆块机构基础上再连接一个Ⅱ级杆组 EF，即组成一个六杆机构。该机构的腿为杆件 EBD，其中 D 点为足端，D 点的足端运动轨迹更加逼真。

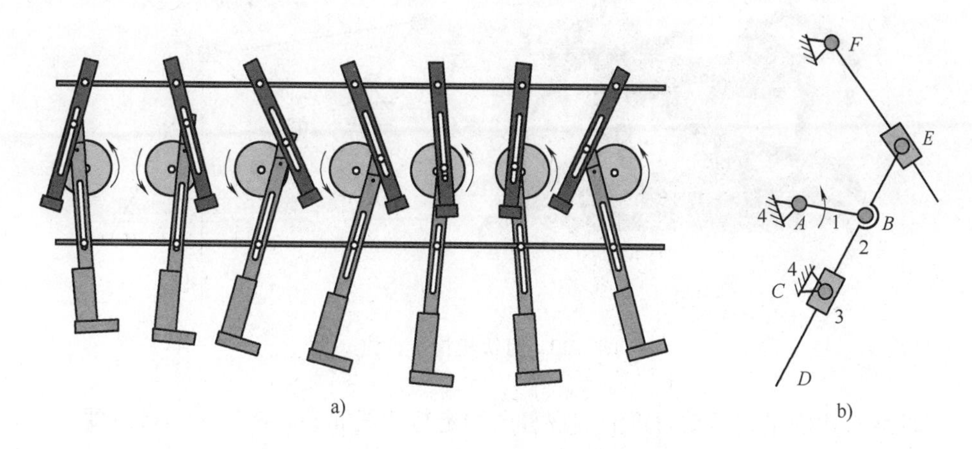

图 7-11　摆块式六杆机构腿

图 7-12a 所示的四足步行机器人为典型的多杆机构组成的机械腿，对应的机构简图如图 7-12b 所示。由机构简图可以看出，此机构为八杆机构。自由度计算如下：

$$n=7,\ p_L=10$$

$$\begin{aligned}F&=3n-2p_L-p_H\\&=3\times7-2\times10-1\times0\\&=1\end{aligned}$$

该机构的足端运动轨迹可以很好地模仿动物走行曲线。

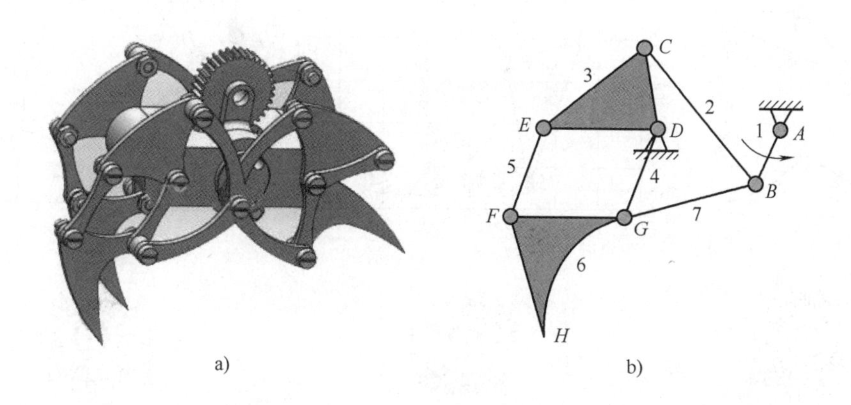

图 7-12　八杆机构步行腿

图 7-13 为仿八足步行机械螃蟹，其运动类似螃蟹的横向行走。每条腿都是一个Ⅲ级机构，Ⅲ级机构的足端运动轨迹能实现复杂的走行曲线要求，但Ⅲ级机构的分析与设计都比四杆机构复杂。其自由度计算过程如下：

$$n=5,\ p_L=7$$

$$F=3n-2p_L-p_H$$
$$=3\times5-2\times7-1\times0$$
$$=1$$

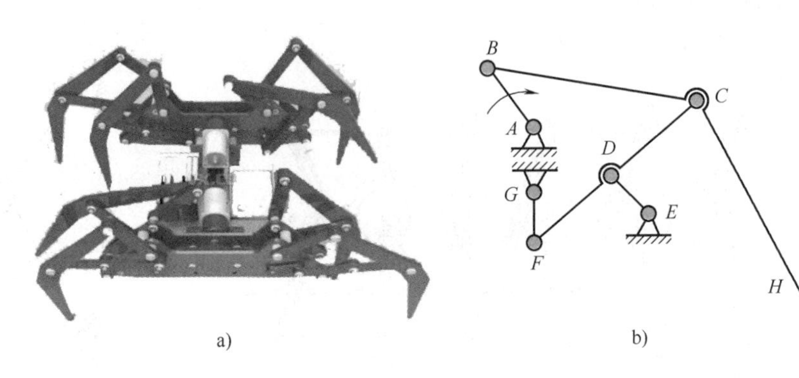

图 7-13　Ⅲ级机构步行腿

由于Ⅲ级机构的足端运动轨迹能实现复杂的走行曲线要求，所以采用自由度为 1 的Ⅲ级机构作为步行机械的腿也得到了广泛应用。

图 7-14a 所示的一条步行机械腿是由一个原动件连接 3 个Ⅱ级杆组组成的看似复杂的连杆机构型机械腿，在走行机械和爬行机械的设计中都得到广泛应用。图 7-14b 所示为两个相同机构组成的两足步行机械，两个曲柄成 180°连接。4 个单腿机构可组成四足步行机器人的步行机构，如图 7-14c 所示。

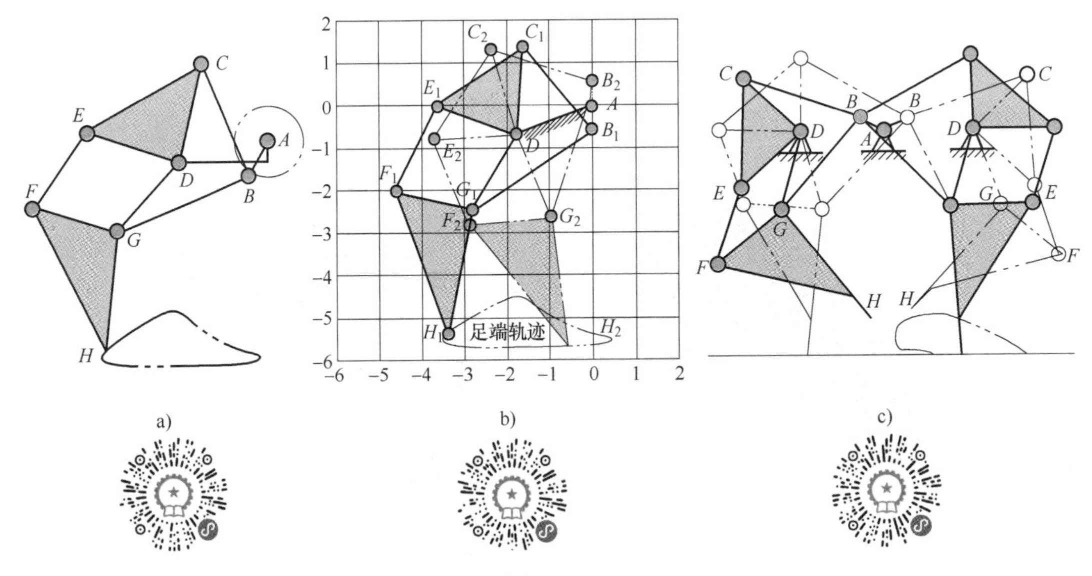

图 7-14　3 个Ⅱ级杆组组成的机械腿

a）单腿　b）双腿　c）4 条腿

该单腿机构的自由度计算如下：

$$n=7,\ p_L=10$$

$$
\begin{aligned}
F &= 3n-2p_{\mathrm{L}}-p_{\mathrm{H}} \\
&= 3\times7-2\times10-1\times0 \\
&= 1
\end{aligned}
$$

该机构运动一个周期时，其抬腿相和落地相时间可由图 7-15 计算求出来。

落地相：曲柄逆时针转动角度为 72°~252°，对应曲柄运转 180°。

抬腿相：曲柄逆时针转动角度为 252°~72°，对应曲柄运转 180°。

因此，该机构用于两足步行机械时，曲柄可错位 180°安装。

若要改变落地相和抬腿相的时间比例，则只需改变曲柄之间的相位角。

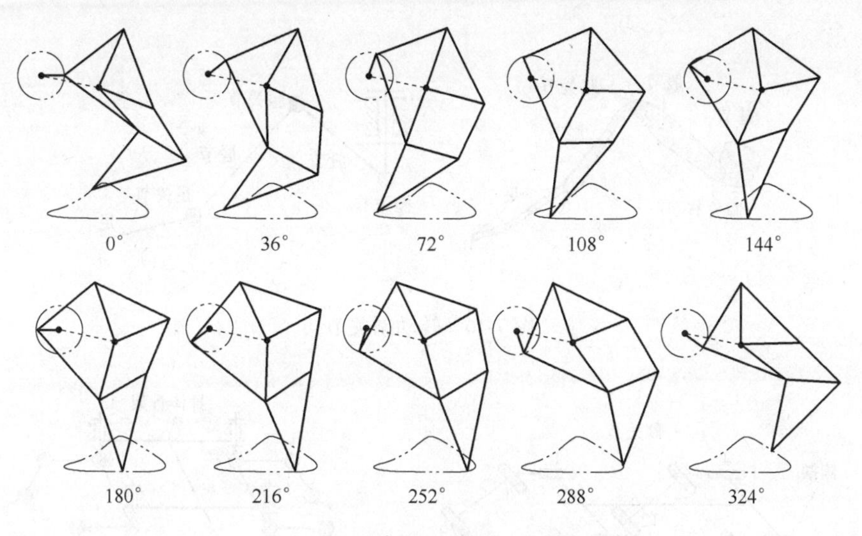

图 7-15 单腿运动周期示意图

2. 关节型腿的结构

关节是指两构件之间的可动连接部分，一般为球面副、球销副和转动副关节。转动副关节可直接由电动机驱动，设计容易、结构简单、控制方便，在步行机械腿中有广泛应用，特别是在仿步行机器人中应用最为广泛。转动副关节型机械腿的尺度综合也比较简单，一般以动物的腿部尺寸作为参考。其难点是位姿控制和各腿的时序控制，也就是步态控制。

图 7-16a 分别为四足步行动物的后腿和人类的腿部骨骼，是典型的转动副型关节结构，图 7-16b 为对应的机构简图。工程中，大腿根部髋关节的球销副 S′经常用两个转动副代替。图 7-16c 为昆虫的腿，图 7-16d 为其机构简图，可适用于四足、六足、八足以上的爬行动物腿机构的设计。

步行动物的髋关节为二自由度的球销副，为控制方便，一般采用两个单自由度的转动副代替一个球销副。如图 7-17a 所示的四足走行机构中的转动副 1、5，2、6，3、7，4、8 代替了四个球销副；每条腿的运动副数也进行了简化，一般忽略脚踝部的转动副。图 7-17b 所示的六足爬行机构中的六个髋关节也用转动副代替，但直接与身体连接的转动副的轴线与走行动物不同。

在设计仿生两足步行机械时，应注意人类与禽类膝关节的转动方向，其实是不相同的。人类的膝关节向后转动，禽类的膝关节是向前转动的，如图 7-18 所示。图 7-18a 所示为类人

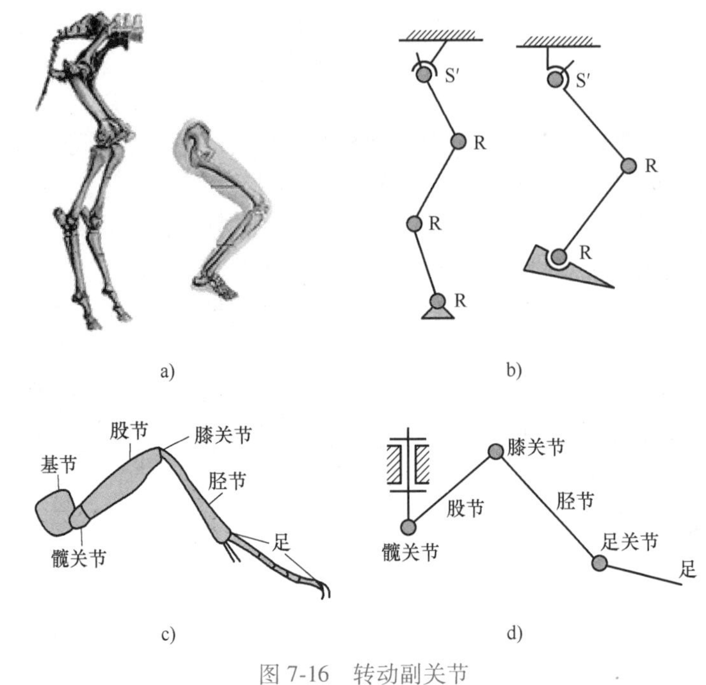

图 7-16 转动副关节

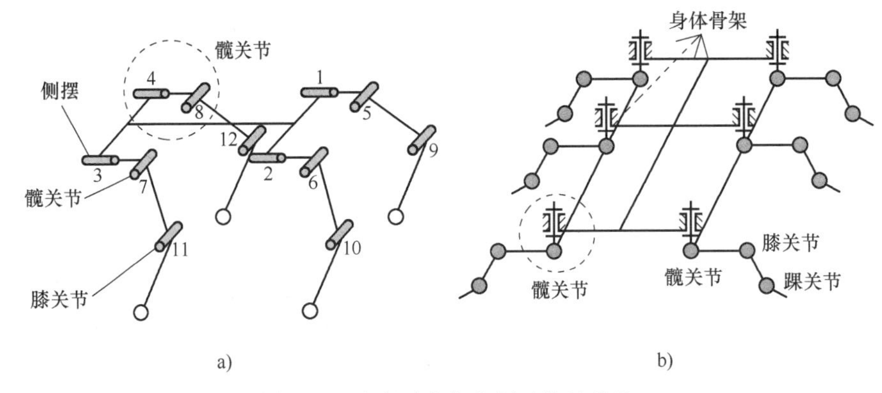

图 7-17 走行动物与爬行动物的关节

a）走行动物的关节 b）爬行动物的关节

机器人的关节腿机构，图 7-18b 所示为仿禽类飞行机器人的腿机构，图 7-18c 所示为四足哺乳动物的走行机构。四足走行动物的前腿膝关节向后转动，而后腿膝关节向前转动，这是自然进化的结果。

关节型机器人由于其独特的优点，在仿生机械中得到了广泛的应用。图 7-19a 所示为两足关节机器人，图 7-19b 所示为四足关节机器人，图 7-19c 所示为六足关节机器人，它们的每个关节由一个舵机驱动。

3. 转动关节与连杆机构关节复合型机械腿

有些仿生机械的腿关节采用转动副型关节和连杆型关节的复合结构，如图 7-20a 所示的机械腿即为复合型机械腿，图 7-20a 所示两足仿生机器人的上肢关节为转动副关节，下肢关节为连杆型关节；图 7-20b 所示两足机器人的腿也是复合型关节（略去脚踝关节驱动缸）；图 7-20c、d 所示的单腿机构也是复合型关节。复合型的机械腿可以减少关节电动机的数量。

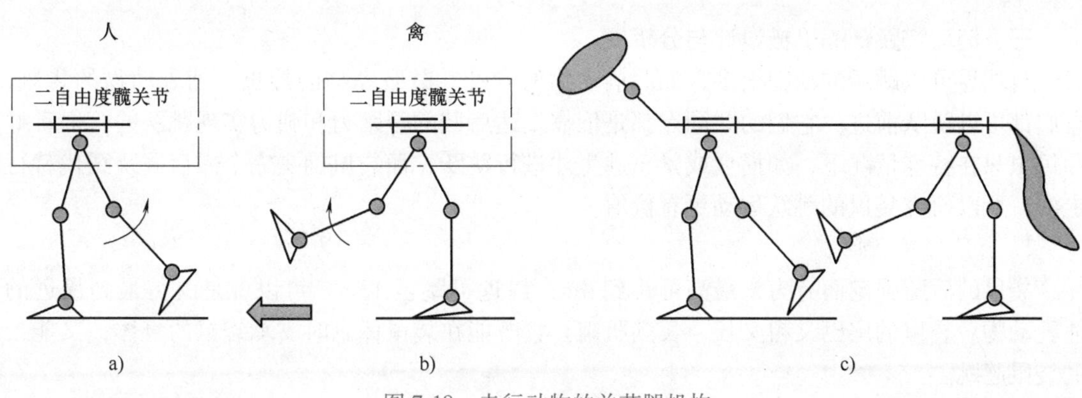

图 7-18 走行动物的关节腿机构

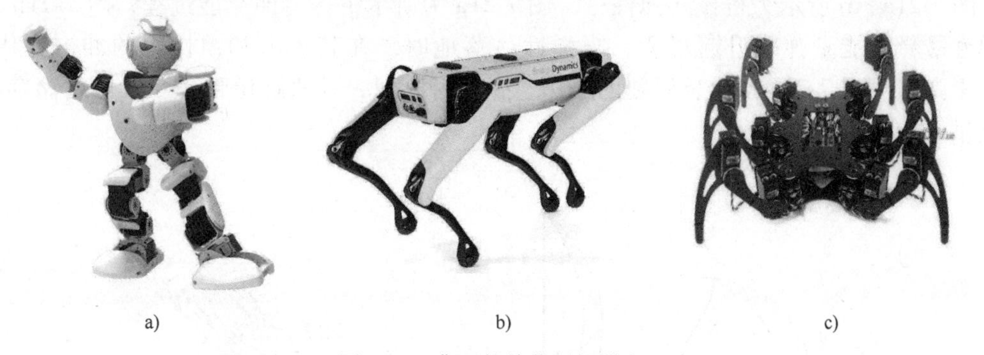

图 7-19 典型的关节型机器人

a）两足关节机器人 b）四足关节机器人 c）六足关节机器人

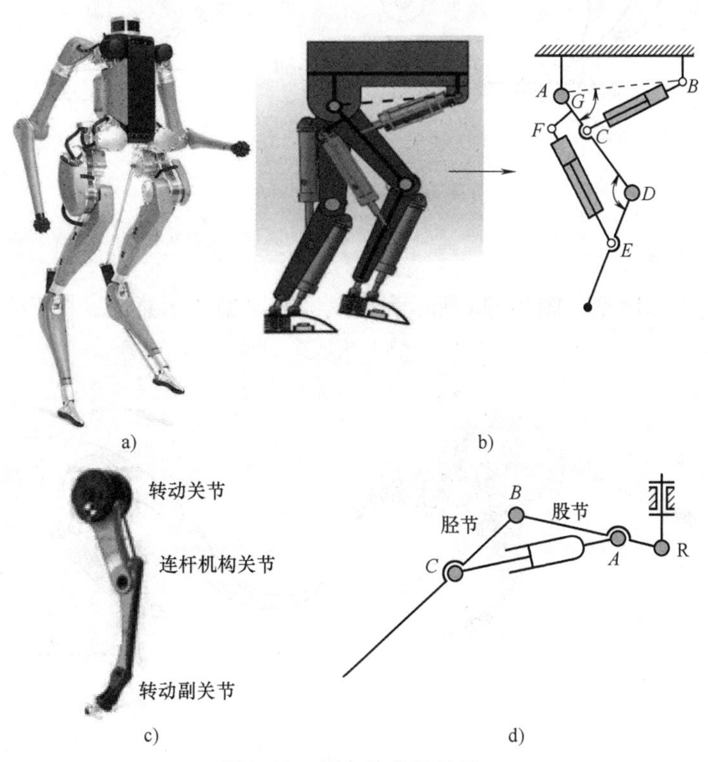

图 7-20 复合关节机械腿

三、仿动物跳跃的机械设计与分析

自然界可以跳跃的动物很多，如两栖动物的青蛙、节肢动物的蝗虫、哺乳动物的袋鼠，它们都可以跳跃前进。它们的共同点都是依靠发达后肢的蹬踏力和弹力实现跳跃的，但青蛙和蝗虫只在特殊情况下，如捕食或紧急逃生才进行跳跃，而袋鼠确是完全靠后肢跳跃代替行走的，所以研究袋鼠的跳跃运动更有价值。

1. 袋鼠的跳跃性能

袋鼠的后腿强健而有力，最高可跳到 4m，最远可跳至 13m，可以说是跳得最高最远的哺乳动物。袋鼠的尾巴又粗又长，长满肌肉。它既能在袋鼠休息时支承袋鼠的身体，又能帮助袋鼠起跳。

2. 袋鼠弹跳原理

图 7-21a、b 所示为机械式弹性弓，图 7-21a 为所示下压弯曲储能过程，图 7-21b 所示为弹性弓释放能量弹跳升起过程，当弹性弓落地时，在其重力和惯性力的冲击作用下，又重复弹起。图 7-21c 所示袋鼠腿的结构与弹性弓相似，其肌腱像弹簧一样伸缩储存和释放能量。

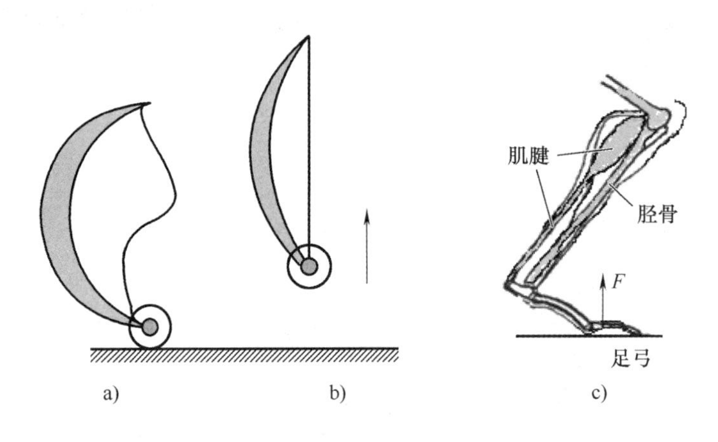

图 7-21 袋鼠弹跳机理分析

3. 袋鼠的仿生设计

（1）袋鼠的生物原型 图 7-22a 所示为袋鼠生物原型的示意图，图 7-22b 所示为生物原型的腿部简化。

图 7-22 袋鼠的生物原型

（2）袋鼠腿的生物模型 根据袋鼠腿的组成特点可以画出后腿的机构简图，即生物模型，如图 7-23a 所示。从功能上分析，髋关节 A 为球面副，膝关节 B、踝关节 C、趾关节 D 为转动副；腿构件可以看作刚性体，脚趾视为弹性体，袋鼠每条腿有 6 个自由度。其自由度计算如下：

$$n=4,\ p_{\mathrm{III}}=1,\ p_{\mathrm{V}}=3$$

$$\begin{aligned}F&=6n-\sum ip_i\\&=6\times4-(3\times1+5\times3)\\&=6\end{aligned}$$

该袋鼠每条腿与脚趾部分有 6 个自由度，可满足袋鼠跳跃运动的特征要求，并具有刚、柔构件混合的空间跳跃机构，即为理想的仿袋鼠跳跃机构模型。

图 7-23b 是德国 FESTO 公司研制的袋鼠腿生物模型。

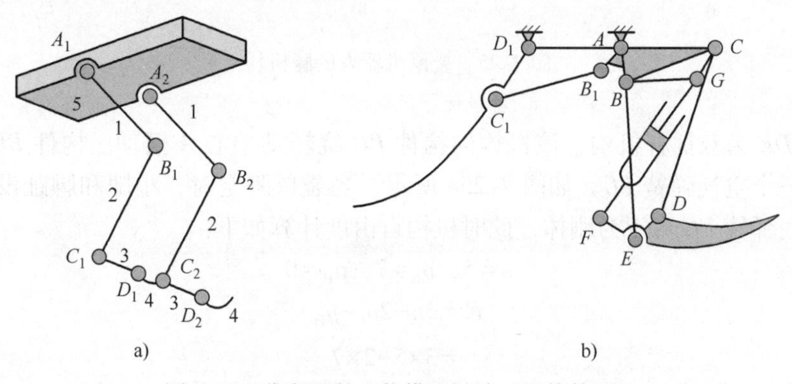

图 7-23 袋鼠腿的生物模型设计（机构简图）

（3）袋鼠的实物模型 图 7-24 是袋鼠的实物模型，即实物样机或物理样机。

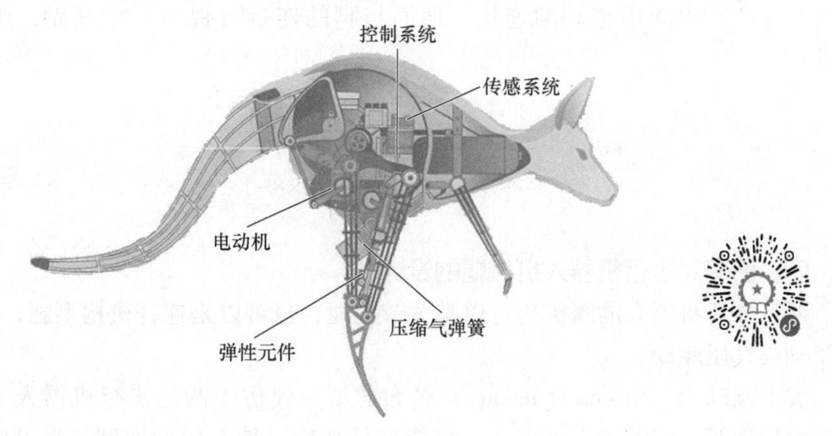

图 7-24 袋鼠的实物模型

4. 仿袋鼠机构的分析

仿袋鼠机构设计的重点是其腿部机构和尾部摆动机构，尾部摆动机构的设计较为简单，一般采用曲柄摇杆机构即可。摇杆作为尾巴摆动的驱动件，但设计时要注意尾巴摆动与身体跳跃的运动协调性。仿生袋鼠的腿机构可采用铰链关节型和连杆机构型的腿机构。图 7-25a 为铰链关节型腿机构，图 7-25b 为连杆机构型腿机构。其中，图 7-25b 为着地相位置，

图 7-25c为弹起腾空位置。

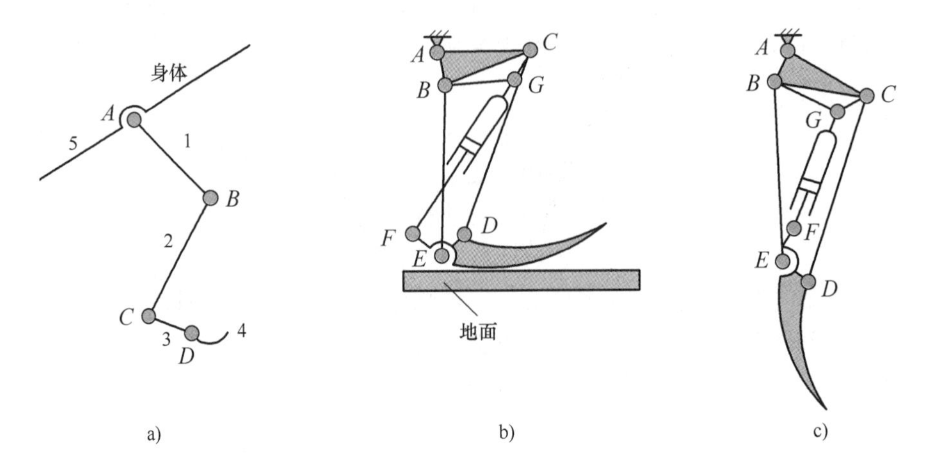

图 7-25 袋鼠机器人的腿机构

机构 *BCDE* 为双摇杆机构，该机构的构件 *BC* 绕转动中心 *A* 摆动。构件 *BC* 与构件 *DE* 之间安装有一个空气弹簧 *FG*。如图 7-25c 所示，当袋鼠腾空时，小腿和脚趾没有地面的反作用力，空气弹簧 *FG* 可视为刚体，此时机构自由度计算如下：

$$n=5,\ p_L=7,\ p_H=0$$

$$\begin{aligned}F&=3n-2p_L-p_H\\&=3\times5-2\times7\\&=1\end{aligned}$$

当袋鼠落地时，小腿和脚趾受到地面的反作用力，空气弹簧产生相对运动，此时 *FG* 视为两个构件，中间用移动副连接，地面与脚的连接可视为一个高副，则机构自由度计算如下：

$$n=6,\ p_L=8,\ p_H=1$$

$$\begin{aligned}F&=3n-2p_L-p_H\\&=3\times6-2\times8-1\\&=1\end{aligned}$$

四、仿两足步行机器人机械腿的设计

两足步行机器人的腿机构可以是关节型腿，也可以是连杆机构型腿；可采用电驱动、液压驱动或气压驱动。

波士顿动力（Boston Dynamics）公布的新一代仿生两足步行机器人 Atlas，解决了运动稳定性的问题，在雪地上打滑后，仍能恢复平衡；被人故意推倒，也可以爬起来。Atlas 两足步行机器人如图 7-26a 所示。

另一款是美国 Agility Robotics 公司研制的 Cassie 仿鸵鸟步行机器人，Cassie 的髋关节与人类一样，都有 3 个自由度，每条腿上还有 2 个自由度，能实现前后、左右自由行走和转动。除了基本的行走，它还能进行深蹲运动。Cassie 两足步行机器人如图 7-26b 所示。

两足步行机器人的设计实例如下。

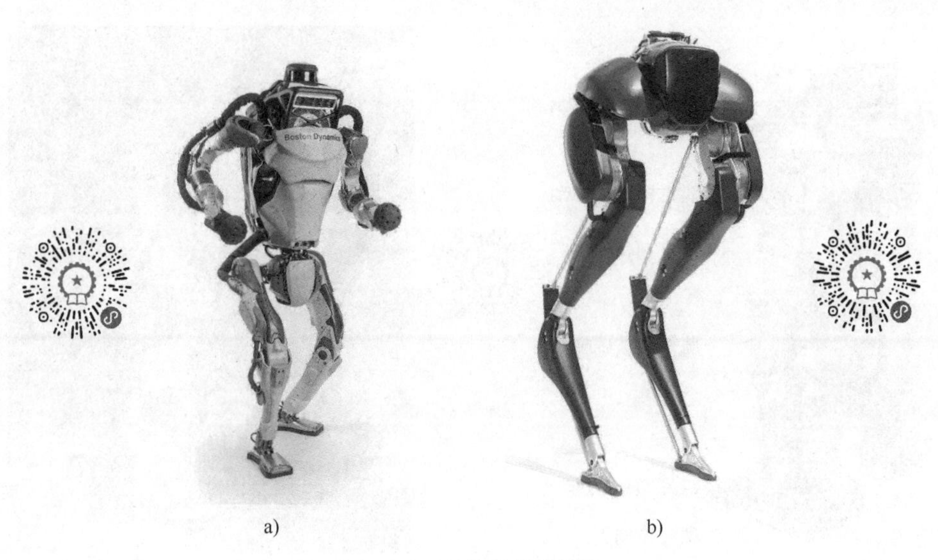

a) b)

图 7-26 两足步行机器人

a）Atlas 两足步行机器人 b）Cassie 两足步行机器人

1. 生物原型

人类腿部的生物原型如图 7-27a 所示，其中髋关节为球面副，有 3 个自由度；膝关节为转动副，有 1 个自由度；踝关节为球销副，有 2 个自由度，共计 6 个自由度。脚趾关节可简化为 2 个自由度。

2. 生物模型

图 7-27b 所示的人腿生物模型可简化为图 7-27c 所示的生物模型。其中髋关节的球面副用 3 个转动副代替，踝关节的球销副用 2 个转动副代替，腿机构的自由度数不变，却为控制方式提供了极大的方便。

3. 生物样机

根据图 7-27c 所示的生物模型，制成的仿生机械腿生物样机如图 7-28a 所示，整机生物样机如图 7-28b 所示。

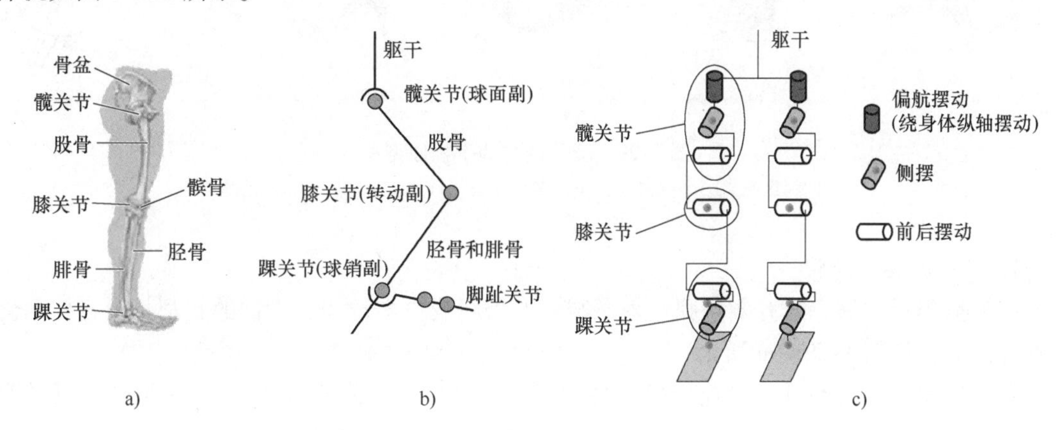

a) b) c)

图 7-27 人腿的生物原型与生物模型

a）人腿的生物原型 b）人腿的生物模型 c）简化后人腿的生物模型

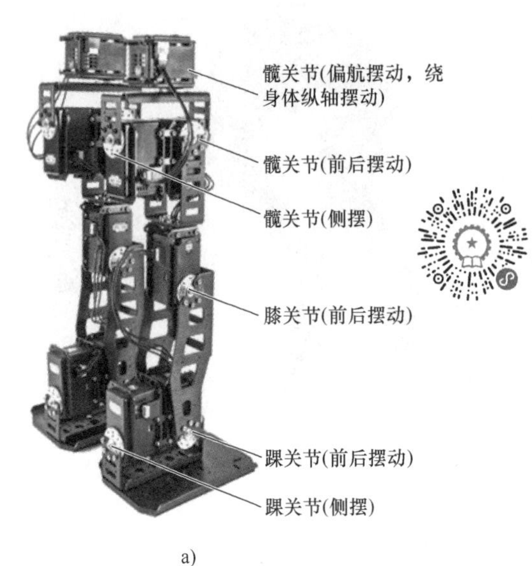

a)

b)

图 7-28 机器人生物样机
a）人腿的生物样机 b）机器人的生物样机

第三节 仿动物爬行的机械与设计

一、爬行动物的分类

爬行动物可分为三种，即有腿类爬行动物、有足类爬行动物和无腿足类爬行动物。如鳄鱼、蜥蜴、蚂蚁等是有腿类爬行动物，毛毛虫、尺蠖等是有足类爬行动物，蚯蚓、蛇等是无腿足类爬行动物。典型的爬行动物如图 7-29 所示。

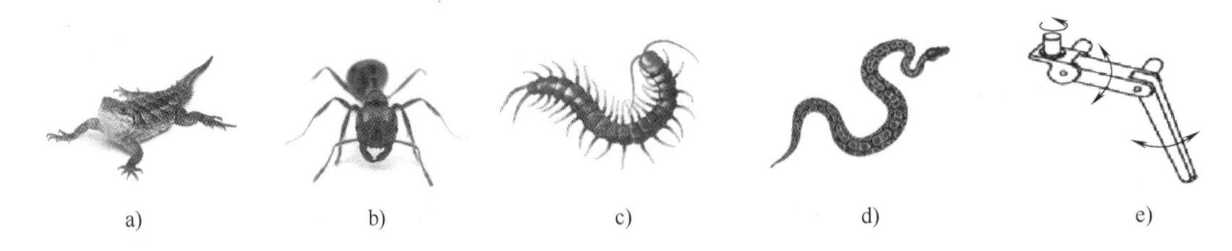

a) b) c) d) e)

图 7-29 爬行动物的生物原型
a）四腿蜥蜴 b）六腿蚂蚁 c）多腿蜈蚣 d）蛇 e）爬行机械的腿

1. 有腿类爬行动物

有腿类爬行动物一般有四条腿、六条腿、八条腿或更多条腿，它们的腿都是由身体两侧向外伸出的，如图 7-29a～c 所示。

爬行机械腿的设计可分为连杆机构型腿（图 7-30a）和关节型腿（图 7-30b），其各有特点。每条连杆机构型腿有 2 个自由度（含整体机构转向自由度，图 7-30a 中未画出来）；关节型腿有 3 个自由度，即有 3 个驱动舵机。

图 7-30a 所示连杆机构型腿的生物模型如图 7-31a 所示，图 7-30b 所示关节型腿的生物

模型如图 7-31b 所示。从腿的生物模型简图可知，关节型的腿机构具有结构简单的优点，其缺点是刚性较差。

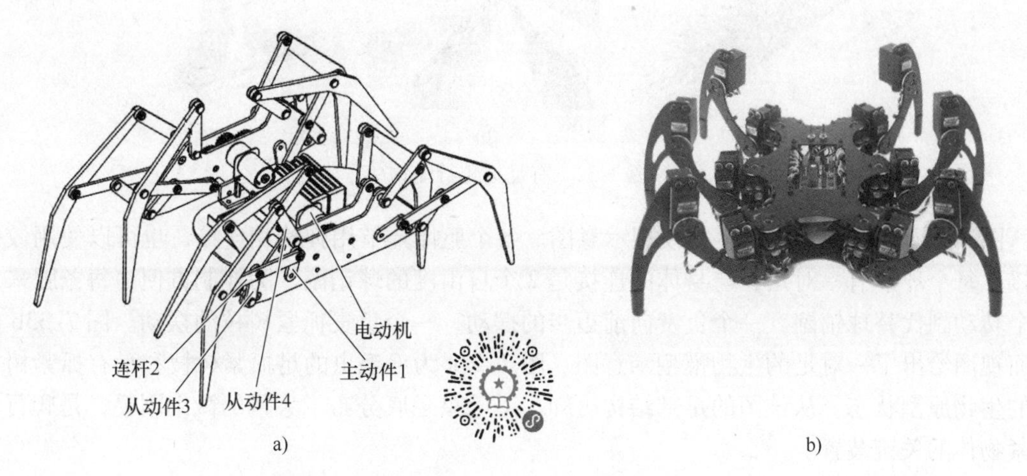

图 7-30 六足爬行机械

a）连杆机构型六足爬行机械 b）关节型六足爬行机械

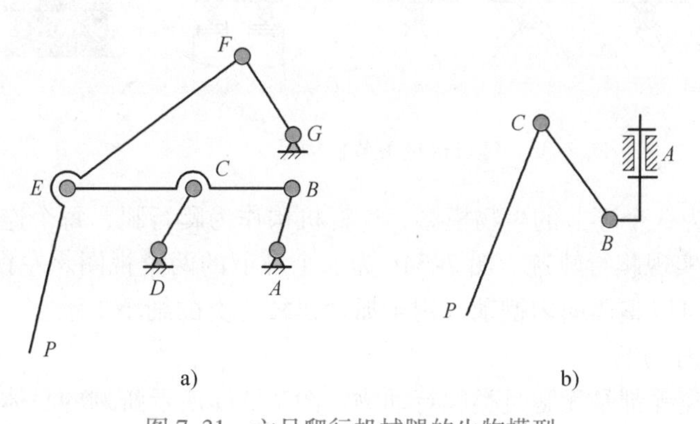

图 7-31 六足爬行机械腿的生物模型

a）连杆机构型六足爬行机械腿的生物模型 b）关节型六足爬行机械腿的生物模型

有腿类爬行机械的设计方法与前述步行机械的设计方法基本相同，其最大区别是髋关节运动副的方向问题，所以本节不予讨论这类爬行机械的设计问题。

2. *有足类爬行动物*

蝴蝶、飞蛾等幼虫为了适应在植物枝叶上的爬行生活，大小腿结构已经进化为一体，而且变得粗短，膝关节退化，外观上只看见很短的一段腿，称之为足。这类动物的足数一般大于 6 对（12 只），故又称为多足类爬行动物。这类动物运动时，依靠后足抓紧植物，前面躯体肌肉向前伸展，然后前足再抓紧植物，后足放开后躯体肌肉收缩跟进，实现伸展、收缩式的前进运动。

图 7-32a 所示毛毛虫（蝴蝶幼虫）有 6 对足，其中前面胸足 1 对，中间腹足 4 对，后面尾足 1 对；图 7-32b 所示尺蠖，胸足 3 对，腹足 4 对，尾足 1 对，共 8 对 16 只；图 7-32c 所示尺蠖，胸足 3 对，腹足 1 对，尾足 1 对。

尺蠖类爬行动物的运动方式是依靠身体的肌肉收缩、伸展和足底刚毛配合完成的。因此，这类爬行动物仿生设计的要点是做伸缩运动的身体环节和抓紧物体的足的设计。

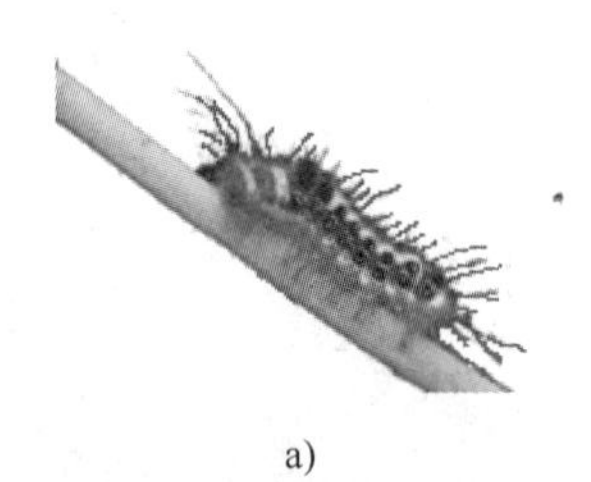
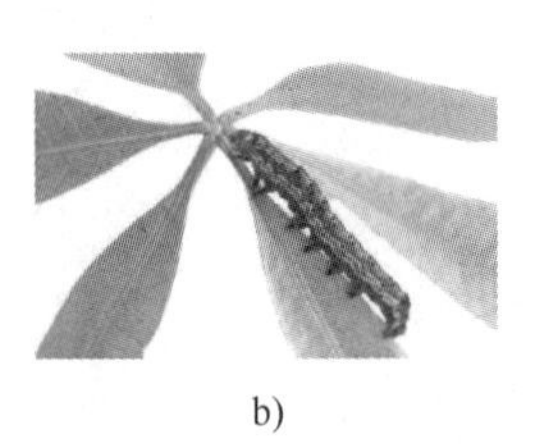

a)　　b)　　c)

图 7-32　有足类爬行动物

图 7-33a 为仿毛毛虫的生物模型示意图。各个躯体环节用弹簧相连接，也可以使用铰链连接；每个环节有一对足，与身体的连接是 2 个自由度的球销副。为控制方便，每条腿采用两个转动副代替球销副。一个负责向前迈步的摆动，一个负责抓紧树枝的摆动。图 7-33b 的正面视图给出了一对足的生物模型示意图。图 7-33c 为毛毛虫的足抓紧树枝和没有抓紧树枝时的生物原型状态。从该图的足部结构可知，毛毛虫足底分布了大量的微细刚毛，是爬行和抓紧物体的关键装置。

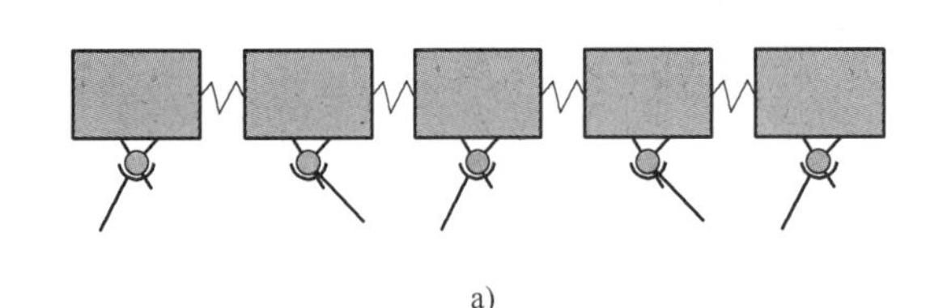
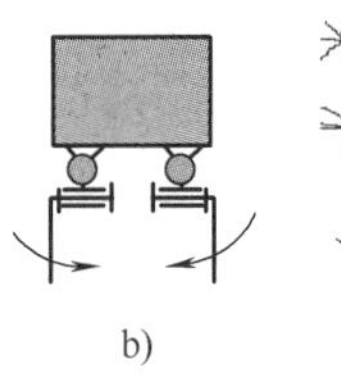
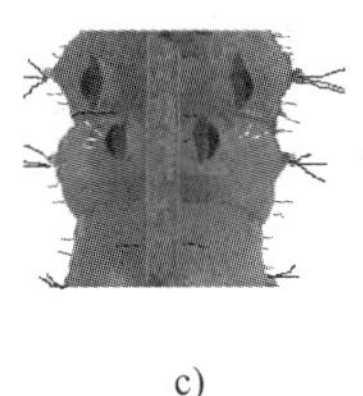

a)　　b)　　c)

图 7-33　爬行机械关节机构足

图 7-34a 所示为 3 个环节的生物模型，连杆机构作为爬行腿，每个连杆机构相当于一条腿，连杆上的点 P 实现爬行轨迹。图 7-34b 为一个环节的两个视图。左视图显示前进方向，右视图显示两条腿可以整体向内摆动，用于抓紧树枝之类的细小支承。

3. 无腿足类爬行动物

诸如蚯蚓、蛇类等都是无腿足类爬行动物。图 7-35a 所示蚯蚓的身体呈圆柱形，身体由许多基本相似的环状体节构成。蚯蚓除最前和最后端的几个环节以外，其余各节生有刚毛。蚯蚓的肌肉发达，分为环肌和纵肌。蚯蚓就是依靠环肌和纵肌的交替舒张与伸缩以及与体表刚毛的配合进行运动的。当蚯蚓前进时，身体后部的刚毛钉入土里，使后部不能移动，这时环肌收缩、纵肌舒张，身体就向前伸长；接着身体前部的刚毛钉入土里，使前部不能移动，这时纵肌收缩、环肌舒张，身体就向前缩短。蚯蚓就是这样一伸一缩向前移动的。

建立蚯蚓生物模型的手段很多，如磁致伸缩驱动器、电致伸缩驱动器、形状记忆合金驱动器、压电驱动器等。其中压电驱动器具有结构简单、响应速度快、定位精度高、输出力大、不发热、不受磁场影响等特性，应用更为广泛。压电陶瓷伸缩移动蚯蚓的生物模型如图 7-36a所示。

该驱动器通过调整压电陶瓷的通电顺序，使柔性机构沿着导向机构运动，原理如图 7-36a所示。

1）给左侧钳位机构 W 中陶瓷通电，陶瓷驱动钳位机构 W 伸展，使钳位机构带动导轨与定导轨 X 压紧，此时，结构左侧在沿导轨方向被固定。

2）保持左侧钳位机构 W 中陶瓷通电，并给中间驱动机构 Y 中陶瓷通电，压电陶瓷会使中间驱动机构沿导轨方向伸长，由于结构左侧已固定，因此会推动结构右侧向右移动。

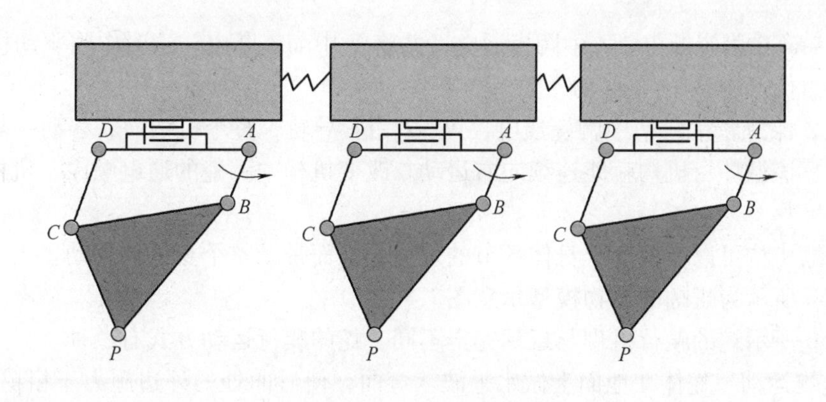

a)

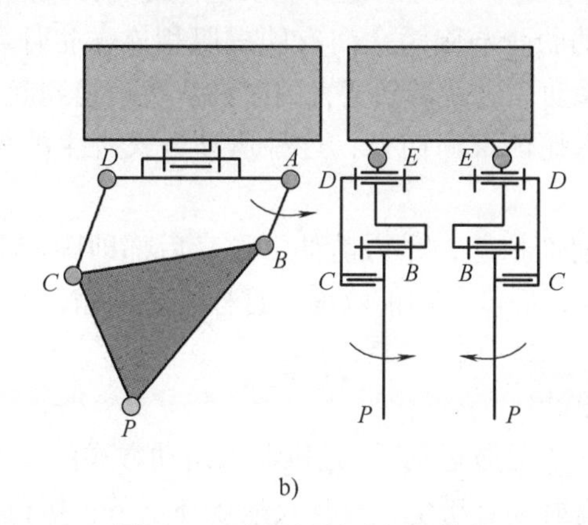

b)

图 7-34 爬行机械连杆机构足

a) b)

图 7-35 无腿足类爬行动物

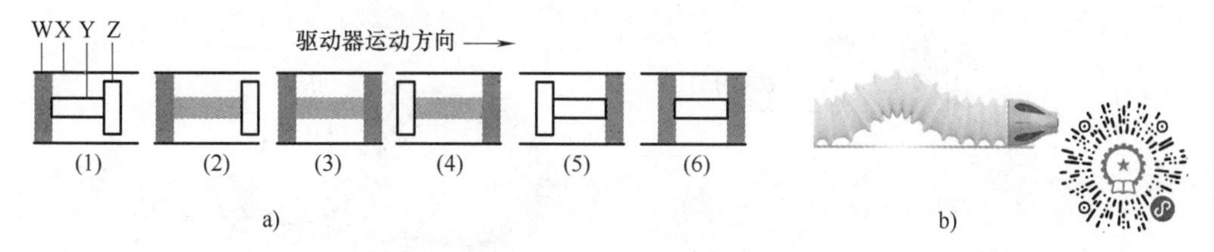

a) b)

图 7-36 基于压电伸缩驱动器的机械蚯蚓

a）蚯蚓生物模型 b）实物模型

3）保持 W、Y 中陶瓷通电，并给右侧钳位机构 Z 中陶瓷通电，使结构右侧钳紧。

4）保持 Y、Z 中陶瓷通电，将 W 中陶瓷断电，左侧钳位机构 W 缩短回原长。

5）保持W中陶瓷断电、Z中陶瓷通电，并将Y中陶瓷断电，这时中间驱动机构Y缩短并带动左侧钳位机构W向右移动一步。

6）Y、Z保持原状，W中陶瓷通电，W、Z钳紧导轨，整个机构向右移动一步，完成一个循环。重复该循环，机构就能连续向右运动。改变机构中陶瓷的通电顺序，机构也可连续向左运动。

压电伸缩机构可以实现各个身体环节的位移，从而带动整个身体的移动。

图7-36b所示为蚯蚓的实物模型示意图。

图7-35b所示蛇的爬行机理与蚯蚓完全不同。蛇的爬行运动方式有三种。

（1）蜿蜒运动　蛇体在地面上做水平波状弯曲，使弯曲处的外边施力于粗糙的地面上，由地面的反作用力推动蛇体前进。所有的蛇都能以这种蜿蜒方式向前爬行。

（2）履带式运动　蛇的肋骨与腹鳞之间有肋皮肌相连，肋骨可以前后自由移动，当肋皮肌收缩时，肋骨便向前移动，这就带动宽大的腹鳞依次稍稍翘起，翘起的腹鳞就像转动的齿轮那样，靠轮齿反作用把蛇体推向前方，这种运动方式产生的效果是使蛇身直线向前爬行，速度较慢。

（3）伸缩运动　蛇身前部抬起，尽力前伸，蛇身后部即跟着向前收缩，然后再抬起身体前部向前伸，得到支持物，后部再向前收缩，这样交替伸缩，蛇就能不断地向前爬行，速度也较慢。

二、仿生机械蛇及其设计

机器蛇能像蛇一样进行“无肢运动”，是机器人运动方式的一个突破，在许多领域具有广泛的应用前景。如在有辐射、有粉尘、有毒及战场环境下，执行侦察任务；在地震、塌方及火灾后的狭小和危险废墟中找寻伤员。

1. 蛇的生物原型

蛇靠身体的摆动可以在地面上快速爬行，其运动主要依靠以下器官的共同作用：①数目众多、彼此关联的脊椎骨；②每节椎骨都连接一对肋骨；③宽大的腹鳞；④与肋骨、椎骨和腹鳞相连接的发达肌肉。这四部分的共同作用保证了蛇敏捷的爬行运动，是构建生物模型的主要依据。

所有的蛇在爬行运动时，其身体都做“S”形蜿蜒运动。每个弯曲的外侧面，都产生法向反作用力。法向反作用力与摩擦力的合力可分解为横向分力和纵向分力，纵向分力是推动蛇前进的力量，横向分力是保持蛇体平衡的力，如图7-37a所示为生物原型的一部分。图7-37b所示为改进的生物原型的一部分。

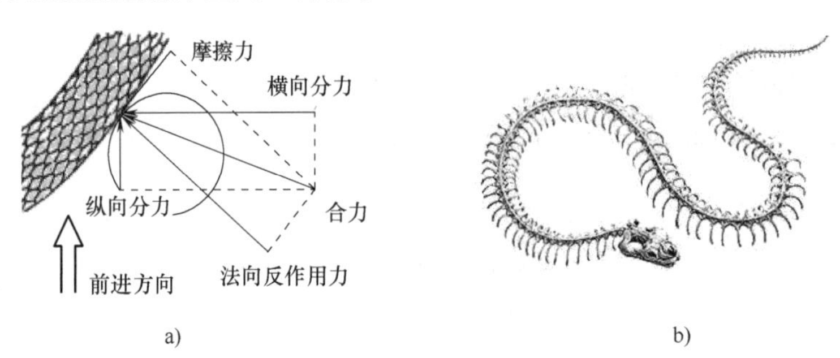

图7-37　蛇的生物原型及运动机理

a）生物原型（部分）　b）改进的生物原型（部分）

2. 蛇的生物模型

图 7-38 为蛇的部分身体的生物模型示意图。蛇的各种运动可以由若干转动关节正交组合后来实现。图 7-38 中，方块表示驱动关节转动的舵机。因此，关节模块的设计是仿生蛇设计的重要内容，设计时主要考虑关节的正交结构和舵机的安装两个因素。蛇的生物模型实质是多个联轴器的串联。

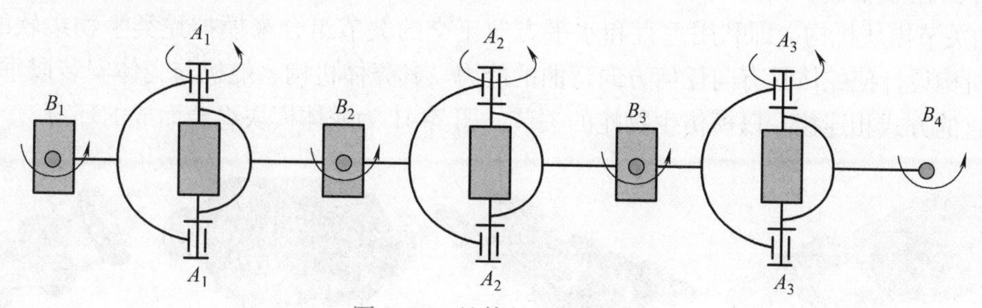

图 7-38 蛇体的生物模型

3. 仿生蛇的实物模型

关节模块是仿生蛇实物模型设计的主要内容。

（1）关节模块基本构造　图 7-39a 所示关节模块由关节体和关节连杆组成，相邻关节的关节连杆 1 与 3 连接，关节连杆 2 与 4 连接，关节体的 4 个表面有螺纹孔以安装摩擦底面和仿生表皮，安装孔 2 为舵机的固定孔，挡板与关节体之间留有空间以安装硬件部分。关节选用塑料、铝合金等材料，关节尺寸主要根据舵机的安装尺寸确定。

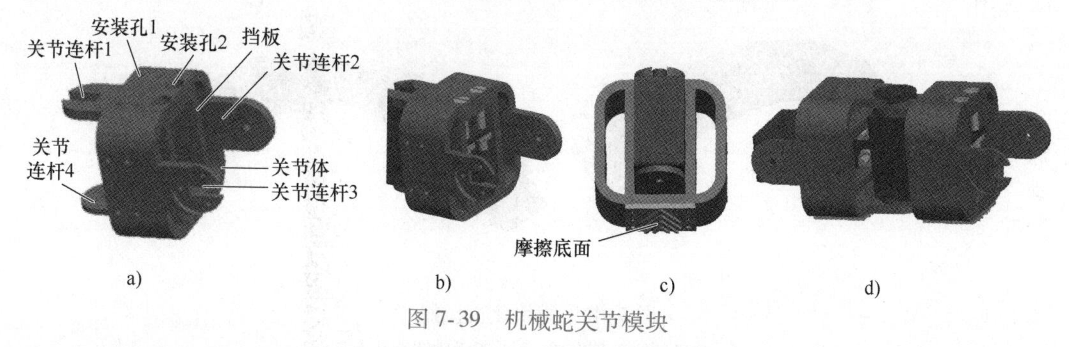

图 7-39 机械蛇关节模块

（2）关节模块的装配

1）舵机的安装。将舵机的舵盘取下，舵机从左向右装进关节，舵机通过挡板和右侧螺栓、螺母即可与关节固定，如图 7-39b 所示。

2）摩擦底面的安装。摩擦底面与关节体采用 4 个螺钉固定，如图 7-39c 所示。

3）相邻关节的连接。关节的连接如图 7-39d 所示，左侧关节上部与舵机的舵盘用螺钉固定，底部与相邻关节用销定位。

4）系统关节模块的连接。两个关节模块的连接如图 7-40 所示。

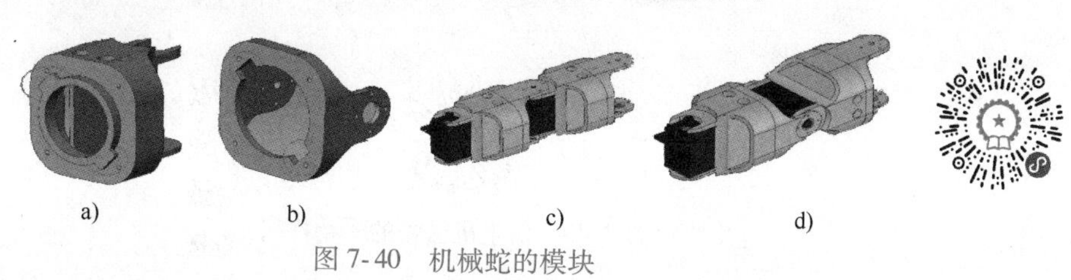

图 7-40 机械蛇的模块

图 7-40a、b 为制造单元模块，根据断面键槽布局情况，可组合成连接关节两端孔销的平行布置，也可组合成关节两端孔销轴线垂直位置。图 7-40c 为关节轴线平行的模块组合，图 7-40d 为关节轴线相互垂直的模块组合。

（3）蛇体模块环节　每两个关节模块组成一个单元体，也称为一个环节。每个单元体相当于一个万向联轴器，具有两个方向的自由度。目前，最常用的模块组装方式是 Solid-Snake（SS）的关节模块机构，即利用垂直和水平方向正交的关节组合来模拟蛇类生物柔软的身体，这样的机构设计使蛇体具有向任何方向弯曲的能力。其壳体机构、舵机与壳体安装以垂直→水平→垂直的方式相连接，以模仿生物蛇的关节。图 7-41 为蛇体模块组合而成的环节。

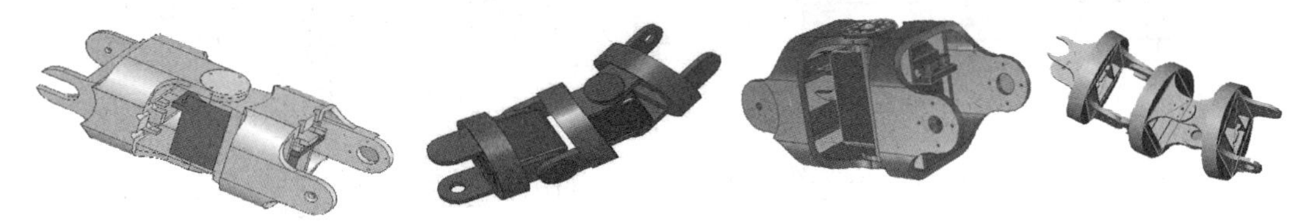

图 7-41　蛇体模块单元体

按照图 7-42a 组合而成的机械蛇，各转轴平行，舵机垂直布置，可实现平面弯曲的 S 波形运动，这是蛇类全都能做的 S 形爬行运动。按照图 7-42b 组合而成的机械蛇，舵机垂直与水平交错布置，可实现空间三维弯曲爬行运动，完成诸如缠绕、翻滚等复杂运动。只要对各个舵机进行控制，就可实现各种爬行运动。因此，这种模块化的机械蛇得到了广泛应用。

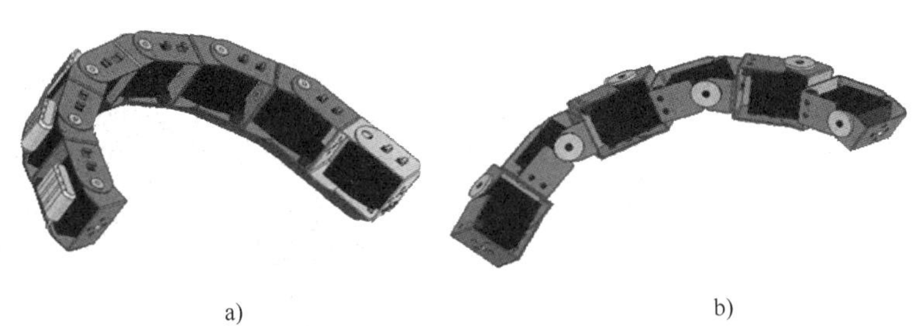

a)　　b)

图 7-42　模块化机械蛇

a）舵机轴线垂直布置　b）舵机轴线交错布置

仿生机械蛇的实物样机如图 7-43 所示。

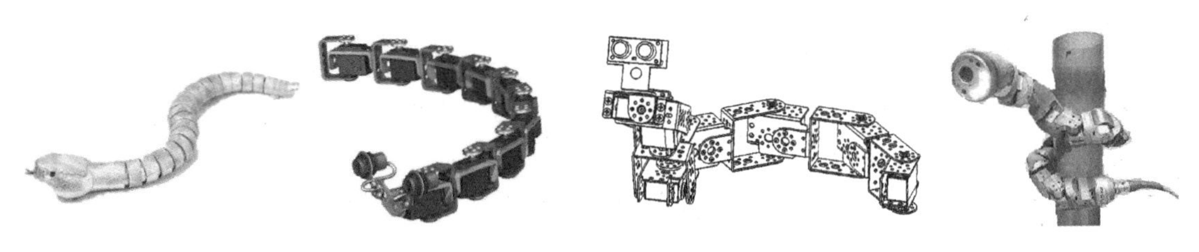

图 7-43　仿生机械蛇的实物样机

第四节　仿动物飞行的机械设计与分析

一、飞行动物概述

可以飞行的动物种类很多，主要有昆虫类、鸟类和极少数哺乳动物。

1. 昆虫类

无脊椎动物中的节肢动物只要长翅膀，基本都会飞行。昆虫类的翅膀可以是一对，也可以是两对。图 7-44 所示为典型的会飞行的昆虫的示意图。

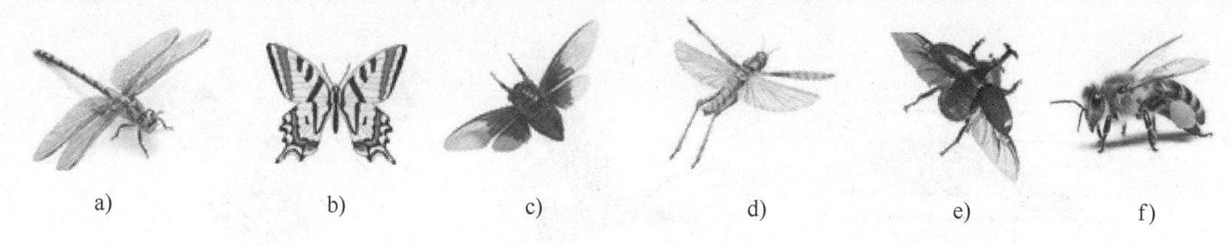

图 7-44　会飞行的昆虫

a）蜻蜓　b）蝴蝶　c）蝉　d）蝗虫　e）甲虫　f）蜜蜂

（1）会飞行的昆虫的共同点

1）都有六条腿。图 7-45a 所示蝗虫有六条腿，其中前足一对（图 7-45b），中足一对（图 7-45c），后足一对（图 7-45d）。有些昆虫的前足进化为捕食或挖掘工具，如螳螂前足是带有锯齿的夹具，蝼蛄前足带有挖掘齿；蝗虫等可跳跃的昆虫后足比较发达。

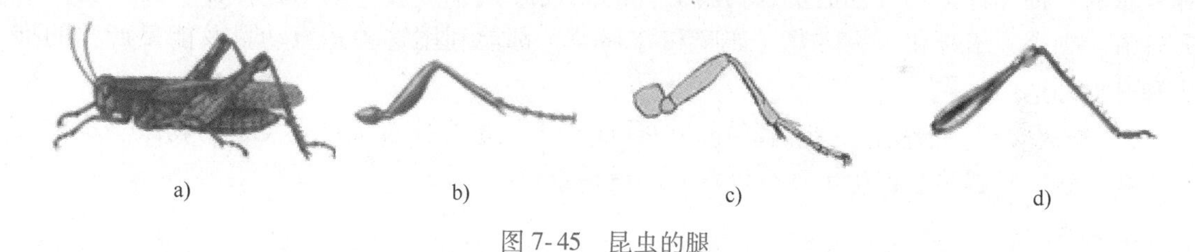

图 7-45　昆虫的腿

2）都有两对翅膀。鸟类有一对流线型的翅膀，但会飞的昆虫类有两对偏平翅膀。有些昆虫的后翅退化，如苍蝇的后翅退化为飞行过程的平衡棒，起到平衡身体的作用。有些昆虫的前翅硬化为鞘翅，如甲虫之类的昆虫，如图 7-44d 所示。昆虫翅膀的来源与鸟类不同，鸟类的翅膀是由前肢进化而来的，而昆虫的翅膀则是由向两侧扩展成的侧背叶发展而来的。昆虫的翅膀十分灵活，平时不飞行时还可以把翅膀收折在身体背面。

（2）翅膀振动频率　不同昆虫飞行速度与高度不同，翅膀振动频率也不相同。研究昆虫翅膀振动频率对设计仿生飞行昆虫有重要意义。

蝴蝶的翅膀振动不大于 10 次/s，飞蛾的翅膀振动为 5~6 次/s、蚊子的翅膀振动为500~600 次/s。由于蝴蝶的翅膀振动频率低于人耳的听频范围，所以人耳听不到蝴蝶翅膀振动发出的声音。而蚊子的翅膀振动频率在人耳的听频范围内，人耳就能听到蚊子翅膀振动发出的声音。（人能听到声音的频率为 20~20000Hz，其中最敏感的频率为 2000~3000Hz，1Hz 等于 1 次/s）。

典型昆虫的翅膀振动见表 7-1。

表 7-1 典型昆虫的翅膀振动

名称	蝴蝶	飞蛾	蜜蜂	苍蝇	蚊子	蜻蜓	蝗虫	甲虫
振动	10次/s	5~6次/s	300~400次/s	300次/s	500~600次/s	10~13次/s	18次/s	80~1056次/s

2. 鸟类

（1）鸟类的形态结构　鸟类身体呈流线型，扇动图 7-46a 所示的流线型翅膀时，可产生前进力。两翼展开的面积很大，能够扇动空气而飞翔。鸟类的骨骼很薄，比较长的骨骼大都是中空的，可以有效减轻体重。图 7-46b、c 所示为大雁和苍鹰的飞行状态。

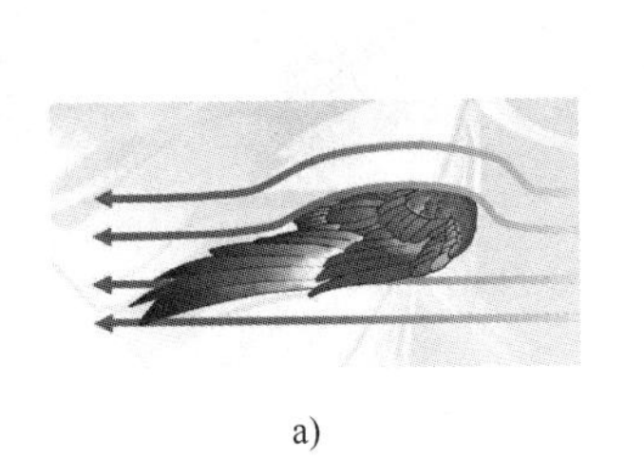
a)

b)

c)

图 7-46　鸟类的飞行

（2）鸟类的飞行　鸟类的飞行可分为三个基本类型，即滑翔、翱翔和扑翼飞行。

1）滑翔。鸟类不扇动翅膀，从某一高度向下方飘行，称为滑翔。

2）翱翔。翱翔是指不扇动翅膀，从气流中获得能量的一种飞行方式，是不消耗肌肉收缩能量的一种飞行方式。它主要是利用上升的热气流或障碍物（如山、森林）处产生的上升气流。蝴蝶、蜻蜓和一些鸟类（如鹰和乌鸦等）都能利用这种垂直动量及能量产生的推力和升力翱翔。

3）扑翼飞行。借发达的肌肉群扑动双翼而产生能量，扑翼飞行是飞行动物最基本的飞行方式，研究扑翼飞行是仿生飞行机器人的设计重点。

3. 蝙蝠

蝙蝠是哺乳动物，不是鸟类，但也可以在天空中自由飞翔。

由图 7-47 所示的蝙蝠生物原型的骨骼构造来看，它的大臂骨、小臂骨和指骨共同组成翅膀的基本框架，翅膀还连接着后肢和尾部，可见蝙蝠翅膀有着强大的骨骼支承，翅膀扇动有力。蝙蝠翅膀扇动时，使翅背的空气产生低压，翅下面的空气产生高压。因此，按空气流体力学的原理，蝙蝠能在空气中升起，如果要前进，翅膀与迎面而来的气流形成迎角，由此产生向前的推力。所以，蝙蝠是靠着这种上升的升力和向前的推力进行飞翔的。

二、仿生飞行昆虫的设计

1. 昆虫的生物原型

在图 7-44 所示的昆虫生物原型中，与飞行相关的结构主要集中于翅胸节，翅胸节上生有一对或两对翅膀，在背板的带动下可上下扑动，同时其余的肌肉群控制翅膀绕扭转轴（从翅根部向翅尖方向辐射的某条直线）扭转，从而产生足够的升力和推力。模仿哪类昆虫即可选择其为生物原型。

2. 昆虫的生物模型

昆虫的飞行依靠翅膀，生物模型的重点也是翅膀的设计。

图 7-47　蝙蝠的生物原型

昆虫的翅膀是薄而平的膜质结构，因此控制翅膀的运动只能靠翅根部的运动。昆虫扁平的双翅上下扇动，只能产生升力，不能产生前进力；若要前进或倒退，必须扭动前翅的翅根，才能产生向前或向后的推力。研究表明，昆虫也可以通过调整左右翅膀的振动模式，使左右翅膀上产生的推力和升力不对称，从而控制飞行的方向。双翅昆虫生物模型的主视图和俯视图如图 7-48 所示。图 7-48a 为双翅昆虫的初始通用生物模型，由于球面副的控制困难，改进为图 7-48b 所示的实用生物模型。转动副 R_1 的作用为扭翅，产生前进推力；转动副 R_2 的作用为振翅，可产生举升力。

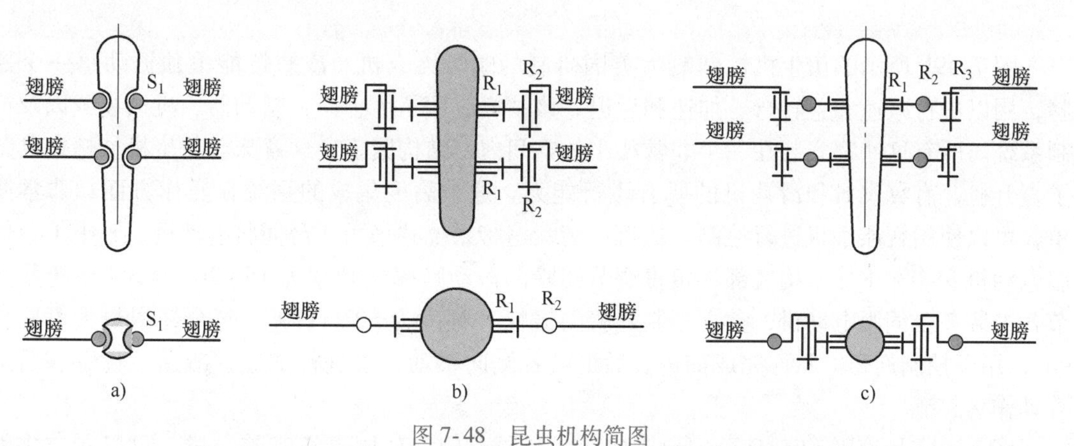

图 7-48　昆虫机构简图

图 7-48c 所示模型中有三个转动副，其中一个用于折叠翅膀以收拢。

3. 实物样机模型

根据上述昆虫的生物模型，可设计出多种飞行昆虫的样机。图 7-49a 所示为仿生机械蜻蜓，图 7-49b 所示为仿生蜻蜓式直升机。图 7-49c、d 所示为仿生机械蝴蝶。图 7-49e 所示为仿生机械蝗虫。

一般情况下，昆虫翅膀的结构都采用二自由度的开链机构，提供翅膀的上下摆动和绕翅根轴线的转动的自由度。对于尺寸较小且重量很轻的昆虫，很少采用电动机驱动的机械结构，大都采用压电陶瓷驱动或电磁驱动。

4. 仿生昆虫机器人

仿生昆虫机器人也称为微型飞行器，如蜻蜓机器人、苍蝇机器人、蝴蝶机器人等许多仿生昆虫机器人都已经研制成功，并应用在军事侦察等许多场合。图 7-49a 为德国 FESTO 公司研制的仿生机械蜻蜓，共有 13 个自由度，其翅膀根部的扭翅和振翅结构如图 7-50 所示。

图 7-49 仿生昆虫的实物样机

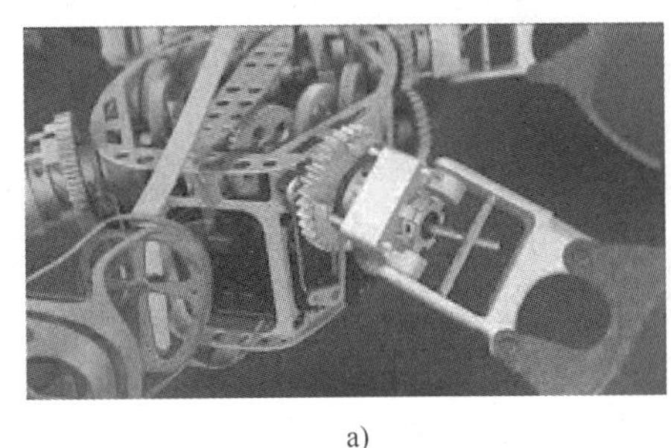

a) b)

图 7-50 仿生蜻蜓的翅根结构

a）四个翅根结构 b）一个翅根结构

图 7-49b 所示的仿生机械蜻蜓为英国研制的蜻蜓无人机。该蜻蜓能单独振动每一个翅膀，用以进行减速和急转弯、加速和后退。该蜻蜓应用了传感器、制动器、机械装置以及控制系统。所有这些都安装在一个非常狭小的空间内，结构紧凑，这意味着仿生机械蜻蜓具备了直升机、有翼飞机和滑翔机的所有飞行能力。这个高度集成的系统在操作方面却非常简单，可以使用智能手机进行控制。该机械蜻蜓翅膀系统共采用 9 台伺服电动机，其中 1 台伺服电动机安装在主体架构底部，负责调节翅膀的振动频率（频率为 15~20Hz）；4 个翅膀关节各安装 2 台伺服电动机，独立控制翅膀的振幅（幅度为 80°~130°；每个翅根最大可旋转 90°，用于控制迎角。从而完成前进、后退或者侧向移动，可进行加速、减速、转弯和后退等动作。

图 7-49d 是德国 FESTO 公司研制的仿生机械蝴蝶，如同真实蝴蝶一样，可以在空中翩翩飞舞。它可以通过独立控制的翼来调整身体，并按照预编程的路线飞行。机械蝴蝶通体蓝色，每只翼展长度为 50cm，重量只有 32g。其有两台电动机，可以独立地驱动两只翅膀，装有一个 IMU（惯性测量单元），用于测量在三维空间中的角速度和加速度，并以此解算出飞行姿态，还有两个 90mA 的聚合物电池。机械蝴蝶机翼本身使用的是碳纤维骨架，并覆盖更薄的弹性电容膜。其每秒拍打 1~2 次翅膀，最高飞行速度可达 2.5m/s，但飞行 3~4min 就得充 15min 的电，所以续航力有待提升。

5. 昆虫翅膀的折叠

有些昆虫，特别是隐翅类昆虫，其鞘翅短而厚，后翅发达。起飞时能迅速从鞘翅下展开又薄又大的后翅，飞行结束后再将后翅叠好重新藏在外侧坚硬的鞘翅下。折叠后翅的过程极其复杂，为人类设计折叠机构提供了很好的借鉴。

研究人员发现，折叠后翅时，隐翅虫先将两个后翅合拢到一起，然后用细长的腹部上下移动，如同把被子叠成三折那样把翅膀折叠起来。而左右后翅的折叠方法不完全相同，也不是同时折叠的，有时是先左后右，有时是先右后左，相当复杂。后翅折叠后不仅面积小，而且能够在一瞬间展开，折叠后也不会失去韧性和强度。这一机制可以帮助人类改善需要折叠的装置的设计，如设计新型折叠雨伞和人造卫星上的折叠太阳能电池板等。

昆虫翅膀和身体连接的转动副轴线的设置与昆虫类型有关。从折叠翅膀的角度出发，图 7-51a所示的转动副排列更加合理。其中转动副 R_1 用于扭翅，转动副 R_2 用于收回翅膀到其背部，转动副 R_3 用于扑翼飞行。图 7-51b 所示为蝗虫的鞘翅产生推动力，可折叠的后翅产生托举力的示意图；图 7-51c 所示为连杆机构型的可折叠翅膀示意图。

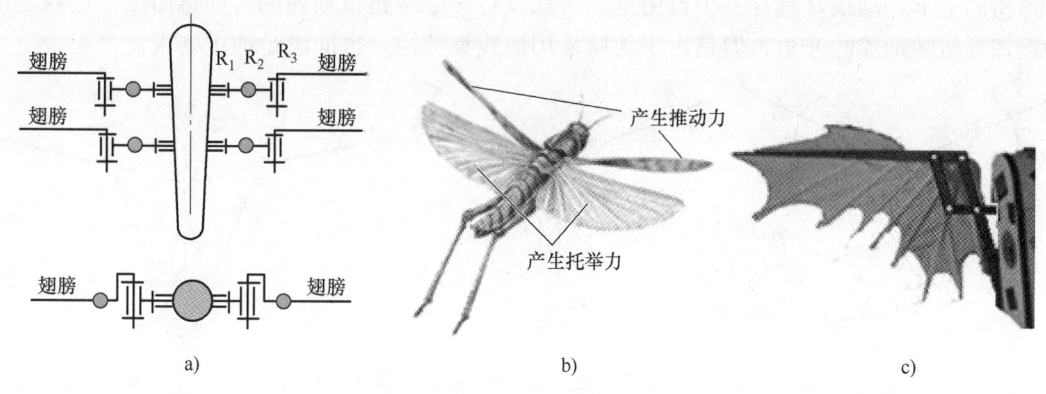

图 7-51 仿生昆虫机器人翅膀

考虑到折叠翅膀，鞘翅可设计为 R_1、R_2 两个转动自由度，以保证打开鞘翅和控制飞行方向；后翅可设计为 R_2、R_3 两个转动自由度，以完成振翅和收翅折叠的功能。

三、鸟类的飞行与仿生设计

1. 扑翼飞行与扑翼机

扑翼飞行是指翅膀上下扑动，同时翅膀沿扭转轴扭转，使迎角迅速地改变。扑翼机是指机翼能像鸟和昆虫翅膀那样上下扑动的小型航空飞行器，与固定翼和旋翼相比，扑翼的主要特点是将举升、悬停和推进功能集于一个扑翼系统，可以用很小的能量进行长距离飞行。自然界的飞行生物无一例外地采用扑翼飞行方式，这也给了我们一个启迪。同时根据仿生学和空气动力学研究结果可以预见，在翼展小于 15cm 时，扑翼飞行比固定翼和旋翼飞行更具有优势，微型仿生扑翼飞行器也必将在该研究领域占据主导地位。扑翼飞行鸟的生物原型如图 7-52a所示，鸟类扑翼飞行的生物模型如图 7-52b 所示。

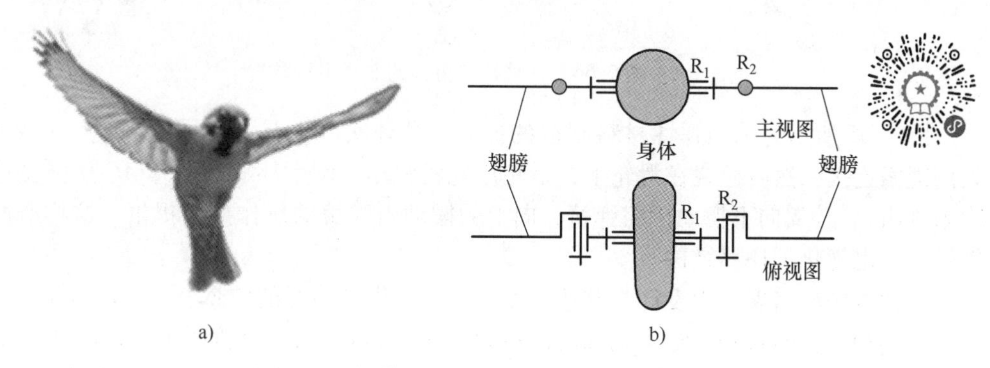

图 7-52 扑翼飞行及关节型扑翼机构

a）扑翼飞行鸟的生物原型 b）鸟类扑翼飞行的生物模型

2. 扑翼飞行的生物模型设计

扑翼飞行模型基本可分为关节型扑翼机构和连杆型扑翼机构两类。图 7-52b 所示鸟的生物模型是关节型扑翼机构模型。关节型扑翼机构结构简单，驱动方式也较简单，如采用压电陶瓷驱动机构、交变磁场驱动机构、静电驱动胸腔式扑翼机构，压电晶体（PZT）驱动机构、人工肌肉驱动机构等。

鸟类扑翼飞行生物模型经常采用连杆型扑翼机构，用伺服电动机驱动。

（1）连杆型扑翼机构的类型　图 7-53 所示为典型连杆型扑翼机构，该类扑翼机构的两个翅膀的上下扑动最好只有一个自由度。虽然没有考虑绕翅根轴线的转动自由度，也就是说缺乏翅翼扭转形成的迎角，但是由于翅膀采用流线型结构，也能满足前进要求。

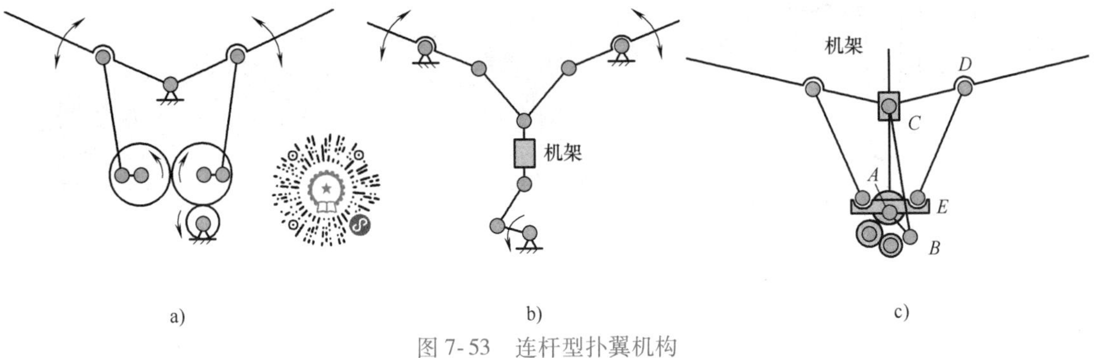

图 7-53　连杆型扑翼机构

图 7-53 所示扑翼机构的自由度均为 1，控制飞行容易。

给定一个曲柄主动件的运动，即可产生机构确定的运动，图 7-54 给出扑翼机构飞行中的 3 个位置。创新设计扑翼生物模型的路径很多，如设计新型扑翼机构、取消机械铰链，采用弹性铰链的扑翼机构或者采用弹性材料制造扑翼的柔性翅膀等。

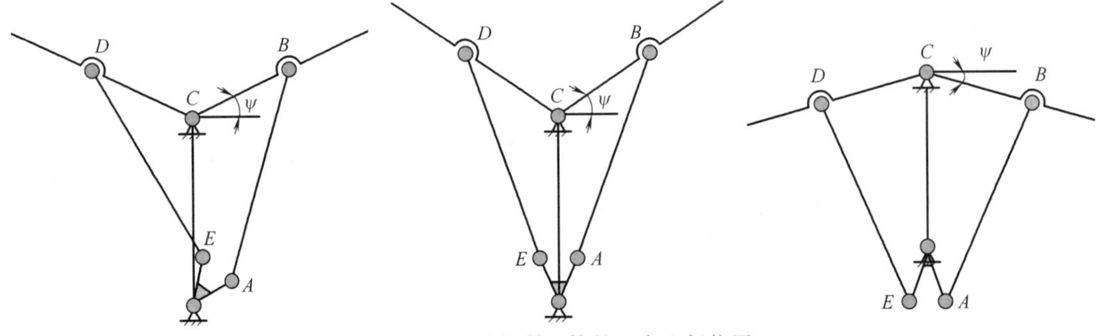

图 7-54　一种扑翼机构的 3 个飞行位置

图 7-55 所示为采用弹性材料制造的扑翼，C 处实际上是一个柔性铰链，扑翼的 B、D 处用绳索连接，然后缠绕在滑轮上，滑轮用舵机驱动。两个扑翼与身体 AC 用弹簧连接（图中未画出），扑翼向下摆动压缩弹簧，向上的摆动由弹簧的反作用力提供。这样既减轻了扑翼重量，也简化了扑翼结构。

柔性机构的出现，为设计与制造小型扑翼机提供了美好的前景。

鸟类和昆虫的翅膀运动由胸部肌肉控制，通过胸部变形以及肌肉的收缩、放松，向翅膀传递运动。图 7-56a 所示为昆虫胸部结构，左翅膀胸肌收缩，翅肌放松，翅翼向上扑动，反之，则向下扑动。鸟类和昆虫胸翅的生物模型如图 7-56b 所示。系统的主体由上下平行的两块极板组成，其中一块固定在基体上，另一块可移动板与两边的连杆相连接，并通过杆件带动两边的翅膀上下扑动。整个机构没有轴承和转轴之类的运动部件，各支点和连接处（A、B、C 等处）均采用柔性铰链连接，柔性铰链可采用聚酰亚胺树脂。因为柔性铰链的弹性模量很小，加上适当的结构设计，所以可以保证它只具有很小的运动阻力。当在上下极板间加上交变电压时，机翼就会在交变电场的作用下上下扑动。令激励电压的频率等于驱动机构的自然频率，此时驱动机构会有更大的扑翼幅值。当给极板两边加以不同的电压时，两边的机翼就会产生不同的扑翼幅值，因而引起两边的升力及推力大小不同，使得整个飞行器转向。

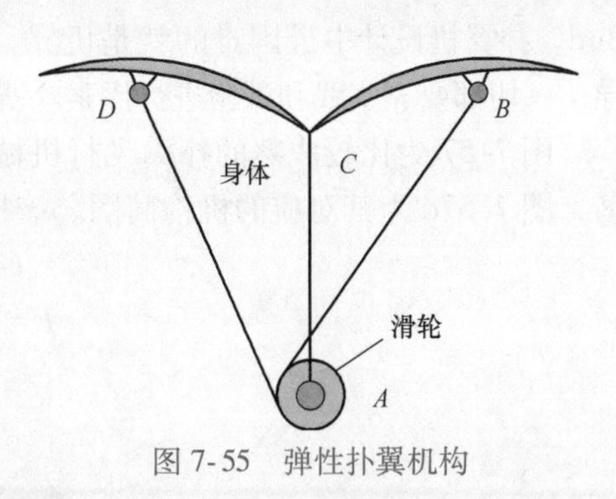

图 7-55 弹性扑翼机构

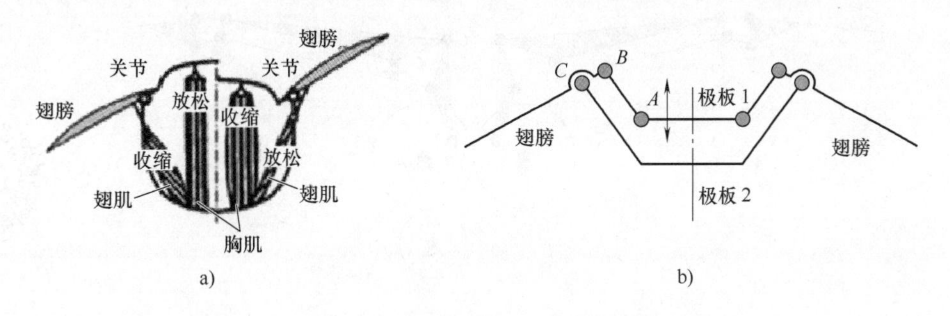

图 7-56 模仿胸肌运动的扑翼机构

（2）典型连杆型扑翼机构的自由度

对于图 7-53a 所示扑翼机构，其自由度为

$$n=7,\ p_L=9,\ p_H=2$$
$$\begin{aligned}F&=3n-2p_L-p_H\\&=3\times7-2\times9-2\\&=1\end{aligned}$$

对于图 7-53b 所示扑翼机构，其自由度为

$$n=7,\ p_L=10,\ p_H=0$$
$$\begin{aligned}F&=3n-2p_L-p_H\\&=3\times7-2\times10\\&=1\end{aligned}$$

对于图 7-53c 所示扑翼机构，其自由度为

$$n=9,\ p_L=12,\ p_H=2$$
$$\begin{aligned}F&=3n-2p_L-p_H\\&=3\times9-2\times12-2\\&=1\end{aligned}$$

3. 扑翼机构应用

人类对扑翼机构的研究有悠久的历史，但是直到进入 21 世纪以后，扑翼机构的研究才取得飞快进展。2013 年，科学家研制出一款能够极逼真地扑动翅膀飞行的机器鸟，称为 Smart

Bird。扑翼机设计中最困难的就是机翼。目前，其运动规律还没有空气动力学方面的理论指导，一切都要靠实践和试验进行探索。所以，扑翼机构的研究工作尚处于发展过程中。

图 7-57 为比较成熟的扑翼飞行机械。图 7-57a 为扑翼飞机，图 7-57b 为扑翼飞行机械鸟，图 7-57c 为其对应的机构简图。该扑翼机构的单个翅膀机构的自由度如下：

$$F=3n-2p_{L}-p_{O-H}$$

$$F=3\times8-2\times11-1=1$$

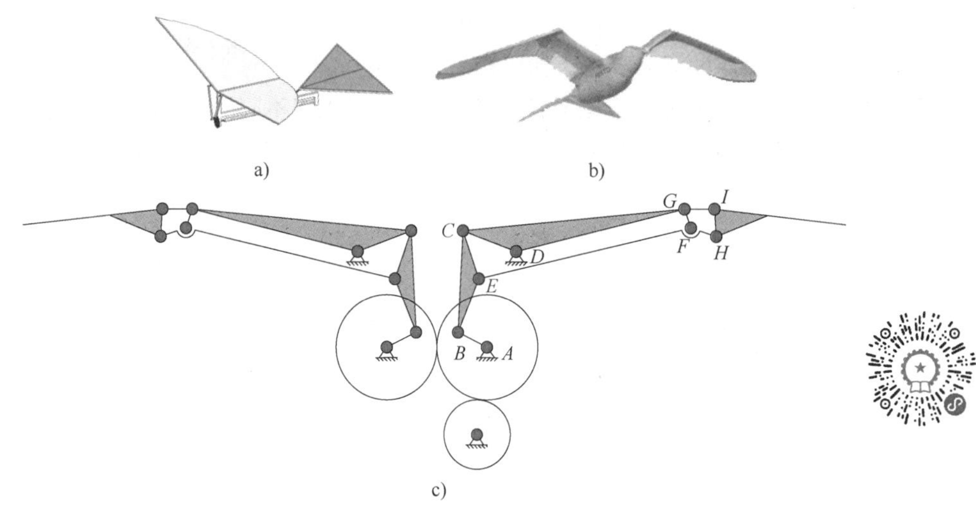

图 7-57 仿生扑翼飞行机械

目前，从仿生机械学的观点出发，扑翼鸟设计的最大难点是起飞与降落问题，也就是鸟类翅膀的扑动和腿部运动协调以及传感系统与控制系统的协调问题。因此，仿生机械鸟还不能降落在复杂的地貌环境中。

四、仿生蝙蝠简介

蝙蝠的飞行也是扑翼飞行，但其翅膀结构非常复杂。研究人员揭开了蝙蝠飞行的四个要素：特殊结构的韧带、弹性的皮肤、肌肉的支承和灵活的骨骼。具备了这几个要素，蝙蝠可以快速上升、下降以及灵活的自由飞行。

图 7-58a 所示机械蝙蝠携带有两台雷达制导，可发射自由激光，能探测到周围像苍蝇一般小的目标。

图 7-58b 所示蝙蝠采用多个关节电动机驱动硅胶弹性体的柔性膜，可以逼真地模仿蝙蝠的翅膀折叠运动，也可以用非常快的速度改变飞行的高度和方向。其骨骼由一种弹性材料组成。仿生机械蝙蝠的研究工作进展很快，与仿生机械鸟类的研究一样，目前也不能解决降落问题。

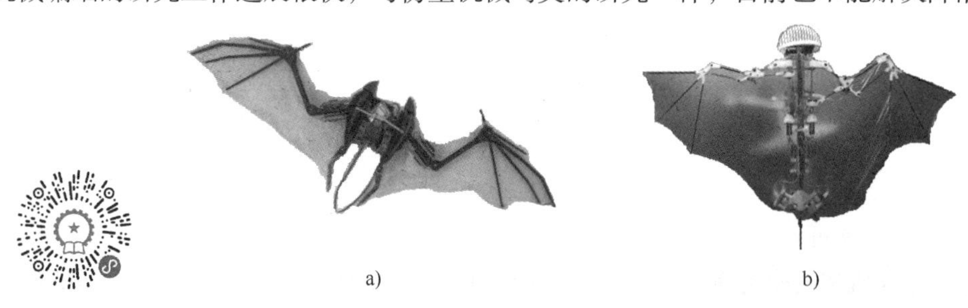

图 7-58 仿生机械蝙蝠

第五节　仿动物水中游动的机械设计与分析

一、水中游动的动物概述

水中生活的动物种类很多，按照运动方式仅涉及鱼类、鲸豚类哺乳动物以及水母、章鱼之类的腔肠动物。

1. 鱼类

鱼类靠身体和鱼鳍的摆动实现在水中游动。图 7-59a 所示的鲫鱼，鱼鳍分为胸鳍、腹鳍、背鳍、臀鳍和尾鳍，其中有两个胸鳍和两个腹鳍，对称地长在身体两侧，主要用来控制方向和刹车。而背鳍、臀鳍都只有一个，用来保持身体的平衡。尾鳍左右摆动，推动鱼体前进。不同的鱼，鳍有很大不同。进行鱼类的仿生设计时，应仔细观察分析鱼鳍大小及其形状。图 7-59 所示为几种典型的鳍。

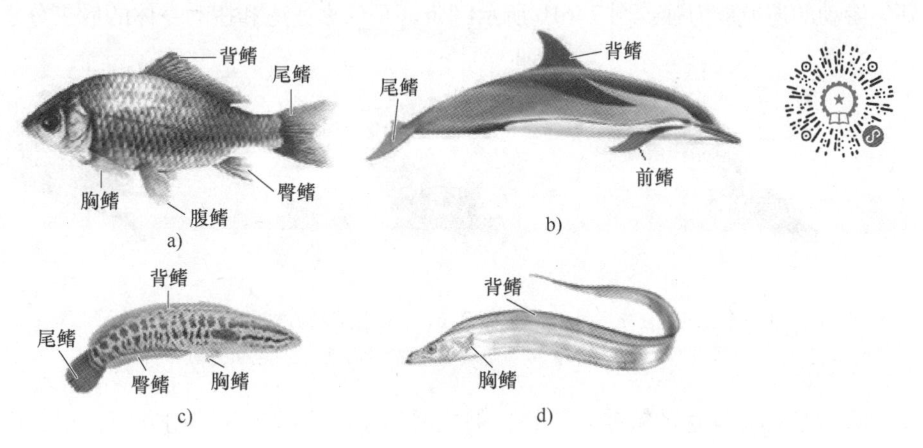

图 7-59　鳍及其作用

a）鲫鱼　b）海豚　c）乌鱼　d）带鱼

鱼的身体呈流线型，中间大两头小，游泳时可以减小水的阻力；鱼的身体内有鳔，其主要作用是调节身体的比重，鳔在鳍的协同下，可以使鱼停留在不同深度的水层里。

2. 鲸豚类

鲸、海豚等哺乳动物是水生动物，但不属于鱼类，和鱼的游泳姿势也不相同。如图 7-59b所示的海豚，仅有背鳍一个，前鳍一对，尾鳍一个，没有臀鳍。尾鳍与其轴面垂直，上下摆动身体后部可实现直线游动。鳍的功能与鱼类相同。

3. 水母类

水母身体外形像一把透明伞，普通水母的伞状体不是很大，只有 20~30cm，而大水母的伞状体直径可达 2m。从伞状体边缘长出一些须状条带，这种条带称为触手，向四周伸出。水母的游动不是依靠摆动身体，而是依靠喷射水流产生的反作用力实现在水中游动的。图 7-60所示为两种典型的水母。水母并不擅长游泳，它们常常要借助水流来移动。

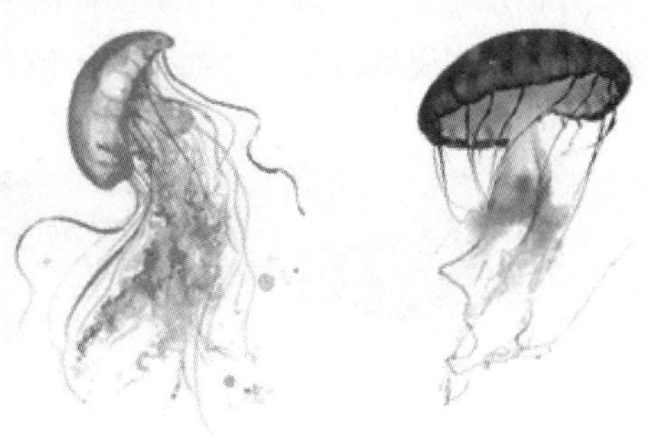

图 7-60　水母

二、游动方式概述

水中动物按照游动方式，可分为三大类：以身体摆动为主的推进式游动、以尾鳍摆动为主的推进式游动和喷射推进式游动。

1. 以身体摆动为主的推进式游动

黄鳝、鳗鲡体呈扁圆筒状，当运动开始时，身体前端一侧肌肉先收缩，并逐次加大传递到尾端，继而另一侧的肌肉也发生同样的收缩过程。两侧肌肉一张一弛交替活动，整个身体便形成了波浪式摆动，头部在运动中保持着相对稳定，很少左右摆动。海鳗身体前半段是圆的，后半段是侧扁的，这有助于游泳；带鱼整个身体几乎完全是侧扁的，所以游泳能力很强；其两侧横向推力因方向相反相互抵消，而向前的推力使鱼体前进。图 7-61a 所示鳗鱼就是依靠摆动身体游动的。

2. 以尾鳍摆动为主的推进式游动

采用身体的后三分之一部分和尾鳍摆动实现推进式游动的鱼类，其瞬时游动的加速性能好，游动的巡航能力强。图 7-61b 所示鲤鱼就是依靠摆尾和摆动身体的后三分之一段游动的。

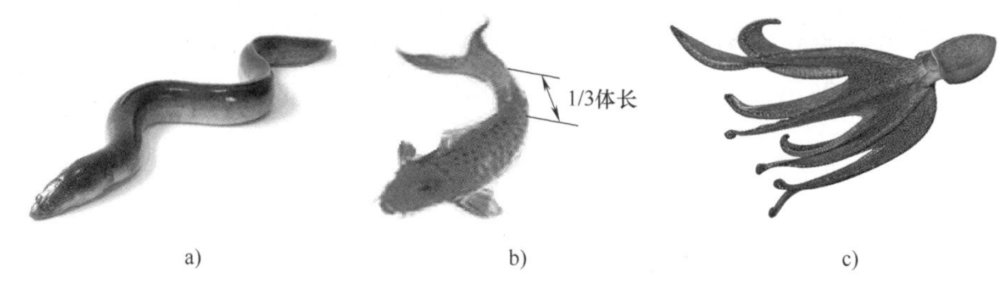

a) b) c)

图 7-61 水中游动方式

a）鳗鱼游动 b）鲤鱼游动 c）章鱼游动

很多鱼都有发达的胸鳍和腹鳍，但主要用于稳定身体和控制方向，很少用于高速运动。

3. 喷射推进式游动

喷射推进式游动是指身体内有可以向外喷射水流的孔，高速喷射水流产生的反作用力推动身体向喷射水流的反方向运动，与喷气飞机的运动一样。典型的喷射推进式游动动物是水母和章鱼，图 7-61c 所示为章鱼在水中喷射游动示意图。

三、仿生机械鱼的设计

1. 生物原型

鱼类在演化发展的过程中，由于生活方式和生活环境的差异，形成了多种多样的适应各种不同环境的体型。鱼类大致有以下四种体型：

（1）纺锤型（又称梭型） 这种体型的鱼类，头、尾稍尖，身体中段较粗大，其横断面呈椭圆形，侧视呈纺锤状，如草鱼、鲤鱼、鲫鱼等，如图 7-62a 所示锦鲤为梭形体型。

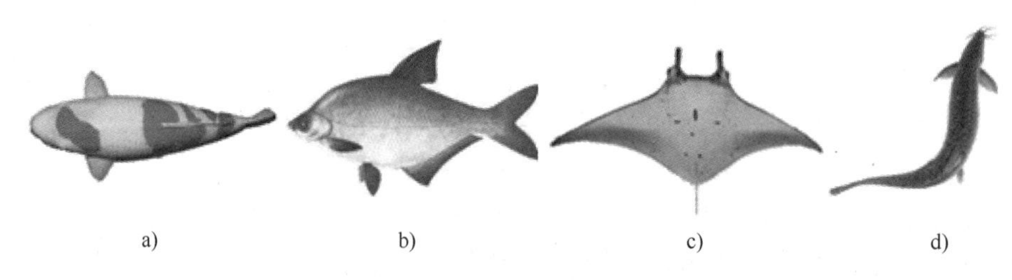

a) b) c) d)

图 7-62 鱼体形状

(2) 侧扁型 鱼体较短，两侧很扁而背腹轴高，侧视略呈菱形，如鳊鱼、团头鲂等，如图 7-62b 所示鳊鱼为侧扁形体型。

(3) 平扁型 这类鱼的形体特点是鱼体背腹平扁，左右轴明显地比背腹轴长。这种体型刚好和侧扁型相反，从前方看去鱼体像一条横线，如图 7-62c 所示鳐鱼为平扁形体型。

(4) 圆筒型（棍棒型） 鱼体较长，其横断面呈圆形，侧视呈棍棒状，如鳗鲡、黄鳝等，如图 7-62d 黄鳝为圆筒形体型。

2. 生物原型的改进

尽管鱼类生物原型的外表相差很大，但是它们的骨骼结构基本相似。下面以鲫鱼为例说明。

鱼骨骼有内外之分，外骨骼包括鳞甲、鳍条和棘刺等；内骨骼通常是指埋在肌肉里的骨骼部分，包括头骨、脊柱和附肢骨骼。脊柱由体椎和尾椎两种脊椎骨组成。体椎附有肋骨，尾椎无肋骨，两者很容易区别。附肢骨骼是指支持鱼鳍的骨骼。我国硬骨鱼类脊椎骨数目在 21~188 之间，共有 82 个不同的脊椎骨类型，中位数为 26。如鲤科，脊椎关节数为 30~52，均值约为 39。因此，在进行鱼类生物模型设计时，考虑到结构简单和控制方便，骨关节数不要过多，一般要小于关节的中位数。

图 7-63 所示为常见鲫鱼的生物原型。根据此生物原型可以很容易地设计出其生物模型。

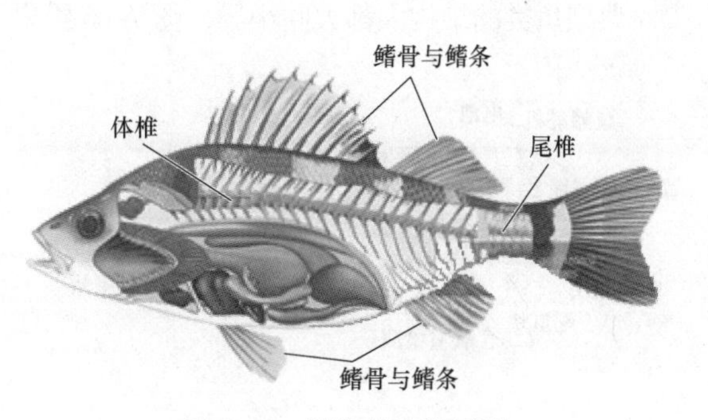

图 7-63 鲫鱼的生物原型（骨骼、关节结构）

3. 生物模型

鱼的生物原型外表差异很大，然而其本质（即骨骼结构）差异并不大。由此可知，它们的生物模型差别也不会太大。

根据鱼类的结构特点，其生物模型可用机构简图的通用表达方式来表示，如图 7-64所示。图中背鳍、腹鳍、臀鳍和尾鳍都是一个，而且是单自由度的转动副，两个胸鳍都是单自由度的转动副组合，满足胸鳍向外和前后方向的划水动作。脊椎骨关节也用转动副代替，具体数量可参考同类鱼脊椎骨的平均数。工程设计中，一般小于 10 个，采用 3~6 个骨关节的居多。

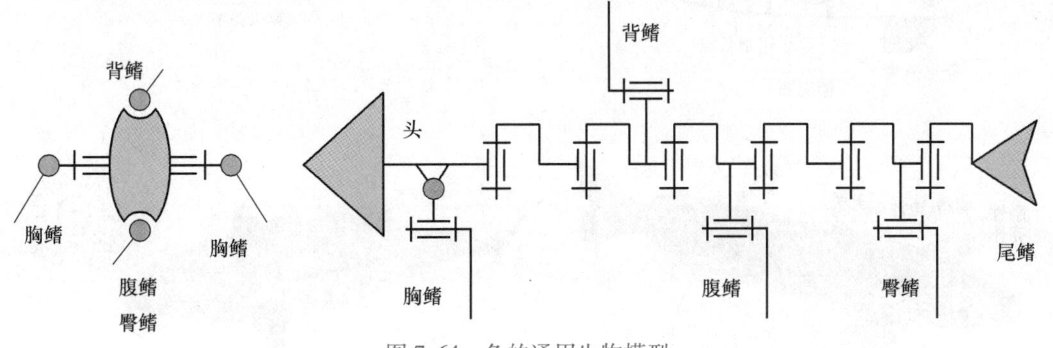

图 7-64 鱼的通用生物模型

该机构简图具有通用性。可以根据鱼的种类增减脊椎骨关节数量，也可以自行设置背鳍、腹鳍和臀鳍的位置与数量。但胸鳍一般均在鱼鳃之后的附近位置。机器鱼的动力一般采用舵机驱动，每个关节安装一个舵机；通过对舵机的控制，实现仿生机器鱼的游动。根据该机构简图设计的仿生机器鱼可以实现依靠尾鳍摆动快速推进，也可以通过摆动身体快速推进，还可以通过摆动胸鳍慢速游动。身体的平衡可通过对背鳍、腹鳍和臀鳍舵机进行控制来实现。

4. 实物样机的总体设计

经过大量实验证明，鱼类游动时，身体的摆动主要依靠身体的后三分之一部分，所以仿生机器鱼的骨关节一般小于6个，多为3~4个关节。每个关节处安置一个舵机，头部安装电池、视觉传感器以及控制电路等，外部包装减摩材料。鱼的总体设计样机如图7-65所示。

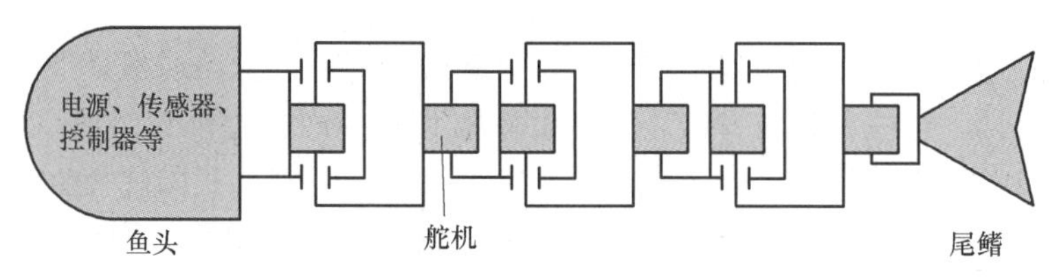

图7-65 鱼的总体设计样机

典型鱼类的结构大都大同小异，图7-66给出了各类鱼的实物样机设计草图，供设计时参考。

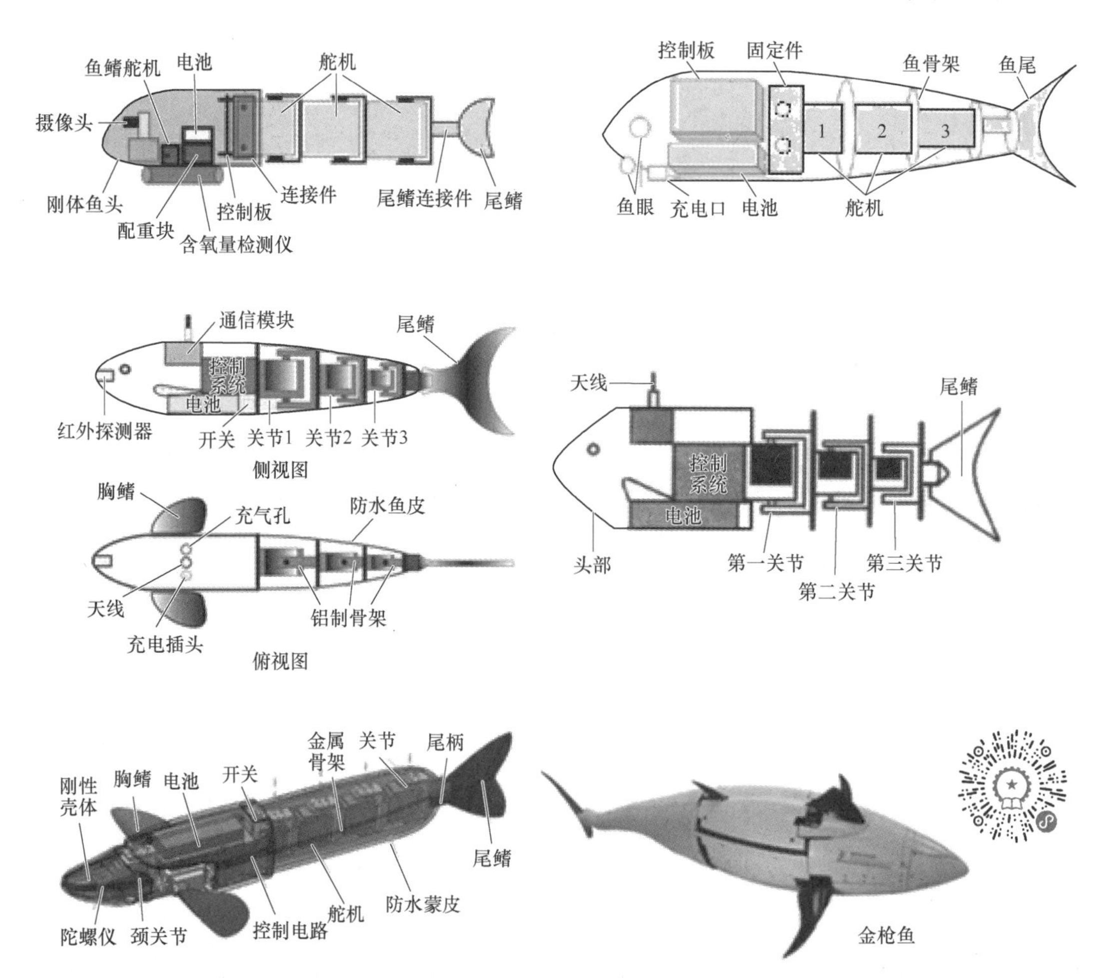

图7-66 仿生机器鱼样机实例

由图 7-66 所示各种仿生机器鱼的结构分析可知，它们的游动机构基本相同，但鳍的数量却相差很大。其原因是大都省略其平衡作用的背鳍、腹鳍和尾鳍，这是为了节省空间和减轻重量，仅保留非常必要的胸鳍和尾鳍。但是形象逼真、性能良好的仿生机器鱼还是具有全部鱼鳍的，如图 7-66 所示的仿生金枪鱼就具有全部鱼鳍，其游动性能非常良好。

四、仿生鲸豚类动物的设计

鲸豚类动物的脊椎骨与鱼类有些差别，但基本组成很相近。图 7-67 所示为海豚的生物原型，其对应的通用生物模型如图 7-68 所示。鲸豚类动物的游动姿势与鱼类不同，主要差别是身体和尾鳍上下摆动，而鱼类尾鳍则是左右摆动。人类游泳姿势之一的蝶泳就是模仿海豚的游泳动作。

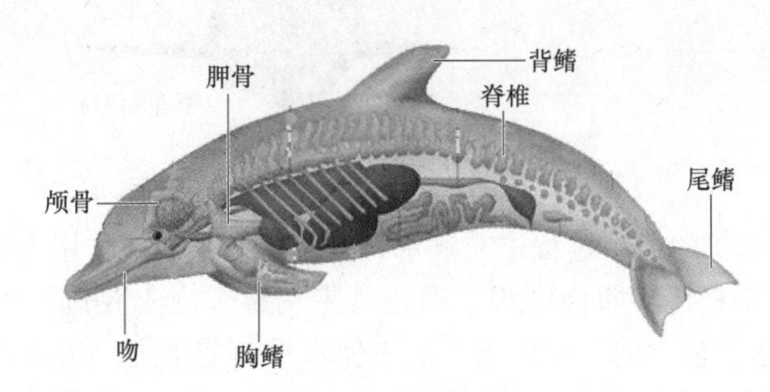

图 7-67 海豚的生物原型（骨骼结构）

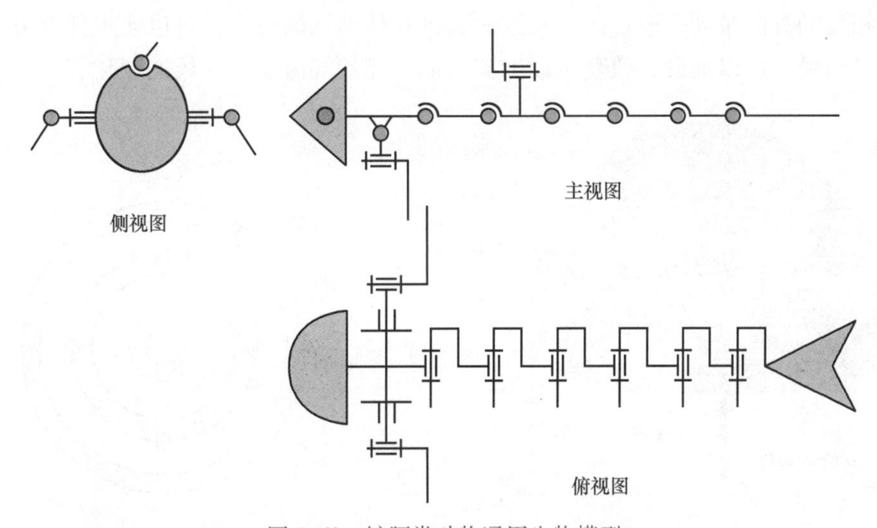

图 7-68 鲸豚类动物通用生物模型

在进行生物模型的设计时，脊椎骨关节的选择也不应过多。

比较鱼类和鲸豚类动物骨骼结构的生物模型，只是脊椎骨关节转动副的布置相差 90°，因此它们的设计原理基本相同。但其运动方式却不相同。

海豚的实物模型如图 7-69 所示。

五、仿生机械水母的设计

1. 水母生物原型的基本结构

水母可以分为圆伞形或钟状的身体、触器和口腕三大部分。图 7-70a 所示为水母整体的四分之一剖视图，图 7-70b 为横断面图。钟状体结构即外伞，包覆和保护着水母内部的其他

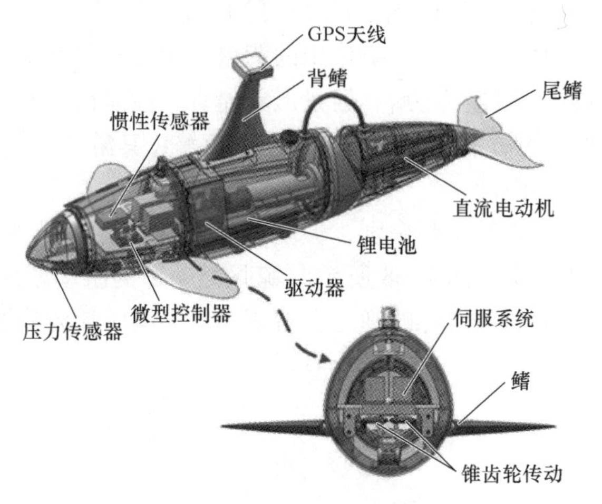

图 7-69 海豚的实物模型

结构；而内伞腔体在水母的运动过程中充满水，其排水产生的反作用力是水母的主要推进方式。水母的伞状体里面有很多肌肉纤维，通过其带动整个内伞腔体产生收缩运动，由垂管（口）排出腔体内的水，从而向后喷射出水流来使水母向前推进。水母在舒张过程中利用其外伞肌肉的弹性可以使外伞缓慢地恢复到舒张时的状态，并由口中吸水，经由辅管、环管到达内伞腔，从而完成吸水动作，准备进行下一次的喷水推进。通过这种喷水推进的方法，水母便能向相反的方向游动。通过改变喷水时其钟状体结构的方向，可以实现任意方向的转向游动。水母的触手可以捕食、改变运动方向，而且能预知海流、气候的变化。

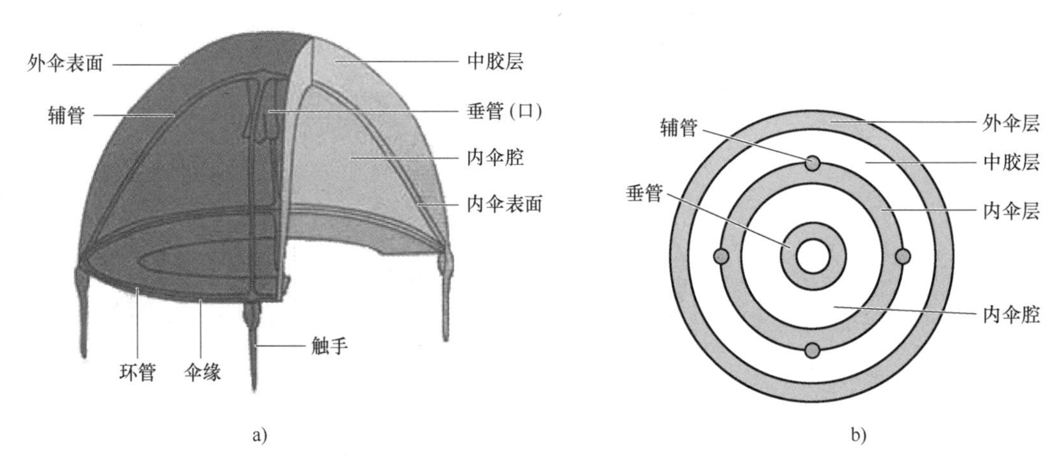

图 7-70 水母生物原型的基本结构

2. 水母的生物模型设计

水母生物模型的设计一般分为两部分，其一是水母主体机构的设计，其二是水母触手机构的设计。

（1）水母主体机构的设计 水母主体机构是指其身体运动的推进系统，在仿生机械水母中，曲柄滑块机构广泛用于水母的运动主体机构，这是受到雨伞机构的启发。图 7-71a 为常见的雨伞机构，是典型的曲柄滑块机构；图 7-71b 所示水母是由雨伞机构演化而来的仿生机械水母，沿圆周方向设置的摆杆 *AB* 尾端制成宽体形状，向心运动相当于挤压水流，水母上升，离心运动相当于吸水，反复运动可实现上升运动。图 7-71c 中，略去水母的外伞层，仅留其骨架结构，通过下方驱动器的运动，带动整体运动，实现水母的收缩与伸张运动，进而实现水母在水中的喷射式推进。

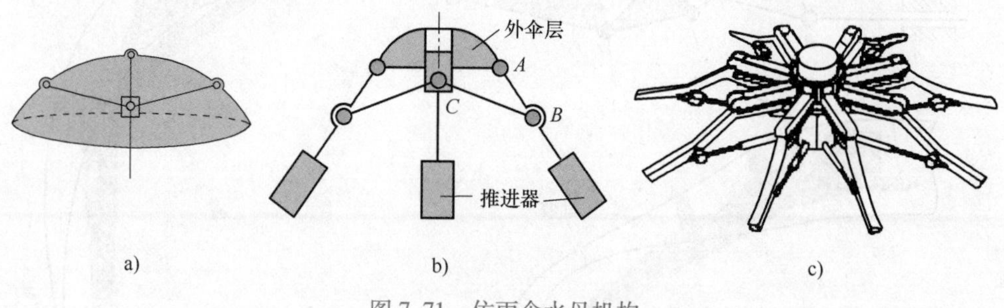

图 7-71 仿雨伞水母机构

图 7-72a 所示水母采用的就是曲柄滑块机构 ABC 驱动杆件 CD 往复移动，实现摆杆 EF 的向心和离心运动。该水母机器人由三个舱段组成，分别是位于头部的压载水舱、中部的摄像头舱以及后部的动力推进系统。头部的压载水舱用于控制机器人的浮态。中部的摄像头是机器人的重要部件，它就是机器人在水下的眼睛。后部的动力推进系统内安装有控制器、舵机、蓄电池和大转矩低转速电动机。

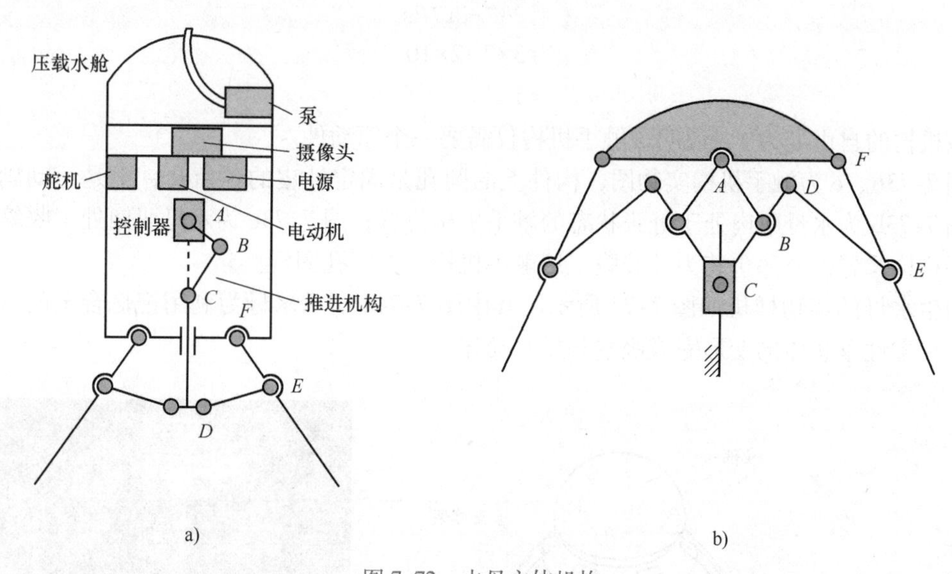

图 7-72 水母主体机构

图 7-72b 所示水母在曲柄滑块机构 ABC 的基础上，连接一个Ⅱ级杆组 DEF，该系统采用平行四边形缩放机构，可以增大摆杆 EF 的行程并节约驱动力。滑块的移动采用凸轮机构实现，总体结构比较简单。

描述机械水母主体运动的生物模型还有许多种类，但类似雨伞机构的机械水母居多。

（2）水母触手机构的设计 水母的触手是水母的重要组成部分，可以捕食，也可以帮助水母改变游动方向，分布在触手上的传感系统可以感知水流、波浪，甚至能预知天气变化。触手机构类型很多，结构各异。图 7-73a 给出一种典型的水母触手机构，其中点 J 不是组成机构的转动副，而是与传感器连接的部分。该机构的驱动件为移动构件 AB。

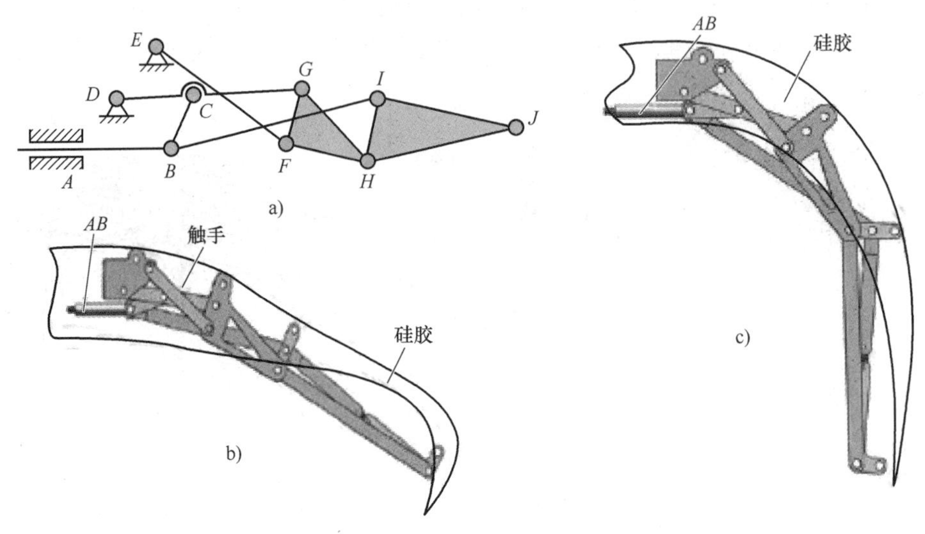

图 7-73　水母的触手机构

该机构的自由度计算如下：

$$n=7,\ p_L=10,\ p_H=0$$

$$\begin{aligned}F&=3n-2p_L-p_H\\&=3\times7-2\times10\\&=1\end{aligned}$$

该机构的自由度为 1，说明该触手机构仅需要一个原动件。

图 7-73b、c 为触手机构实物图，构件上的圆孔是固定外皮的预留孔，不是运动副。其中，图 7-73b 为水母肌肉处于舒张状态的触手机构位置；图 7-73c 为水母肌肉处于收缩状态的触手机构位置，外部包装为硅胶膜，用触手机构上的圆孔固定。

仿生水母的实物样机如图 7-74 所示。其中图 7-74a 所示水母为利用记忆合金的弯曲变形性实现柔性伞状体的变形完成吸水和压水动作。

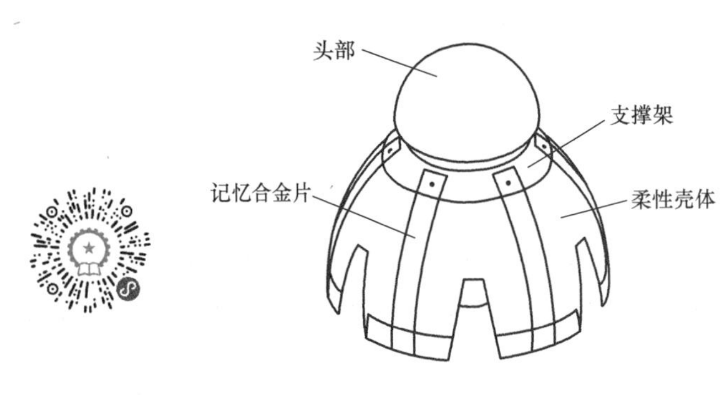

a) 记忆合金水母

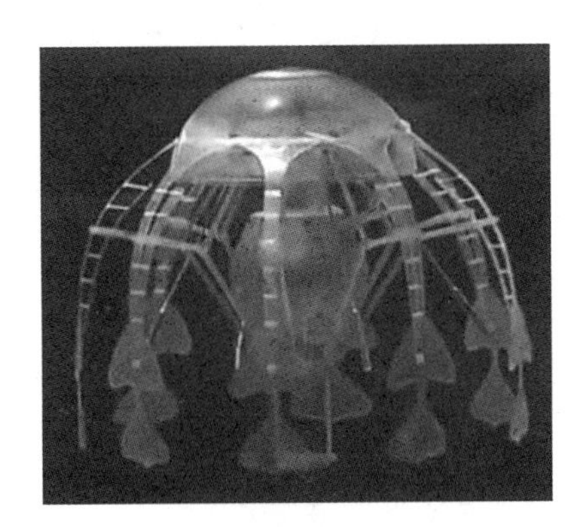
b) FESTO机械水母

图 7-74　水母实物样机

图 7-74b 所示为 FESTO 机械水母，头部是一个半透明的半球，半球内安装了控制器、传感器以及电驱动单元、锂电池等，由 8 个触手控制水母的运动。

多个触手的动力传动机构采用图 7-75a 所示的端面凸轮机构来实现，推杆 *AB* 的行程可按照凸轮的位移曲线设计，运动规律可按照推程和回程速度不同的特点来选择，具有多样性。

为有效减少零部件个数，在结构紧凑的前提下，可以用一个端面槽凸轮带动 6 个辅助触手的主动件 *AB* 实现往复运动。凸轮的 6 段槽呈中心分布，分别通过轴承滚子推动 6 个驱动杆 *AB* 做往复运动，从而带动触手完成整个大幅度摆动。端面槽凸轮的转动可由带有减速器的电动机驱动，通过凸轮转动，带动触手的主动件 *AB* 往复移动，继而驱动 6 个触手机构运动。凸轮驱动 6 个触手机构的工作原理如图 7-75b 所示。

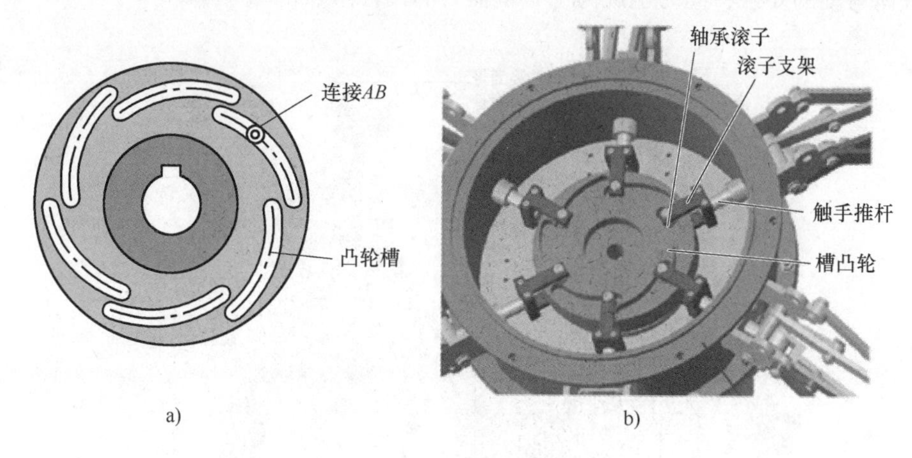

图 7-75 触手驱动系统

水母种类众多，外形各异，但其工作原理基本相同，因此在仿生设计时，一定要先弄清楚水母的工作原理，不能原样照搬的生硬模仿。例如，水母的升降运动，可以靠水母内伞的充水、排水来实现，也可以依靠带有桨板的触手运动来实现。在仿生水母研制中，都有成功案例。

使用端面槽凸轮驱动水母触手，是仿生水母设计中的常用技术，其结构简单、紧凑，制造容易，安装简单。通过一台电动机驱动凸轮，再由凸轮带动多个触手，一般采用 3~12 个触手。图 7-76 所示为凸轮驱动 6 个触手机构的三维图。

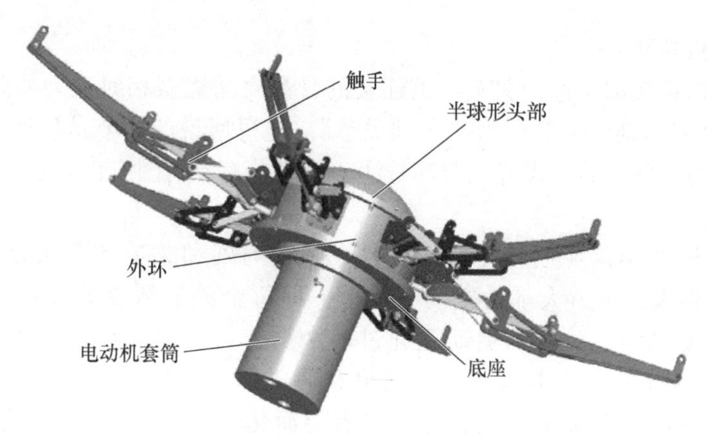

图 7-76 6 个触手系统

第六节　仿人类肢体的机械与设计

一、概述

人体本身可以等效为一个具有高度智能的机械装置，或高级智能机器人。如大脑相当于计算机的CPU，双腿相当于智能机器人的移动系统，上肢相当于机器人的工作执行系统，图7-77所示为人体生物原型示意图。人的运动主要由下肢和上肢来完成。其中，关节相当于运动副，骨骼相当于构件，而肌肉则相当于肢体运动的驱动器。所以，骨骼、关节、肌肉构成了人体运动的要素，同时也成为仿生机器人的设计重点。

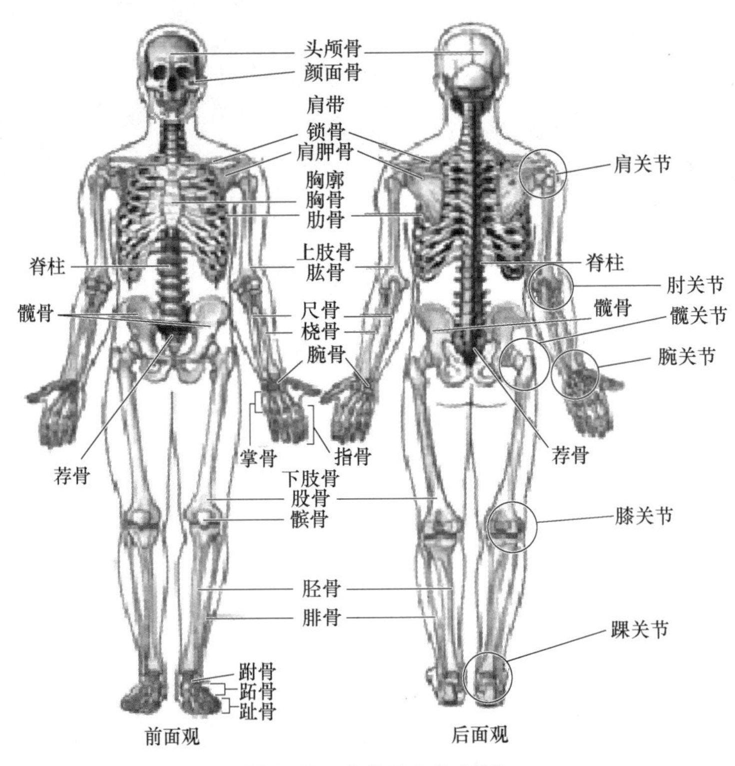

图7-77　人体的生物原型

二、人体四肢关节

骨与骨之间的连接部位称为关节，被连接的骨骼之间能做相对运动的关节称为“活动关节”，不能做相对运动的关节称为“不动关节”。这里所说的关节是指活动关节，如四肢的肩、肘、腕、指、髋、膝、踝等关节都是活动关节。关节周围有许多肌肉附着，以驱动、控制关节的转动。

关节相当于运动副，若把骨骼看作构件，则运动副和关节的含义是相同的。但是，前面所述仿生机器人的关节大都是主动型关节，即每个关节需要关节电动机驱动；而仿生人体关节是被动型的，关节的运动是通过两个被连接骨骼之间的肌肉伸缩来驱动的。在图7-78所示肘关节中，连接肱骨、尺骨和桡骨的肌肉的伸缩驱动肘关节转动。所以，仿生关节的设计可以参照关节原型，不一定需要简化。例如，肩关节和髋关节的球面副可不用转动副代替。

1. 肩关节

肩关节是指人体大臂肱骨与身体肩胛骨的连接部分，肩关节的生物原型如图 7-79a 所示。肩关节是典型的球面运动副，其驱动是通过肱二头肌长头腱等肌肉的伸缩运动实现的。图 7-79b 为肩关节生物模型（球面副）简图，该运动副具有 3 个转动自由度。图 7-79c 为人工关节实物。图 7-80 所示为按球面副设计的几种典型的仿生人工肩关节，下方长钉固定于大臂肱骨中，上方球窝固定在锁骨中，保证两者之间的空间转动。

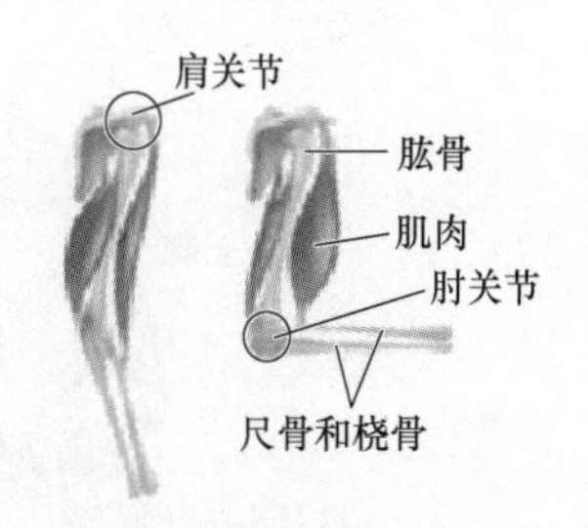

图 7-78　人体关节的生物原型

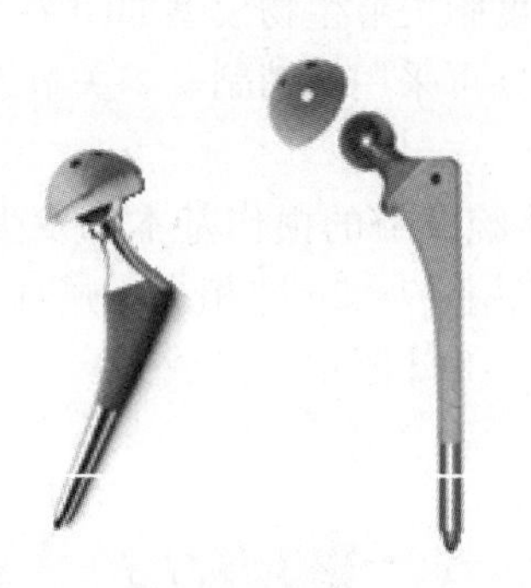

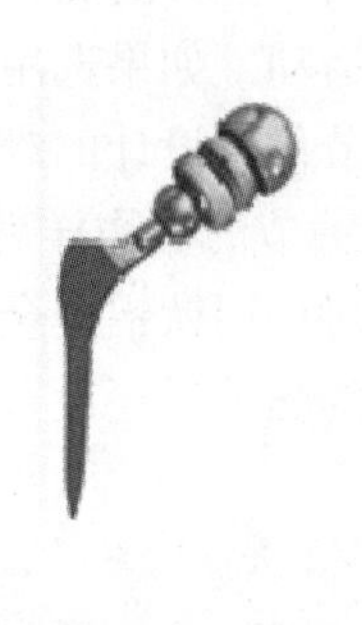

a)　b)　c)

图 7-79　肩关节的生物原型与模型

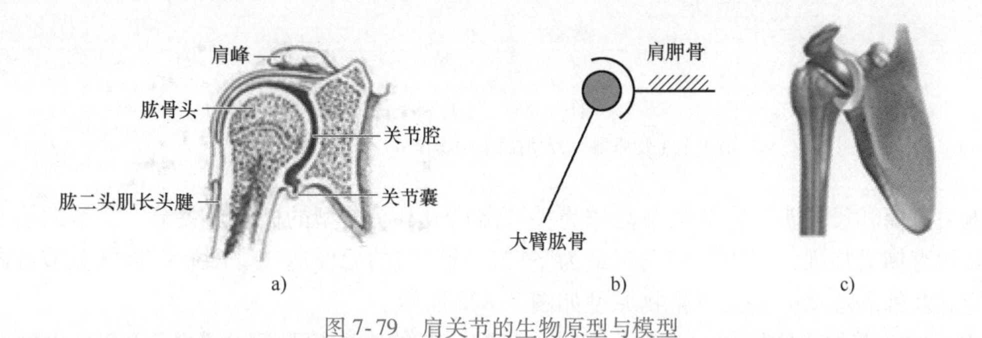

图 7-80　仿生人工肩关节实物

2. 肘关节

（1）肘关节的生物原型　肘关节是人体上肢大臂与小臂之间的连接关节，是一个复关节，由三个关节组合在同一关节囊而成。肘关节生物原型如图 7-81a 所示。

1）肱尺关节。肱尺关节是肘关节的主关节，由肱骨与尺骨构成。

2）肱桡关节。肱桡关节由肱骨小头和桡骨的关节凹构成。只能做曲伸和回旋运动。

3）桡尺近侧关节。桡尺近侧关节由桡骨环状关节面与骨上端构成。

（2）肘关节的生物模型　进行仿生设计时，往往将其简化为一个简单的生物模型，如图 7-81b 所示。

（3）肘关节的实物模型　人工肘关节实物如图 7-81c 所示。上方长钉固定于上臂肱骨中，下方长钉固定于小臂尺骨中。

3. 腕关节

（1）腕关节的生物原型　腕关节由手的舟骨、月骨和三角骨的关节面作为关节头，桡

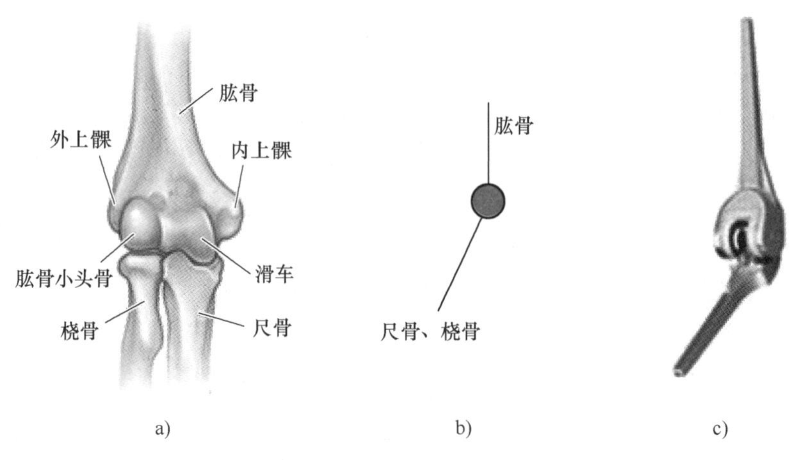

图 7-81 肘关节

a）肘关节生物原型 b）肘关节生物模型 c）肘关节实物

骨的腕关节面和尺骨头下方的关节盘作为关节窝构成，是典型的椭圆形关节。关节的前、后和两侧均有韧带加强，其中掌侧韧带最为坚韧，所以腕的后伸运动受限制。桡腕关节可做屈曲、伸展及外展运动，腕关节生物原型如图 7-82a 所示。

（2）腕关节的生物模型 为简化起见，将腕关节的生物模型简化为 1~2 个自由度的转动副，完成向手掌方的屈腕和背伸运动。单自由度腕关节生物模型如图 7-82b 所示，省略了手腕的侧展运动。如果选用两自由度的腕关节，则可采用球销副。腕关节解剖结构的复杂性决定了腕关节仿生设计的难度。

（3）腕关节的实物样机 由于摔伤引起人体腕关节的损伤基本都发生在图 7-82a 所示的月骨，此时可用钛铝合金人工月骨置换法治疗，图 7-82c 即相当于局部实物样机。目前，仿生机器人的腕关节还没有统一的设计标准，图 7-82d 所示为机械手腕关节的实物模型。

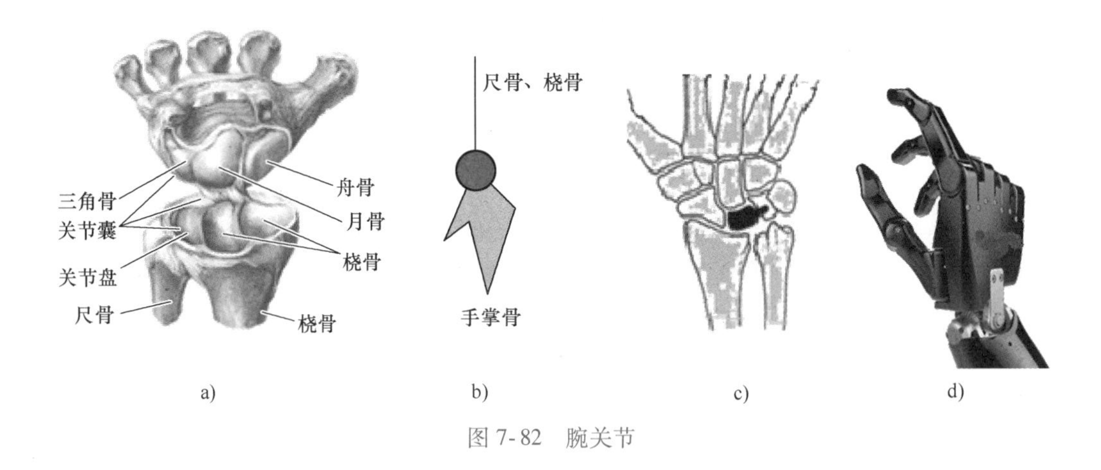

图 7-82 腕关节

4. 髋关节

髋关节是指大腿与骨盆之间的连接部分，由髋臼和股骨头组成。髋关节是最容易受损的关节，主要有股骨头坏死造成的关节失效和中老年骨折造成的关节失效。因此，仿生髋关节的研究成果比较成熟。

图 7-83a 为髋关节生物原型（医学解剖图），图 7-83b 为对应的生物模型简图，是一个三自由度的球面副；图 7-83c 为其实物模型（仿生髋关节金属假体），图 7-83d 为髋关节的人体置换手术过程。由于髋关节是一个单一球面副，由关节两边肌肉驱动关节的转动，故仿生人工髋关节已经标准化、系列化，为病人治疗提供了便利条件。

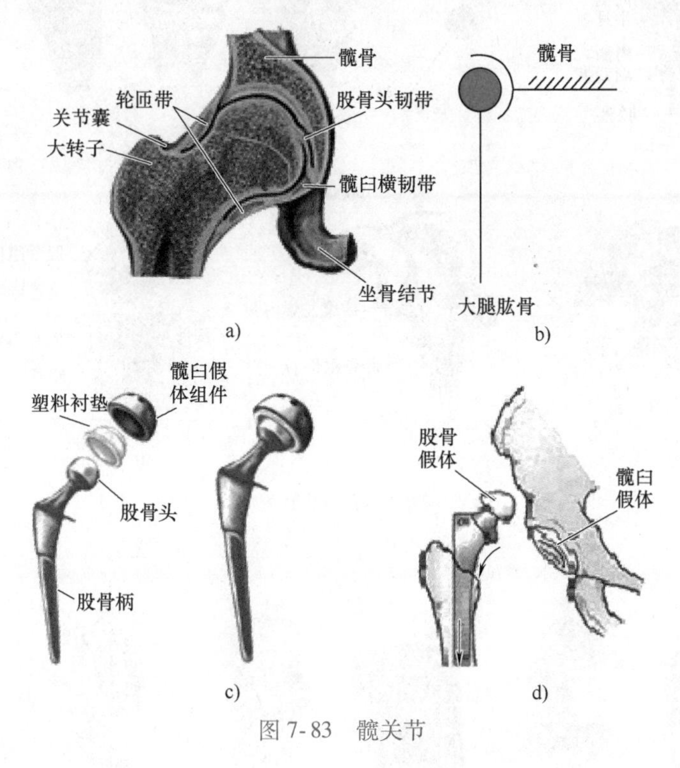

图 7-83 髋关节

5. 膝关节

（1）膝关节的生物原型　膝关节由股骨下端的关节面、胫骨上端的关节面和髌骨关节面构成，如图 7-84a 所示。

（2）膝关节的生物模型　膝关节的生物模型可以简单地用转动副代替，其对应的生物模型简图如图 7-84b 所示。

（3）膝关节的实物样机　根据膝关节的损伤程度不同，修复措施也不同。既可采用局部修复方法，也可采用完整的膝关节置换。

图 7-84c 所示关节损伤中，胫骨与股骨没有发生破坏，只更换运动副的表面即可。图 7-84d所示关节损伤中，只更换运动副的局部接触面即可。图 7-84e 所示关节损伤中，需要更换整个膝关节。图 7-84f 所示为膝关节实物样机，图 7-84g 所示为关节置换结果。

当膝关节以下的小腿需要截肢时，一般关节难以承受人的身体重量，这时可以考虑采用连杆机构型的膝关节，如图 7-85 所示。连杆机构型的膝关节已经系列化，种类很多，但大都采用比较简单的四连杆机构，可采用气压驱动、液压驱动和电动机驱动。

6. 踝关节

（1）踝关节的生物原型　在解剖学上，脚踝也称为踝关节，是人类足部与小腿相连的部位，其生物原型如图 7-86a 所示。

（2）踝关节的生物模型　踝关节的生物模型一般简化为单自由度的转动副，如图 7-86b 所示。

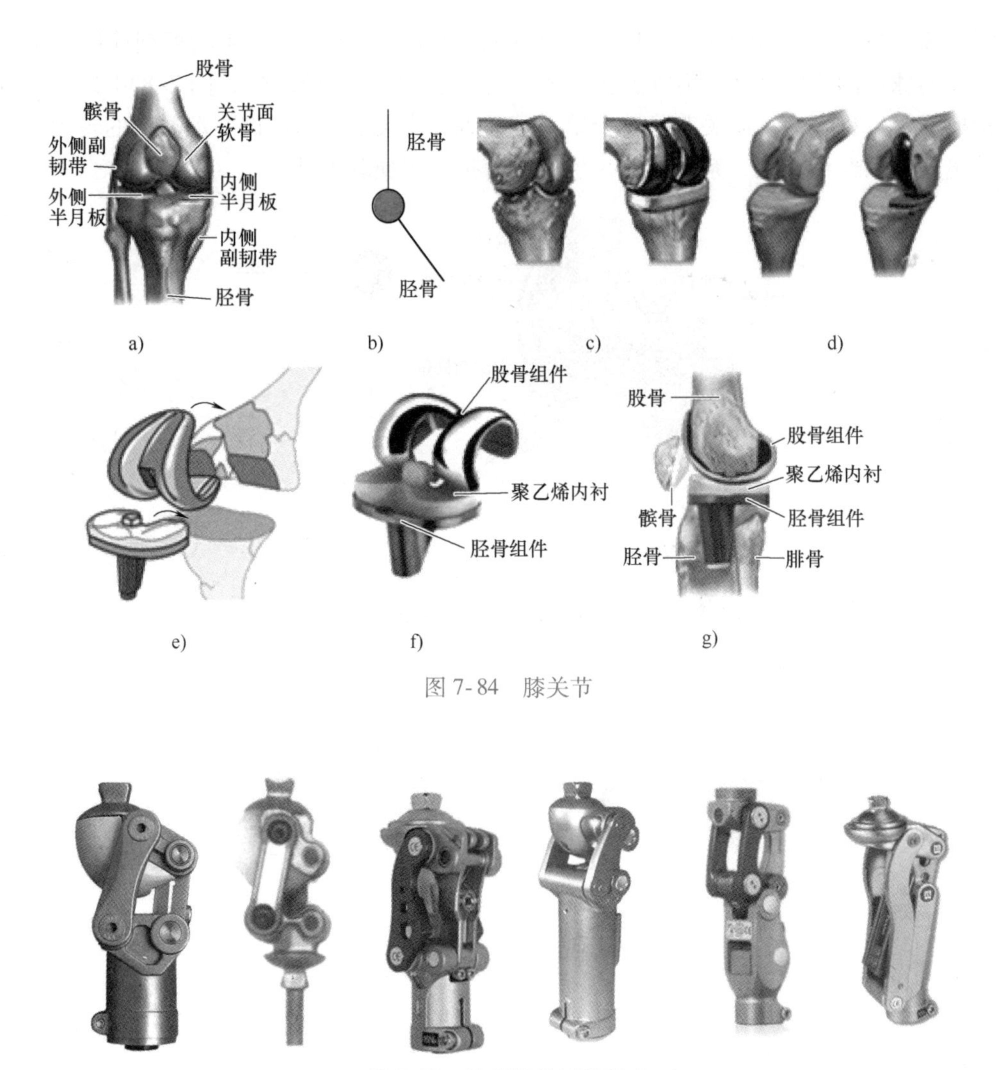

图 7-84 膝关节

图 7-85 连杆机构型膝关节

（3）踝关节的实物样机 由于踝关节负重最大，关节面较小，所以脚踝骨经常发生损伤，损伤部位常发生在内外踝骨，特别是外踝更多。图 7-86c 为仿生人工局部脚踝假体实物，相当于一个转动副连接了小腿与脚骨。图 7-86d 所示为 SPS 空间并联机构的踝关节，具有承载能力大的优点。

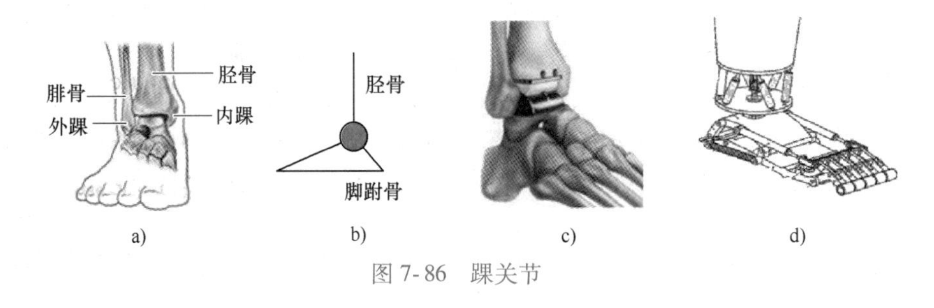

图 7-86 踝关节

三、仿生人工肌肉简介

肌肉是可收缩的纤维组织，具有信息传递、能量传递、排除废物、能量供给等功能，是肢体运动的驱动器，早期的人工肌肉由绳索缠绕滑轮驱动，实现绳索的长短变化，如图 7-87a所示的手腕与手指驱动肌肉；近年来科学家发明了以聚乙烯和尼龙制成的高强度聚合物纤维肌肉，这种材料可随环境温度的变化伸缩，肌肉力是同样大小天然肌肉的 100 倍。图 7-87b 所示为一种特殊聚合物制成的人工肌肉；图 7-87c 为气动人工肌肉，依靠充、放气实现肌肉的收缩和伸张。

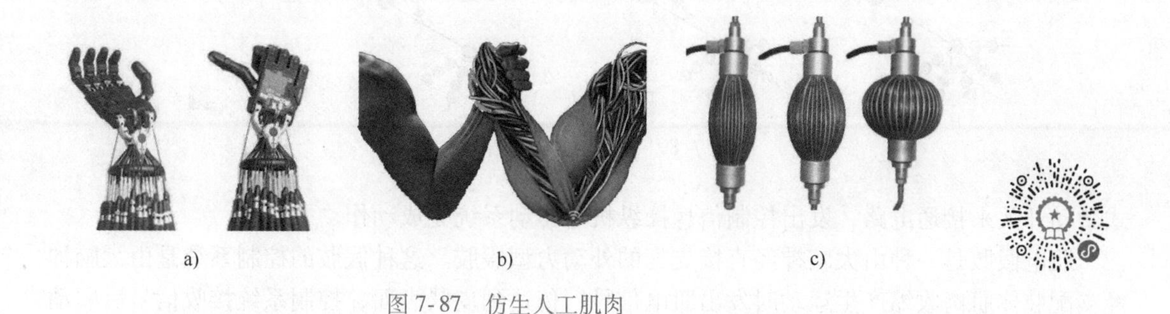

图 7-87　仿生人工肌肉

电子型 EAP 肌肉是基于分子尺寸的静电力作用，使聚合物分子链重新排列，实现体积上各个维度的收缩或膨胀，这种电能向机械能的转换是物理过程。

四、人体上肢的仿生设计

1. 人体上肢的设计

（1）人体上肢的生物原型　人体上肢的生物原型如图 7-88a 所示。

（2）人体上肢的生物模型　人体上肢的生物模型如图 7-88b 所示。实际上，人体上肢的生物模型具有多解性，因此有许多种类。其主要表现在关节自由度的简化和关节数量的简化。

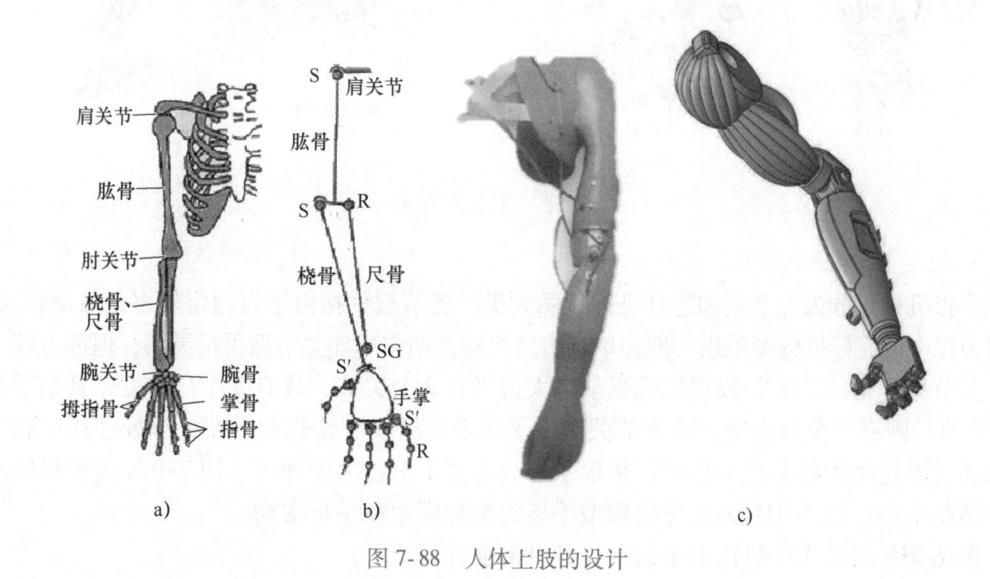

图 7-88　人体上肢的设计

图 7-89 所示为不同类型的上肢生物模型简图。

（3）人体上肢的实物样机　仿生人体上肢已经由电动假肢升级到肌电假肢。电动假肢由机电驱动系统、控制系统、壳体三部分组成，依靠微型电池提供能源，控制系统是靠触压

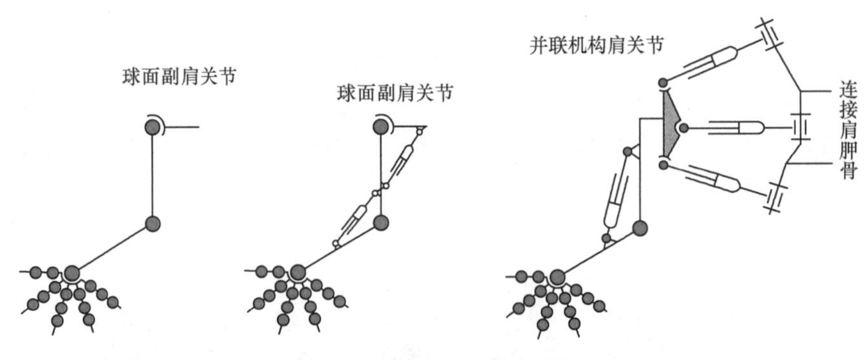

图 7-89 上肢生物模型简图

式微动开关来接通电路，发出控制信息操纵机电驱动系统完成动作。

肌电假肢是一种由大脑神经直接支配的外动力型假肢。这种假肢的控制系统是由大脑神经支配肢体肌肉收缩产生运动时发出肌电信号，传达到皮肤表面，控制系统接收信号后驱动微型电动机产生动作。它一般可以完成手指伸屈、手腕伸屈、手腕内外旋转三组动作，仿生效果好，是现代假肢的发展方向。图 7-88c 为肌电假肢实物图。

2. 仿生机械手

手的生物原型如图 7-90a 所示，其生物模型如图 7-90b 所示，实物模型如图 7-90c 所示。

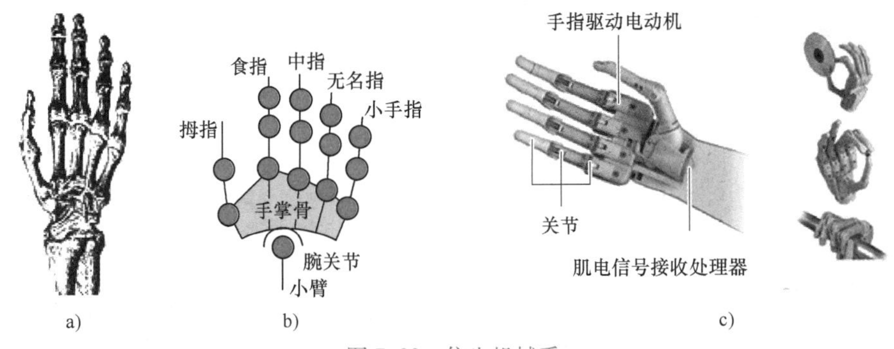

图 7-90 仿生机械手

3. 仿生手指

手指机构可分为关节型和连杆机构型两大类。关节型手指由于自由度较多，故动作灵活，但握力较小；连杆机构型手指一般为单自由度机构，动作不如关节型手指灵活，但握力较大。

关节型手指的关节一般用舵机驱动，大拇指有 2 个关节，故有 2 个自由度；其余手指有 3 个关节，则有 3 个自由度。也有的关节型手指采用绳索滑轮驱动，在关节处连接滑轮，用绳索通过滑轮驱动各个指节转动，每根手指只需要 1 个自由度即可。图 7-91a 为舵机驱动的人工仿生手指，图 7-91b 为连杆机构型手指的生物模型和手指实物。

图 7-91b 所示连杆机构型手指中，其自由度计算如下：

$$n=7,\ p_L=10,\ p_H=0$$

$$\begin{aligned}F&=3n-2p_L-p_H\\&=3\times7-2\times10-0\\&=1\end{aligned}$$

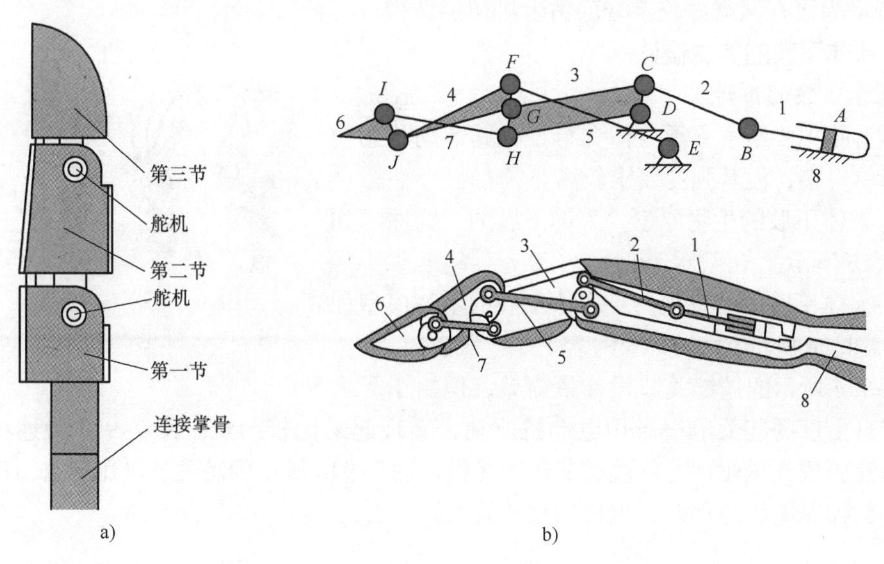

图 7-91 机械手指

该机构可通过气压或液压驱动主动件 1。

图 7-92a 为一种连杆机构型的食指机构运动简图，其自由度计算如下：

$$n=5,\ p_{\mathrm{L}}=7,\ p_{\mathrm{H}}=0$$

$$\begin{aligned}F&=3n-2p_{\mathrm{L}}-p_{\mathrm{H}}\\&=3\times5-2\times7-0\\&=1\end{aligned}$$

图 7-92b 所示为拇指机构运动简图，其中的构件 1 采用自适应构件。即构件 1 可根据受力大小自动调整轴向尺寸，进而适应被夹持物体的尺寸、形状与受力大小。该自适应原理也适用于其他手指的设计。自适应构件在计算机构自由度时可视为刚体。该拇指机构的自由度计算如下：

$$n=3,\ p_{\mathrm{L}}=4,\ p_{\mathrm{H}}=0$$

$$\begin{aligned}F&=3n-3p_{\mathrm{L}}-p_{\mathrm{H}}\\&=3\times3-2\times4-0\\&=1\end{aligned}$$

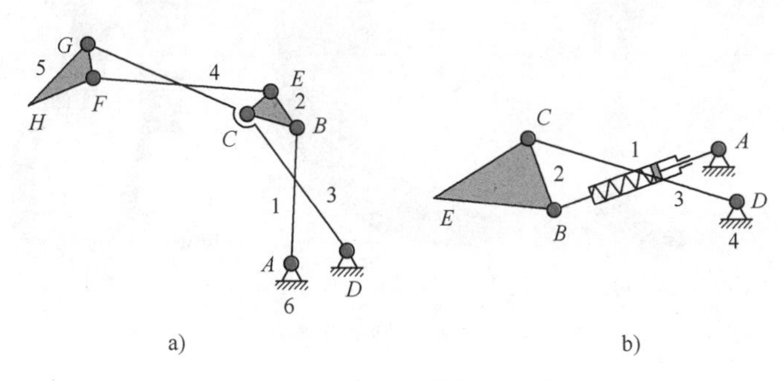

图 7-92 食指与拇指的设计

从手指功能出发，仿生机械手有三指就够用了；但从美观出发，五指手用得最多。

图 7-93所示为没有佩戴硅胶手套的仿生机械手结构。

五、人体下肢的仿生设计

1. 人体下肢的设计

人体下肢主要用于支承身体和行走，其运动状态要比上肢简单得多，但其强度要求较高。

（1）人体下肢的生物原型　人体下肢的生物原型如图 7-94a、b 所示。

（2）人体下肢的生物模型　人体下肢的生物模型如图 7-94c、d、e 所示。

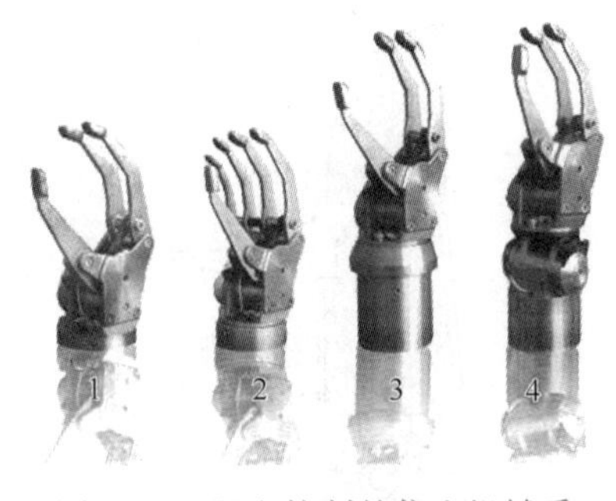

图 7-93　肌电控制的仿生机械手

图 7-94c 所示的铰链关节设计最简单，但由于受力过大，三自由度的髋关节很难用电动机驱动，实现起来比较困难。图 7-94d 为连杆型下假肢，采用液压或气压驱动，但髋关节运动受限。图 7-94e 所示的髋关节采用三自由度的空间并联机构，控制则容易得多，但机构尺寸偏大。

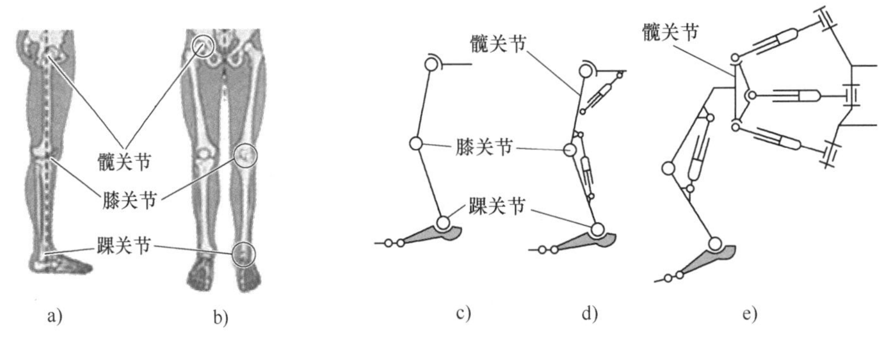

图 7-94　人体下肢的生物原型与模型

脚部的大脚趾和小脚趾各有 2 个转动副，其余每个脚趾有 3 个转动副，共计 13 个自由度。实际上仿生机械脚的自由度很少，大都采用零自由度的弹性脚。

（3）人体下肢的实物模型　仿生机械腿很少包括髋关节，这是因为髋关节损坏后可用置换法代替。仿生机械腿的实物模型如图 7-95 所示。

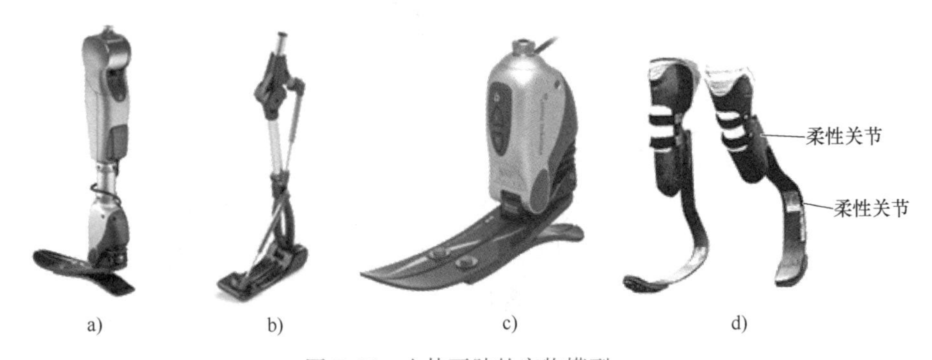

图 7-95　人体下肢的实物模型一

图 7-95d 所示为一种全柔性假肢机构，既不是铰链关节型，又不是连杆机构型，而是一种柔性机构，其特殊结构形成一种柔性关节，腿骨、关节和脚全部为柔性结构。在膝盖和胫

骨上装有一种微型传感器，能以 50 次/s 的速度检测地形变化。当佩戴该假肢的人因为石头或地面突然变化而失去平衡时，会检测到这一趋势并自动锁定，以防止跌倒。并能自动检测步行速度，允许加快或减慢行进速度，可以爬楼梯，可以在不平坦的路面上行动自如。

图 7-96a 所示仿生机械腿采用刚性铰链和柔性脚，图 7-96b 所示是采用一种柔性铰链型的局部柔性机构和刚性脚的机械腿。该假肢的步态也很自然，由于安装了传感器件、控制电路和执行器件，使人工下肢具有了智能，使其与人的步态更协调。膝关节和踝关节都采用柔性设计，骨骼和脚采用刚体设计，也能提高行走效率。

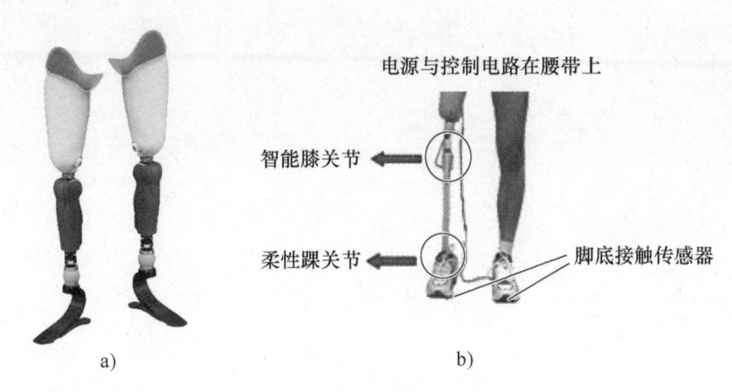

图 7-96　人体下肢的实物模型二

2. 机械脚的设计

（1）脚的生物原型　图 7-97a 为人体右脚的生物原型，触地部位主要为脚后跟骨与前掌跖骨，所以仿生机械脚只要突出这两个部位的设计即可。

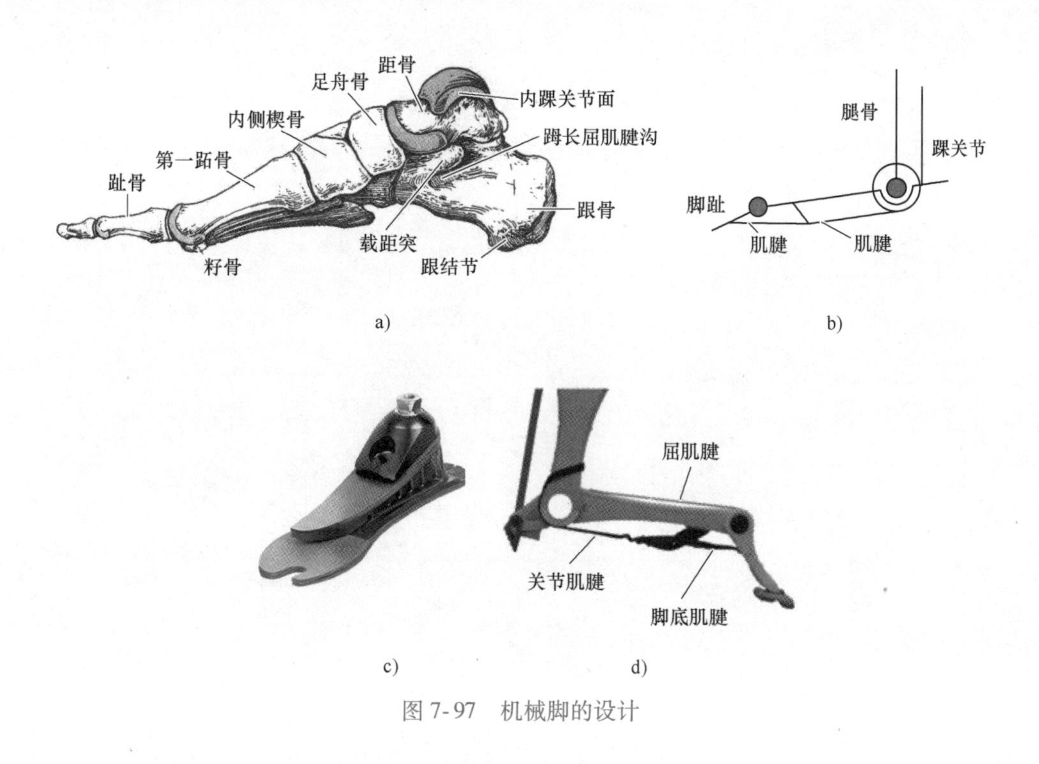

图 7-97　机械脚的设计

（2）脚的生物模型　脚的生物模型很简单，如图 7-97b 所示。

（3）脚的实物模型　一般不必花大力气去设计脚趾，也能满足在复杂地面行走。图 7-97c 为一种弹性脚，图 7-97d 为一种带有多个脚趾的仿生机械脚。脚趾与脚掌之间用弹簧连接，代表生物原型的肌腱，小腿骨、踝关节与脚掌也用代表肌腱的弹簧连接，通过牵引小腿骨旁的绳索，即可控制脚步运动。

随着智能、拟人机器人的快速发展，人的肢体仿生设计正朝着形象、逼真、实用、功能接近真人的方向发展。在人类肢体生物原型的基础上，创造出了大量的生物模型和实体模型，为智能、拟人机器人的发展做出了很大的贡献。

第八章 反求工程与创新设计

本章介绍反求工程与反求设计的概念，说明反求设计与创新设计是快速发展科学技术和国民经济的重要手段；论述技术引进的基本原则和反求设计的一般过程，讨论机械设备、技术资料的反求设计与计算机辅助反求设计的基本方法。

第一节　反求设计概述

一、反求工程

当今世界科学技术的发展日新月异，产品的科技含量越来越高，高新技术产品已进入家庭，世界进入知识经济的时代。也就是说，在当今世界上，只有科学技术才能兴国。由于各国科学技术发展的不平衡，经济发展速度的差距很大。一些发达国家在计算机技术、微电子技术、人工智能技术、生命科学技术、信息工程技术、材料科学技术、空间科学技术、制造工程技术等领域处于领先地位。因此，引进发达国家的先进技术为己所用，是发展本国经济的最佳途径。把别的国家的先进科技成果加以引进，消化吸收，改进提高，或进行创新设计，进而发展自己的新技术、开发新产品，是发展民族经济的捷径。这一过程称为反求工程。

我国是一个发展中的国家，科学技术相对落后。投入大量资金去研究发达国家已推向市场的产品或技术是完全没有必要的。这不仅浪费资金，也拖延发展经济的时间。由于涉及发展经济的科学技术领域非常广泛，我国也缺少巨额资金去进行大范围的基础理论研究和应用科技研究。因此，引进发达国家先进的科学技术或先进的产品，然后进行反求设计，仿造或设计出更新的产品，是发展中国家发展国民经济的最佳道路。特别是在知识经济的时代，反求工程在科技发展中的地位更为重要。

第二次世界大战后的日本经济复兴就得益于开展反求工程。第二次世界大战结束后，日本的国民经济基本处于瘫痪状态。1950 年的国民生产总值仅为英国的 1/29，经济落后于美国30年。日本把引入国外先进科学技术作为坚定不移的国策，凡是国外先进和适用的技术，都积极引入，其中80%为专利和图样，其经济复苏很快。1945—1970年期间，引进国外技术的投资仅为60亿美元，而花费150亿美元用于反求工程的研究。平均掌握每项技术的时间为2~3年。若自行研制，则需投资约为1800亿美元，掌握每项技术的时间为12~15年。日本在引入技术的同时，没有盲目地仿造，十分注意对反求工程的研究，对先进技术进行消化、吸收和国产化。他们的口号是：第一台引进，第二台国产化，第三台出口。通过对反求工程的研究，改进并提高引进技术，迅速实现产品的国产化，在应用过程中不断完善自己的产品，开发创新出许多新产品，并逐步形成了自己的工业体系。成功地运用反求工程，使日本政府节约了65%的研究时间和90%的研究经费。20世纪70年代初，日本的工业已达到欧美发达国家的水平。

重视反求工程研究的国家很多，韩国的兴起也与开展反求工程研究有关。在科学技术飞快发展的今天，任何一个国家的科学技术都不能全部领先世界，也难以永远领先世界。因此，开展反求工程研究是掌握先进科学技术的重要途径之一。

发展国民经济，特别是世界进入知识经济的时代，主要依赖于高新科学技术。邓小平同志说：科学技术是第一生产力。发展高新科学技术，一是依靠我们自己的科研力量，开发研制新产品，也就是过去常说的自力更生；二是引进别的国家先进的科学技术成果，消化吸收，加以改进提高，也就是现在常说的反求工程。我国在实行对外改革开放、对内搞活的经济政策以前，过分地强调了独立自主、自力更生的发展经济之路，对外交流很少，这极大地影响了我国科学技术的发展速度。在实行改革开放政策以后，重视了技术引进工作，但存在重应用、轻分析的倾向。随着科学技术的飞速发展，广大科技人员认识到了在引进技术的基础上创新设计的重要性，反求工程开始得到重视。在对引进技术的应用进行分析、研究的基础上，创新设计出许多适合我国国情的新产品，促进了我国民族经济的增长。

二、反求工程的过程

1. 产品的引进过程

引进产品前要进行调查研究，保证是国内急需产品或国际先进产品。

2. 引进技术的应用过程

学会引进产品或生产设备的技术操作和维修，使其在生产中发挥作用，并创造经济效益。在生产实践中，了解其结构、生产工艺、技术性能、特点以及不足之处，做到“知其然”。

3. 引进技术的消化过程

对引进产品或生产设备的工作原理、结构、材料、制造工艺、管理方法等各项内容进行深入的分析研究，用现代的设计理论、设计方法及测试手段对其性能进行计算测定，了解其结构尺寸、材料配方、工艺流程、技术标准、质量控制、安全保护等技术条件，特别要找出它的关键技术，做到“知其所以然”。

4. 引进技术的反求过程

在上述基础上，消化、综合引进的技术，采众家之长，进行创新设计，开发出具有本国特色的新产品；最后完成从技术引进到技术输出的过程，创造出更大的经济效益。这一过程是反求工程中最重要的环节，也是利用反求工程进行创新设计的最后结果阶段。

三、反求设计

反求设计是对已有的产品或技术进行分析研究，掌握其功能原理、零部件的设计参数、结构、尺寸、材料、关键技术等指标，再根据现代设计理论与方法，对原产品进行仿造设计、改进设计或创新设计的过程。反求设计已成为世界各国发展科学技术、开发新产品的重要设计方法之一。

反求设计一般有以下三种形式：

（1）仿造设计　完全按照引进的产品进行设计，制造的产品与引入产品相同。一些技术力量和经济力量比较薄弱的厂家在引进的产品相对先进时，常采用仿造设计的方法。

（2）改进设计　在对原产品分析研究的基础上，进行局部的改造性设计，其性能与特征基本上同原产品，但局部性能有所改善。我国的大部分厂家都采取了这种反求设计。

（3）创新设计　以原产品为基础，充分运用创新的设计思维与创新技法，设计、制造出优于原产品的新产品。反求工程中的创新设计是我国及其他发展中国家目前大力提倡的方法。

四、反求设计是创新的重要方法

一般情况下，有两种创新方式。第一种是从无到有，完全凭借基本知识、思维、灵感与丰富的经验。第二种是从有到新，借助产品、图样、影像等已存在的可感观的实物，创新出更先进、更完美的产品。反求设计就属于第二种创新方式。

人的设计方式习惯于从形象思维开始，用抽象思维去思考。这种思维方式符合大部分人所习惯的形象—抽象—形象的思维方式。通过对已存在的实物进一步了解，并以此为基础，发扬其优点，克服其缺点，再凭借基本知识、思维、洞察力、灵感与丰富的经验，为创新设计提供了良好的环境。因此，反求设计为创新奠定了良好的基础。

世界各国利用反求工程进行创新设计的实例很多。

日本的SONY公司从美国引入在军事领域中应用的晶体管专利技术后，进行反求设计，将其反求结果用于民用，开发出晶体管收音机，并迅速占领了国际市场，获得了显著的经济效益。

日本的本田公司从世界各国引进500多种型号的摩托车，对其进行反求设计，综合其优点，研制出耗油少、噪声小、成本低、性能好、造型美的新型本田摩托车，风靡全世界，垄断了国际市场，为日本的出口创汇做出巨大的贡献。

日本的钢铁公司从国外引进高炉、连铸、热轧、冷轧等钢铁技术，几大钢铁公司联合组成了反求工程研究机构，经过消化、吸收、改造和完善，建立了世界一流水平的钢铁工业。在反求工程的基础上，创新设计出国产转炉，并向英、美等发达国家出口，使日本一跃成为世界钢铁大国。

我国广州至深圳的高速列车就是在引入日本子弹头机车的技术后，对其进行分析研究，进行反求设计，并进行了局部的改进与创新。2007年的运行过程中，该列车的时速已经达到250km/h，广州至深圳的运行时间仅45min。目前，我国的高铁技术已经处于世界先进水平。

五、反求设计与知识产权

科学技术的发展与知识产权的保护密切相关。知识产权是无形资产，无形资产具有很大的潜在价值，是客观存在的经济要素，具有有形资产不可替代的价值，甚至具有超乎想象的价值。因此，世界各国都加强了对本国知识产权的保护。

在从事反求设计时，一定要懂得知识产权，既不要侵害别人的专利权、著作权、商标权

等受保护的知识产权，同时也要注意保护自己所创新部分的知识产权。引入技术与知识产权密切相关，而对引入技术进行反求设计的结果与知识产权更是密切相关。所以，一定要处理好引入技术与反求设计的知识产权关系。也就是说，从事反求设计的人员必须学习与知识产权相关的法律和法规。

第二节　技术引进与反求设计

技术引进是掌握他人的先进科学技术，快速发展本国或本单位经济的一种极其有效的手段。其目的是对引进技术加以消化、吸收，掌握引进技术的基本原理，形成自己的技术体系，然后再将引进技术转换为产品，使其产生社会效益和经济效益，服务于社会。我国实行改革开放政策以后，由于引进技术目的明确，大量引进国外的先进科学技术，极大地促进了我国科学技术和国民经济的发展，同时也缩短了与发达国家的技术差距，提高了综合国力。

一、技术引进的基本原则

我国在引进技术项目过程中走过许多弯路，其原因是没有掌握技术引进的基本原则。在总结失败教训和成功经验的基础上，提出仅供参考的技术引进的基本原则：

1）待引进的技术项目首先要包含国内或本单位急需的关键技术。

2）待引进的技术必须是科技含量高的先进技术。

3）有技术和经济实力，能把引进的技术产品化。

4）引进技术转换的产品要能产生良好的社会效益和经济效益。

二、引进技术的模式

引进技术的模式一般有两种：产品引进和技术资料引进。

产品引进包括成套的设备、部件或单一的机械零件，软件也列入产品范畴，故产品引进又称为设备引进。其特点是形象直观的机械实物，便于反求设计，这类引进也称为硬件引进。技术资料包括专利技术、生产图样或其他影像资料。工程中常把技术资料引进称为软件引进。图8-1所示为引进技术的模式。

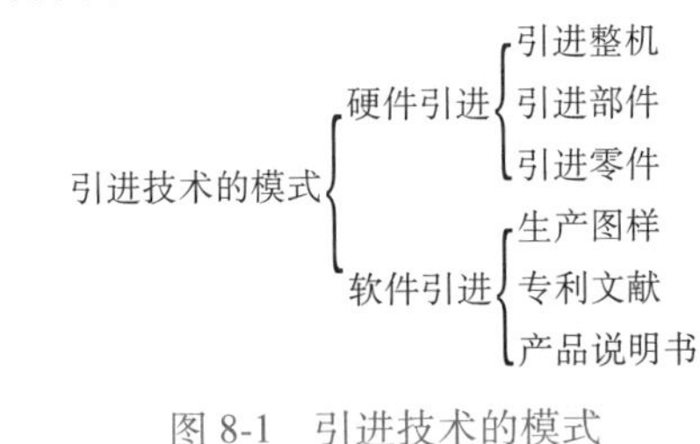

图8-1　引进技术的模式

以下分别介绍各种引进模式。

1. 整机引进

整机引进是指引进成套设备或完整的产品，如20世纪80年代引进的日本彩管生产线、20世纪90年代引进的汽车生产线、啤酒生产线、数控机床等大量的成套设备都是整机引进的范例。引进整机设备的投资大，但收效快。引进全套设备时，要注意易损零件的配套引进。

2. 部件引进

部件是指整套设备中的一部分组件，如汽车后桥、发动机、液力变矩器、无级变速器、空调或冰箱中的压缩机，都是典型的部件。引进机械部件时的投资要小些，风险也要小。但要注意引进的部件应能够与国内其他配套部件组装，形成局部国产化的产品。

3. 零件引进

零件是指机械中的最小制造单元，如汽车发动机中的凸轮轴、高速轴承、汽车后桥中的弧齿锥齿轮等，都是典型的机械零件。引进的机械零件必须是产品的关键零件。

软件的引进也是产品引进的一部分，这里不再介绍。

技术资料的内容很丰富，生产图样、专利文献、影像资料、产品说明书、设计说明书、维修说明书以及广告等内容均可作为技术资料。但从引进技术的规范角度出发，技术资料一般指产品图样、专利文献等资料。

4. 生产图样的引进

引进先进产品的生产图样，经过诸如标准、公差、材料、技术要求等一系列的转换后，即可投入生产。投资小、收效快，是一种常见的技术引进方式。

5. 专利文献的引进

一般情况下，专利文献是产品的关键技术，具有一定的先进性、新颖性和实用性。引进专利文献是发展生产的有效途径。但是，专利只是一种技术，距离产品化还有一定距离，引进专利文献一定要慎重。

6. 产品说明书的引进

产品说明书很难单独引进，一般不能脱离产品。但有些产品，如电子产品，在出厂时已将关键电子元件粘接在一起，很难拆卸测试，这时产品说明书就成为反求设计的主要依据。

引进技术资料的投资最小，但引入技术方要有较强的技术力量，才能消化和吸收引入的技术并制造出合格产品。

三、技术引进与反求设计

技术引进的目的有两类：一是引进设备直接为生产服务，二是利用引进的技术仿造原产品或制造出优于原产品的新产品。

1. 引进设备直接为生产服务

引进设备直接为生产服务是发展中国家常采用的发展经济模式。如引进的各类生产线、数控机床等设备直接用于生产，引进的发动机、后桥直接安装到汽车上，引进的压缩机直接安装到空调或冰箱中，引进的显示屏直接安装到电视机里。这类技术引进可在短期内促进生产的发展。

2. 仿造引进的产品

引进产品的目的是仿造该产品。这里的产品指广义产品，如机械产品、电子产品、软件、影像等均为广义产品。对引进产品进行仿制，扩大再生产，是发展中国家快速发展民族经济的捷径之一。这类技术引进与反求设计密切相关，是比较简单的反求设计问题。

3. 改进引进的产品

引进产品的目的是制造出比原产品性能更优的产品，并且产生更大的经济效益。在引进产品的基础上，对其工作性能进行改进，生产出比引进产品更好的、价格更低廉的新产品是较复杂的反求设计问题，需要专门的知识和水平较高的技术人员。我国目前的反求设计大都处于该阶段。

4. 创新设计新产品

以引进产品为参考，在充分对其分析、研究的基础上，由反求设计过渡到自主设计，并制造出新产品。不但满足国内市场，而且能出口创汇，产生巨大的经济效益。这类反求设计的难度最大，也是最值得提倡的反求设计。

综上所述，大部分的引进技术都涉及反求设计。因此，研究各类引进技术的反求设计方法，对引进技术的产品化有现实意义和长远意义。

四、反求设计的共性问题

无论是硬件反求还是软件反求，在具有各自特点的同时，还具有许多共性，将其共性总结如下：

1. 探索原产品的设计思想

探索原产品设计的指导思想，是产品改进设计或创新设计的前提。如某减速器有两个输入轴：一个用电动机驱动，而另一个则考虑到停电时用柴油机驱动。其设计的指导思想是该减速器一定应用在非常重要的场合。奔腾计算机Ⅰ型的主机电源较大，其设计的指导思想是该机升级时仅更换 CPU 芯片即可。了解原产品的设计思想后，可按认知规律，提前设计出新一代的同类产品。

2. 探索原产品的原理方案设计

产品都是按一定的要求设计的，而满足一定要求的产品，可能有多种不同的形式。如一个夹紧装置可采用螺旋夹紧、凸轮夹紧、连杆机构夹紧、斜面夹紧等原理方案，也可采用液压、气动、电磁夹紧等原理方案。探索原产品的原理方案设计，可以了解其功能目标的确定原则，这对产品的改进设计有极大的帮助。

3. 研究产品的结构设计

产品中零、部件的具体结构是产品功能目标的具体保证，对产品的性能、成本、寿命、可靠性有极大影响。该部分是反求设计的重点内容。

4. 对产品的零件尺寸、公差与配合进行分析

公差问题的分析是反求设计中的难点之一。通过测量，只能得到零件的加工尺寸，不能获得几何精度的分配尺寸。合理进行几何精度设计，对提高产品的装配精度和机械性能至关重要。

5. 零件材料的分析

通过零件的外观比较、重量测量、硬度测量、化学分析、光谱分析、金相分析等手段，对材料的物理、化学成分、热处理方法等进行鉴定。参照同类产品的材料牌号，选择满足力学性能和化学性能的国产材料代用。

6. 产品的工作性能分析

通过分析产品的运动特性、动力特性及其工作特性，全面了解产品的性能，提出改进措施，这是创新设计的前提。

7. 产品的造型分析

对产品的造型及色彩进行分析，从美学原则、顾客需求心理、商品价值等角度进行造型设计和色彩设计，改变我国忽视产品造型的观念。

8. 产品的维护与管理

分析产品的维护与管理方式，了解重要零、部件及易损的零、部件，有助于维修、改进设计和创新设计。

综上所述，为使引进技术发挥更大的作用，必须改变为单纯使用而引进技术的方针，把技术引进与反求设计紧密结合，才能发挥技术引进的巨大作用。

第三节　机械设备的反求设计

在机械设备的反求设计中，因存在具体的机械实物，故又称为实物反求设计，也有人称

硬件反求设计。硬件反求设计是常用的设计方法。

一、机械设备反求设计的特点

机械设备的反求设计有以下特点：

1）具有形象直观的实物，有利于形象思维。

2）可对产品或设备的性能直接进行测试与分析，能获得详细的设计资料。

3）可对产品或设备的零件尺寸、结构、材料等直接进行测量与分析，能够获得非常重要的尺寸设计资料。

4）反求目的是仿制时，可缩短设计周期，提高产品的生产起点与速度。

5）仿制产品与引进产品有可比性，有利于提高仿制产品的质量。

6）在仿制的基础上加以改进或创新，为开发新产品提供了有利条件。

二、机械设备反求设计的一般过程

机械零件的反求设计是部件反求的组成部分，而部件反求设计又是整机反求设计中的内容。因此，机械设备的反求设计过程具有一般性。其反求设计的一般过程如图 8-2 所示。

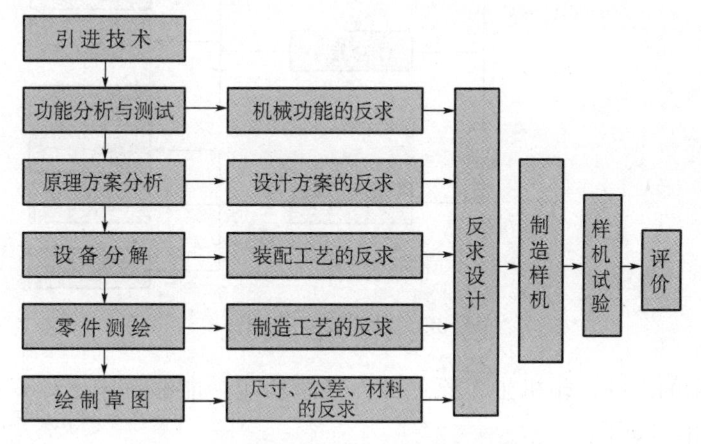

图 8-2　机械设备反求设计的一般过程

以下按反求设计的一般过程逐项做重点说明。

三、功能分析、测试与反求

1. 功能分解及功能树

功能是指机械产品所具有的转化能量、物料或信息的特性。机械产品的总功能是通过各子功能的协调来实现的。子功能还可以分解为可直接求解的最小功能单位，一般称其为功能元。总功能、子功能和功能元之间的关系可用功能树的结构型式来表示，图 8-3 所示为功能树的示意图。

在各项子功能中，把起关键作用的子功能称为关键功能，其他子功能则称为辅助功能。关键功能是反求的重点。

功能分析的方法就是把机械产品的总功能分解为若干子功能的过程，然后通过子功能的求解与组合，设计出具有相同总功能的多种机械产品方案，从中进行优化选择，找出最佳方案。

进行功能反求时，可把机械产品看作一个技术系统，再把该系统看作一个黑箱。通过各子功能的求解而得到实现总功能的产品方案后，该黑箱则变为透明箱。

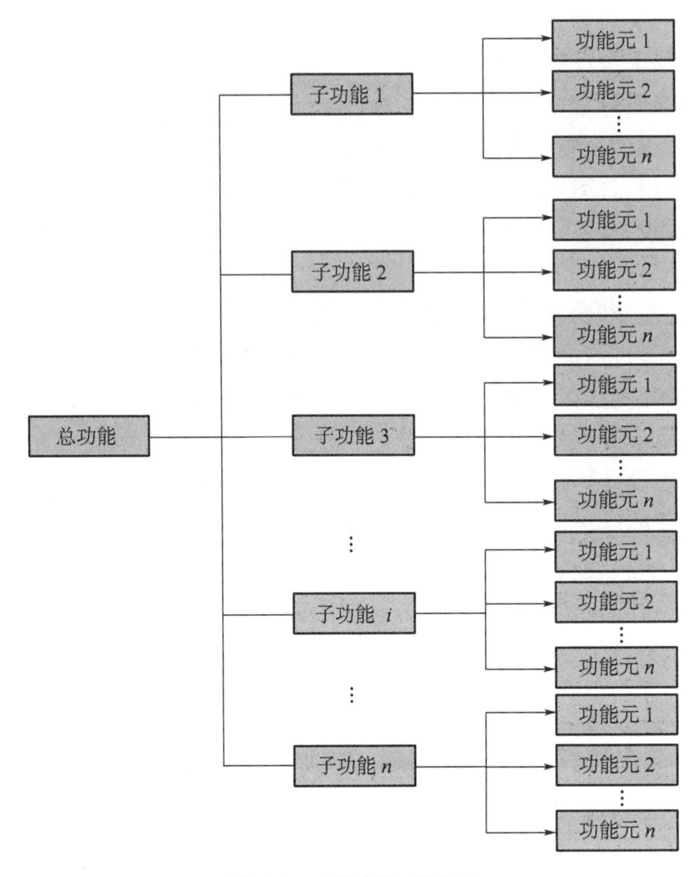

图 8-3 功能树的示意图

在图 8-4 所示的点阵打印机工作原理中，其总功能为能够打印出计算机的各种输出信息。各子功能的作用如下。

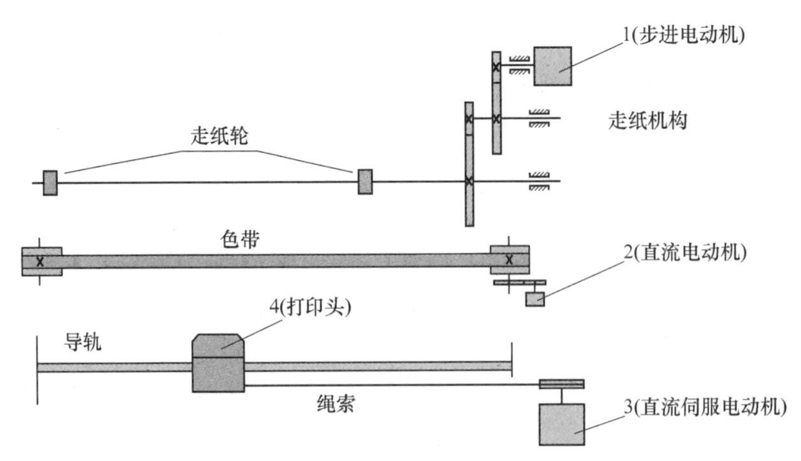

图 8-4 点阵打印机工作原理

1）子功能 1 由走纸机构实现，由步进电动机 1 和齿轮机构系统组成，其功能目标为实现走纸运动。

2）子功能 2 由色带机构实现，由直流电动机 2 和齿轮摆杆系统组成，其功能目标为实现色带的往复移动，使色带均匀消耗。

3）子功能 3 由字车机构实现，带有编码器的直流伺服电动机 3 和钢丝绳轮在导轨上拖动字车，其功能目标为实现字车的往复移动。

4）子功能 4 由打印头机构实现，打印钢针由安装在螺旋管线圈内的电磁铁驱动，其功能目标为实现打印钢针的往复移动。

各不同作用的子功能在计算机的指令下协调工作，完成文字或图形的打印。各子功能的协调工作由控制系统子功能 5 完成。计算机控制的对象是步进电动机、直流电动机、直流伺服电动机和电磁铁四个可控元件。打印钢针的运动是靠螺旋管状线圈通电，电磁铁吸合衔铁，衔铁击打钢针产生的。字车的移动是靠直流伺服电动机驱动的，走纸机构是靠步进电动机驱动的。它们必须有各自的驱动电路和正确的信号传递与处理，才能完成打印工作。打印机控制原理如图 8-5 所示。

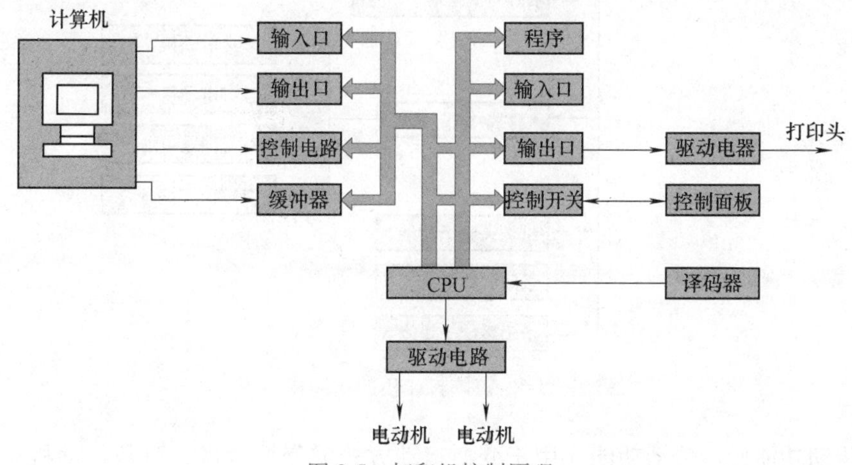

图 8-5 打印机控制原理

此外，还有一些辅助子功能，如纸宽调整子功能、纸厚调整子功能及指示系统子功能等。有些子功能还可分解为功能元，如色带运动子功能可分解为带传动功能元、齿轮传动功能元及驱动功能元。点阵打印机的功能树如图 8-6 所示。

综上所述，像打印机之类的机电一体化机械中的运动形态是由各种机构来实现的，而机械的运动参数（位置、位移、速度、加速度等）和各执行机构的运动协调关系是靠计算机系统（计算机、接口电路、各种电子元器件组成的硬件及软件）来实现的。点阵打印机中的走纸机构、字车机构、色带机构及打印钢针机构的运动协调靠机械系统自身的结构去实现将是难以想象的。可见，对机电一体化机械进行功能分析时，必须把机械系统、计算机系统以及传感系统作为一个技术系统来考虑。力求机械系统简化，更好地发挥软件的优势，可降低机器的成本。在选择控制种类时，可根据工作要求来选择计算机开环控制或闭环控制。

2. 功能元的求解

功能元的求解是功能分析与设计的重点和难点，也是反求设计中的创新突破点。因此，发散性思维和创造性思维对功能元的求解结果有巨大影响。对于机械产品而言，其功能元一般由动力功能元、传动功能元、工作功能元、控制功能元和辅助功能元组成，可按各功能元所具有的作用和功能目标分别求解。

（1）动力功能元　动力功能元为系统提供工作动力。动力机一般也称原动机，是一种把其他形式的能量转化为机械能的机械。可根据系统的具体要求从动力源目录中选择。

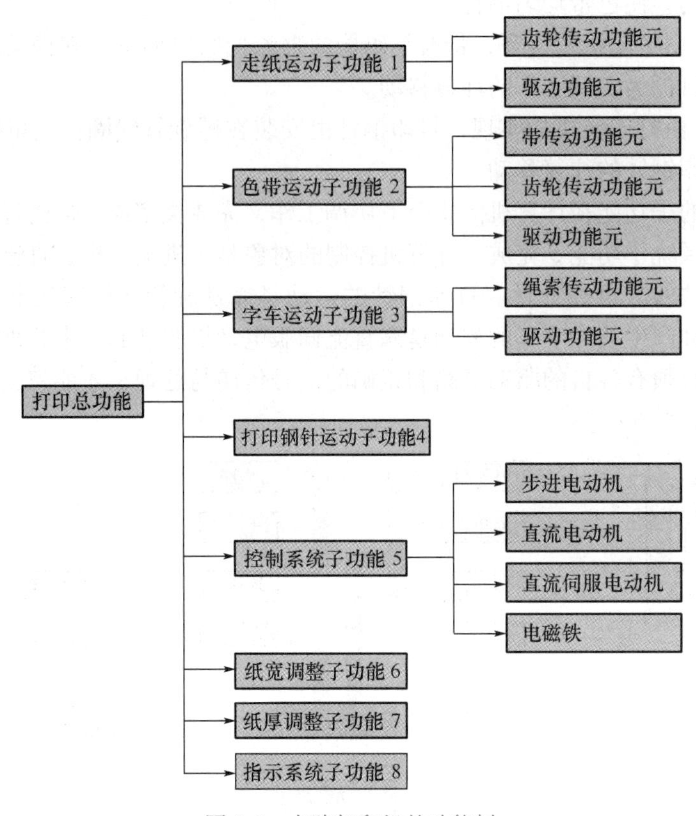

图 8-6 点阵打印机的功能树

（2）传动功能元 传动功能元用于变换运动方式或变换速度，可从传动机构目录中选择。有传动机构的机械占大多数，图 8-7 所示的油田抽油机就是具有代表性的机械。

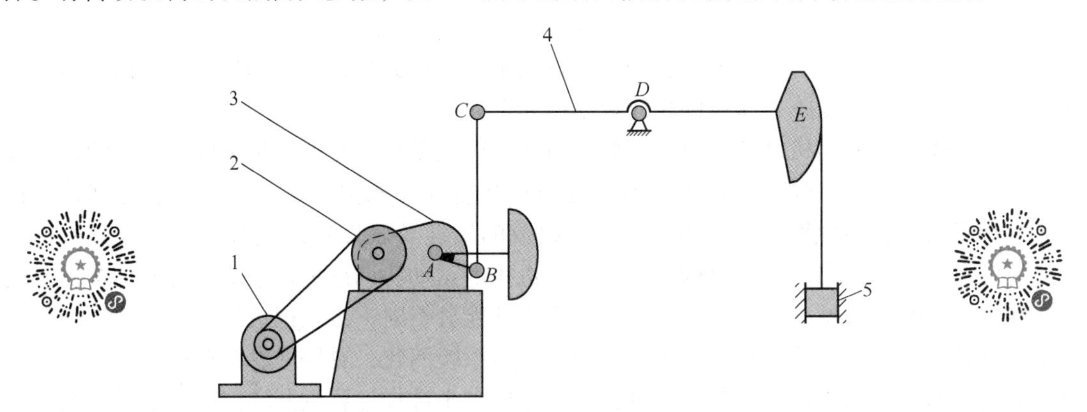

图 8-7 油田抽油机机构简图

1—电动机 2—带传动 3—减速箱 4—连杆机构 *ABCDE* 5—油泵

图 8-7 中，带传动与齿轮减速箱为传动机构，起缓冲、过载保护、减速的作用。连杆机构 *ABCDE* 为工作执行机构，圆弧状驴头通过绳索带动抽油杆往复移动。

传动功能元类型比较简单，一般常用齿轮传动、带传动、链传动等机构。

（3）工作功能元 工作功能元直接完成某项工作，可从工作执行机构目录中选择，相

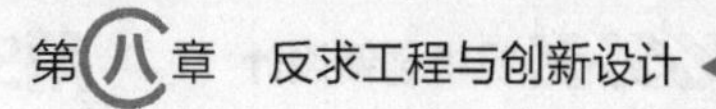

关内容读者可参阅本书第三章。在功能分析与设计过程中，工作功能元的求解是创新的重点内容。

利用原动机提供的动力实现物料或信息的传递，克服外载荷而做有用机械功是工作功能元的任务。原动机的种类有限，而工作功能元的执行机构的种类却是多种多样。由于工作执行机构是完成各种复杂动作的机械装置，它不仅有运动精度的要求，也有强度、刚度、安全性、可靠性的要求。

（4）控制功能元　机械设备中的控制方法很多，有机械控制、电气控制及综合控制，其中以电气控制应用最为广泛。控制系统在机械中的作用越来越突出，传统的手工操作正在被自动化的控制手段所代替，而且向智能化方向发展。现代控制系统的设计不仅需要微机技术、接口技术、模拟电路、数字电路、传感器技术、软件设计、电力拖动等方面的知识，还需要一定的生产工艺知识。

控制功能元的反求设计较为简单，但必须具备专门的知识和经验。

四、原理方案的反求

根据引进产品的具体工作情况和结构特点，画出其机构运动简图，再对其进行运动分析、受力分析，明确其工作原理和具体结构，最后对其进行改造设计或创新设计。

现以油田抽油机为例说明原理方案的反求设计过程。图 8-8 所示为油梁抽油机机构运动简图和受力分析示意。

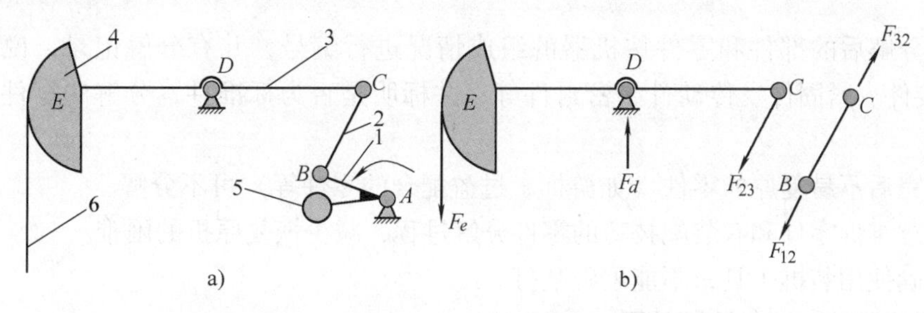

图 8-8　油梁抽油机机构运动简图和受力分析示意

1—曲柄　2—连杆　3—油梁　4—驴头　5—配重　6—抽油杆

由图 8-8a 所示的机构运动简图分析可知，*ABCD* 为一个曲柄摇杆机构。经过对其进行运动分析和力分析可知，当曲柄 1 沿逆时针方向转动时，油梁 3 沿顺时针方向绕 *D* 点摆动，驴头 4 带动抽油杆 6 上升，完成抽油动作。该过程中，曲柄要克服抽油阻力和抽油杆的重量做功，连杆 2 承受拉力。当曲柄 1 沿逆时针方向转过某一角度后，油梁 3 沿逆时针方向绕 *D* 点摆动，该过程中，抽油杆 6 的重量带动驴头 4 下摆。也就是说，驴头和抽油杆的重量为驱动力，连杆 2 仍然承受拉力。图8-8b所示为受力分析示意。既然连杆在一个运动循环中都受拉力，如果用柔性构件代替原来的刚性构件，取消油梁和驴头，则可创新设计出图 8-9 所示的采用绳索滑轮式的无油梁抽油机。

美国 Jerden 公司创新设计出的低矮型抽油机即属于这一类型。无油梁式抽油机具有结构简单、重量轻、成本低、调节冲程方便等优点。我国也在近期开发出这种抽油机，目前正在试用中。

图 8-9 所示的无油梁式抽油机的结构如图 8-10 所示。

通过对油梁式抽油机工作原理的反求设计，得到了新型的无油梁式抽油机，这是典型的

根据原理方案反求成功的范例。

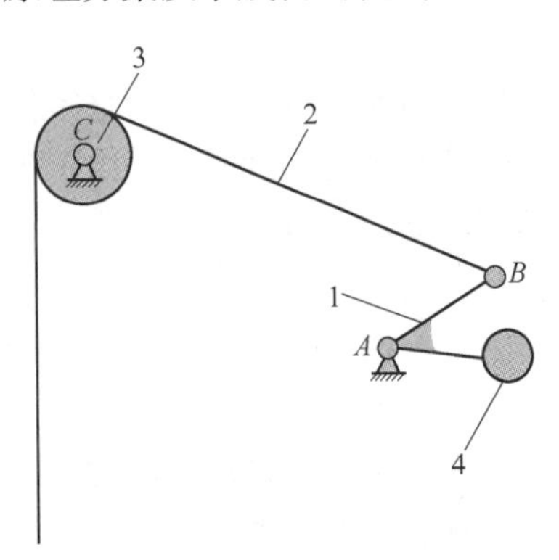

图 8-9 无油梁式抽油机机构简图

1—曲柄 2—绳索 3—滑轮 4—配重

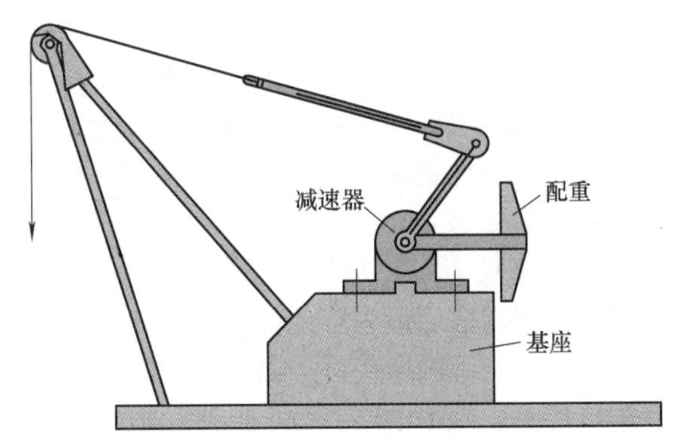

图 8-10 无油梁式抽油机

五、设备的分解

为了解样机的具体结构和零件的尺寸，必须对样机进行分解。分解机器实物时必须遵守以下规则，否则会出现分解后的样机不能恢复原状的情况。

1）遵循能恢复原机的原则进行分解，也就说，拆完后的样机能按分解的逆过程进行复原装配。

2）对分解后的部件和零件按机器的组成情况进行编号，并有分解记录，说明零件类型，如连接件、紧固件、传动件、密封件等，并标明是否为标准件，分解的零件要由专人管理。

3）拆完后不易复原的零件（如游标、过盈配合的零件等）可不分解。

4）注意难拆零件和有装配技巧的零件分解过程，减少恢复原机的困难。

5）正确使用装拆工具，不能硬砸乱打。

六、零件尺寸测绘与绘制草图

分解后的零件要进行尺寸测绘，并画出草图。尺寸测绘时要注意以下问题：

1）选择测量基准。机械零件有两种尺寸，即表示机械零件基本形体的形状尺寸和基本形体的位置尺寸，位置尺寸确定后才能决定形状尺寸。位置尺寸的基准常选在零件的底面、端面、中心线、轴线或对称平面。

2）每个尺寸要多次测量，取其平均值为测量尺寸。对配合尺寸、定位尺寸等功能性尺寸要精确到小数点后三位。

3）具有复杂形体的零件（凸轮、汽轮机叶片等）要边测量边画放大图，及时修正测量结果。

4）有些不能直接测量的尺寸可根据产品性能、技术要求、结构特点等条件，通过分析计算出来。

5）实测尺寸的处理。实测尺寸不等于原设计尺寸，需要把实测尺寸推论到原设计尺寸。

实测尺寸等于名义尺寸加制造误差和测量误差，制造误差和测量误差之和必定小于或等于给定的尺寸公差，故实测尺寸应在上极限尺寸和下极限尺寸之间。根据概率分布的特点，尺寸误差位于公差中值的附近。再根据基孔制或基轴制的配合情况和精度等级的判定，对实测数据进行处理。最后根据零件的功能、实测尺寸、加工方法，参照国家标准，选择合理的几何公差。

6）表面质量的测定。表面粗糙度可利用表面粗糙度仪直接测定，表面硬度可应用硬度计直接测定，并判断表面热处理的情况，由此判断零件的加工工艺。

7）零件材料的分析与测定。材料的化学成分可通过原子光谱法、红外光谱法、微探针分析法确定；材料的组织结构可利用显微镜测定。

完成上述工作后，就可完成零件草图的绘制和技术要求的标定。结合已分解产品和待开发产品的具体要求，即可开展反求设计。

第四节 技术资料的反求设计

技术引进过程中，把与产品有关的技术图样、产品样本、专利文献、影视图片、设计说明书、操作说明、维修手册等技术文件统称技术资料。技术资料的引进又称为软件引进。软件引进模式要比硬件引进模式经济，但却要求具备现代化的技术条件和高水平的科技人员。

一、技术资料反求设计的特点

按技术资料进行反求设计的目的是探索和破译其技术秘密，再经过吸收、创新，达到快速发展生产的目的。按技术资料进行反求设计时，要首先了解技术资料反求设计的特点：

（1）技术资料反求设计具有抽象性　引进的技术资料不是实物，可见性差，不如实物形象直观。因此，技术资料反求设计的过程是一个处理抽象信息的过程。

（2）技术资料反求设计具有高度的智力性　技术资料反求设计的过程是用逻辑思维分析技术资料，最后返回到设计出新产品的形象思维。由抽象思维到形象思维不断反复，全靠人的脑力进行。因此，技术资料反求设计具有高度的智力性。

（3）技术资料反求设计具有高度的科学性　从技术资料的各种信息载体中提取信号，经过科学的分析和判断，去伪存真，由低级到高级，逐步破译出反求对象的技术秘密，从而得到接近客观的真值。因此，技术资料反求设计具有高度的科学性。

（4）技术资料反求设计具有很强的综合性　技术资料反求设计要综合运用专业知识、相似理论、优化理论、模糊理论、决策理论、预测理论、计算机技术等多学科的知识。因此，进行技术资料反求设计时，要集中多种专门人员共同工作，才能够完成任务。

（5）技术资料反求设计具有一定的创造性　技术资料反求设计本身就是一种创造、创新的过程，是加快发展国民经济的重要手段。

二、技术资料反求设计的一般过程

进行技术资料反求设计时，其过程大致如下：

1）引进技术资料进行反求设计必要性的论证。对引进的技术资料进行反求设计要花费大量时间、人力、财力、物力，反求设计之前，要充分论证引进对象的技术先进性、可操作性、市场预测等项内容，否则会导致经济损失。

2）引进技术资料进行反求设计成功的可能性论证。并非所有的引进技术资料都能反求成功，因此要进行论证，避免走弯路。

3）分析原理方案的可行性、技术条件的合理性。

4）分析零、部件设计的正确性、可加工性。

5）分析整机的操作、维修是否安全与方便。

6）分析整机综合性能的优劣。

以下介绍几种常用的技术资料反求设计方法。

三、产品图样的反求设计

1. 引入产品图样的目的

引入国外先进产品的图样直接仿造生产，是我国20世纪70年代技术引进的主要目的。这是洋为中用，快速发展我国经济的一种途径。我国的汽车工业、钢铁工业、纺织工业等许多行业都是靠这种技术引进发展起来的。实行改革开放政策以后，增加了企业的自主权，技术引进快速增加，缩短了与发达国家的差距。但世界已进入了高科技的知识经济时代，仿造可加快发展速度，但不能领先世界水平。在仿造的基础上有所改进、有所创新，研究出更为先进的产品，产生更大的经济效益，是目前引入产品图样的又一目的。

2. 设备图样的反求设计过程

一般情况下，设备图样的反求设计比较容易，其过程简述如下：

1）读懂图样和技术要求。

2）用国产材料代替原材料，选择适当的工艺过程和热处理方式，并据此进行强度计算等技术设计。

3）按我国国家标准重新绘制生产图样和提出具体的技术要求。

4）试制样机并进行性能测试。

5）投入批量生产。

6）产品的信息反馈。

7）进行改进设计，改型或创新设计新产品。

3. 设备图样的反求设计案例

我国在20世纪80年代，引进了西方国家的振动压路机技术。仿造后发现该机的非振动部件和驾驶室的振动过大，操作条件差，影响了仿造机的推广使用。图8-11a所示按引进技术生产的压路机是利用垂直振动实现压紧路面的，而垂直振动带来的负面影响很难消除。通过对机械振动方式的反求设计，科技人员提出了用水平振动代替垂直振动，创新设计出图8-11b所示的新型压路机。

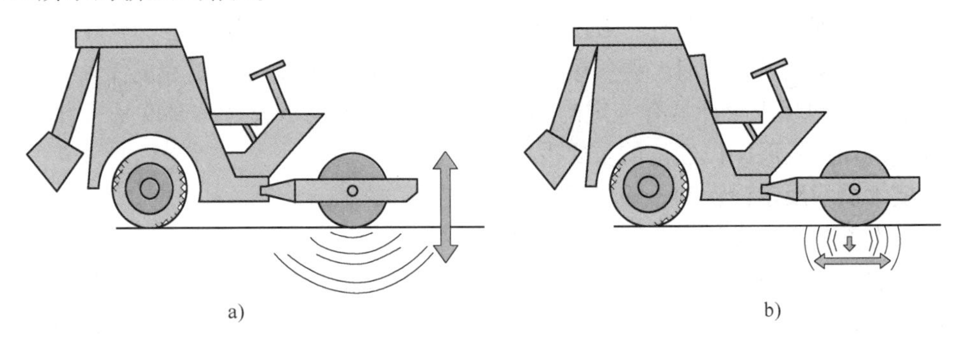

图8-11 两种不同振动方式的压路机

创新设计的压路机不仅防止了垂直振动引起的不良问题，而且滚轮不脱离地面，静载荷得到充分利用，能量集中在压实层上，且压实均匀。

四、专利文献的反求设计

1. 引进专利文献的目的

专利产品具有先进性、新颖性、实用性，所以专利技术越来越受到人们的重视。因此，对专利技术进行深入的分析研究，进行反求设计，已成为人们开发新产品的一条重要途径。使用专利技术发展生产的实例很多，不管是过期的专利技术还是受保护的专利技术都有一定的利用价值。但是没有专利持有者的参加，实施专利会有一些困难。

2. 专利文献反求设计的基本过程

一般情况下，专利技术包含：说明书摘要（产品组成与技术特性等内容）、说明书（专利名称、应用场合、与现有技术相比的优点、专利产品的组成原理等内容）、权利要求书（说明要保护的内容）以及附图，对专利文献的反求设计主要依据这些内容。权利要求书中的内容是关键技术，因此也是专利权人重点保护的内容，该内容是按专利文献进行反求设计的主要内容。

利用专利文献进行反求设计的基本过程如下：

1）根据工作的具体需要选择相关专利文献。一般情况下，同类产品的相关专利很多，有时多达近百种类似的专利，因此对专利进行检索是必要的。

2）根据说明书摘要判断该专利的实用性和新颖性，决定是否引进该项专利技术。

3）结合附图仔细阅读说明书，读懂该专利的结构、工作原理。

4）根据权利要求书判断该专利的关键技术。

5）分析该专利技术能否产品化。专利只是一种技术，分为产品的实用新型专利、外观专利和发明专利。专利并不等于产品设计，并非所有的专利都能产品化。

6）分析专利持有者的思维方法，以此为基础进行原理方案的反求设计。

7）在原理方案反求设计的基础上，提出改进方案，完成创新设计。

8）进行技术设计，提交技术可行性、市场可行性报告。

3. 专利文献反求设计的案例

图 8-12 是节水飞溅喷头的专利附图，专利号为 ZL92238503. 3。其设计思想是通过管内的压力水流冲击螺旋体 2 后，使之高速旋转，流经喷嘴的旋转水流在离心惯性力的作用下呈散射喷出。不但增大了浇灌面积，而且点状水滴不会损害被浇灌的植物。

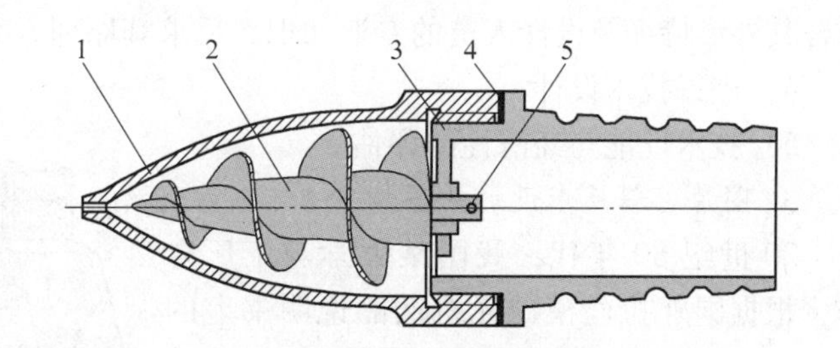

图 8-12　节水飞溅喷头

1—喷头　2—螺旋体　3—接头　4—密封圈　5—开口销

通过对该专利工作原理与结构分析，发现存在两个问题。其一是螺旋体 2 从左尖端向右端逐渐增大，右端水流阻力大，降低了出口压力；其二是螺旋体 2 与接头 3 的连接结构不利于装配。当螺旋体 2 在水流冲击下左移时，开口销 5 与接头 3 的左端支承面产生较大摩擦，减小了螺旋体的旋转速度。

反求结果如图 8-13 所示。将螺旋体 2 改制成流线型，减小了入水口的水流阻力。增加了螺旋体支承 3 和轴向定位挡圈 5，使得该节水飞溅喷头的组装变得更加容易。轴向定位挡圈 5 与螺旋体 2 右轴端固接。通过对该专利技术的反求设计，使得节水飞溅喷头的设计、制造、组装更加合理，提高了工作性能，降低了成本。

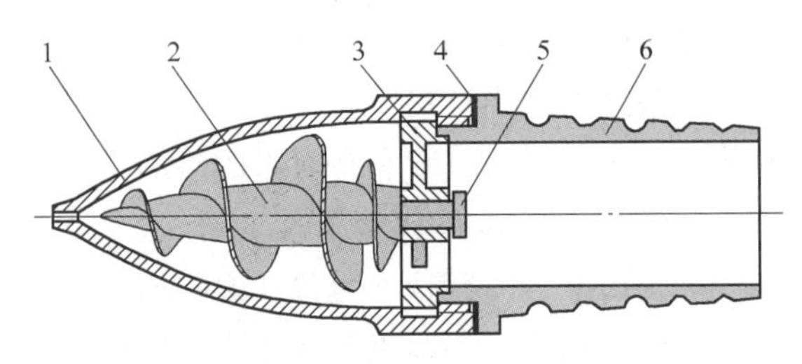

图 8-13　改进型节水飞溅喷头

1—喷头　2—螺旋体　3—螺旋体支承
4—密封圈　5—轴向定位挡圈　6—接头

五、图像资料的反求设计

图像资料容易获得，通过广告、照片、录像带可以获得有关产品的外形资料。因此，通过照片等图像资料进行反求设计逐步被采用，并引起世界各国的高度重视。

1. 图片资料反求设计的关键技术

对图片等资料进行分析的关键技术主要有透视变换原理与技术、透视投影原理与技术、阴影、色彩与三维信息等技术。随着计算机技术的飞速发展，图像扫描技术与扫描结果的信息处理技术已逐渐完善。通过色彩可判别出橡胶、塑料、皮革等非金属材料的种类，也可判别出铸件或是焊接件，还可判别出钢、铜、铝、金等有色金属材料。通过外形可判别其传动形式。气压传动一般是通过管道集中供气，液压传动多为单独的供油系统，其由电动机、液压泵、控制阀、油箱等组成。电传动可找到电缆线，机械传动中的带传动、链传动、齿轮传动等均可通过外形去判别。通过外形还可判别设备的内部结构，根据拍照距离可判别其尺寸。现代的高新技术正在使难度大的反求设计变得比较容易。当然，图像处理技术不能解决强度、刚度、传动比等反映机器特征的详细问题，更进一步的问题还要科技人员去解决。

2. 图片资料反求设计的步骤

进行图片资料的反求设计时，可参考以下步骤：

1）收集影像资料。

2）影像分析。根据透视变换原理与技术、透视投影原理与技术、阴影、色彩与三维信息等技术原理，对图像资料进行外观形状分析、材料分析、内部结构分析，并画出草图。

3）原理方案的反求设计。根据实物图像资料的名称，判别其功能。再根据功能原理，结合其外形特征及设计人员的专业知识，反求其原理方案。

4）进行技术设计。

5）技术性能与经济性的评估。

3. 图片资料反求设计的案例

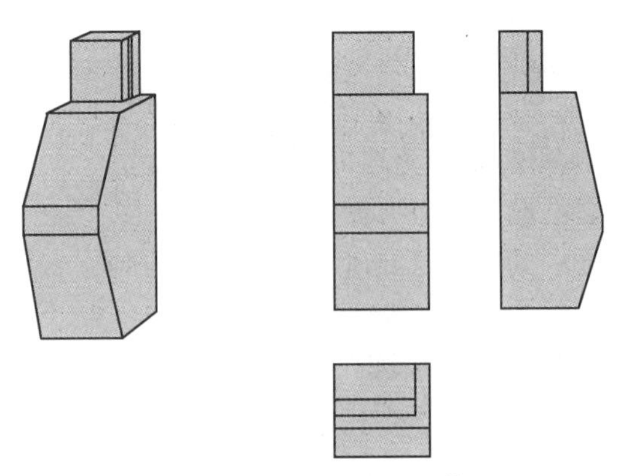

图 8-14　拉丝模抛光机的外形

20 世纪 80 年代，我国某大学与工厂合作，根据国外拉丝模抛光机产品说明书上的图片进行反求设计。反求时，先对产品图片进行投影处理。图 8-14 所示为拉丝模抛光机外形的透视图和分解后的透视图。箱体内的传动系统可根据产品说明书反求。根据拉丝模的回转速度为 850r/min，抛光丝的往复移动速度为 100～1000m/min，选择如图 8-15 所示的传动机构。拉丝模的回转运动通过异步电动机和一级带传动来实现。传动比按电动机速度与拉丝模的回转速度的比值选择。抛光丝的往复移动通过曲柄滑块机构和带传动的串联来实现，选择直流调速电动机调速。这样反求的拉丝模抛光机不仅达到了国外同类产品的

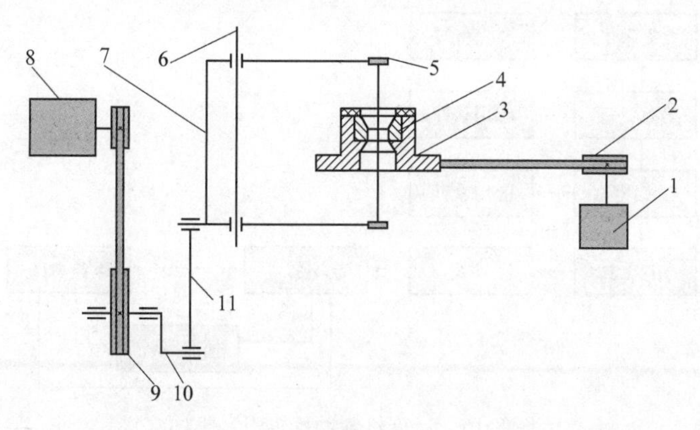

图 8-15 拉丝模抛光机的传动机构

1—异步电动机 2—带传动 3—工件定位板 4—工件 5—抛光丝夹头 6—导轨 7—往复架 8—直流调速电动机 9—带传动 10—曲柄 11—连杆

水平，其价格仅为国外产品的三分之一。

第五节 计算机辅助反求设计

在反求过程中应用计算机辅助设计技术不仅可提高产品的质量，而且可缩短产品的设计与制造周期、降低产品的成本。特别是把计算机辅助反求设计（CAID）、计算机辅助工艺（CAPP）、计算机辅助制造（CAM）结合在一起，形成制造柔性化（FMS），可大大提高劳动生产率和产品质量。如把 CAID 与 CIMS 相结合，优势更加明显。特别是反求具有复杂曲线或曲面形状的机械零件时，可完成技术人员难以做到的工作，所以计算机辅助反求设计的应用日益广泛。

一、机械零件计算机辅助反求设计的一般过程

1. 数据采集

在反求设计过程中，数据的测量与采集非常重要。一般利用三坐标测量仪、3D 数字测量仪、激光扫描仪、高速坐标扫描仪或其他测量仪器测量工件的形体尺寸和位置尺寸，将工件的几何模型转化为测点数据组成的数字模型。

2. 数据处理

利用计算机中的数字化数据处理系统将大量的测点数据进行编辑处理，删掉奇异数据点，增加补偿点，进行数据点的密化和精化。

3. 建立 CAD 模型

通过三维建模、曲线拟合、曲面拟合、曲面重构等方法及理论建立相应的 CAD 几何模型。

4. 数控加工

产生 NC 代码后，对有关数据进行刀具轨迹编程，产生刀具轨迹，进行数控加工。为了保证 NC 加工质量，实现加工过程中的质量控制，CAM 系统可生成测头文件及程序，用于联机 NC 检验。

图 8-16 为计算机辅助反求设计框图。

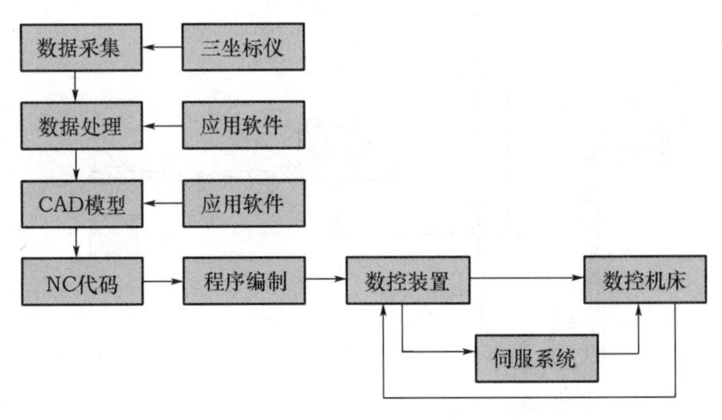

图 8-16　计算机辅助反求设计框图

近几年，3D 打印技术在计算机辅助反求设计中得到广泛应用。

二、系统应用软件

1. 系统应用软件的主要功能介绍

计算机辅助反求设计中，系统应用软件是不可缺少的必备工具。应用软件由产品设计和制造的数值计算和数据处理软件包、图形信息交换和处理的交互式图形显示程序包以及工程数据库三部分组成。其主要功能如下：

(1) 曲面造型功能　根据测量所得到的离散数据和具体的边界条件，定义、生成、控制、处理过渡曲面与非矩形曲面的拼合能力，提供设计与制造某些由自由曲面构造产品几何模型的曲面造型技术。

(2) 实体造型功能　定义和生成体素的能力以及用几何体素构造法（CSG）或边界表示法（B-rep）构造实体模型的能力，并且能提供用规则几何形体构造产品几何模型所需的实体造型技术。

(3) 物体质量特性计算功能　根据产品几何模型计算其体积、表面积、质量、密度、重心等几何特性的能力，为工程分析和数值计算提供必要的参数与数据。

(4) 三维运动分析和仿真功能　具有研究产品运动特性的能力及仿真的能力，提供直观的、仿真的交互设计方式。

(5) 三维几何模型的显示处理功能　具有动态显示、消隐、彩色浓度处理的功能，解决三维几何模型设计的复杂空间布局的问题。

(6) 有限元网格自动生成功能　用有限元法对产品结构的静态特性、动态特性、强度、振动进行分析，并能自动生成有限元网格，供设计人员精确研究产品的结构。

(7) 优化设计功能　具有用参数优化法进行方案优选的功能。

(8) 数控加工的功能　具有在数控机床上加工的能力，并能识别、校核刀具轨迹及显示加工过程的模态仿真。

(9) 信息处理与信息管理功能　实现设计、制造和管理的信息共享，达到自动检索、快速存取及不同系统的信息交换与输出的目的。

2. 系统应用软件介绍

(1) CATIA　CATIA 是法国达索系统公司与美国 IBM 公司联合开发的工程应用软件，集自动化设计、制造、工程分析为一体，应用在机械制造与工程设计领域。它具有原理图形设计、三维设计、结构设计、运动模拟、有限元分析、交互式图形接口、接口模块、实体几何、高级曲面、绘图、影像设计、数控加工等多项功能。特别是采用1~15次Bezier曲线、曲面和非均匀有理B样条计算方法，具有很强的三维复杂曲面造型和加工编程的能力。

CATIA的主要模块及其功能见表8-1。

表8-1 CATIA的主要模块及其功能

模块名称	主要功能
基本模块	1）产生立体、透视或用户定义的视图 2）进行几何平移、三维旋转、比例变换、静态和动态消隐 3）模型或几何元素的组合与覆盖 4）几何的成组处理与图像处理 5）进行模型和文件管理、用户界面及显示管理 6）与外设连接等
三维设计	1）具有产生、修改和分析三维线框及曲面几何的能力 2）用点、直线、曲线、样条和平面构成线框曲面 3）产生一系列网格点生成的网格曲面 4）对线框及曲面元素进行修改，对曲面进行布尔运算 5）对Bezier控制点进行操作，改变曲线、曲面形状 6）对曲面进行装配，构成确切的体积 7）对所有曲面能进行加工编程
结构设计	生成平面和三维结构件
原理图	快速定义逻辑图、流程图的功能
运动模拟	1）模拟二维及三维线框、曲面和实体构成的运动机构 2）模拟机构的运动状态，进行运动分析 3）提供20多种运动机构组成的任意机械结构
有限元分析	1）由CATIA的实体生成有限元分析模型 2）生成网格模型 3）提供MSC/NASTRAN和ANSYS有限元分析软件接口程序
接口模块	提供CADAM软件双向接口程序
交互式图形接口	提供用户在CATIA环境下开发应用功能的交互工具
实体几何	1）提供设计、修改和分析实体的快速有力工具 2）设计与制造能力结合在一起
高级曲面	1）进行参数化曲面设计和曲面/实体的集成 2）能处理Bezier、Coons、NURBS数学表达式表示的曲面 3）自动展开三维直纹曲面 4）在两曲面间产生过渡曲面 5）能对曲线、曲面进行修改、控制、剪裁
绘图	具有二维和三维绘图功能、尺寸标注功能
影像设计	1）产生光滑、有明暗度的高质量的三维几何图像 2）能交互输入图像参数，定义多种色彩光源、环境光源等 3）应用三维纹理生成部件的真实图像 4）在曲面上进行数控刀具分析，提供像素交换标准接口
建库	1）存储和检索图素、二维或三维元素、数控机床、参数化几何等 2）快速建立和修改图形库

（续）

模块名称	主要功能
数控机床	1）输出APT文件和刀位文件 2）对刀位轨迹进行仿真 3）选择不同的数控加工机床
机器人	1）通过图像显示定义和模拟机器人 2）产生运动轨迹 3）模拟柔性制造系统

（2）I-DEAS Master Series　I-DEAS Master Series是美国SDRC公司研制开发的具有设计、绘图、机构设计、机械仿真工程分析、注塑模拟、数控编程和测试功能的综合机械设计自动化软件系统。其特点如下：

1）具有70个集成模块，使从设计、绘图、仿真、测试到制造的整个机械产品开发过程实现自动化。

2）在产品初始设计阶段就能模拟产品的实际性能。

3）以实体模型为基础，具有先进的图形功能和基于人工智能技术的用户界面，实现70个模块的并行连接。

4）采用工程关系数据库，将I-DEAS的几何元素、测试数据和分析数据传输到其他应用程序。

5）具有很强的工程测试和工程分析能力。

（3）Pro/ENGINEER　Pro/ENGINEER是美国PTC公司研制开发的机械设计自动化软件。它实现了产品零件或组件从概念设计到制造的全过程自动化，提供了以参数化设计为基础、基于特征的实体造型技术。

Pro/ENGINEER的主要模块及其功能见表8-2。

表8-2　Pro/ENGINEER的主要模块及其功能

模块名称	主要功能
基本模块	采用参数化定义实体零件，具有贯穿所有应用的完全相关性
曲面造型	1）编辑复杂曲线和曲面的功能 2）提供生成平面、曲面的工具
特征定义	提供集成建模工具，生成带有复杂雕塑曲面的实体模型
装配设计	1）支持设计和管理大型结构、复杂零件的装配 2）采用参数化设计零件、组件和组件特征，在组件内自动替换零件
组件设计	1）采用参数化的草图设计，自动装配零件为完整的参数化模型 2）分层次的装配布置
工程制图	1）自动生成视图和投影面，自动标注尺寸、公差等参数特征 2）具有2D非参数化制图功能
复材设计	自动设计、制造复合夹层材料部件，产生加工文档
模具设计	1）由工件几何模型自动生成模具型腔的几何模型 2）生成模具浇口、浇道及分型线，可做模具注塑模拟

（续）

模块名称	主 要 功 能
钣金设计	1）提供参数化的钣金造型、组装、弯曲和展平功能 2）进行多种平面图案组合并指定生产程序
有限元网格	1）对实体模型或薄壁模型提供有限元网格 2）进行交互性修改
加工编程	1）提供生产规划，定义数控刀位轨迹 2）具有铣、车、钻孔等功能，可实现五轴加工
数控检验	1）提供图形工具模拟加工时切除材料的过程 2）快速校验和评价加工过程中的刀具与夹具
标准件库	1）提供2万多个通用标准零件 2）用户可从菜单中选用符合工业标准的零件进行组件设计
数据管理	提供大规模的复杂设计的一系列数据管理工具
用户开发工具	提供开发工具，用户自己编写的程序可结合到Pro/E中
标准数据接口	1）提供与其他设计自动化系统的标准数据交换格式 2）提供输入二维和三维图形及曲面的能力 3）提供输出SLA、RENDER、DXF、NEUTRAL、IGES等格式
与CATIA接口	提供与CATIA双向数据交换接口
与CADAM接口	提供与CADAM双向数据交换接口

三、计算机辅助几何造型技术

几何造型是CAD/CAM系统的核心技术，也是实现计算机辅助设计与制造的基本手段。常见的计算机辅助几何造型主要包括线框造型、曲面造型、实体造型和特征造型。用户可根据计算机应用软件提供的界面选择几何造型技术，输入产品的数据，在CAD/CAM系统中建立物体的几何模型并存入模型数据库，以备调用。

1. 线框造型

线框造型由一系列空间直线、圆弧和点组合而成，在计算机中形成三维映像，描述产品的外形轮廓。用线框建立的物体几何模型，只有离散的空间线段，没有实在的面，所以比较容易处理。但几何描述能力较差，不能进行物体的几何特性计算，不便消隐，所构成的图形含义不够确切。

2. 曲面造型

曲面造型能对给出的一系列离散点数据进行逼近、插值、拟合而构造曲面，为形体提供了更多的几何信息，可自动消隐、产生明暗图、计算表面积、生成数控加工轨迹。

3. 实体造型

实体造型是以立方体、圆柱体、球体、锥体、环状体等基本体素为单元体，通过集合运算生成所需要的真实、唯一的三维几何形体。实体造型可以对复杂的机械零件进行几何造型，提供完整的几何、拓扑信息，在CAD/CAM系统中的作用日渐广泛。

4. 特征造型

特征造型是包括几何、拓扑、尺寸、公差、加工、材料、装配等与产品设计、制造相关的系统。目前的线框造型、曲面造型、实体造型功能只能提供支持产品的几何性质描述，不能充分反映设计意图和制造特性。而特征造型不但能定义产品的几何形状，而且能表达公

差、表面处理、表面粗糙度、材料信息，是实现 CAD/CAM 集成的理想途径。由于特征识别的难度较大，目前市场上仅推出初级的特征造型系统。

四、图像资料计算机辅助反求设计的一般过程

用摄像机将图片资料的图像信息输入到计算机中，经过计算机中图像处理软件的数据处理后，产生三维立体图形及其有关外形尺寸，可获得图片中产品的 CAD 模型及其形体尺寸，以后的过程同图 8-16 所示。

五、案例分析——健身器往复移动拖架的反求设计

健身器拖架用于支承人的双腿腕部，并做往复横向振动，设计时要符合人机工程，所以其形状非常复杂。

1）数据测量与数据处理。利用激光扫描仪测量表面形状与尺寸，对测点数据进行编辑处理，删除噪声点，增加补偿点，进行数据点的加密，图 8-17 所示为激光扫描仪的扫描数据点云图。

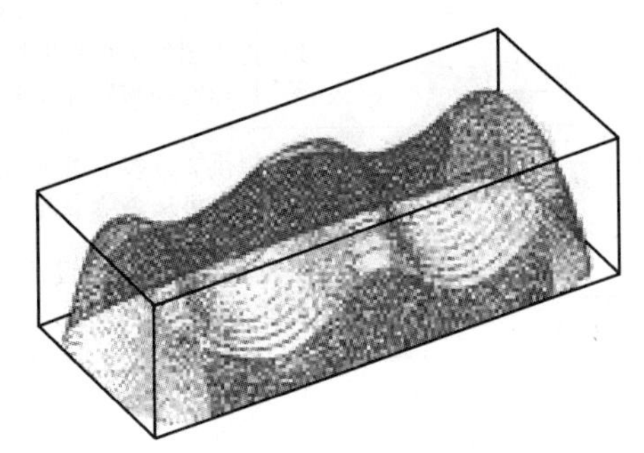

图 8-17　扫描数据点云图

2）建立 CAD 模型，进行曲面拟合、曲面重构。图 8-18a 为曲面重构的线框图，图 8-18b 为曲面重构的光照图。

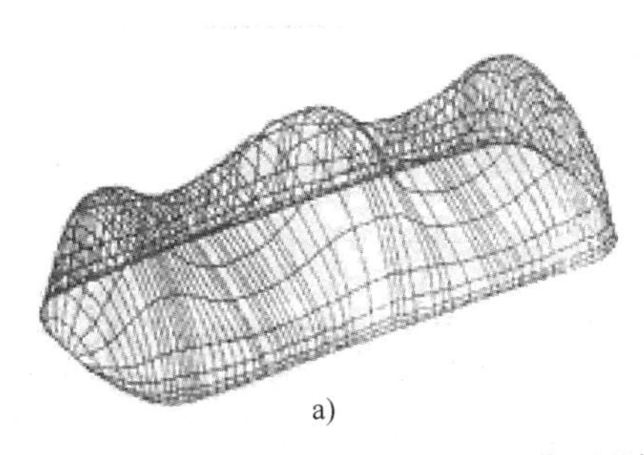

a)

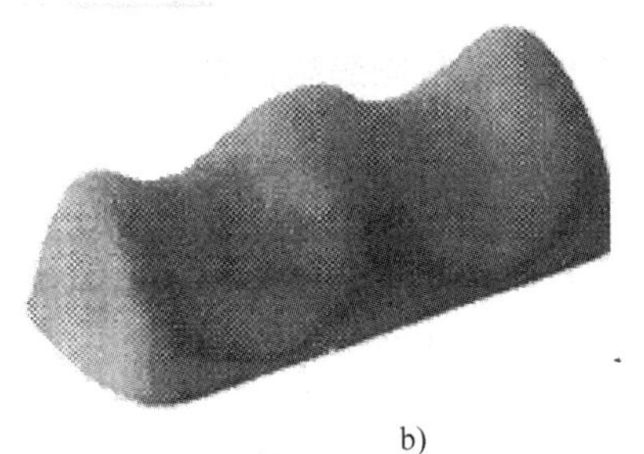

b)

图 8-18　曲面重构的 CAD 模型

a）曲面重构的线框图　b）曲面重构的光照图

3）建立 NC 加工轨迹。对曲面重构的数据进行刀具轨迹编辑，产生 NC 加工轨迹，进行机械加工。图 8-19 所示为曲面重构的 NC 加工轨迹。该类产品更适合采用 3D 打印技术制造。

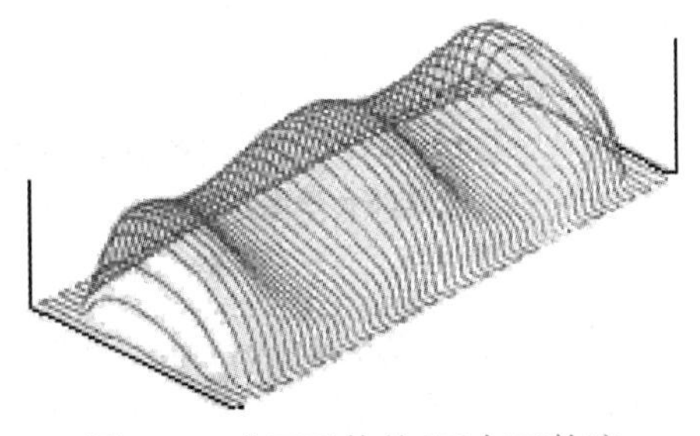

图 8-19　曲面重构的 NC 加工轨迹

随着 CAD/CAPP/CAM 系统的不断完善，计算机辅助反求设计将会发挥更大的优势。

第九章 Chapter 机械系统运动方案与创新设计

机械系统运动方案的设计是机械设计过程中的重要组成部分，也是最富有创造性的设计工作。探讨实现机械预期的工作任务，包括采取哪种类型的机构，这些机构如何组合在一起，如何协调这些机构之间的运动，如何判断这些机构的性能、经济性和可靠性等综合指标等，构成了机械系统运动方案的基本内容。拟订机械系统的运动方案，不但是设计人员专业知识的具体应用，也是设计人员创造性思维的具体应用。

第一节　机械系统概述

工程中实际应用的机械可分为三大类型。第一类是仅由单一的基本机构组成的机械系统，这是最简单的机械系统。这些基本机构可能是齿轮机构、凸轮机构、连杆机构或其他常用机构，其设计方法在机械原理和机械设计课程中已经学过。由单一的基本机构组成的机械系统是最简单的机械系统，但作为工具的应用场合却比较多，如图 9-1a 所示的由连杆机构组成的强力钳，图 9-1b～d 所示的由螺旋机构组成的开瓶器。

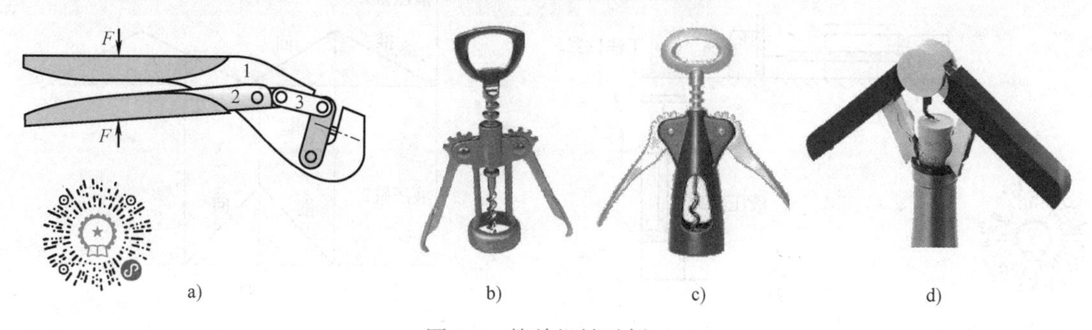

图 9-1　简单机械示例一

图 9-2a 所示为滑轮起重机构，图 9-2b 所示为齿轮升降机构。这些由单一机构组成的简单机械在工程中得到了广泛的应用。该类机械虽然结构简单，但种类十分繁多，用途多种多样，在人类生活和工作中发挥着非常重要的作用，其设计构思十分巧妙。许多工程技术人员、工人和青年学生在该领域中都获得过发明专利或实用新型专利。

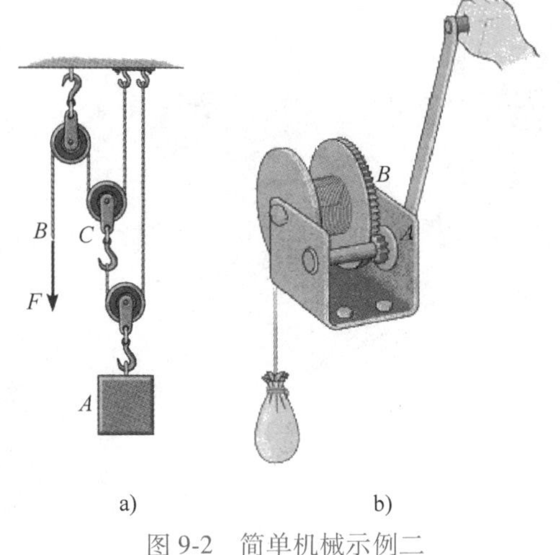

图 9-2　简单机械示例二
a）滑轮起重机构　b）齿轮升降机构

这类机械的运动方案设计重点主要是机构的类型选择与机构的设计问题，其中创造性思维、工作经历有决定作用。

第二类是由若干个独立的基本机构组成的机械系统，但各独立工作的机构运动必须满足运动协调的条件。如压力机中的冲压机构和送料机构是单独的基本机构，但两者之间的运动关系必须满足先完成送料动作后再进行冲压动作。也就是说，该类机械运动方案的设计重点不仅包含机构的选型设计，还必须进行机构间的运动协调设计。

这种机械系统运动方案的特点是根据机械的具体工作要求，分别确定满足不同工作要求的机构，各机构之间可没有任何结构上的连接，也可有结构上的连接，但各机构的运动次序必须满足工作要求。也就是说，通过机械运动的协调设计，最终满足总体的运动要求。运动协调设计可以通过机械连接实现，也可以通过控制实现。这类机械在工程中的应用非常广泛，特别是在自动化生产领域的应用更为广泛。

图 9-3a 所示液压机构系统中，液压缸 1 和液压缸 2 是两个独立的机构。液压缸 1 把工件送到位置 2，触动起动液压缸 2 的开关后，即刻返回原位；由液压缸 2 把工件送到位置 3。两个液压缸的协调运动才能完成既定的工作要求。为避免两个液压缸的运动发生干涉，必须进行图 9-3b 所示的运动协调设计。当液压缸 1 将物体移动到位并开始后移时，液压缸 2 开始起动。当液压缸 2 将物体移动到位时，液压缸 1 必须返回，两者不能发生碰撞。图 9-3b 也称为运动循环图的设计。

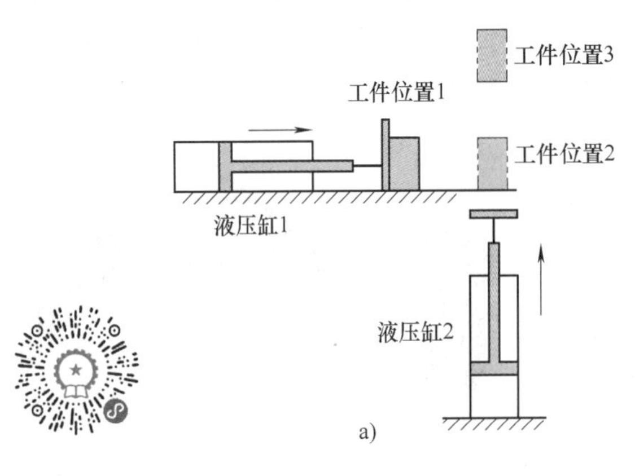

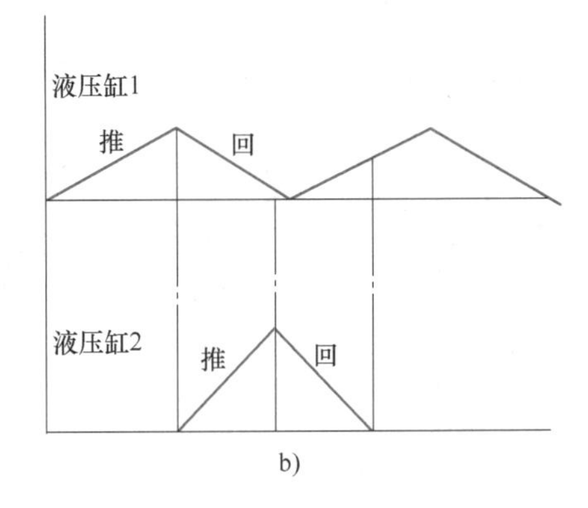

图 9-3　机构工作的协调

第三类是由若干个单一的基本机构经过串联、并联、叠加等组合方式连接到一起的机械系统。这类机械在工程中得到了最为广泛的应用。不同种类或相同种类的机构经过某种形式的连接，组成一个复杂的机械系统，完成预期的工作任务。这类机械系统的设计方法在机构组合与创新设计中已经论述过，其重点是选取何种基本机构进行何种连接，才能完成预期工作目标。图9-4所示为串联组合而成的复杂的机械系统示意图。

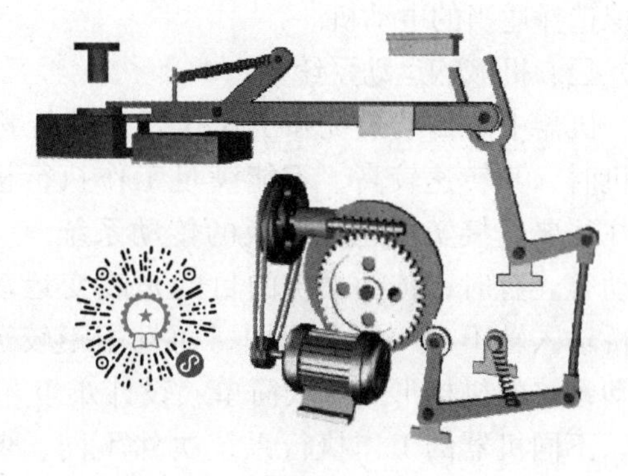

图9-4 复杂的机械系统

第三类机械系统是工程中应用最广泛、设计最复杂、难度最大的机械系统。这类机械系统的创新设计方法是本书的重点研究内容。

第二节 机械系统运动方案的基本知识

机械系统的种类虽然繁多，但对其进行分析后，其组成情况基本相同。机械大都由原动机、传动系统、工作执行系统和控制系统组成。也有一些机械没有传动系统，直接由原动机驱动工作机，如水力发电机组中，水轮机是原动机，其直接驱动发电机，但该类机械较少。下面就构成机械的几个重要组成部分做简单介绍。

一、原动机

原动机是把其他形式的能量转化为机械能的机器，为机器的运转提供动力。按原动机转换能量的方式可将其分为以下三大类。

1. 电动机

把电能转换为机械能的机器，常用的电动机有三相交流异步电动机、单相交流异步电动机、直流电动机、交流和直流伺服电动机以及步进电动机等。三相交流异步电动机和较大型直流电动机常用于工业生产领域，单相交流异步电动机常用于家用电器，交流和直流伺服电动机以及步进电动机常用于自动化程度较高的可控领域。电动机是在固定设备中应用最广泛的原动机。

2. 内燃机

把热能转换为机械能的机器，常用的内燃机主要有汽油机和柴油机，主要用于活动范围很大的各类移动式机械中。中小型车辆中常用汽油机为原动机，大型车辆，如各类工程机械、内燃机车、装甲车辆、舰船等机械常用柴油机作为原动机。随着石油资源的消耗和空气污染的加剧，人们正在积极探索能代替石油产品的新兴能源，如从水中分解出氢气作为燃料的燃氢发动机已处于实验阶段。

3. 一次能源型原动机

上述电动机和内燃机的原料都是二次能源，电能来自水力发电、火力发电、地热发电、潮汐发电、风力发电、核发电等二次加工；内燃机用的汽油或柴油也是由开采的石油冶炼出的二次能源。其缺点是受地球上的资源储存量的限制及价格较贵。一次能源型原动机是指直接利用地球上的能源转换为机械能的机器。常用的一次能源型原动机主要有水轮机、风力机、太阳能发电机等。因此，开发利用水力、风力、太阳能、地热能、潮汐能等一次能源，

是21世纪动力工程的一项艰巨任务。

在进行原动机的选择时，本书主要涉及电动机，读者可结合具体工作需要和所学的相关知识选择适当的电动机。

二、机械的运动系统

机器中的传动系统和工作执行系统统称为机械的运动系统。以内燃机和电动机为原动机时，其转速较高，不能满足工作执行机构的低速、高速或变速要求，在原动机输出端往往要连接实现速度变换的传动系统。一般常用的传动系统有齿轮传动、带传动、链传动等。有时，传动系统的目的是改变运动方向或运动条件，如汽车变速器的输出轴与后桥输入轴不在一个平面中，而且相距较远，万向联轴器就能满足这种传动要求。机械传动系统的机构形式比较简单，设计难度不是很大，而机器的工作执行系统则要复杂得多。不同机器的工作执行系统决然不同，但其传动形式却可相同。例如，一般汽车和汽车吊的传动形式一样，都是由连接内燃机的变速器、万向轴和后桥组成，而汽车的工作执行系统由车轮、车厢等组成，汽车吊的工作执行系统由车轮及吊车组成。图9-5所示为汽车和汽车吊对比图。

a)

b)

图9-5 汽车和汽车吊对比图

由机械传动系统和工作执行系统组成的机械系统运动方案的设计是机械设计的核心内容。

三、机械的控制系统

机械设备中的控制系统所应用的控制方法主要有机械控制、电气控制和自动控制。控制系统在机械中的作用越来越突出，传统的手工操作正在被自动化的控制手段所代替，而且向智能化方向发展。

电气控制系统体积小，操作方便，无污染，安全可靠，可进行远距离控制。通过不同的传感器可把位移、速度、加速度、温度、压力、色彩、气味等物理量的变化转变为电量的变化，然后由控制系统的计算机进行处理。

1. 对原动机的控制

电动机的结构简单、维修方便、价格低廉，是应用最为广泛的动力机。对交流电动机的控制主要是开、关、停与正反转的控制，对直流电动机与步进电动机的控制主要是开、关、停、正反转及其调速的控制。图9-6是常见的三相交流异步电动机控制电路原理，可实现开、关、停、正反转的工作要求，如再安装限位开关，还可以方便地进行机械的位置控制。

图9-6中，L_1、L_2、L_3代表三相线；QS代表三相开关；FU代表熔丝，起短路保护作用；SB1、SB2代表连锁按钮开关，可实现正反转点动控制；SB3代表停车按钮开关；KM1、

KM2 代表正反转的接触器，兼失压或欠压保护作用；FR 代表过载保护器。

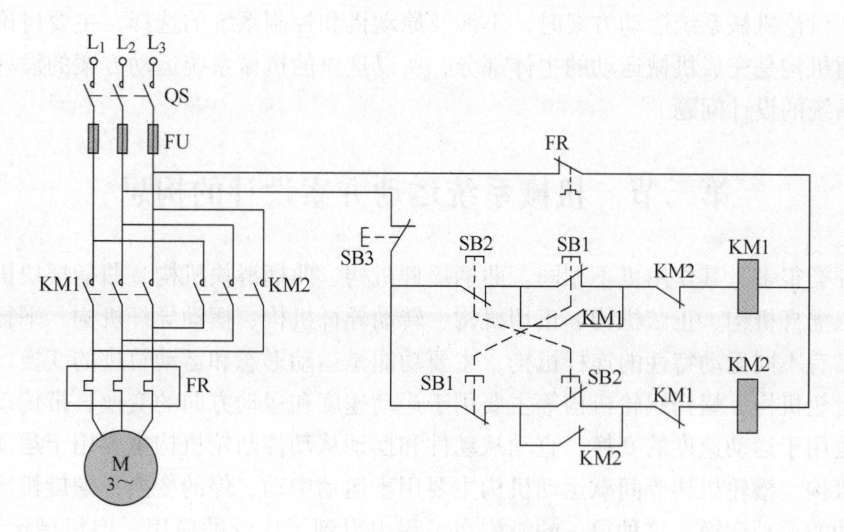

图 9-6 三相交流异步电动机控制电路原理

2. 对电磁铁的控制

电磁铁是重要的开关元件，接触器、继电器、各类电磁阀、电磁开关都是按电磁转换的原理实现接通与断开的动作，从而实现控制机械中执行机构的各种不同动作。

现代控制系统的设计不仅需要计算机技术、接口技术、模拟电路、数字电路、传感器技术、软件设计、电力拖动等方面的知识，还需要一定的生产工艺知识。

一般说来，可把控制对象分为两类。

第一类是以位移、速度、加速度、温度、压力等数量的大小作为控制对象，按表示数量信号的种类分为模拟控制与数字控制。把位移、速度、加速度、温度、压力的大小转换为对应的电压或电流信号，称之为模拟量。对模拟信号进行处理，称为模拟控制。模拟控制精度不高，但控制电路简单，使用方便。把位移、速度、加速度、温度、压力的大小转换为对应的数字信号，称之为数字量。对数字信号进行处理，称为数字控制。

第二类是以物体的有、无、动、停等逻辑状态为控制对象，称为逻辑控制。逻辑控制可用二值 0、1 的逻辑控制信号来表示。

以数量的大小、精度的高低为对象的控制系统中，经常检测输出的结果与输入指令的误差，并对误差随时进行修正，称这种控制方式为闭环控制。把输出的结果返回输入端，并与输入指令比较的过程，称为反馈控制。与此不同，输出的结果不返回输入端的控制方式，称为开环控制。

由于现代机械在向高速、高精度方向发展，闭环控制的应用越来越广泛。如机械手、机器人运动的点、位控制，都必须按反馈信号及时修正其动作，以完成精密的工作要求。在反馈控制过程中，通过对其输出信号的反馈，及时捕捉各参数的相互关系，进行高速、高精度的控制。在此基础上，发展和完善了现代控制理论。

综上所述，现代机械的控制系统集计算机、传感器、接口电路、电器元件、电子元件、光电元件、电磁元件等硬件环境及软件环境为一体，且在向自动化、精密化、高速化、智能化的方向发展，其安全性、可靠性的程度不断提高。在机电一体化机械中，机械的控制系统将起更加重要的作用。

本书在讨论机械系统运动方案时，不涉及原动机和控制系统的选择，主要讨论其机械运动系统。而机构是完成机械运动的主体部分，所以这里的机械系统运动方案的设计问题又是讨论机构系统的设计问题。

第三节　机械系统运动方案设计的构思

机构种类很多，其作用也不相同。曲柄摇杆机构、曲柄滑块机构、曲柄摇块机构、双曲柄机构、双摇杆机构、正弦机构、正切机构、转动导杆机构、摆动导杆机构、平行四边形机构等都是具有不同运动特性的连杆机构，主要功能是运动形态和运动轨迹的变换；圆柱齿轮机构、锥齿轮机构、蜗杆蜗轮机构等主要用于运动速度和运动方向的变换；带传动机构、链传动机构也用于运动速度的变换；直动从动件和摆动从动件凸轮机构主要用于运动规律的变换；棘轮机构、槽轮机构等间歇运动机构主要用于运动中动、停的变换；螺旋机构主要用于转动到移动的运动变换。这种单一的机构在工程中得到了广泛的应用。但机械运动系统中，把单一的机构（或基本机构）组合在一起形成的机构系统应用更加广泛。

在一个机构系统中，有起速度变换作用的机构，或减速、或增速、或变速，一般称其为传动机构；有担负工作任务的执行机构，其机构种类与工作任务密切相关，一般称之为工作执行机构；有起辅助作用或保护作用的机构，一般称之为辅助机构。各种机构协调动作，从而完成机构系统的工作任务。

一、传动机构的组成

传动机构的主要作用是进行速度变换，有时也能进行运动方向的变换。

最常见的传动机构有齿轮传动、带传动、链传动、螺旋传动等。

1. 齿轮传动系统

圆柱齿轮传动之间的组合、圆柱齿轮传动与锥齿轮传动的组合、齿轮传动与蜗轮传动的组合是常见的齿轮传动系统。

图 9-7a 所示为二级圆柱齿轮传动系统，图 9-7b 所示为一级锥齿轮传动和一级圆柱齿轮传动组成的齿轮传动系统。一般情况下，锥齿轮传动要放在高速级。图 9-7c 所示为圆柱齿轮组成的少齿差行星传动机构，该机构可获得较大的传动比。图9-7d所示为二级蜗杆减速器，其传动比很大，但机械效率过低。图 9-7e 所示机构为齿轮机构与蜗杆机构的组合，蜗杆传动一般放在高速级。

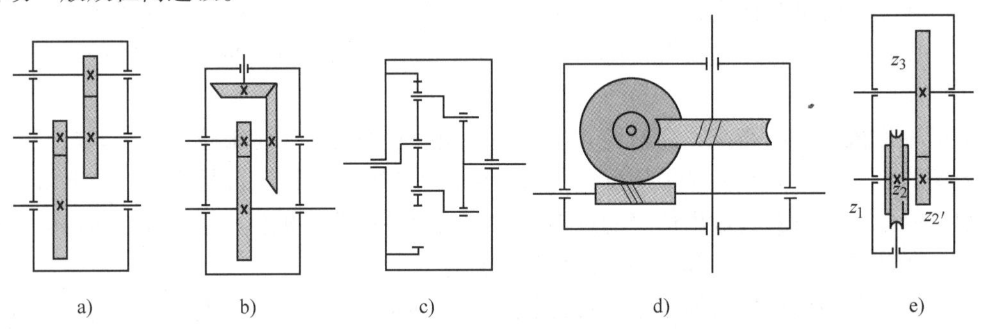

图 9-7　齿轮传动系统

在齿轮传动机构的组合中，齿轮类型按工作要求确定，齿轮机构的对数按总传动比的大小确定。以调速为主的机械传动系统中，最常用的机构组合形式是齿轮机构的组合或带传动机构与齿轮机构的组合。齿轮机构的组合系统主要有减速器和变速器，减速器的设计大都实现了标准化。有些产品中将电动机与减速器一体化，使用非常方便。

2. 带传动与齿轮传动的组合系统

当原动机与齿轮传动机构相距较远，或传动比较大，或有过载时靠机械手段保护原动机的要求时，常采用带传动与齿轮传动的组合传动系统，这时常把带传动放在高速级。图 9-8 所示为带传动与圆柱齿轮传动的组合系统。带传动也可和其他齿轮机构组合。

3. 齿轮传动与螺旋传动的组合系统

螺旋传动机构是机械中常用的机构，特别是在驱动工作台移动的场合应用更多。由于工作台的移动速度不能过高，在螺旋机构前面一般放置齿轮减速机构。图 9-9 所示为齿轮传动与螺旋传动的组合系统。

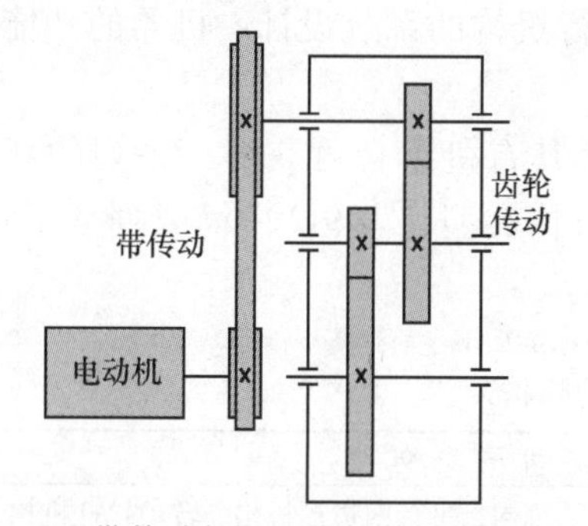

图 9-8 带传动与圆柱齿轮传动的组合系统

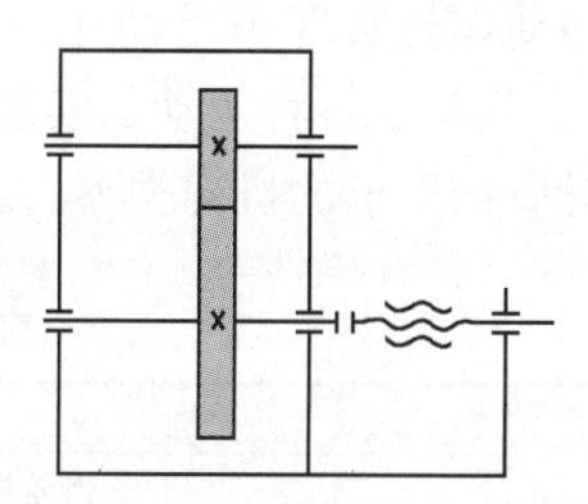

图 9-9 齿轮传动与螺旋传动的组合系统

齿轮机构也常和链传动机构组成传动系统。根据使用要求，链传动机构一般在高速级。

4. 齿轮机构与万向节机构的组合

当两个齿轮机构相距很远，且不共轴线时，常采用齿轮机构和万向节机构的组合，以实现特定传动。如汽车发动机变速器与后桥齿轮之间距离较大，而且变速器位置高于后桥齿轮轴线位置，可采用上述组合，如图 9-10 所示。

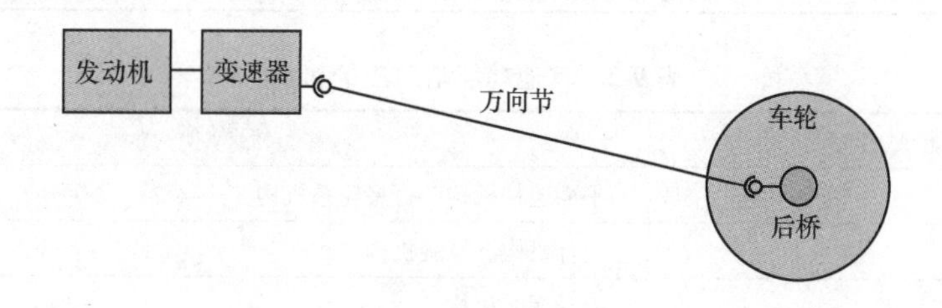

图 9-10 齿轮机构与万向节机构的组合示意图

图 9-10 中，发动机的输出轴与齿轮变速器的输入轴相连接，万向节把变速器的输出轴与后桥（差速器）的输入轴连接起来，起到运动和动力的传递作用。

5. 机械传动系统构思的基本准则

在进行机械传动系统设计时，要注意以下事项：

1）在满足传动要求的前提下，尽量使机构数目少、传动链短。这样可提高机械效率，降低生产成本。

2）合理分配各级传动机构的传动比。传动比的分配原则是：带传动的传动比≤3；单级齿轮传动比≤5。

3）合理安排传动机构的次序。当总传动比≥8 时，要考虑多级传动。如有带传动时，一般将带传动放置到高速级；如采用不同类型的齿轮机构组合，锥齿轮传动或蜗杆传动一般在高速级。链传动一般不宜在高速级。

4）在满足要求的前提下，尽量采用平面传动机构，以使制造、组装与维修更加方便。

5）在对尺寸要求较小时，可采用行星轮系机构。

二、工作执行机构的组成

工作执行机构的组合非常复杂，没有一定的规律，只能按照具体待设计机器的功能要求设计。

不同的机械可能具有相近的传动系统，但其工作执行机构截然不同。所以工作执行机构多种多样，设计时必须从机器的功能出发考虑工作执行机构的系统设计。机器的功能不同，工作执行机构也不同。

常见的动作与实现相近动作的机构类型很多，将其有机组合可获得一系列的新机构。表 9-1中简要列举了各种运动与实现对应运动要求的机构类型，表 9-2 中简要列举了各种功能要求与对应该要求的机构类型，可供机构选型时参考。

表 9-1　运动变换与对应机构

运动形态	机构类型
1）转动转换为连续转动	齿轮机构、带传动机构、链传动机构、平行四边形机构、转动导杆机构、双转块机构等
2）转动转换为往复摆动	曲柄摇杆机构、摆动导杆机构、摆动凸轮机构等
3）转动转换为间歇转动	棘轮机构、槽轮机构、不完全齿轮机构、分度凸轮机构等
4）转动转换为往复移动	齿轮齿条机构、曲柄滑块机构、正弦机构、凸轮机构、螺旋传动机构等
5）转动转换为平面运动	平面连杆机构、行星轮系机构
6）移动转换为连续转动	齿轮齿条机构（齿条主动）、曲柄滑块机构（滑块主动）、反凸轮机构
7）移动转换为往复摆动	反凸轮机构、滑块机构（滑块主动）
8）移动转换为移动	反凸轮机构、双滑块机构

表 9-2　其他功能与对应的机构

功能要求	机构类型
1）轨迹要求	平面连杆机构、行星轮系机构
2）自锁要求	蜗杆机构、螺旋机构
3）微位移要求	差动螺旋机构
4）运动放大要求	平面连杆机构
5）力的放大要求	平面连杆机构
6）运动合成或分解	差动轮系与二自由度的其他机构

一般情况下，完整的机构系统运动方案由传动装置和工作执行装置组成。传动装置的构思设计相对容易些。

当结构要求非常紧凑时，可采用齿轮机构的组合（也称轮系机构）作为减速系统。当原动机距离工作执行系统较远时，可采用带传动机构与齿轮机构的组合。当传动比较大时，可采用蜗杆减速器；当系统要求自锁时，也可采用蜗杆减速器。

工作执行装置千变万化，其设计取决于机器的功能和动作要求，只有在了解表 9-1 和表 9-2中列举的机构功能后，才能很好地进行构思设计。

第四节 机械系统的运动协调设计

机械工程中，有很多机械是由几个简单的基本机构组成的，它们之间没有进行任何连接，而是独立存在的，但它们之间的运动却要求互相配合、协调动作，称此类设计问题为机械系统的运动协调设计。现代机械中，运动协调设计有两种方法。其一是通过对电动机的时序控制实现机械的运动协调设计。这种方法简单、实用，但可靠性差些。其二是通过机械手段实现机械的运动协调设计。这种方法同样简单、实用，但可靠性好些。本节主要介绍通过机械手段实现机械的运动协调设计方法。

一、机械系统的运动协调

有些机械的动作单一，如钻床、电风扇、洗衣机、卷扬机、打夯机等机械都是完成较简单的工作，无须进行运动协调设计。但也有很多机械的动作较为复杂，要求执行多个动作，各动作之间要求协调运动，以完成特定的工作。如压力机的设计中，为保证操作人员的人身安全，要求冲压动作与送料动作必须协调，否则会发生机器伤人事故。

在图 9-11 所示压力机中，机构 *ABC* 为冲压机构，机构 *FGH* 为送料机构。要求在冲压结束后，冲压头回升过程中开始送料，到冲压头下降过程的某一时刻完成送料并返回原位。冲压机构与送料机构的动作必须协调。冲压机构 *ABC* 可按冲压要求设计，送料机构 *FGH* 不但要满足送料位移要求，其尺寸与位置必须满足运动协调的条件。设计时可通过连杆 *DE* 连接两个机构。

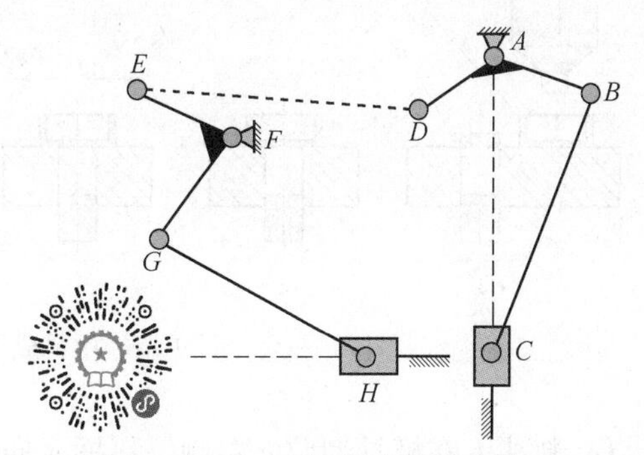

图 9-11 压力机机构系统

二、运动循环图的设计

设计有周期性运动循环的机械时，为了使各执行机构能按照工艺要求有序地互相配合动作，提高生产率，必须进行运动循环设计。这种表明在机械的一个工作循环中各执行机构的运动配合关系的图形称为机械运动循环图。

执行机构的运动循环图大都用直角坐标表示，但也有直线式运动循环图和圆周式运动循环图。这里仅介绍直角坐标式运动循环图。图 9-12 所示为一简易压力机的运动循环图，横坐标表示执行机构的运动周期，纵坐标表示执行机构的运动状态。每一个执行机构的运动状态均可在循环图上表示，通过合理设计可以实现它们之间的协调配合。

图 9-12 中的上图为冲压机构的运动循环图。*AB* 为工作行程，*BC* 为回程，其中 *GF* 为冲压过程。下图为送料机构的运动循环图，*EC* 为开始送料阶段，*AD* 为退出送料阶段。在冲压阶段，送料机构必须在 *DE* 阶段不动，使其运动不发生干涉。

运动循环图的设计结果不是唯一的，设计过程中，要使机构之间的运动协调实现最佳配合。

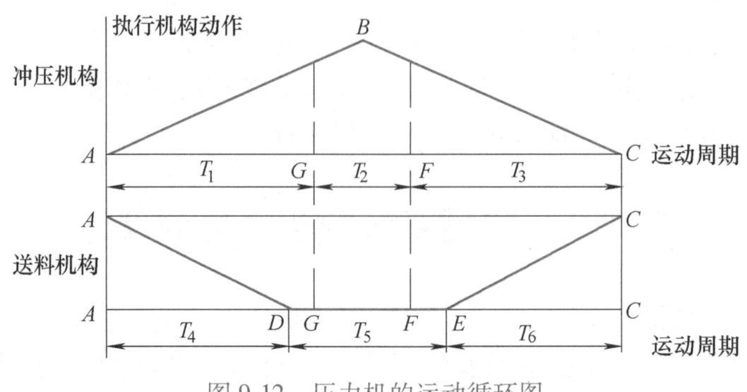

图 9-12　压力机的运动循环图

三、运动循环图的设计实例——粉料成形压片机的设计

把粉状物料压成片状制品，在制药业、食品加工、轻工等领域的应用很广泛。

1. 压片机的工艺流程

粉料成形压片机的工艺流程如图 9-13 所示，由六个工艺动作完成。图 9-13 中，a 为料桶，b 为料斗，c 为模具型腔，d 为上冲头，e 为片状制品，f 为下冲头。其工艺动作说明如下：

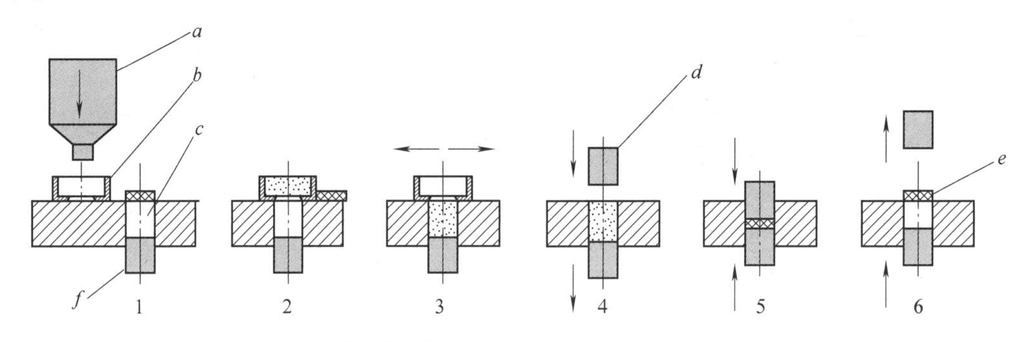

图 9-13　粉料成形压片机的工艺流程

1）料斗 b 在模具型腔 c 左侧，料桶 a 向料斗 b 供料。

2）移动料斗到模具型腔的正上方。

3）振动料斗，使料斗内的粉料落入模具型腔内。

4）下冲头下降一些，防止上冲头向下冲压时将型腔内粉料扑出。

5）上冲头向下，下冲头向上，将粉料冲压并保压一段时间，使片状制品成形良好。

6）上冲头快速退出，下冲头将片状制品推出型腔，并由其他机构将制品取走。

2. 压片过程的执行机构

根据上述工艺动作分析，该机械应有以下工作执行机构。

（1）料斗送料机构　该机构可做往复直线运动，并可在型腔口抖动，使下料畅快。可考虑凸轮连杆组合机构。

（2）上冲头运动机构　上冲头做往复直线运动，并有增力特性。可考虑连杆型的增力机构。

（3）下冲头运动机构　下冲头做往复直线运动，在进行工艺动作 1、2、3 时能实现静止、下降、上升的工艺动作。选择凸轮机构容易实现上述动作要求。

图 9-14a 所示为各执行机构组成框图，图 9-14b 所示为执行机构组合方案示意图之一。

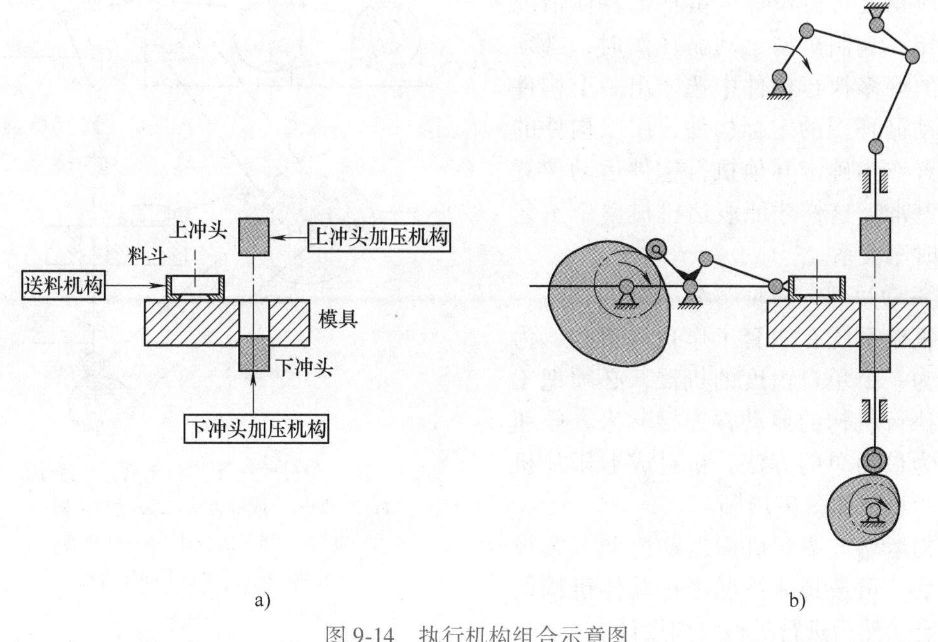

图 9-14 执行机构组合示意图

3. 各执行机构的运动协调

只有各执行机构协调动作，才能完成片状制品的冲压成形。送料到位后并自行振动下料，此时下冲头已封住型腔，上冲头开始下移到模具表面时，下冲头也随之下移，但不能脱离型腔。而后上冲头下压，下冲头上压，完成压片工作。上冲头再上行，下冲头也随之上行并推出片状制品后，又恢复到原位。因此，各执行机构的运动必须协调才能完成压片工作。

各执行机构的运动循环图如图 9-15 所示。图 9-15a 为送料机构运动循环图，凸轮机构的摆杆在近休止期时，为冲压、保压阶段。图 9-15b 为上冲头加压机构运动循环图。图 9-15c 为下冲头加压机构运动循环图。

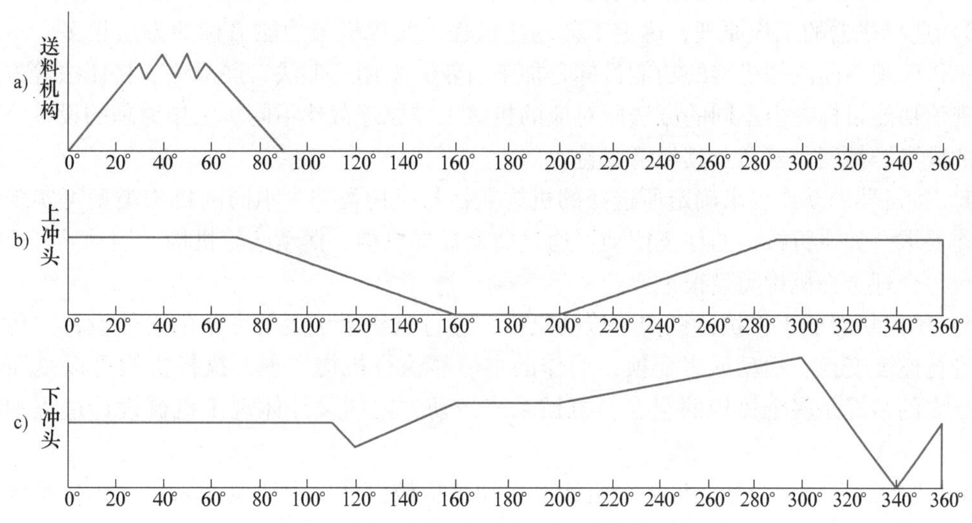

图 9-15 粉料成形压片机的运动循环图

图 9-15 中，各执行机构的对应运动位置或对应角度可由设计人员根据具体情况自行确定。编制机构运动循环图时，必须从机械的许多执行构件中选择出一个构件作为运动循环图的定标构件，用该构件的运动位置作为确定其他执行构件运动位置先后的基准，这样才能表达机械整个工艺过程的时序关系。

4. 运动协调机构的设计

该机械系统有三套工作执行机构，为使其成为一个单自由度的机器，必须把三套工作执行机构的原动件连接起来。等速连接则为最简单的方法。粉料成形压片机的传动示意图如图 9-16 所示。

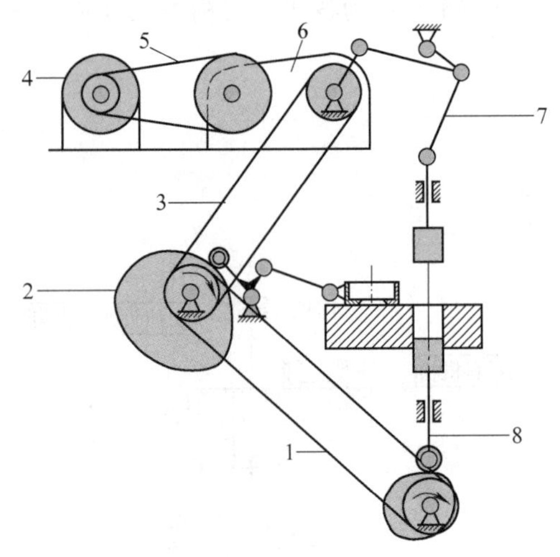

图 9-16 粉料成形压片机的传动示意图
1、3—同步带或链传动 2—送料机构
4—电动机 5—带传动 6—减速器
7—上冲压机构 8—下冲压机构

机构运动方案和机构运动协调方案设计完成后，可按具体情况进行具体机构的尺寸综合，然后进行机械结构设计。

第五节 机械系统运动方案设计的过程与评估

一、机械设计的一般步骤

机械系统运动方案的设计与机械设计步骤密切相关，这里首先简要介绍机械设计的一般步骤：

1）市场调查，确定待设计产品的社会需求与经济效益，探讨产品开发的可能性与必要性。

2）提出产品的功能目标，明确设计任务。

3）选择机器的工作原理，确定工艺动作过程。实现机械功能目标的方法很多，不同方法的工作原理不同。如机器的功能目标是加工齿轮，采用仿形法、展成法、挤压法等方法均可实现该功能目标，但不同的方法所对应的机械工作原理截然不同。工作原理的设计将决定机器的成本、精度、寿命及其经济效益。

4）按机器的动作要求确定所选择的机构数目与机构类型。不同的机构类型可实现相同的动作要求，如执行机构的往复摆动可通过曲柄摇杆机构、摆动凸轮机构、摆动导杆机构等来实现，合理选择机构类型很重要。

5）确定机器的工作执行机构与传动机构，进行机械系统运动方案的总体设计。传动机构可进行速度变换、运动形态变换；动作的主体靠执行机构实现，执行机构可以是简单机构，更多的情况是多个机构的组合。机械系统运动方案的设计体现了机械设计过程中的创造性。

6）进行运动协调设计。把多个机构的运动按机械设计要求协调起来，是机械系统设计的重点内容之一。这与机械工作的可靠性和生产率密切相关。

7）进行机构的尺度综合和传动机构的设计。各机构类型确定后，确定它们的具体尺寸或传动机构的传动比是机械设计中的理论计算部分。

8）进行机械结构设计，编写设计说明书。该部分工作量大，涉及机械系统装配图的设计、零件图的设计等大量工作，所需的知识面广。

9）制造样机并进行测试。

10）批量生产。

机械设计步骤的提法很多，但并无本质差别。

二、机械系统运动方案设计的内容

机械系统运动方案的设计内容主要有以下几个方面：

1）根据机器的功能目标确定机器的工作原理。

2）按机器的工作原理确定机器的基本动作。

3）确定传动机构类型与原动机类型。

4）按机器的基本动作选择实现对应动作的执行机构。

5）进行运动协调设计，完成机械运动方案的总体设计。

6）对机械运动方案进行评估，选择最优方案。

7）进行尺度综合，设计系统的机构运动简图。

机械系统运动方案的设计是机械设计中最富有创造性的一部分工作，详细内容前面已有论述。通过具体的课程设计可进一步加深设计印象，此处不再过多论述。

机械系统运动方案具有多解性，如何从众多的设计方案中求得最佳解，是一个较为复杂的问题。在对运动方案进行评价时，应从动作的合理性、实用性、可比性、工作的可靠性、产品的经济性、绿色性等多方面加以考虑。其评价方法也很多，如关联矩阵法、模糊评价法、评分法等。本书仅做简单介绍。

三、机械系统运动方案的评价指标

机械系统运动方案的评价指标体系主要有：

（1）功能指标　主要指实现预期设计目标的优劣程度，与同类产品相比的新颖性及创新性等指标。

（2）技术指标　主要指产品的运动特性（位移、速度、加速度）、运动精度、力学特性（运动副的约束反力、惯性力）、强度、刚度、可靠性、寿命等指标。

（3）经济指标　主要指材料、制作与维修、能耗大小等指标。

（4）绿色指标　主要指产品在制造、使用、维护等过程中是否污染环境以及报废产品的可回收性等指标。

在方案的评价过程中，上述指标还要细化。

四、机械系统运动方案的评价方法

机械系统运动方案评价的具体指标有很多，侧重面也有所不同，本书以最常用的评价项目作为评价指标。

1. 常用的评价指标

（1）完成实现功能目标情况　指完成机械功能的好坏。

（2）工作原理的先进程度　指体现在机械的运动学与动力学性能、机械效率、精度、创造性等指标，先进的机械工作原理能给机械带来许多优点。

（3）工作效率的高低　指生产率、运转时间等影响工作效率的因素。

（4）运转精度的高低　指传动机构和工作执行机构的精度指标。

（5）方案的复杂程度　指机构简单、容易制造，机构数量少，传动链短等因素。

（6）方案的实用性　指制造、维修容易，设计方案容易转换为产品，并能产生经济效益。

（7）方案的可靠性　指构件和机构系统的失效率低，整机的可靠性高。

（8）方案的新颖性　指方案的创造性。

（9）方案的经济性　指设计成本、制造成本、运行成本及其维修保养费用等因素。

（10）方案的绿色性　指涉及资源与环境保护方面的因素。

2. 评价方法

目前常用的评价方法有关联矩阵法、模糊评价法和评分法，其中评分法最为简单。评分法又分为加法评分法、连乘评分法和加乘评分法。这里介绍最简单的加法评分法。

加法评分法中，把上述评价指标列表，每项指标按优劣程度设置了用分数表达的评价尺度，各项指标的分值相加，总分数高者表示方案好。

机械系统运动方案的加法评分法见表9-3。

表9-3　机械系统运动方案的加法评分法

序号	评价项目	评价等级	评价分数
1	完成实现功能目标情况	优	10
		良	8
		中	4
		差	3
2	工作原理的先进程度	优	10
		良	8
		中	4
		差	0
3	工作效率的高低	优	10
		良	8
		中	4
		差	0
4	运转精度的高低	优	10
		良	8
		中	4
		差	0
5	方案的复杂程度	简单	10
		较复杂	5
		复杂	0

序号	评价项目	评价等级	评价分数
6	方案的实用性	实用	10
		一般	5
		不实用	0
7	方案的可靠性	优	10
		良	8
		中	4
		差	0
8	方案的新颖性	优	10
		良	8
		中	4
		差	0
9	方案的经济性	优	10
		良	8
		中	4
		差	0
10	方案的绿色性	优	10
		良	5
		中	0
累计评价分数			

根据表9-3，可对机械系统运动方案进行打分，分数高者为优秀方案。

当各方案的分数比较接近时，不要简单按分数高低进行评价，也可用其他评价方法再进行评价。总之，不要轻易肯定，也不要轻易否定。

五、机械系统运动方案设计实例分析

设计题目：电动大门的设计

随着我国经济的快速发展和社会交往的增多，越来越多的单位开始注意形象设计，作为单位门面的装潢设计导致了电动大门的需求增加，对电动大门的功能与外观造型的要求也日益提高。本例从电动大门的功能目标出发，论述其机械系统运动方案的构思与设计，从而加深对机械系统运动方案全过程的了解。

1. 电动大门的功能目标

电动大门的功能目标是：实现大门的自动启闭。

2. 设计要求

门宽为 4~6m，门高为1.5~2m，启闭时间为 10s 左右。

3. 设计方案的构思

运用发散思维方式，电动大门可分为平开门、推拉门和升降门。平开门可分为双扇平开门和四扇平开门，推拉门可分为整体推拉门和伸缩推拉门，升降门可分为整体升降门和卷闸升降门。电动大门方案构思框图如图 9-17 所示。

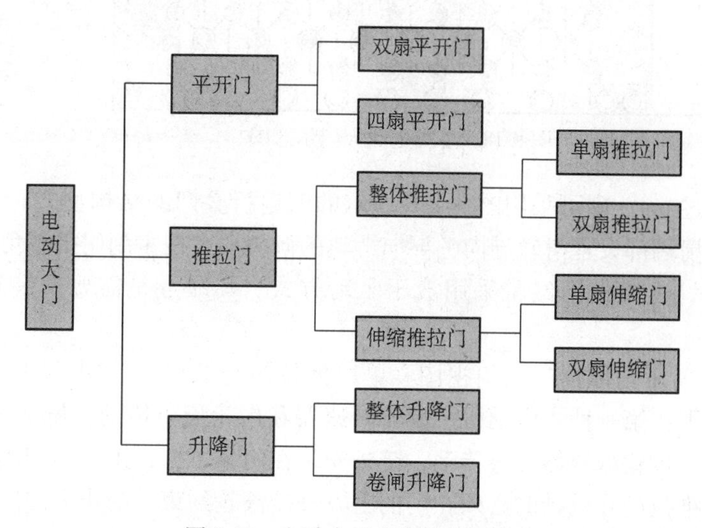

图 9-17 电动大门方案构思框图

平开门是指大门绕垂直门轴转动；推拉门是指大门沿门宽方向移动，整体推拉门是指大门为框架状刚体，伸缩推拉门是指由多个剪叉单元组成的可伸缩的框架；升降门是指大门绕门架上的水平轴转动或做上下升降运动，卷闸升降门是指活络的横向条状门绕门架上方的水平轴转动。升降门一般用作商店或车库之类的大门，不适合用作机关单位的大门，这里不再讨论其方案设计。

各类电动大门示意图如图 9-18 所示。

平开门的驱动系统可采用机械驱动，也可采用液压驱动。图 9-19a 所示为机械驱动示意图，电动机通过减速器驱动连杆机构，大门相当于摇杆，做 90°往复摆动。连杆机构可按摇杆的摆角、最小传动角和曲柄转动中心的位置进行综合。减速器的传动比可按大门的摆动速度与电动机转速求解。机械运动系统的类型为齿轮机构和连杆机构的串联，设计过程简单。

图 9-19b 所示为液压驱动示意图，由摆动液压缸直接驱动大门摆动，图 9-19c 所示为液压驱动原理图。液压驱动的大门外形美观，但需要专门的液压泵站系统，容易产生污染。

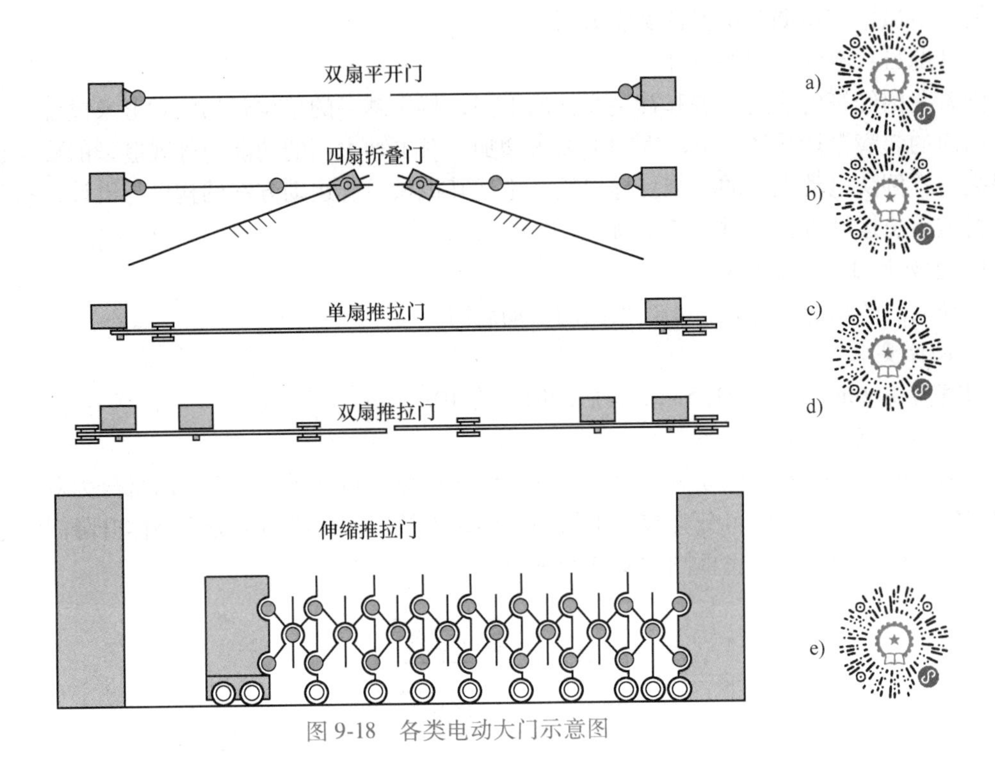

图 9-18 各类电动大门示意图

如果门宽超过 6m，则可采用图 9-18b 所示的四扇折叠门的结构型式。主扇与副扇之间用铰链连接，副扇端部设置滑轨导向，导向滑轨的倾斜角度按主副门折叠角度设计。为克服较大的起动力矩，这类大门经常采用液压驱动方式。其缺点是需要安装斜向导轨，影响通行。

图 9-18c、d 所示为推拉门的俯视图。单扇推拉门与双扇推拉门的驱动方式完全相同。三种驱动方式如下：第一种，电动机、齿轮减速器和齿轮齿条传动，齿条安装在门体下方；第二种，电动机、齿轮减速器和链传动，链条安装在门体下方；第三种利用直线电动机直接驱动大门移动。推拉门在设计时必须在门的上方安装滚轮约束，防止大门倾倒。另外，地面上需安装横向导轨。

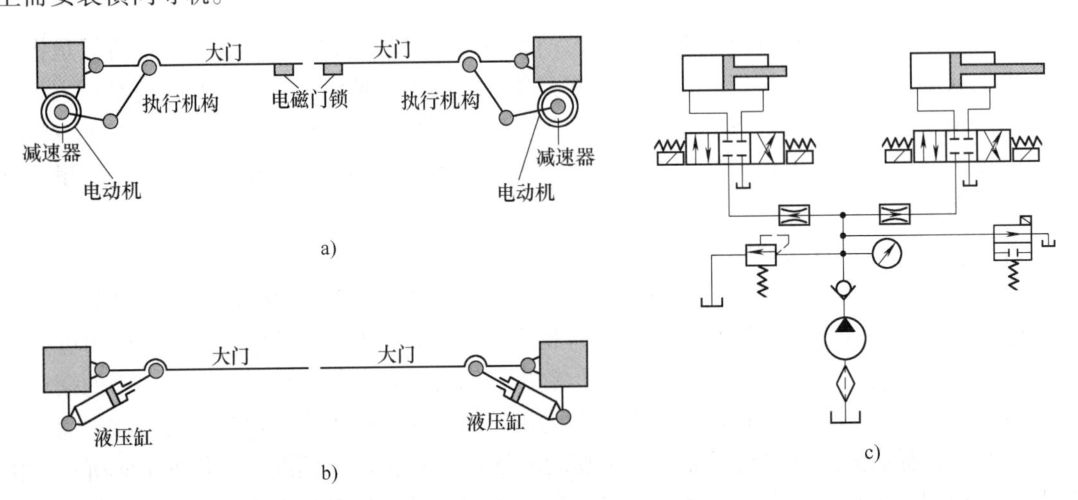

图 9-19 平开门的驱动系统

图 9-18e 所示为伸缩推拉门的主视图。若干个剪叉机构互相串联到动力头，动力头由电动机、减速器和动轮组成，为产生较大的摩擦力，在动力头内部要加装配重。靠动力头的滚轮与地面导轨之间的摩擦力驱动剪叉机构依次运动，实现大门的启闭。这种大门的最大特点是外形美观，安全性高。

图 9-20 所示为美国某公司生产的四扇折叠大门，每扇大门为八杆机构，且含有一个Ⅲ级杆组。这种大门广泛应用于超宽型的顶置式大门，如厂房大门、机库大门等，不宜在单位门口使用。

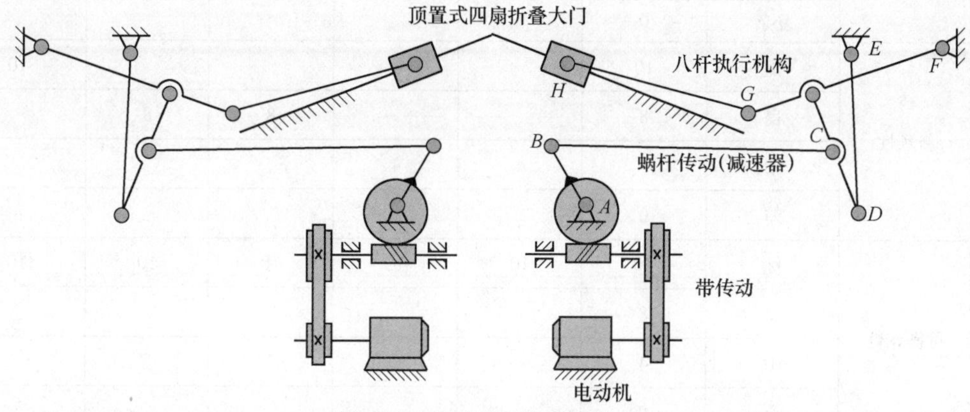

图 9-20　超宽型四扇折叠大门

通过上述分析，机关单位的大门可采用图 9-18 所示的五种型式中的任何一种，用户可根据对电动大门的评价指标体系和个人爱好选择最优方案。电动大门机械运动方案的评价指标体系见表 9-4。

表 9-4　电动大门机械运动方案的评价指标体系

序号	评价项目	评价等级	评价分数	方案 a	方案 b	方案 c	方案 d	方案 e
1	实现功能	优	10	10	10	10	10	10
		良	8					
		中	4					
		差	3					
2	美观程度	优	10					10
		良	8			8	8	
		中	4	4	4			
		差	0					
3	安全程度	优	10					10
		良	8	8	8			
		中	4			4	4	
		差	0					
4	制造成本	优	10	10		10		
		良	8		8		8	
		中	4					4
		差	0					

（续）

序号	评价项目	评价等级	评价分数	方案 a	方案 b	方案 c	方案 d	方案 e
5	维修方便	方便	10					10
		较复杂	5	5	5	5	5	
		复杂	0					
6	结构繁简	简单	10	10		10		
		一般	5		5		5	5
		复杂	0					
7	新颖性	优	10					10
		良	8			8	8	
		中	4	4	4			
		差	0					
8	可操作性	优	10	10	10	10	10	10
		良	8					
		中	4					
		差	0					
9	交通影响	优	10	10				
		良	8			8	8	8
		中	4		4			
		差	0					
10	绿色指标	优	10	10	10	10	10	
		良	5					5
		中	0					
累计评价得分				81	68	83	76	82

从评分情况看，单扇推拉门和伸缩推拉门得分较高，实际情况也是这两种门应用广泛。

TRIZ理论与创新设计

TRIZ为俄文字母对应的拉丁字母缩写，含义为发明问题的解决理论，也有人将其译为技术冲突的解决原理。其英语名词为Theory of Inventive Problem Solving。TRIZ理论认为发明问题的核心是解决冲突，在设计过程中，不断发现冲突，利用发明原理解决冲突，才能获得理想的产品。本章主要介绍TRIZ理论的主要内容以及利用TRIZ理论进行发明创造的基本方法。

第一节　TRIZ理论概述

人类进入工业化社会以来产生了无数的发明创造，设计制造了各种各样的机器设备，这些发明创新的过程是否具有可以遵循的通用规律呢？如果存在这样的规律，那么应如何运用这些规律帮助我们进行创新设计呢？

1946年，当时在苏联里海海军专利局工作的发明家阿奇舒勒（G. S. Altshuller），在研究和整理世界各国著名的发明专利过程中，发现任何领域的产品改进、技术的变革、创新和生物系统一样，都存在产生、生长、成熟、衰老、消亡的过程，是有规律可循的。当人们进行发明创新、解决技术难题时，是有特定的科学方法和规律的。人们如果掌握了这些规律，就能主动地进行产品设计并能预测产品的未来发展趋势。

阿奇舒勒领导的研究机构，1500人花费一年时间，在研究分析了世界上250多万件高水平发明专利的基础上，并综合多学科领域的原理和法则后得出结论：许多技术问题可以利用解决其他领域中相似问题的原理和方法轻而易举地得到解决。阿奇舒勒成功地提出了一套全新的创新设计理论体系——发明问题解决理论（TRIZ），并应用这些研究成果解决了众多不同的问题，成功地在实践中验证了它们的有效性。

苏联在此理论的指导下，军事工业取得了突飞猛进的发展。随后TRIZ也传入了西方国家。美国的TRIZ专家们开发了基于TRIZ的计算机辅助创新软件，帮助研究设计人员在工

业发展中更好地应用TRIZ，并取得了可观的创新成果和显著的经济效益。

一、解决产品设计面临的方法

人们进行机械产品设计通常面临两类需要解决的问题：一类是知道一般的解决方法，一类是不知道解决方法。

对于知道一般的解决方法的问题，人们通常可以通过查找书籍、技术文献或相关专家提供信息来解决。假定设计一种车床，只要速度低于100r/min的电动机就够了，但大多数交流电动机的速度都高于1400r/min，那么问题就是如何降低电动机的速度，解决方案是用齿轮箱或变速器，于是就设计特定尺寸、重量、转速、转矩的齿轮箱来解决问题。

另一类问题是没有解决方法的，这被称为发明问题。早在4世纪时，埃及的科学家就提出要建立一种启发式科学来解决发明问题，在现代，发明问题的解决被归入与洞察力和创新能力相关的心理学，通常用到的方法就是头脑风暴法和尝试法。随着社会进步和科学技术的迅猛发展，人类对产品功能的要求越来越高，因此创新时遇到的问题变得非常复杂，创新所涉及的科学领域也越来越多。如果解决方法是某一领域的经验，则可以通过少量的尝试而达到目的，但是如果在某一领域找不到问题的解决方法，则发明者就要到其他领域去寻找，那么这种尝试就变得非常困难。由于存在被称为心理惯性的现象，发明被局限在某种经验，在新概念设计时设计者本身很难考虑到多种解决方法。如果要克服心理惯性，就必须广泛涉猎科学和技术知识。但经过研究发现好的发明方法往往超出了发明家的知识范畴。如一个材料工程师要找一种防潮材料时，他往往只会去寻找橡胶材料。

在阿奇舒勒看来，解决发明问题过程中所寻求的科学原理和法则是客观存在的，大量发明面临的基本问题和冲突（技术冲突和物理冲突）也是相同的，同样的技术创新原理和相应的解决问题方案，会在后来的一次次发明中被反复应用，只是被使用的技术领域不同而已。因此，将那些已有的知识进行提炼和重组，形成一套系统化的理论，就可以用来指导后来的发明创造、创新和开发。

TRIZ理论具有普遍性，其解决方案为创造性解决问题提供了积极和准确的参考，与通常采用的头脑风暴法相比，TRIZ更加易于操作、系统化、流程化，不过多地依赖设计者的灵感、个人知识以及经验进行创新。

二、发明的级别与应用前提概述

1. 发明的级别

阿奇舒勒将发明问题的解决方法分为五级，见表10-1。

表10-1 发明级别与知识的关系

级别	发明程度	解决方法占比	知识来源	考虑的问题
1	方法明显	32%	个人知识	10
2	小的改进	45%	公司知识	100
3	大的改进	18%	行业知识	1000
4	新概念	4%	行业以外知识	10000
5	新发现	1%	所有的知识	100000

（1）1级　常规设计问题，由专业领域已有的方法进行解决，无须发明，大约有32%的方法在这一级。

（2）2级　对现有系统进行改进，用工业领域已有的方法加以解决。大约有45%的方法在这一级。

(3) 3级 对现有系统进行根本性改造，用工业领域以外的已有方法加以解决，主要是解决冲突，大约有18%的方法在这一级。

(4) 4级 利用新的方法对现有的系统功能进行升级换代，这类方法往往更多的是在科学领域而非技术领域。大约有4%的方法在这一级。

(5) 5级 以科学发现或独创的发明为基础的全新的系统，这一级方法只占1%。

2. TRIZ的理论前提

TRIZ的理论前提和基本认识如下：

1) 产品或技术系统的进化有规律可循。

2) 生产实践中遇到的工程冲突重复出现。

3) 彻底解决工程冲突的发明原理容易掌握。

4) 其他领域的科学原理可解决本领域技术问题。

TRIZ正是这些规律的综合，它可以加快人们创造发明的进程，而且能得到高质量的创新产品。借助TRIZ理论，设计者能够系统地分析问题，快速发现问题本质或者冲突，打破思维定式、拓宽思路、正确地发现产品或流程设计中需要解决的问题，以新的视角分析问题，根据技术进化规律预测未来发展趋势，找到具有创新性的解决方案，从而提高发明的成功率、缩短发明的周期，也使发明具有可预见性。

技术系统进化原理认为技术系统一直处于进化之中，解决冲突是其进化的推动力。进化速度随技术系统一般冲突的解决而降低，使其产生突变的唯一方法是解决阻碍其进化的深层次冲突。

三、TRIZ解决发明问题的方法

TRIZ的核心是技术系统进化原理及冲突解决原理，并建立了基于知识消除冲突的逻辑方法，用通用解的方法解决特殊问题或冲突。这些原理和方法包括技术系统进化法则、发明原理、发明问题解决算法等。

图10-1是应用TRIZ解决发明问题的方法简图。在利用TRIZ解决发明问题的过程中，设计者首先使用物-场分析等方法将待设计的物理产品等特定问题表达成为通用问题，然后利用TRIZ中的原理和工具，如发明原理等，求出该通用问题的通用解决方法。最后，根据通用解决方法的提示，参考各种已有的知识，设计特定问题的创新解决方法。

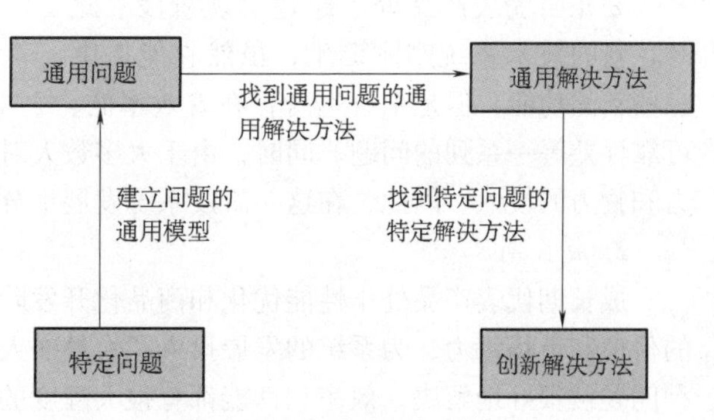

图10-1 应用TRIZ解决发明问题的方法简图

经过半个多世纪的发展，TRIZ理论和方法已经发展成为一套解决新产品开发实际问题的成熟理论和方法体系，并经过实践的检验，为众多知名企业取得了重大的经济效益和社会效益。

我国引入TRIZ理论的时间较短，应用还不十分普及，但进入21世纪以后，我国已经出现了全面介绍TRIZ理论的书籍，在我国的工程领域也逐渐开始了应用TRIZ理论进行发明创造的尝试，同时取得了一定的效果。

第二节　技术系统及其进化法则

阿奇舒勒在分析大量专利的过程中发现，产品及其技术的发展遵循一定的客观规律，而且这种规律适用各种不同的产品技术领域。任何领域的产品改进、技术的变革过程，都有共同的规律可循。人们如果掌握了这些规律，就能主动地进行产品设计并能预测产品的未来发展趋势。

一、产品的进化分析

过去几十年来键盘的主要发展演变脉络，从常见的一体化刚性键盘到美国海军陆战队配备的折叠式键盘，到柔性的键盘，到液晶触摸屏，再到最新的虚拟激光键盘。如果我们将键盘核心技术的这种演变过程抽象出来，会发现它是按照从刚性、铰链式、完全柔性、气体（液体）一直到场的发展路线。轴承从开始的单排球轴承，到多排球轴承，到微球轴承，到气体（液体）轴承，再到磁悬浮轴承；又如切割技术，从原始的锯条切割，到砂轮切割，到高压水射流切割，再到激光切割等。它们在本质上基本都是沿着和键盘同样的演变路线在不断进步和发展。

显然，一旦掌握了这些规律，就可以在此基础上，确认目前产品所处的发展状态，发现产品存在的缺陷和问题，并预测其未来发展趋势，制订产品开发战略和规划，开发下一代新产品。

用于表示产品从诞生到退出市场这样一个生命周期的基本发展过程，称为产品进化曲线。图 10-2 所示为产品进化曲线，TRIZ 理论将进化曲线分为四个阶段，即婴儿期、成长期、成熟期和衰退期。

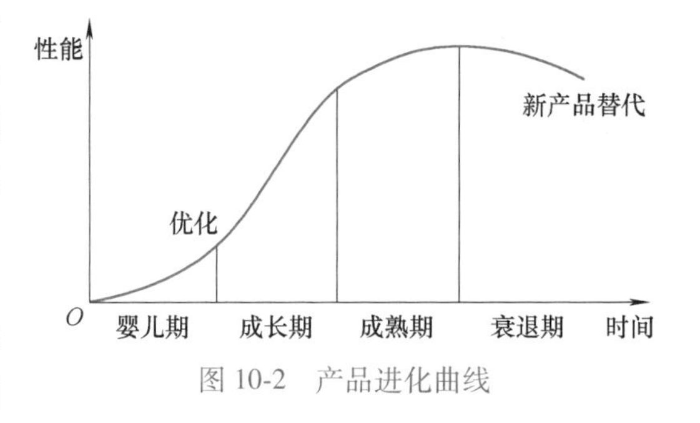

图 10-2　产品进化曲线

1. 婴儿期

婴儿期代表产品处于原理实现阶段。此时，新的技术系统刚刚诞生，虽然它能提供一些新的功能，但是系统本身存在着效率低、可靠性差等一系列的问题。同时，由于大多数人对系统的未来发展并没有什么信心，缺乏人力和物力的投入。因此，在这一阶段系统发展十分缓慢。

2. 成长期

成长期代表产品处于性能优化和商品化开发阶段。在这一阶段，社会已经认识到新系统的价值和市场潜力，为系统的发展投入了大量的人力、物力和财力。因此，系统中存在的各种问题被很好地解决，效率和性能都有很大程度的提高，系统的市场前景很好，能吸引更多的投资，促进了系统的高速发展。

3. 成熟期

成熟期说明该产品技术发展已经比较成熟。系统发展到这一阶段，大量人力和财力的投入，使技术系统日趋完善，性能水平达到最高，所获得的利润达到最大并有下降的趋势。实际上，此时大量投入所产生的研究成果，多是较低水平的系统优化和性能改进。

4. 衰退期

衰退期表明应用于系统的技术已经发展到极限，很难得到进一步的突破。技术系统可能不再有需求或者将被新开发的技术系统所取代，新系统开始其新的生命周期。

因此，基于技术进化法则，可以使我们的产品开发具有可预见性，对于提高产品创新的成功率，缩短发明周期，都具有重要意义和价值。

二、技术系统及其进化

（一）技术系统

技术系统由多个子系统组成，并通过子系统间的相互作用实现一定的功能，简称为系统。子系统本身也是系统，是由元件和操作构成的。系统的更高级系统称为超系统。

例如，汽车作为一个技术系统，轮胎、发动机、变速器、万向轴、转向盘等都是汽车的子系统；而每辆汽车都是整个交通系统的组成部分，因此对于汽车而言，交通系统则是汽车的超系统。再如，电冰箱这个技术系统，其压缩机、散热板、温控管、照明灯、门、壳体等都是电冰箱的子系统；而电冰箱所处的环境，如房间就可以称为电冰箱这个技术系统的超系统。

（二）技术系统进化法则

技术系统进化法则主要包含：完备性法则、能量传递法则、动态进化法则、提高理想度法则、子系统不均衡进化法则、向超系统进化法则、向微观系统进化法则、协调性法则等。这些技术系统进化法则基本涵盖了各种产品核心技术的进化规律，每条法则又包含多种具体进化路线和模式。

1. 完备性法则

要实现某项功能，一个完整的技术系统必须包含以下四个部件：动力装置、传输装置、执行装置和控制装置。例如，汽车这个完整的技术系统，就包括动力总成、传动总成、底盘总成和操作总成等装置。

完备性法则有助于确定实现所需技术功能的方法并节约资源，利用它可对效率低下的技术系统进行简化。

2. 能量传递法则

技术系统要实现其功能，必须保证能量能够从能量源流向技术系统的所有元件。如果技术系统中的某个元件不接收能量，它就不能发挥作用，那么整个技术系统就不能执行其有用功能，或者有用功能的作用不足。

例如，收音机在金属屏蔽的环境（如汽车）中就不能正常收听高质量广播。尽管收音机内各子系统工作都正常，但电台传导的能量源（作为系统的组成部分）受阻，使整个系统不能正常工作，需要在汽车上增加车外天线来解决问题。

技术系统的进化应该沿着使能量流动路径缩短的方向发展，以减少能量损失。如用手摇绞肉机代替菜刀剁肉馅、用刀片旋转运动代替刀的垂直运动等，使能量传递路径缩短，能量损失减少，提高了系统效率。能量传递法则有助于减少技术系统的能量损失，保证其在特定阶段提供最大效率。

3. 动态进化法则

技术系统应该沿着结构柔性、可移动性、可控性增加的方向发展，以适应环境状况和执行方式的变化。动态进化法则包括三个子法则：

（1）提高系统柔性法则　提高系统柔性的进化过程为刚体→单铰链→多铰链→柔性体→液体/气体→场。例如，门锁进化过程为从挂锁→链条锁→电子锁→指纹锁。

（2）提高可移动性法则　技术系统的进化应该沿着提高系统整体可移动性增强的方向发展。例如，座椅进化过程为从四腿椅→转椅→滚轮椅。

（3）提高可控性法则　技术系统的进化将沿着系统内各部件的可控性增加的方向发展。可

控性的进化过程从直接控制→间接控制→反馈控制→智能控制。例如，照相机进化过程为从手动调焦→电动调焦→自动调焦；车床进化过程为从手动车床→机械半自动车床→数控车床→车削中心。

4. 提高理想度法则

最理想的技术系统应该是作为物理实体时并不存在也不消耗任何的资源，却能够实现所有必要的功能。例如，最理想的汽车制动系统应该不占用任何空间、不需要能量、没有磨损、不传递有害功能，但是却能够在任何需要的时间和场合实现其制动功能。

技术系统是沿着提高其理想度，向最理想系统的方向进化。提高理想度法则代表着所有技术系统进化法则的最终方向。例如，1973 年诞生的第一部移动电话重 800g，且功能仅有语音电话通信。而现代手机重仅数十克，功能超过百种，包括通话、短信、照相、游戏、闹钟、MP3、GPRS、录音、PDA 等。

5. 子系统不均衡进化法则

每个技术系统都由多个实现不同功能的子系统组成。任何技术系统所包含的各个子系统都不会同步、均衡地进化，每个子系统都是沿着自己的技术进化路径向前发展的。这种不均衡的进化经常会导致子系统之间的冲突出现。整个技术系统的进化速度取决于系统中发展最慢的子系统的进化速度。找到关键的子系统，可以帮助人们及时发现并改进最不理想的子系统。

例如，早在 19 世纪中期的自行车没有链条传动系统，脚蹬直接安装在前轮轴上，此时自行车的速度与前轮直径成正比。因此，人们采用增加前轮直径的方法提高自行车的速度。但是一味地增加前轮直径，会使前后轮尺寸相差太大，从而导致自行车在前进中的稳定性很差，容易摔倒。后来，人们开始研究自行车的传动系统，通过链条和链轮实现运动的传递并调节速度，用后轮的转动来推动车子的前进，且前后轮大小相同，以保持自行车的平衡和稳定。

6. 向超系统进化法则

技术系统的进化是沿着从单系统→双系统→多系统的方向发展。例如，牙刷进化过程为从单头牙刷→双头牙刷→多头牙刷→电动牙刷等。

技术系统进化到极限时，它实现某项功能的子系统会从系统中剥离，转移至超系统，作为超系统的一部分。在该子系统的功能得到增强改进的同时，也简化了原有的技术系统。例如，飞机长距离飞行时，需要在飞行中加油，最初副油箱是飞机的一个子系统，进化后副油箱脱离了飞机，进化至超系统，以空中加油机的形式给飞机加油。飞机系统得到了简化，不必再携带数百吨的燃油。

7. 向微观系统进化法则

技术系统的进化沿着减小其元件尺寸的方向发展，即元件从最初的尺寸向原子、基本粒子的尺寸进化，同时能够更好地实现相同的功能。例如，微机械系统（MEMS）、电子元器件的进化过程是真空管→晶体管→集成电路。

8. 协调性法则

技术系统的进化是沿着各个子系统相互之间更协调的方向发展，即系统的各个部件在保持协调的前提下，充分发挥各自的功能。这也是整个技术系统能发挥其功能的必要条件，子系统间协调性可以表现在结构上的协调、各性能参数的协调和工作节奏的协调。

例如，网球拍重量与力量的协调，较轻的球拍更灵活，较重的球拍能产生更大挥拍力量。因此，需要考虑两个性能参数的协调，设计师将球拍整体重量降低，提高了灵活性，同时增加球拍头部的重量，保证了挥拍的力量。

第三节 TRIZ 理论及其应用

产品是功能的实现载体，任何产品都包含一个或多个功能。为了实现这些功能，产品由具有相互关系的多个零部件组成。当改变某个零件、部件的设计，即提高产品某些方面的性能时，可能会影响到与这些被改进设计的零部件相关联的零部件，结果可能使另一方面的性能受到影响。如果这些影响是负面影响，则设计出现了冲突。例如，为了使轴上零件固定，采用螺母固定，需在轴上加工螺纹，在达到了固定目的的同时，也削弱了轴的强度。

冲突是创新设计中经常要遇到的问题，也是最难解决的问题，可以说创新就是在解决冲突中产生的。当产品一个技术特征参数的改进对另一技术特征参数产生负面影响时，就产生了冲突。创新是通过消除冲突来解决问题，而那些不存在冲突的问题，或采用折中的方法解决问题则不是创新。

TRIZ 理论认为，发明问题的核心是解决冲突，未克服冲突的设计不是创新设计。产品进化过程就是不断解决产品所存在冲突的过程，一个冲突解决后，产品进化过程处于停顿状态；之后的另一个冲突解决后，产品移到一个新的状态。设计人员在设计过程中不断地发现并解决冲突，是推动其向理想化方向进化的动力。

发明问题的核心就是解决冲突，而解决冲突所应遵循的规则是：改进系统中的一个零部件或性能的同时，不能对系统或相邻系统中的其他零部件或性能造成负面影响。

冲突可分为物理冲突和技术冲突。对于物理冲突，可以采用分离原理寻找解决方案；对于技术冲突，则依据冲突矩阵找到相应的发明原理，找出解决冲突的方法。冲突解决流程如图 10-3 所示。

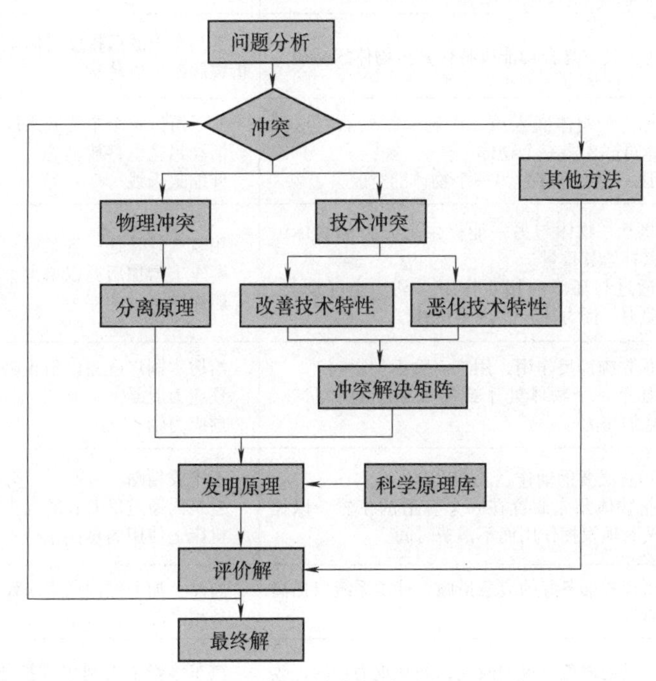

图 10-3 冲突解决流程

一、发明原理

阿奇舒勒在对全世界专利进行分析研究的基础上，发现在以往不同领域的发明中所用到的规则并不多，不同时代的发明，不同领域的发明，这些规则被反复采用。阿奇舒勒提出了40条冲突解决原理（即发明原理），见表10-2，这是在产生新的工作原理的过程中所应遵循的规律。实践证明，这些原理对于指导设计人员的发明创造具有重要的作用。

表10-2　发明原理

序号	名称	说　明	示　例
1	分割	a. 把一个物体分成相互独立的部分 b. 把物体分成容易组装和拆卸的部分 c. 提高物体的可分性	组合音响、组合式家具、模块化计算机组件、可折叠木尺、活动百叶窗帘 花园里浇水的软管可以接起来，以增加长度 为不同材料的再回收设置不同的回收箱
2	提炼	a. 从物体中提炼产生负面影响（即干扰）的部分或属性 b. 从物体中提炼必要的部分或属性	为了在机场驱鸟，使用录音机来放鸟的叫声 避雷针 用光纤分离主光源，增加照明点
3	改变局部	a. 从均匀的物体结构、外部环境或作用改变为不均匀的 b. 让物体不同的部分承担不同的功能 c. 把物体的每个部分处于各自动作的最佳位置	将恒定的系统温度、湿度等改为变化的 带橡皮头的铅笔、瑞士军刀 多格餐盒、带起钉器的榔头
4	不对称	a. 将对称物体变为不对称 b. 已经是不对称的物体，增强其不对称的程度	电源插头的接地线与其他线的几何形状不同 为改善密封性，将O形密封圈的截面由圆形改为椭圆形 为抵抗外来冲击，使轮胎一侧强度大于另一侧
5	组合	a. 在空间上将相同或相近的物体或操作加以组合 b. 在时间上将相关的物体或操作合并	并行计算机的多个CPU 冷热水混水器
6	多用性	使物体具有复合功能以替代其他物体的功能	工具车上的后排座可以坐、靠背放倒后可以躺、折叠起来可以装货
7	嵌套	a. 把一个物体嵌入第二个物体，然后将这两个物体再嵌入第三个物体…… b. 让一个物体穿过另一个物体的空腔	椅子可以一个个叠起来以利存放 活动铅笔里存放笔芯 伸缩式天线
8	重量补偿	a. 将某一物体与另一能提供上升力的物体组合，以补偿其重量 b. 通过与环境的相互作用（利用空气动力、流体动力、浮力等）实现重量补偿	用氢气球悬挂广告条幅 赛车上增加后翼以增大车辆的贴地力 船舶在水中的浮力
9	预先反作用	a. 预先施加反作用，用来消除不利影响 b. 如果一个物体处于或将处于受拉伸状态，预先施加压力	给树木刷渗透漆以阻止腐烂 预应力混凝土 预应力轴
10	预先作用	a. 预置必要的动作、功能 b. 把物体预先放置在一个合适的位置，以让其能及时地发挥作用而不浪费时间	不干胶粘贴 建筑内通道里安置的灭火器 机床上使用的莫氏锥柄，方便安装拆卸
11	预先防范	采用预先准备好的应急措施，补偿系统以提高其可靠性	商品上加上磁性条来防盗 备用降落伞、汽车安全气囊
12	等势	在势场内避免位置的改变，如在重力场内，改变物体的工况，减少物体上升或下降的需要	汽车维修工人利用维护槽更换机油，可免用起重设备

（续）

序号	名称	说　明	示　例
13	逆向作用	a. 用与原来相反的动作达到相同的目的 b. 让物体可动部分不动，而让不动部分可动 c. 让物体（或过程）倒过来	采用冷却内层而不是加热外层的方法使嵌套的两个物体分开 跑步机 研磨物体时振动物体
14	曲面化	a. 用曲线或曲面替换直线或平面，用球体替代立方体 b. 使用圆柱体、球体或螺旋体 c. 利用离心力，用旋转运动来代替直线运动	两个表面之间的圆角 计算机鼠标用一个球体来传输 *X* 和 *Y* 两个方向的运动 洗衣机甩干
15	动态化	a. 在物体变化的每个阶段让物体或其环境自动调整到最优状态 b. 把物体的结构分成既可变化又可相互配合的若干组成部分 c. 使不动的物体可动或自适应	记忆合金 可以灵活转动灯头的手电筒、折叠椅 可弯曲的饮用麦管
16	近似化	如果效果不能100%的达到，稍微超过或小于预期效果，会使问题简化	要让金属粉末均匀地充满一个容器，就让一系列漏斗排列在一起以达到近似均匀的效果
17	多维化	a. 将一维变为多维 b. 将单层变为多层 c. 将物体倾斜或侧向放置 d. 利用给定表面的反面	螺旋楼梯 多碟CD机 自动卸载车斗 电路板双面安装电子器件
18	机械振动	a. 使物体振动 b. 提高振动频率，甚至超声区 c. 利用共振现象 d. 用压电振动代替机械振动 e. 超声振动和电磁场耦合	通过振动铸模来提高填充效果和零件质量 超声波清洗，用超声刀来代替手术刀 石英钟 振动传输带
19	周期性作用	a. 变持续性作用为周期性（脉冲）作用 b. 如果作用已经是周期性的，就改变其频率 c. 在脉冲中嵌套其他作用以达到其他效果	冲击钻 用冲击扳手拧松一个锈蚀的螺母时，要用脉冲力而不是持续力 脉冲闪烁报警灯比其他方式更有效果
20	利用有效作用	a. 对一个物体所有部分施加持续有效的作用 b. 消除空闲和间歇性作用	带有切削刃的钻头可以进行正反向的切削 打印机打印头在来回运动时都打印
21	缩短有害作用	在高速中施加有害或危险的动作	在切断管壁很薄的塑料管时，为防止塑料管变形就要使用极高速运动的切割刀具，在塑料管未变形之前完成切割
22	变害为利	a. 利用有害因素，得到有利的结果 b. 将有害因素相结合，消除有害结果 c. 增大有害因素的幅度直至有害性消失	废物回收利用 用高频电流加热金属时，只有外层金属被加热，可被用作表面热处理 风力灭火机
23	反馈	a. 引入反馈 b. 若已有反馈，改变其大小或作用	闭环自动控制系统 改变系统的灵敏度
24	中介物	a. 使用中介物实现所需动作 b. 临时将一个物体和一个易去除物体结合	机加工钻孔时用于为钻头定位的导套 在化学反应中加入催化剂

（续）

序号	名称	说　明	示　例
25	自服务	a. 使物体具有自补充和自恢复功能 b. 利用废弃物和剩余能量	电焊枪使用时的焊条自动进给 发电厂废气蒸汽取暖
26	复制	a. 使用简单、廉价的复制品来代替复杂、昂贵、易损、不易获得的物体 b. 用图像替换物体，并可进行放大和缩小 c. 用红外或紫外光去替换可见光	模拟汽车、飞机驾驶训练装置 测量高的物体时，可以用测量其影子的方法 红外夜视仪
27	廉价替代品	用廉价、可丢弃的物体替换昂贵的物体	一次性餐具、打火机
28	替代机械系统	a. 用声学、光学、嗅觉系统替换机械系统 b. 使用与物体作用的电场、磁场或电磁场 c. 用动态场替代静态场，用确定场替代随机场 d. 利用铁磁粒子和作用场	机、光、电一体化系统 电磁门禁 磁流体
29	用气体或液体	用气体或液体替换物体的固体部分	在运输易碎产品时，就要使用充气泡材料 车辆液压悬挂
30	柔性壳体或薄膜	a. 用柔性壳体或薄片来替代传统结构 b. 用柔性壳体或薄片把物体从其环境中隔离开	为防止水从植物的叶片上蒸发，喷涂聚乙烯材料在叶片上，凝固后在叶片上形成一层保护膜
31	多孔材料	a. 使物体多孔或加入多孔物体 b. 利用物体的多孔结构引入有用的物质和功能	在物体上钻孔减轻重量 海绵吸水
32	改变颜色	a. 改变物体或其环境的颜色 b. 改变物体或其环境的透明度和可视性 c. 在难以看清的物体中使用有色添加剂或发光物质 d. 通过辐射加热改变物体的热辐射性	透明绷带可以不打开绷带而检查伤口 变色眼镜 医学造影检查 太阳能收集装置
33	同质性	主要物体及与其相互作用的物体使用相同或相近的材料	使用化学特性相近的材料防止腐蚀
34	抛弃与修复	a. 采用溶解、蒸发、抛弃等手段废弃已完成功能的物体，或在过程中使之变化 b. 在工作过程中迅速补充消耗掉的部分	子弹弹壳、火箭助推器 可溶药物胶囊 自动铅笔
35	改变参数	a. 改变物体的物理状态 b. 改变物体的浓度、黏度 c. 改变物体的柔性 d. 改变物体的温度或体积等参数	制作酒心巧克力 液体肥皂和固体肥皂 连接脆性材料的螺钉需要弹性垫圈
36	相变	利用物体相变时产生的效应	使用把水凝固成冰的方法爆破
37	热膨胀	a. 使用热膨胀和热收缩材料 b. 组合使用不同热膨胀系数的材料	装配过盈配合的孔、轴 热敏开关
38	加速氧化	a. 用压缩空气来替换普通空气 b. 用纯氧替换压缩空气 c. 将空气或氧气用电离辐射进行处理 d. 使用臭氧	潜水用压缩空气 利用氧气取代空气送入喷火器内，以获取更多热量

（续）

序号	名称	说 明	示 例
39	惰性环境	a. 用惰性环境来替换普通环境 b. 在物体中添加惰性或中性添加剂 c. 使用真空	为防止棉花在仓库中着火，就向仓库中充惰性气体 食品真空包装
40	复合材料	用复合材料来替换单一材料	军用飞机机翼使用塑料和碳纤维组成的复合材料

在著名的波音737飞机的引擎改进设计中，设计人员遇到了一个技术难题：引擎的改进需要增大整流罩的面积以使其吸入更多的空气，即需要增大圆形整流罩的直径；但整流罩直径的增大将使它的下边缘与地面的距离变小，从而会使飞机在跑道上行驶时产生危险。这样就产生了技术上的冲突。经过分析后，采用不对称原理得到的解决方案为将整流罩由规则的圆形改为不规则的扁圆形，这样在增大发动机功率时就不会导致整流罩与地面的距离过小，从而消除了冲突。

20世纪90年代，在正面碰撞事故中保护汽车乘员安全的前部正面安全气囊技术已经相当成熟，但为了有效地保护侧面碰撞中乘员的安全，还有必要开发并安装相应的侧面安全气囊。大多数汽车制造商都打算把气囊安装在座椅皮里面，这种安装方式的优点是显而易见的，安装方便并能最有效地保护车内人员，但由此也产生了一个冲突：发生侧面碰撞时，气囊必须穿破座椅皮，才能张开而保护乘员的安全；但在平时，要求座椅皮有很好的强度，不易开裂。各大汽车生产商虽然进行了多次试验和尝试，仍然没有很好地解决这一对冲突。联系日常生活中的常识可知，一件物品的缝合处往往是最薄弱的部位。因此，理想的方案是在气囊从座椅皮的穿出处设置合理的连接缝，连接处密实地缝合在一起，但气囊在张开时不受任何阻碍或者阻碍很小。

运用提高柔性原理改进缝合设计。将缝合处的连接由固定的“线”连接改为“扣”连接，把缝合处的座椅皮叠合在一起，以搭扣加以连接。在正常使用中，这类连接能够提供足够的张力，而在气囊张开时产生的向外的垂直作用力下，叠合在一起的座椅皮又能够迅速脱离约束，不阻碍气囊的张开。

运用逆向作用和复合材料原理采取措施使张开时的能量集中在连接缝上。如果要使缝合区最薄弱，通常会把着眼点放在缝合方式上，而利用这一原理，我们可以通过使缝合区的强度弱化而达到使其最薄弱的目的，如在气囊的座椅皮穿出区域上开孔，然后用其他织物连接在座椅皮的孔的边缘上，两片织物就像孔的两扇窗户一样，两织物之间也用缝合的方式连接，这样就能够使缝合区是最薄弱的。

运用预先反作用原理降低连接缝的强度。对缝合用线预先进行处理，使其在受到气囊张开时的作用下能够容易地绷断。

运用合并原理改善座椅皮的附着方式。如果气囊在座椅皮内部就张开，将可能导致气囊不能穿出座椅皮而无法起到保护作用，因此应考虑将座椅皮与座椅更紧密地连接在一起。可以将座椅皮和座椅内的填充物黏合在一起，从而改善座椅皮的附着方式。

二、分离原理

在总结解决物理冲突的各种方法的基础上，TRIZ提出了分离原理解决方法。

1. 空间分离（从空间上分离相反的特性）

物体的一部分表现为一种特性，而另一部分则表现为另一种特性。将冲突双方在不同的空间分离，以降低解决问题的难度。当关键子系统冲突双方在某一空间只出现一方时，空间分离是可能的。

2. 时间分离（从时间上分离相反的特性）

物体在一时间段内表现为一种特性，而在另一时间段内则表现为另一种特性。将冲突双方在不同的时间段分离，以降低解决问题的难度。当关键子系统冲突双方在某一时间段只出现一方时，时间分离是可能的。

3. 基于条件的分离（从整体与部分上分离相反的特性）

整体具有一种特性，而部分具有相反的特性，是将冲突双方在不同条件下分离，以降低解决问题的难度。当关键子系统冲突双方在某一条件下只出现一方时，基于条件的分离是可能的。

4. 整体与部分的分离（在同一种物质中相反的特性共存）

物质在特定的条件下表现为唯一的特性，在另一种条件下表现为另一种特性。整体与部分的分离原理是将冲突双方在不同的层次分离，以降低解决问题的难度。当冲突双方在关键子系统层次只出现一方，而该方在子系统、系统或超系统层次内不出现时，整体与部分的分离是可能的。

解决物理冲突的分离原理与解决技术冲突的发明原理之间存在关系，对于一条分离原理，可以有多条发明原理与之对应，见表 10-3。

表 10-3 分离原理与发明原理的对应关系

分离原理	发明原理
空间分离	1、2、3、4、7、13、17、24、26、30
时间分离	9、10、11、15、16、18、19、20、21、29、34、37
基于条件的分离	1、7、25、27、5、22、23、33、6、8、14、25、35、13
整体与部分的分离	12、28、31、32、35、36、38、39、40

三、解决物理冲突

物理冲突是指当对一子系统具有相反的要求时就出现的冲突，系统中的某一部分同时表现出的两种相反的状态。物理冲突是 TRIZ 要研究解决的关键问题之一。出现物理冲突的子系统成为关键子系统。表 10-4 所列是常见的物理冲突。

表 10-4 常见的物理冲突

几何类	材料及能量类	功能类
长与短	多与少	喷射与卡住
对称与不对称	密度大与小	推与拉
平行与交叉	热导率高与低	冷与热
厚与薄	温度高与低	快与慢
圆与非圆	时间长与短	运动与静止
锋利与钝	黏度高与低	强与弱
窄与宽	功率大与小	软与硬
水平与垂直	摩擦系数大与小	成本高与低

例如，为了降低加速时的油耗，汽车的底盘应有较小的质量，但为了保证高速行驶时汽车的安全，底盘又应有较大的质量，这种要求底盘同时具有大质量和小质量的情况，对于汽车底盘的设计来说就是物理冲突，解决该冲突是汽车底盘设计的关键。

物理冲突的一般描述方法如下：

1）为了实现关键功能，子系统要具有有用功能，但为了避免出现有害功能，子系统又不能具有该有用功能。

2）关键子系统的特性必须是以大值取得有用功能，但又必须是小值以避免出现有害功能。

3）关键子系统必须取得有用功能，但又不能避免出现有害功能。

物理冲突的解决一直是TRIZ理论研究的重要内容，阿奇舒勒提出了解决物理冲突主要采用的分离原理。

发明问题解决算法（Algorithm for Inventive-Problem Solving）是TRIZ理论中的一个主要分析问题、解决问题的方法，其目标是解决问题的物理冲突。该算法主要针对问题情境复杂、冲突及其相关部件不明确的技术系统，通过对初始问题进行一系列分析及再定义等非计算性的逻辑过程，实现对问题的逐步深入分析和转化，最终解决问题。

首先，将系统中存在的问题最小化，原则是在系统能够实现其必要机能的前提下，尽可能不改变或少改变系统；其次，建立问题模型；然后，分析该问题模型，利用物-场分析法等方法分析系统中所包含的资源；再次，定义系统的最终理想解。通常为了获取系统的理想解，需要从宏观和微观上分别定义系统中所包含的物理冲突，即系统本身可能产生对立的两个物理特性。例如，冷/热、导电/绝缘、透明/不透明等。最后，需要定义系统内的物理冲突并消除冲突。消除冲突时，需要最大限度地利用系统内的资源并借助物理学、化学、几何学等科学原理。

例如，解决大工件的摩擦焊接问题。摩擦焊接是连接两块金属的最简单的方法。将一块金属固定并将另一块相对旋转。只要两块金属之间还有空隙就什么也不会发生。但当两块金属接触时接触部分就会产生很高的热量，金属开始熔化，再加以一定的压力两块金属就能够焊在一起了。某工厂需要用每节10m长的铸铁管建成一条通道，这些铸铁管要通过摩擦焊接的方法连接起来。但要想使这么大的铁管旋转起来需要建造非常大的机器，并要经过几个车间。

解决该问题的过程如下：

（1）最小问题　对已有设备不做大的改变而实现铸铁管的摩擦焊接。

（2）系统冲突　管子要旋转以便焊接，管子又不应该旋转以免使用大型设备。

（3）问题模型　改变现有系统中的某个构成要素，在保证不旋转待焊接管子的前提下实现摩擦焊接。

（4）对立领域和资源分析　对立领域为管子的旋转，而容易改变的要素是两根管子的接触部分。

（5）理想解　只旋转管子的接触部分。

（6）物理冲突　管子的整体性限制了只旋转管子的接触部分。

（7）物理冲突的去除及问题的解决对策　根据分离原理，用一个短的管子插在两个长管之间，旋转短的管子，同时将管子压在一起直到焊好为止。

四、解决技术冲突

技术冲突是指系统中一个部分性能的增强导致了有用及有害两种结果，也可指有益作用的引入或有害效应的消除导致其他的一个或几个子系统性能的劣化。技术冲突常表现为一个系统中两个子系统之间的冲突。技术冲突出现的几种情况如下：

1）在一个子系统中引入一个有用功能，导致另一个子系统产生一个有害功能。

2）消除一个有害功能导致另一个子系统有用功能劣化。

3）有用功能的加强或有害功能的减少使另一个子系统或系统变得太复杂。

当改善系统某部分（或参数）时，不可避免地出现系统其他部分（或参数）恶化的情况。例如，要想提高轴的强度，就会增加其截面积，从而导致轴的质量增加。不同领域中，人们所面临的创新问题不同，其中包含的冲突也千差万别。若想解决这些冲突，首先要对它们进行统一的描述。

在 TRIZ 理论中，不同领域中相互冲突的特性经过高度概括，被抽象为 39 个技术特性参数，它们可对不同问题中所包含的各种冲突进行统一、明确的描述，见表 10-5。

表 10-5 技术特性参数

序号	参数	序号	参数	序号	参数
1	运动物体的质量	14	强度	27	可靠性
2	静止物体的质量	15	运动物体作用的时间	28	测试精度
3	运动物体的长度	16	静止物体作用的时间	29	制造精度
4	静止物体的长度	17	温度	30	外部有害因素作用的敏感性
5	运动物体的面积	18	光照度	31	物体产生的有害因素
6	静止物体的面积	19	运动物体的能量	32	可制造性
7	运动物体的体积	20	静止物体的能量	33	可操作性
8	静止物体的体积	21	功率	34	可维护性
9	速度	22	能量损失	35	适用性及多用性
10	力	23	物质损失	36	装置的复杂性
11	应力与压力	24	信息损失	37	监控与测试的困难程度
12	形状	25	时间损失	38	自动化程度
13	结构的稳定性	26	物质或事物的数量	39	生产率

表 10-5 中的参数可以分为三类：通用物理与几何参数（1~12、17、18、21）；通用负向技术参数（15、16、19、20、22~26、30、31）；通用正向技术参数（13、14、27~29、32~39）。负向的含义是指这些参数若变大，系统性能变差；正向的含义是指这些参数若变大，系统性能变好。

例如，要使饮料罐的壁厚减小的技术特性参数是“3，运动物体的长度”，在 TRIZ 理论中，通用技术特性参数的含义是非常多样的，在这里“长度”可以指任何线性的尺寸，如长度、宽度、高度、直径等。若我们减小壁厚就会引起罐体承载力的减小，这个技术特性参数就是“14，强度”，那么技术冲突就是要减小“运动物体的长度”就会引起“强度”的降低。

39 项通用技术特性参数描述了问题的技术特性，40 条发明原理表明了问题的解决方法。TRIZ 理论研究人员通过长时间的分析与研究，提出了冲突解决矩阵的概念。冲突解决矩阵见表10-6。冲突解决矩阵的行表示冲突中恶化的技术特性参数，列则表示改善的技术特性参数，单元格中列出了推荐的解决该问题的发明原理（用发明原理的序号表示）。

表10-6　冲突解决矩阵

		改善的技术特性参数								
		1	2	3	4	5	6	7	…	39
恶化的技术特性参数	1	⁄	—	15，8 29，34	—	29，17 38，34	—	29，2 40，28	…	35，3 24，37
	2	—	⁄	—	10，1 29，35	—	35，30 13，7	—	…	1，28 15，35
	3	8，15 29，34	—	⁄	—	15，17 4	—	7，17 4，35	…	14，4 28，29
	4	—	35，28 40，29	—	⁄	—	17，7 10，40	—	…	30，14 7，26
	5	2，17 29，4	—	14，15 18，4	—	⁄	—	7，14 17，4	…	10，26 34，2
	6	—	30，2 14，18	—	26，7 9，39	—	⁄	—	…	10，15 17，7
	7	2，26 29，40	—	1，7 4，35	—	1，7 4，17	—	⁄	…	10，6 2，34
	8	—	35，10 19，14	19，14	35，8 2，14	—	—	—	…	35，37 10，2
	9	2，28 13，38	—	13，14 8	—	29，30 34	—	7，29 34	…	—
	10	8，1 37，18	18，13 1，28	17，19 9，36	28，10	19，10 15	1，18 36，37	15，9 12，37	…	3，28 35，37
	11	10，36 37，40	13，29 10，18	35，10 36	35，1 14，16	10，15 36，28	10，15 36，37	6，35 10	…	10，14 35，37
	12	8，10 29，40	15，10 26，3	29，34 5，4	13，14 10，7	5，34 4，10	—	14，4 15，22	…	17，26 34，10
	13	21，35 2，39	26，39 1，40	13，15 1，28	37	2，11 13	39	28，10 19，39	…	23，35 40，3
	14	1，8 40，15	40，26 27，1	1，15 8，35	15，14 28，36	3，34 40，29	9，40 28	10，15 14，7	…	29，35 10，14
	15	5，19 34，31	—	2，19 9	—	3，17 19	—	10，2 19，30	…	35，17 14，19
	⋮	⋮	⋮	⋮	⋮	⋮	⋮	⋮	⋮	⋮
	39	35，26 24，37	28，27 15，3	18，4 28，38	30，7 14，26	10，26 34，31	10，35 17，7	2，6 34，10	…	⁄

使用冲突解决矩阵解决设计中的实际问题时，首先应该确定问题中的冲突，并分析冲突中哪些是有利因素，哪些是不利因素。再将有利的因素与不利的因素转化为39个工程技术特性参数中的参数，然后利用矩阵找出相应的发明原理。一旦某一或某几个原理被选定后，必须根据特定的问题应用该原理以产生一个特定的解。对于复杂的问题一条原理是不够的，

原理的作用是使原系统向着改进的方向发展。在改进的过程中，对问题的深入思考、创造性和经验都是必须的。

通常所选定的发明原理多于一个，这说明前人已用这几个原理解决了一些特定的技术冲突。这些原理仅仅表明解的可能方向，即应用这些原理可以过滤掉很多不太可能的解的方向。尽可能将选定的每条原理都用到待设计过程中去，对于推荐的任何原理都应该仔细思考。假如所有可能的解都不满足要求，则可以对冲突重新定义并求解。

例如，将卫星送入太空时希望卫星的质量越小越好，因为这将更加容易运载，同时成本也会降低。但若要减小卫星的质量，势必要缩小尺寸，卫星的性能就会受到影响。这样在使卫星更易于运载时，卫星的质量和尺寸之间就产生了冲突，卫星的质量参数和尺寸参数分别对应冲突解决矩阵中行参数 1“运动物体的质量”（改善的技术特性参数）和列参数 3“运动物体的长度”（恶化的技术特性参数）。冲突解决矩阵在上述两特性的交叉处向我们提供了 4 个发明原理供参考，分别为第 8、15、29 和 34 号发明原理。

例如，振动筛的筛网的损坏是设备报废的主要原因之一，尤其分垃圾的振动筛更是如此。经分析认为筛网面积大，筛分效率高，是有利的一个方面；但由此筛网接触物料的面积也增大，则物料对筛网的伤害也就增大。将分析的结果用抽象的技术特性参数术语来描述，改善的技术特性参数因素为第 5 号参数，即“运动物体的面积”；恶化的技术特性参数为第 30 号参数，即“外部有害因素作用的敏感性”。根据冲突解决矩阵，可确定发明原理的序列号为 22、1、33、28。其中序列号为 1 的发明原理是“分割”，根据这条原理，设计时可考虑将筛网制成小块状，再连接成一体，局部损坏，局部更换。序列号为 33 的发明原理是“同质性”，即采用相同或相似的物质制造与某物体相互作用的物体。分析这条原理，认为用于筛分垃圾的振动筛网易损的主要原因是物料的沾湿性与腐蚀性。参考发明原理，采用同质性材料制作筛网，如选用耐腐蚀的聚氨酯。实践证明，经过这样的设计创新，取得了很好的应用效果。

例如，易拉饮料罐的技术冲突中恶化的技术特性参数是“4，静止物体的长度”，改善的技术特性参数是“11，应力与压力”，对应技术冲突的发明原理序列号就是 1、14、35 和 46。利用发明原理 1 增加一个分割物体的自由度，饮料罐的侧壁可以做成波浪形的，这样在不增加壁厚的情况下可以增加其强度。利用发明原理 14，与罐体焊在一起的唇口原来是垂直于侧壁的，变成带一个弧度。

例如，在实际应用中，标准的六角形螺母常常会因为拧紧时用力过大或者使用时间过长，螺母外缘的六角形在扳手作用下被破坏。螺母被破坏后，使用普通的传统型扳手往往无法作用于螺母。在这种情况下，我们需要一种新型的扳手来解决这一问题。

传统型扳手之所以会损坏螺母，其主要原因是扳手作用在螺母上的力主要集中于六角形螺母的某两个角上，如图 10-4 所示。

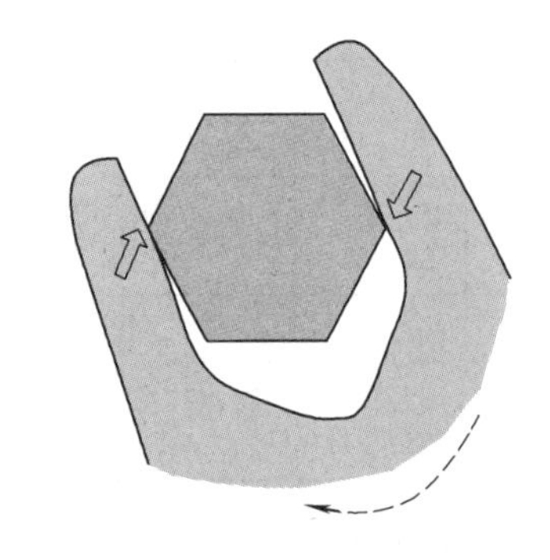

图 10-4 传统型扳手上的作用力

当前存在的技术冲突为若想通过改变扳手形状降低扳手对螺母的损坏程度，就可能会使扳手制造工艺复杂化。如果可以找到一种制造不是很复杂，而且又可以避免对螺母的严重损坏的扳手，无疑是解决这一问题的最佳途径。

在应用 TRIZ 解决这一问题时，首先必须明确判定出存在于系统中对立的技术特性参数。在现有设计中，扳手在作用于螺母时会损坏螺母是存在于现有设计中的一个重要缺陷。而这一缺陷则恰恰可以提示我们找出应该解决的技术冲突以改进现有的传统设计。

若想彻底解决这一对技术冲突，首先需要将我们所希望的“降低螺母的损坏程度”转换为 TRIZ 冲突解决矩阵中的某一个或几个参数。很明显，“作用于物体的有害因素”就是在这一问题中需要改善的技术特性参数。

在降低螺母的损坏程度时，又会恶化哪些技术特性参数呢？相对于确定得以改善的技术特性而言，确定恶化的技术特性则比较难。最简单的方法是分别将 39 个技术特性对号入座，寻找适合的技术特性。根据传统型扳手，我们可以尝试：

1）改变扳手形状，使扳手的各个表面与螺母的外表面完全吻合，从而使得用扳手拧螺母时扳手的表面与螺母表面是完全面接触，以避免螺母的角与扳手平面的线接触。

2）在扳手上增加一个“小附件”，使得扳手的表面可以自由移动以和不同的螺母是面接触。

3）使用比螺母材料硬度小的材料制造扳手，这样可以在操作过程中损坏扳手而不是螺母。

改变扳手的形状应是最实际的一个解决方案。然而，改变扳手的形状则不免要增加扳手制造的复杂程度。因此，“可制造性”即为恶化的技术特性参数（第 31 号）。

根据冲突解决矩阵可以查找到解决该冲突的四个发明原理，即 4、17、34 和 26。根据 4、17 和 34 发明原理，加强扳手形状的不对称程度；改变传统扳手上、下钳夹的两个直线平面的形状，使其成为曲面；去除在扳手工作过程中对螺母有损害的部位，使螺母的六角形外表面的尖角无法被扳手破坏。

最终解决方案如图 10-5 所示，图 10-5a 所示为扳手简图，图 10-5b 为实物图。该设计可解决使用传统型扳手时遇到的问题。当使用扳手时，螺母六角形表面的其中两条边刚好与扳手上、下钳夹上的突起相接触，使得扳手可以将力作用在螺母上。而六角形表面与扳手接触的角则刚好位于扳手上的凹槽中，因而不会有力作用于其上，螺母不至于被损坏。

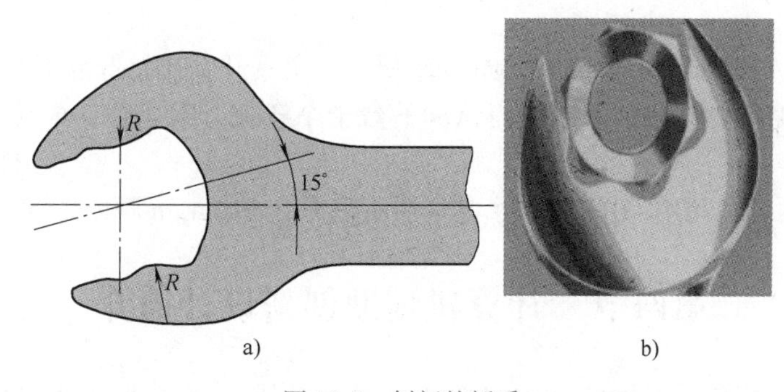

图 10-5　创新的扳手

TRIZ 理论对解决问题的创新思路有明确的方向指导性。但是，仅有解决问题的思路和方向还是不够的，从问题解决思路到解决问题的具体方案之间，还有一个复杂的创新过程，即如何构建一个可行的、可操作的解决方案。

如何得到通用问题的通用解决方案，经过创新设计得到特定实际问题的实际解决方案，

需要设计者具有大量的知识和经验。具体来说，这些知识和经验包括科学原理、技术知识、社会知识、实践经验、成功案例，甚至失败案例等。可以说，知识是创新的源泉。

五、TRIZ 在国外企业的应用案例

发明 TRIZ 理论以后，世界各国在利用该理论解决技术难题和进行创新设计方面取得了很大的成功，简单举例说明如下。

1）1997 年，韩国的三星电子正式引入 TRIZ，成立了专门的 TRIZ 协会对 TRIZ 理论进行学习和应用研究。2003 年，三星电子在 67 个研究开发项目中使用了 TRIZ，为公司节约经费 1.5 亿美元，并产生了 52 项专利技术。到 2005 年，三星电子的美国发明专利授权数量在全球排名第五，领先于日本竞争对手索尼、日立等公司。每年三星电子可以通过对 TRIZ 理论的应用解决大量的实际技术问题，大量节省了研发资金的投入，仅三星先进技术研究院（SAIT）的 TRIZ 实施与应用就节省了 9000 多万美元的研发费用。而且在专利申请、自主知识产权方面都取得了良好的进展，成为在中国申请专利最多的国外企业。三星电子从技术引进到技术创新的成功之路给渴望在经济全球化竞争中占有一席之地的中国企业提供了极为有益的借鉴和启示。

2）2001 年，波音公司邀请 25 名苏联 TRIZ 专家，对 450 名工程师进行了两星期的培训加讨论，取得了 767 空中加油机研发的关键技术突破，最终波音公司战胜空中客车公司，赢得了 15 亿美元空中加油机的订单。波音公司还利用 TRIZ 理论成功解决了波音 737 改进型飞机的发动机罩外形问题；波音 747 飞机也是波音公司的工程师利用 TRIZ 把喷气式发动机、航空材料、导航等方面的新技术成果集成起来，开发与之配套的制造技术和工艺后投入商业运行的。

3）美国福特汽车公司在解决一款车的转向盘颤抖问题时就很好地利用了 TRIZ 理论。应用 TRIZ 理论后，福特汽车公司每年创造的效益大约在 1 亿美元以上。

4）美国 F111 战斗机为了突破“音障”，一直在研制新型机翼。能否设计一种适应飞机的各种飞行速度，具有快慢兼顾特点的机翼，成为当时航空界面临的最大课题。应用 TRIZ 找到了满意的设计思路，成功设计了 F111 变后掠翼战斗/轰炸机。英国、德国、意大利三国联合成立的帕那维亚飞机公司的狂风超音速战斗机等都采用了这种新的设计思想。

5）美国 NASA 的 Jet Propulsion Laboratory 研究员负责开发在超低温下工作的电池，通过 TRIZ 的应用，短时间内查找到可以进行试验的数十个解决方案思路，成功开发出新性能的电池。

6）JR 东日本公司利用 TRIZ 解决了其子弹头列车 Shinkansen 厕所空间的设计。

第四节　计算机辅助创新设计简介

创新设计是新产品、新工艺开发过程中的最能体现人类创造性的一环，它需要设计者有极强的综合分析能力和多领域的专业知识。虽然现有的许多 CAD/CAM 软件在产品的辅助设计、辅助计算、辅助绘图以及辅助制造方面发挥了很大的作用，但是，产品和工艺的妥协设计却依然比比皆是。因为新产品、新工艺开发更多更重要的是非数据计算的、需要通过思考、推理和判断来解决的创新活动。只有创新才能从根本原理上进行产品革新，才能为社会提供品种更多、功能更丰富、价格更低、性能更有效的新产品，才能在产品的性能、质量、价格等方面产生质的飞跃。因此，可以说现代设计的核心就是创新设计。

计算机辅助创新（Computer Aided Innovation，CAI）技术是新产品开发的一项关键技术，它是以近年来在欧美国家迅速发展的发明创造方法学（TRIZ）研究为基础，结合现代设计方法学、计算机技术、多领域学科知识综合而成的创新技术，不仅为产品研发、创新提供实时的指导，而且能在产品研发过程中不断扩充和丰富，已成为企业新产品开发、实现技术创新的必备工具。

计算机辅助创新（CAI）技术作为工程领域又一个重要的计算机辅助技术而出现，得益于相关的先进创新理论、方法的发展及其和计算机技术的不断融合。传统的创新方法更多的是依赖心理因素，具有很大的随机性和偶然性，创新效果也很难保证。而TRIZ理论的出现则彻底改变了这种情况，它是一种在前人创新成果与创新方法基础上的提升和集成，成功地揭示了创造发明的内在规律和原理，它着力澄清和强调系统中存在的冲突，而不是逃避冲突，其目标是完全解决冲突，获得最终的理想解，而不是采取折中或者妥协的做法，而且它是基于技术的发展演化规律研究整个设计与开发过程，而不再是随机的行为。

世界上许多公司都致力于以TRIZ为核心原理开发计算机辅助创新软件，其中美国Invention Machine公司是率先致力于以TRIZ为核心原理开发计算机辅助创新软件，其所开发的产品包括Goldfire Innovator、Goldfire Research、Goldfire Intelligence、Techoptimizer、Knowledgist、CoBrain等，其中Goldfire Innovator是一套完整的实现计算机辅助创新的开发环境，同时也是一个强大的产品知识管理平台。以DFSS（6σ设计）为核心，以TRIZ/ARIZ为工具，内嵌有超过9000条各个领域的科学原理，外挂全球70多个专利库（>1500万条），并与全球3000多个专业技术网站相连，并且，该环境还提供了功能强大的知识语义分析工具，为设计师/工艺师们提供了一个功能强大、使用方便，并与世界同步的创新平台。

亿维讯公司（IWINT）根据TRIZ理论开发的CAI技术包括两大软件平台：计算机辅助创新设计平台（Pro/Innovator，The Computer Aided Innovation Solution）和创新能力拓展平台（CBT/NOVA，Computer Based Training for Innovation）。计算机辅助创新设计平台（Pro/Innovator）将TRIZ创新理论、多领域解决技术难题的技法、现代设计方法、自然语言处理系统和计算机软件技术融为一体，成为设计人员的创新工具。它含有问题分析、方案生成、方案评价、成果保护和成果共享五个内容，是快速、高效解决问题的良好软件平台。创新能力拓展平台（CBT/NOVA）含有基于创新理论和创新方法的拓展平台、培养创新能力的教学平台、创新能力的测试平台和咨询机构的创新培训平台，它可帮助使用者在短期打破定势思维，学会主动创新。

下面介绍应用TRIZ理论和软件解决问题的实例。

1. 应用背景

在温度较低时，或伴有雨、雾、雪等天气，飞机的机身、机翼等部位容易结冰，从而影响飞机的升力或飞行安全，因此起飞之前必须对飞机表面除冰。

2. 问题描述

在飞机表面喷洒稀释的乙二醇溶液，可除去飞机表面的霜、雪和冰。但喷洒乙二醇溶液成本高，而且该溶液有毒性，会污染环境，反复的喷洒加剧了环境的污染。采用更加合理的方法为飞机除冰就成为一个待解决的问题。

3. 问题分析

很多领域都有除冰的问题，且都有各自的解决方案。因此，首先要了解各领域中的除冰方案。应用 Pro/Innovator 软件，输入问题“remove ice covering”，得到一系列解决方案。从备选方案中选择几个对比。图 10-6 为几种查看的方案。

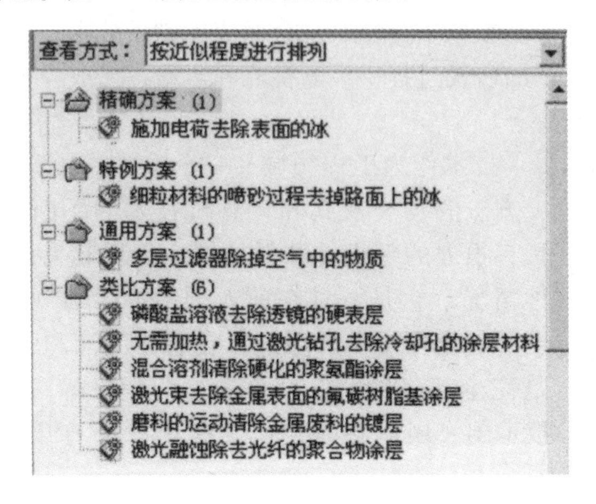

图 10-6　几种查看的方案

(1) 精确方案　施加电荷去除表面的冰。在表面涂电解质涂层、安置传感器和直流电源。当传感器检测到冰层及其冰层电荷极性后，自动起动直流电源，使表面电解质涂层产生与冰层相同的电荷，同性电荷的排斥力使冰层松动脱落。图 10-7 为施加电荷除冰示意图，该方案结构复杂。

(2) 类比方案　激光束去除金属表面的氟碳树脂基涂层。金属表面的涂层在特定波长的激光束加热作用下会从金属表面脱落。激光具有辐射加热作用，冰可被加热蒸发。该方案提示我们，可采用二氧化碳和一氧化碳激光束发生器作为激光辐射源。图 10-8 为金属表面涂层示意图，图 10-9 为激光束去涂层示意图。

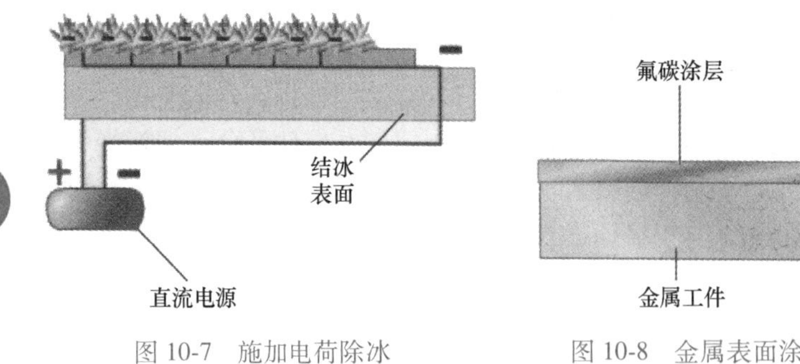

图 10-7　施加电荷除冰　　图 10-8　金属表面涂层

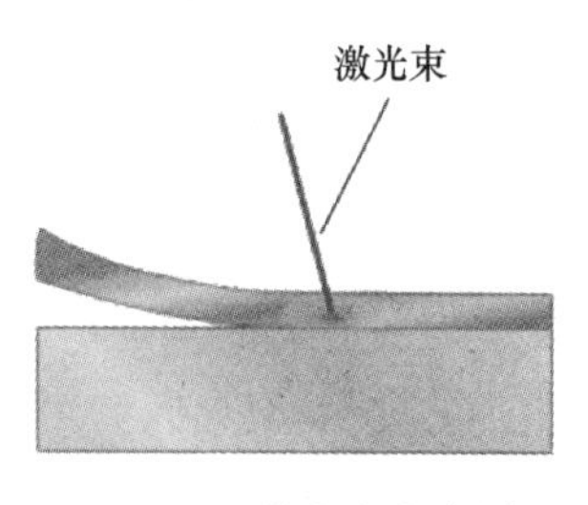

图 10-9　激光束去涂层

(3) 最终方案　将激光源设置在距飞机较远的位置，将其产生的激光束对准一面反射镜，发射后的激光束在飞机表面形成一个光影，移动反射镜，光影处热量可除去飞机表面的冰层。图 10-10 为激光束去飞机表面冰层示意图。

利用 Pro/Innovator 创新软件平台进行产品的创新设计，可节省人力、财力和时间，在国防军工、航空航天、交通运输、机械制造、石油化工等许多工程领域都有广泛的应用前景。

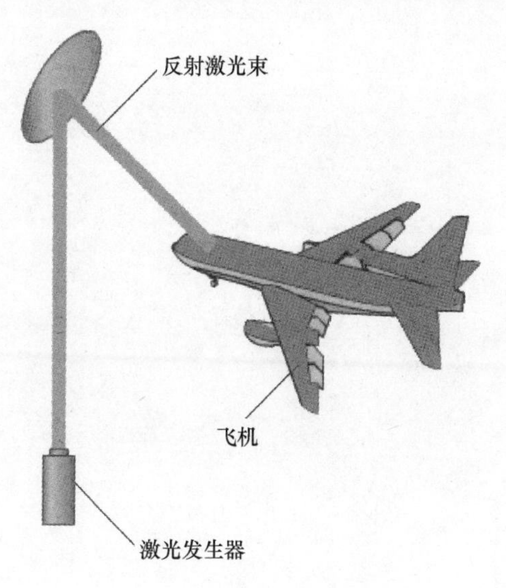

图 10-10　激光束去飞机表面冰层

第三篇

机械创新设计的实例篇

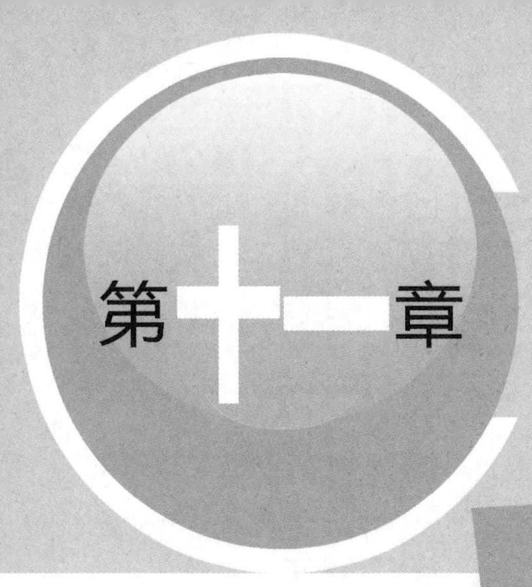

机械创新设计案例分析

在机械创新设计理论和方法的基础上，介绍几种产品的创新设计过程。其目的是验证创新设计理论与创新方法，理解机械创新设计理论与方法，从而帮助设计者掌握机械创新设计理论与方法。

第一节　平动齿轮传动装置的创新设计案例分析

平行四边形机构中，如果一个曲柄为原动件，则另一个曲柄和连杆为输出构件，其连杆做平面平行运动的输出。用该平行四边形机构做前置机构，一对互相啮合的齿轮机构为后置机构进行机构的Ⅱ型串联组合，前置机构的连杆与后置机构的一个齿轮连接可组成新的机构系统。连接的条件为齿轮机构的中心距平行并等于曲柄长度，连接齿轮中心位于连杆的中心线上且位于连杆的中心位置。图 11-1 所示为平行四边形机构与外啮合齿轮机构的Ⅱ型串联组合。其传动比为

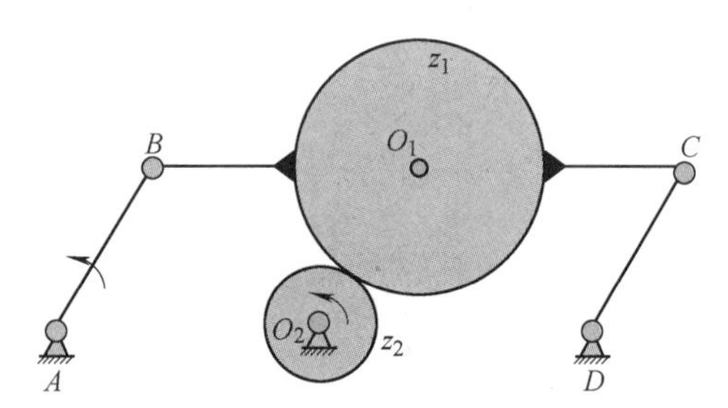

图 11-1　平行四边形机构与外啮合齿轮机构的Ⅱ型串联组合

$$i_{12}=\frac{z_2}{z_1+z_2}$$

这种组合系统的传动比小于 1，可实现较大传动比的增速传动，其缺点是体积过大，故在工程中应用较少。

如果将后置机构改为内啮合齿轮传动机构，按上述连接条件，则有两种类型的机构组合系统。图 11-2a 所示为平行四边形机构的连杆与内啮合齿轮机构的内齿轮串联的组合系统。其传动比为

$$i_{12}=-\frac{z_2}{z_1-z_2}$$

当两齿轮的齿数相差很少时，该机构系统可获得很大的传动比，故在工程中有很大的应用前景。但这种齿轮传动系统在应用过程中，高速运转的连杆会产生很大的惯性力，影响机械的运转性能。为解决这一问题，可采用Ⅲ型并联组合。三套平行四边形机构按 120°排列，三个输入运动的曲柄连接到一起，与连杆固接的三个内齿轮共同驱动一个做输出运动的外齿轮，相当于把三个完全相同的外齿轮连接到一起，其机构运动简图如图 11-2b 所示。这种传动被称为三环齿轮减速器或外平动齿轮减速器。它不但能实现机构平衡，而且具有很高的机械效率，所以在机械工程领域获得了广泛应用。但这种传动的体积、尺寸与重量都较大，高速的平衡能力差且会产生较大的机械振动。

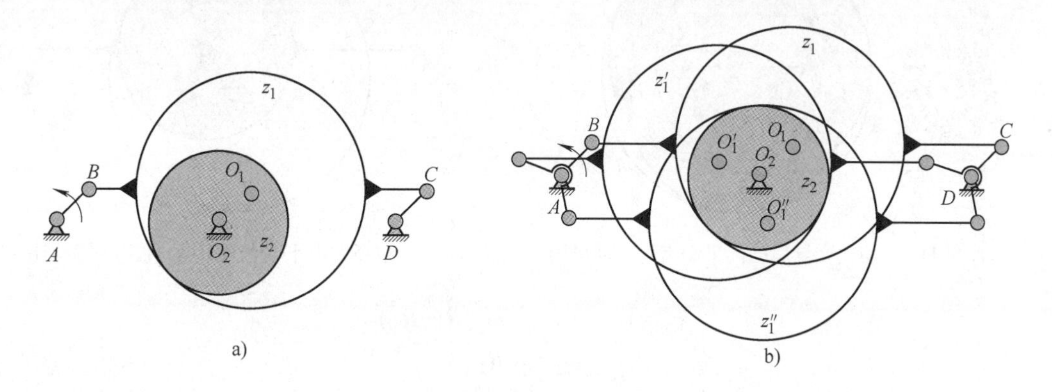

图 11-2　平行四边形机构与内啮合齿轮机构的组合一

如果后置机构的外齿轮与连杆连接，驱动内齿轮定轴转动输出，则组成图 11-3a 所示的组合系统，其传动比为

$$i_{12}=\frac{z_2}{z_2-z_1}$$

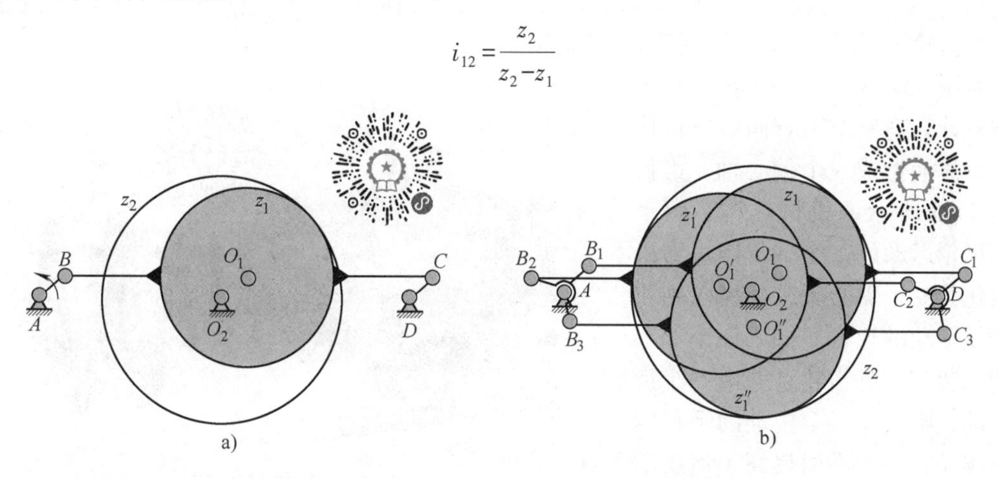

图 11-3　平行四边形机构与内啮合齿轮机构的组合二

为解决机构平衡问题，同样采用Ⅲ型并联组合。三套平行四边形机构按 120°排列，三个输入运动的曲柄连接到一起，与连杆固接的三个外齿轮共同驱动一个做输出运动的内齿轮，其机构运动简图如图 11-3b 所示。这种传动由于外齿轮在内齿轮的圆环内部做平面平行

运动，故被称为内平动齿轮减速器。它在保留三环齿轮减速器优点的同时，还可通过机构的演化与变异设计，减小机构尺寸、体积与重量。设想把平行四边形的机架 AD 与连杆 BC 缩短，使转动副 A 和 B 位于做平动的外齿轮的齿板内部，则该机构的尺寸大大减小。图 11-4 所示为演化变异后的内平动齿轮传动机构。

该传动装置的传动比公式证明如下：

由于该齿轮传动的中心距等于平行四边形机构中曲柄的长度，且与曲柄平行，两齿轮的速度瞬心在 P 点，P 点是两齿轮的同速点，如图 11-5 所示。故有：

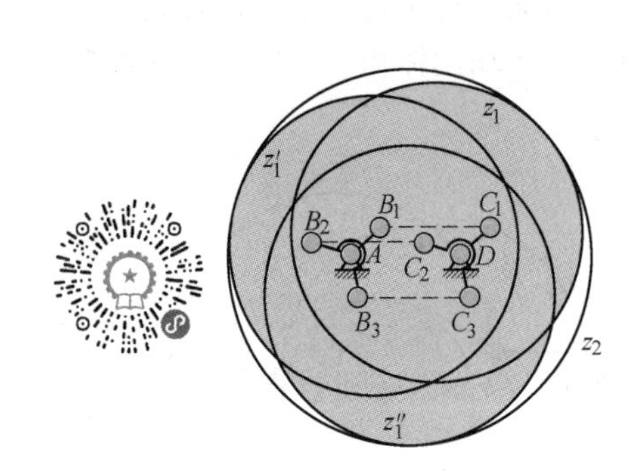

图 11-4 演化变异后的内平动齿轮传动机构

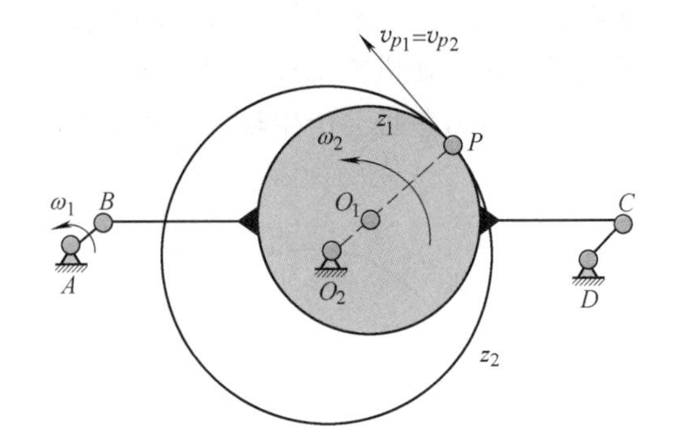

图 11-5 内平动齿轮传动机构的传动比

$$v_{p1}=v_B=\omega_1 L_{AB}=\omega_1(R_2-R_1)$$
$$v_{p2}=\omega_2 R_2$$

其减速比计算如下：

$$v_{p1}=v_{p2}\Rightarrow\omega_1(R_2-R_1)=\omega_2 R_2$$
$$i_{12}=\frac{\omega_1}{\omega_2}=\frac{R_2}{R_2-R_1}=\frac{z_2}{z_2-z_1}$$

当 z_2 与 z_1 之差较小时，可获得很大的传动比。当曲柄为主动件时，齿轮 z_2 做减速运动；当齿轮 z_2 为主动件时，曲柄做增速运动。

对图 11-5 所示机构进行结构创新设计。把三个平行四边形机构的三个曲柄做成三个偏心轴，可得到图 11-6 所示的机械结构。驱动平动齿轮运动的三个平行四边形机构演化为三个偏心轴，外齿轮则相当于做平动的连杆。如果三个偏心轴端安装三个外齿轮，并由一个齿轮驱动，则实现了全主动的平行四边形驱动方式，不但提高了运动的平稳性，而且提高了承载能力。

图 11-6 结构创新设计

综上所述，内平动齿轮传动是利用机构组合理论创新设计的一种新型齿轮传动装置。其中，利用主动齿轮的平行移动驱动内齿轮减速输出的运动方式改变了传统的齿轮运动模式。平动齿轮传动机构的创新设计过程中，应用了平行四边形机构与齿轮机构的串联、三套机构的并联、转动副的销钉扩大和尺寸变化等演化与变异设计，是非常典型的机构创新设计案例。其创新设计过程的思路清晰、方法明确，所设计的产品具有新颖性和实用性。

第二节 机构应用创新设计案例分析

前面已经论述过，机构的应用创新设计是在不改变机构类型的前提下，或者说在不改变机构运动简图的前提下对机构的构件、运动副进行演化与变异设计，得到完成特定功能的机械装置的设计过程；把一个基本机构直接应用在满足机器工作要求的场合，也是机构应用创新。所以，机构的应用创新是最广泛的创新设计方法。

一、止回机构的创新设计案例

设计的功能要求是不影响送料过程，送料间歇时物料不能自行回移。满足这一功能要求的基本机构有多种，如移动棘轮止动机构、摩擦止动机构等。但采用移动棘轮止动机构不能满足物料的随意止动要求，故采用摩擦止动机构。图 11-7 所示为摩擦止动机构的设计，图中物料按箭头方向移动，要求停止送料时物料不能下滑。

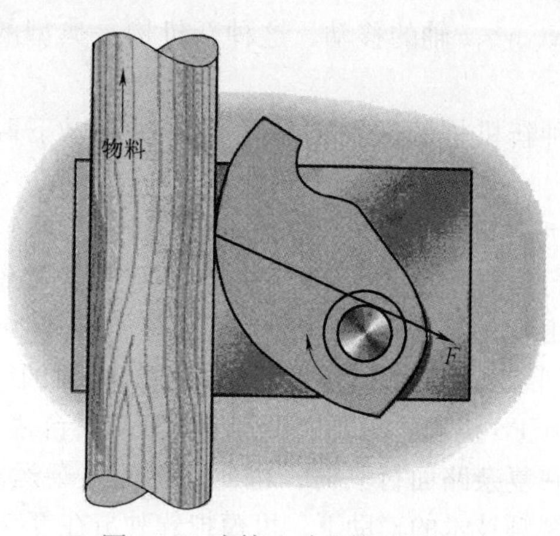

图 11-7 摩擦止动机构的设计

设计要点是当物料有下滑趋势时，物料给摩擦棘爪的总反力切于或割于摩擦棘爪转动副的摩擦圆，且对轴心的力矩方向与摩擦棘爪的松脱方向相反。根据此规则可以确定摩擦棘爪转动副的中心点位置，也可以首先确定摩擦棘爪转动副的中心点位置，然后按总反力的方向求解摩擦棘爪的曲线方程。

本案例属于机构的选型设计，然后是机构本身的设计。机构的选型和机构设计都充满了创新意识，是创新能力的体现，也是机构创新设计的范畴之一。

二、运动副的变异设计案例

运动副的变异设计与机构的演化设计是由机构运动简图向机械结构设计转变的重要环节，是机械设计的重要组成部分。本设计的功能要求是设计钢板剪床的主体机构，其特征是剪切力大，但位移较小。首选机构类型为曲柄滑块机构，图 11-8a 所示为其机构运动简图。根据大剪切力和小位移的特点，对转动副 B 进行销钉扩大，直到包含转动副 A。为增大转动副 C 处的强度，将转动副 C 也增大。由于转动副 C 不能做整周转动，仅为摆动副，可将其做成半圆状，但这时不能满足滑块与连杆的运动约束条件。处理方法是将 C 处转动副上半部分再增大，使滑块与连杆再形成一处转动副。为保证虚约束的条件，C 处的两个圆应为同心圆。滑块的形状也必须进行变异设计，将其做成中空状，设计结果如图 11-8b 所示。

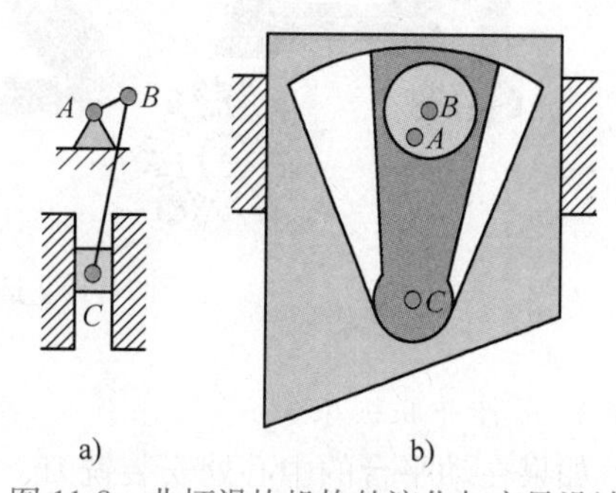

图 11-8 曲柄滑块机构的演化与变异设计

本案例的特点是在机构类型确定后，进行运动副的演化与变异设计。虽然机构类型没有改变，但通过演化与变异设计，可以使该机构满足特定的应用场合。这也是典型的机构应用创新设计案例。

三、Stewart 机构的应用创新设计

1965 年，Stewart 首次提出一种空间 6 自由度的并联机构（又称 6SPS 机构），其机构系统运动简图如图 11-9所示。这种机构的动平台可以实现空间 6 个自由度的运动，即可实现绕 x、y、z 轴的转动和沿 x、y、z 轴的移动，这种新机构是典型的机构创新。

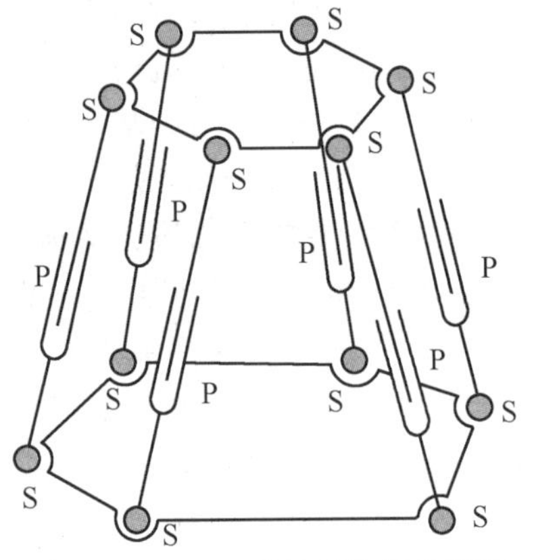

图 11-9 Stewart 机构系统运动简图

这种新机构的应用创新主要体现在以下两个领域。

1. 用作运动模拟器

飞行员驾驶飞机在天空飞行时，飞机经常做空间 6 自由度的翻转运动，以满足复杂的空战要求。因此，训练飞行员适应这种复杂运动的地面训练器可采用 6SPS 机构。只要把飞行员置于动平台之上即可实现正常的训练要求。汽车驾驶员驾驶车辆在复杂路面行驶时，也面临空间复杂运动情况。把车辆置于 6SPS 机构的动平台之上，在视频技术的辅助下，可模拟驾驶员在复杂路面的行驶，用于检验车辆的性能和对驾驶员进行培训。6SPS 机构已经在运动模拟器领域得到广泛应用。图 11-10a 所示为运动模拟器，图 11-10b、c 所示为汽车驾驶模拟器。

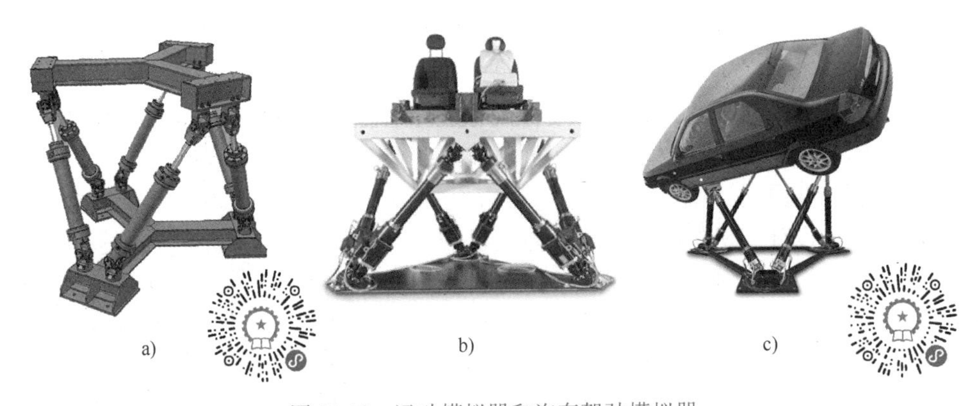

图 11-10 运动模拟器和汽车驾驶模拟器

2. 用作并联机床

如果在动平台的中心处安装铣刀，在定平台上安装工件，则该机构可作为并联机床，用于加工复杂形状的机械零件。美国、英国、德国、俄罗斯等国在并联机床领域的研究比较领先，我国在该领域的研究也已达到国际先进水平。图 11-11 所示为并联机床。

Stewart 机构是一种新机构，是重要的机构创新。当这种机构被应用到工程实际中，为发展生产和科学技术服务时，又是一种应用创新。所以，机构的创新设计和机构的应用创新设计同样重要，有时机构的应用创新显得更为重要。

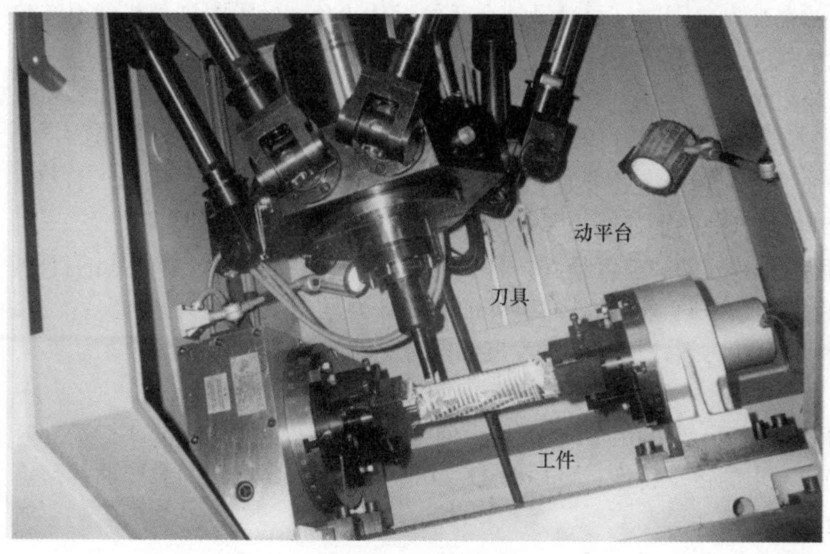

图 11-11　并联机床

第三节　箭杆织机打纬凸轮机构的创新设计案例分析

本案例涉及利用反求设计进行创新的过程。

某公司在对意大利进口的箭杆织机进行反求设计过程中，利用计算机辅助反求设计打纬凸轮机构的廓线后，按其加工的凸轮只适合低速运转，不能达到原机的工作要求。主要问题是按三坐标仪测量的数据进行处理后，没有得到理想的凸轮廓线方程。按其测点数据加工的凸轮与原机凸轮廓线有较大差别，影响了凸轮机构的运转性能。如果根据工作原理进行凸轮机构运动规律和凸轮廓线的反求设计，重新对其进行创新设计，可以取得很好的效果。以下对创新设计过程做简要介绍。

箭杆织机是我国在 20 世纪 90 年代从意大利引进的高速织机，工作转速达 750r/min，生产率高，是一种新型纺织机械。箭杆织机在织布过程中，把纬线推向织口与经线相交的过程，称为打纬。在打纬过程中，纬线与经线相交过程中的摩擦阻力和变形阻力急剧增加，在打纬摆杆运动到终点时，打纬阻力达到最大值，打纬过程的示意图如图 11-12 所示。设计箭杆织机时，是靠摆杆的惯性力来克服打纬阻力的。由于惯性力的值为 $F=-ma$ 或 $M=-J\varepsilon$，为增大摆杆惯性力，采取增大摆杆质量或转动惯量的方法是不可取的。因此，增大摆杆的加速度（或角加速度），并使其为负值，是打纬机构的设计准则。

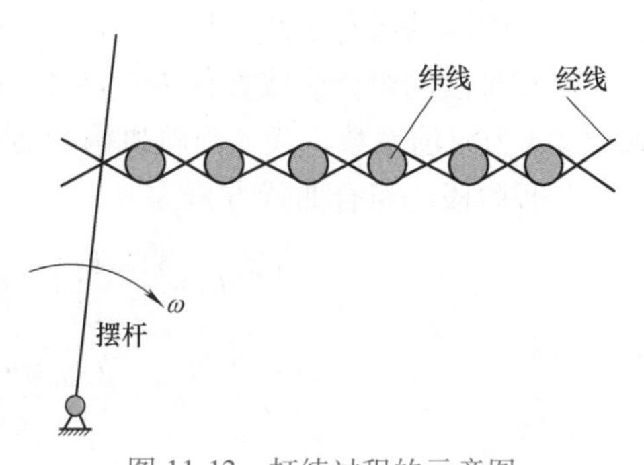

图 11-12　打纬过程的示意图

Saurer300 织机采用四连杆机构打纬，只能低速工作。为提高生产率，现代机械在向高速化发展，织机的工作速度已达到 750r/min。连杆式打纬机构已不能适应高速织机，共轭凸轮打纬机构在高速织机中得到广泛应用。通过设计新型运动规律，可获得最大的负加速度，因而产生很大的惯性力。同时，通过设计合适的近休止角，还可得到理想的引纬效果。

一、打纬凸轮机构的运动规律设计

设计一般的凸轮机构时，为避免惯性力产生的冲击，均要求行程的开始点和终止点处的加速度越小越好，设计要点是千方百计地减小惯性力。打纬凸轮机构的设计则不同，要求增大行程终止点处的惯性力。其设计要求如下：

1）摆杆在行程开始点处的加速度为零，避免产生刚性冲击或柔性冲击。

2）摆杆在行程终止点处的加速度最大，且为负值，实现靠惯性力打紧纬线的目的。

3）摆杆由行程终止点返回到开始点时，其加速度降为零。

4）为保证箭杆的引纬时间，摆杆在行程最低点有足够的停歇期，近休止角为

$$\Phi_S' = 225° \sim 250°$$

5）其运动规律的变化趋势可用图 11-13 所示曲线来描述。

为保证这一特殊要求的运动特性，可用图 11-14 所示两段不同周期的余弦曲线组合成打纬凸轮机构的加速度曲线。

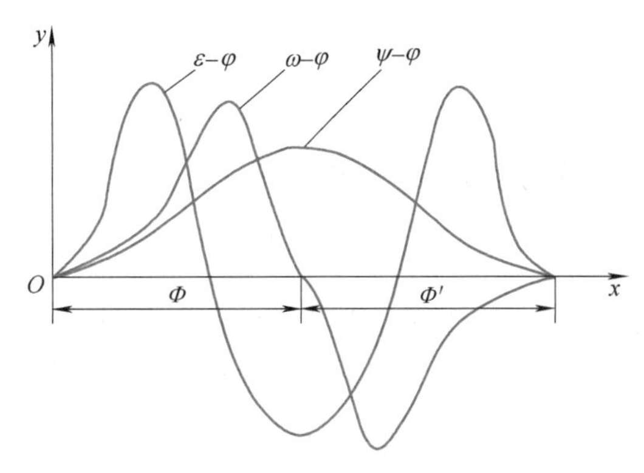

图 11-13　打纬凸轮机构应具备的运动特性线图

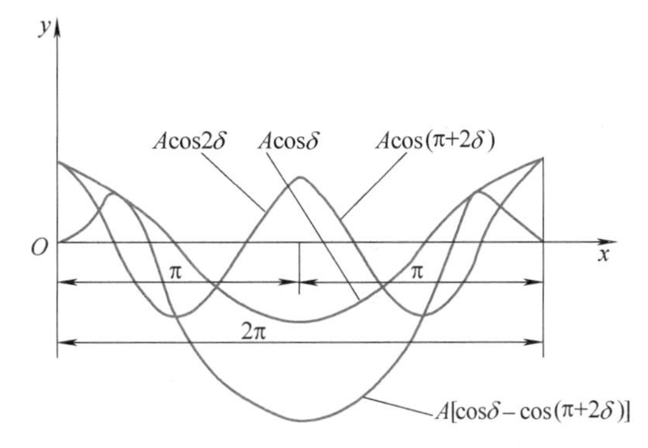

图 11-14　余弦曲线组合原理

基本曲线为 $y_1=A\cos\delta$，周期为 2π，辅助曲线为 $y_2=A\cos2\delta$。

升程阶段的组合曲线方程为　$y=A\ (\cos\delta-\cos2\delta)$

回程阶段的组合曲线方程为　$y=A\ [\cos\delta-\cos(\pi+2\delta)]$

式中，A 为幅值系数。代入凸轮机构的运动参数，可得到摆杆的运动规律方程式。

升程阶段的组合曲线方程为

$$\psi_2=\frac{\psi_{\max}}{2}\left[\left(1-\cos\frac{\pi\varphi}{\Phi}\right)-\frac{1}{4}\left(1-\cos\frac{2\pi\varphi}{\Phi}\right)\right]$$

$$\omega_2=\frac{\psi_{\max}}{2}\frac{\pi\omega_1}{\Phi}\left(\sin\frac{\pi\varphi}{\Phi}-\frac{1}{2}\sin\frac{2\pi\varphi}{\Phi}\right)$$

$$\varepsilon_2=\frac{\psi_{\max}}{2}\left(\frac{\pi\omega_1}{\Phi}\right)^2\left(\cos\frac{\pi\varphi}{\Phi}-\cos\frac{2\pi\varphi}{\Phi}\right)$$

$$j_2=-\frac{\psi_{\max}}{2}\left(\frac{\pi\omega_1}{\Phi}\right)^3\left(\sin\frac{\pi\varphi}{\Phi}-2\sin\frac{2\pi\varphi}{\Phi}\right)$$

回程阶段的组合曲线方程为

$$\psi_2=\psi_{\max}-\frac{\psi_{\max}}{2}\left[\left(1-\cos\frac{\pi\varphi}{\Phi'}\right)+\frac{1}{4}\left(1-\cos\frac{2\pi\varphi}{\Phi'}\right)\right]$$

$$\omega_2=-\frac{\psi_{\max}}{2}\frac{\pi\omega_1}{\Phi'}\left(\sin\frac{\pi\varphi}{\Phi'}+\frac{1}{2}\sin\frac{2\pi\varphi}{\Phi'}\right)$$

$$\varepsilon_2=-\frac{\psi_{\max}}{2}\left(\frac{\pi\omega_1}{\Phi'}\right)^2\left(\cos\frac{\pi\varphi}{\Phi'}+\cos\frac{2\pi\varphi}{\Phi'}\right)$$

$$j_2=\frac{\psi_{\max}}{2}\left(\frac{\pi\omega_1}{\Phi'}\right)^3\left(\sin\frac{\pi\varphi}{\Phi'}+2\sin\frac{2\pi\varphi}{\Phi'}\right)$$

式中，ψ_2、ω_2、ε_2、j_2 分别为摆杆的角位移、角速度、角加速度和跃度。$\psi_{\max}$ 为摆杆的最大摆角。φ、Φ、Φ' 分别为凸轮转角、升程运动角和回程运动角。设计时，取 $\Phi=\Phi'$。

这种运动规律称为双简谐运动规律。摆杆在行程终止点可获得很大的负加速度，因而可获得很大的打纬惯性力。特别是在高速机械中，惯性力将随工作速度的提高而增大。双简谐运动规律是设计箭杆织机打纬共轭凸轮机构的理想运动规律。

二、打纬共轭凸轮的廓线方程

为减小凸轮机构换向引起的冲击，减小机械振动与噪声，提高工作速度，采用共轭凸轮机构作为打纬机构。共轭凸轮的设计如图 11-15 所示。

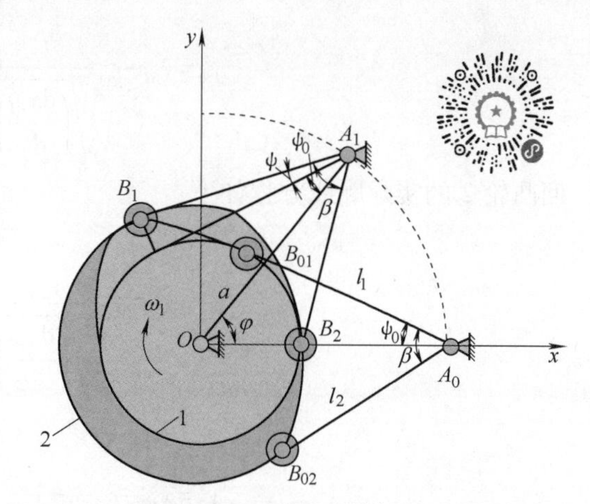

图 11-15　共轭凸轮的设计

凸轮 1 为主凸轮，2 为回凸轮，摆杆 l_1 与主凸轮 1 构成主凸轮机构，摆杆 l_2 与回凸轮 2 构成回凸轮机构。摆杆 l_1、l_2 之间夹角为 β，机架长为 a。

主凸轮机构的理论廓线方程可用以下矩阵表达

$$\begin{bmatrix}x_{B1}\\y_{B1}\end{bmatrix}=\begin{bmatrix}\cos(\varphi-\psi) & -\sin(\varphi-\psi)\\ \sin(\varphi-\psi) & \cos(\varphi-\psi)\end{bmatrix}\begin{bmatrix}x_{B01}-x_{A0}\\y_{B01}-y_{A0}\end{bmatrix}+\begin{bmatrix}x_{A1}\\y_{A1}\end{bmatrix}$$

式中

$$x_{A1}=a\cos\varphi,\ y_{A1}=a\sin\varphi;\ x_{A0}=a,\ y_{A0}=0$$

$$x_{B01}=a-l_1\cos\psi_0,\ y_{B01}=l_1\sin\psi_0$$

整理后可有

$$x_{B1}=a\cos\varphi-l_1\cos(\varphi-\psi_0-\psi)$$

$$y_{B1}=a\sin\varphi-l_1\sin(\varphi-\psi_0-\psi)$$

式中，x_{B1}、y_{B1} 为主凸轮 1 的理轮廓线坐标值。

根据主、回凸轮的共轭条件，B_{01} 和 B_{02} 两点之间距离保持不变。回凸轮机构的理论廓线方程可用以下矩阵表达

$$\begin{bmatrix}x_{B2}\\y_{B2}\end{bmatrix}=\begin{bmatrix}\cos(\varphi-\psi) & -\sin(\varphi-\psi)\\ \sin(\varphi-\psi) & \cos(\varphi-\psi)\end{bmatrix}\begin{bmatrix}x_{B02}-x_{A0}\\y_{B02}-y_{A0}\end{bmatrix}+\begin{bmatrix}x_{A1}\\y_{A1}\end{bmatrix}$$

式中

$$x_{B02}=a-l_2\cos(\beta-\psi_0),\ y_{B02}=-l_2\sin(\beta-\psi_0)$$

整理后可有

$$x_{B2}=a\cos\varphi-l_2\cos(\varphi+\beta-\psi_0-\psi)$$

$$y_{B2}=a\sin\varphi-l_2\sin(\varphi+\beta-\psi_0-\psi)$$

式中，x_{B2}、y_{B2}为回凸轮 2 的理轮廓线坐标值。

根据滚子的包络线方程，可求出主、回凸轮的实际廓线方程。

主凸轮 1 的实际廓线方程如下：

$$x_1=x_{B1}+r_{r1}\frac{\dfrac{\mathrm{d}y_{B1}}{\mathrm{d}\varphi}}{\sqrt{\left(\dfrac{\mathrm{d}x_{B1}}{\mathrm{d}\varphi}\right)^2+\left(\dfrac{\mathrm{d}y_{B1}}{\mathrm{d}\varphi}\right)^2}}$$

$$y_1=y_{B1}-r_{r1}\frac{\dfrac{\mathrm{d}x_{B1}}{\mathrm{d}\varphi}}{\sqrt{\left(\dfrac{\mathrm{d}x_{B1}}{\mathrm{d}\varphi}\right)^2+\left(\dfrac{\mathrm{d}y_{B1}}{\mathrm{d}\varphi}\right)^2}}$$

回凸轮 2 的实际廓线方程如下：

$$x_2=x_{B2}+r_{r2}\frac{\dfrac{\mathrm{d}y_{B2}}{\mathrm{d}\varphi}}{\sqrt{\left(\dfrac{\mathrm{d}x_{B2}}{\mathrm{d}\varphi}\right)^2+\left(\dfrac{\mathrm{d}y_{B2}}{\mathrm{d}\varphi}\right)^2}}$$

$$y_2=y_{B2}-r_{r2}\frac{\dfrac{\mathrm{d}x_{B2}}{\mathrm{d}\varphi}}{\sqrt{\left(\dfrac{\mathrm{d}x_{B2}}{\mathrm{d}\varphi}\right)^2+\left(\dfrac{\mathrm{d}y_{B2}}{\mathrm{d}\varphi}\right)^2}}$$

式中，x_1、y_1 和 x_2、y_2 分别为主、回凸轮的实际廓线坐标值；r_{r1}、r_{r2}分别为主、回凸轮机构的滚子半径。

三、讨论

织机打纬凸轮机构与普通凸轮机构的设计不同，摆杆在行程开始点的加速度为零，行程终止点的加速度要尽量大，且为负值。因此，只有组合运动规律才能满足工作要求。此处提出的双简谐运动规律中，回程阶段的位移方程是根据不同周期的加速度曲线叠加组合而成的双简谐运动方程式。这一点与推导单一运动规律的回程位移方程不同。由于很多著作中都忽略了这一点，故在此提出回程位移方程问题，以引起人们的重视。

共轭凸轮由主、回凸轮组成，此处在设计主凸轮的基础上，利用共轭条件，直接推导出回凸轮的廓线方程，简化了共轭凸轮的设计过程。

该案例是反求设计过程的创新问题。它说明了在反求设计过程中，必须把原机的工作原理弄清楚，以原机为参考，才能设计出优于原机的新产品。

第四节　多功能平口钳的创新设计案例分析

本案例是在工作经验的基础上，通过深入观察，打破定势思维，结合创造性设计的新产品。

小五金是生产和生活中常用的工具，其中钳子的应用最为广泛。但平时使用的钳子一般只有夹紧和切断两个功能，且大都是 V 形开口，使用时产生向外的滑脱力。图 11-16 所示为普通钳口受力图，滑脱力 F_1 经常使被夹物滑脱。

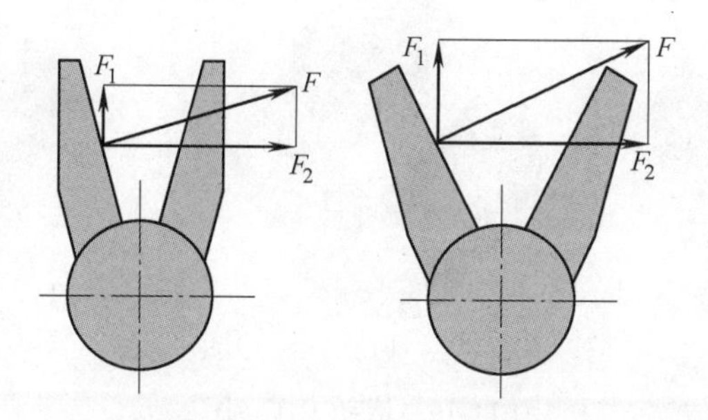

图 11-16　普通钳口受力图

本案例的特点之一是强调平行钳口，实现平行钳口的方案多种多样，连杆机构和齿轮齿条机构均能实现预期目标。本案例采用齿轮齿条机构实现钳口的平行移动。图 11-17 所示为齿轮齿条机构平动钳口示意图。

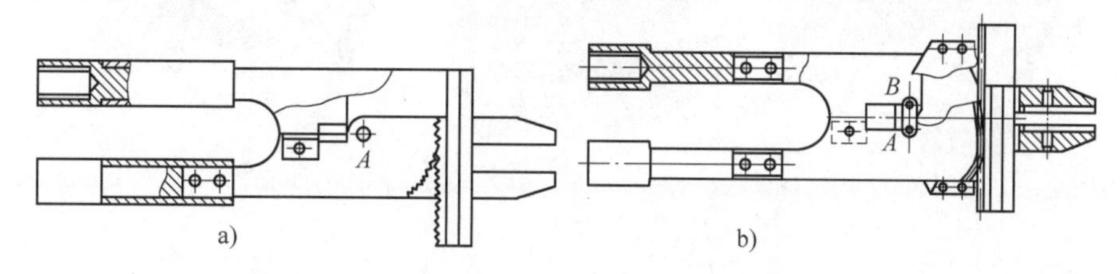

图 11-17　齿轮齿条机构平动钳口示意图

图 11-17a 所示机构中，与手柄固接的扇形齿轮绕铰链 A 转动，实现单钳口的平动；图 11-17b所示机构中，两个扇形齿轮分别固接在两手柄上绕铰链 A、B 转动，实现双钳口的平动，达到夹紧的目的。

本案例的特点之二是强调多功能的钳口，实现平行钳口的夹紧、剪断、剥线、压线等多项功能。其实现方法是在钳口本体上加装活动工作块。图 11-18a 所示为加装活动工作块示意图。

图 11-18b 所示为普通活动钳口，图 11-18c 所示为尖嘴活动钳口。

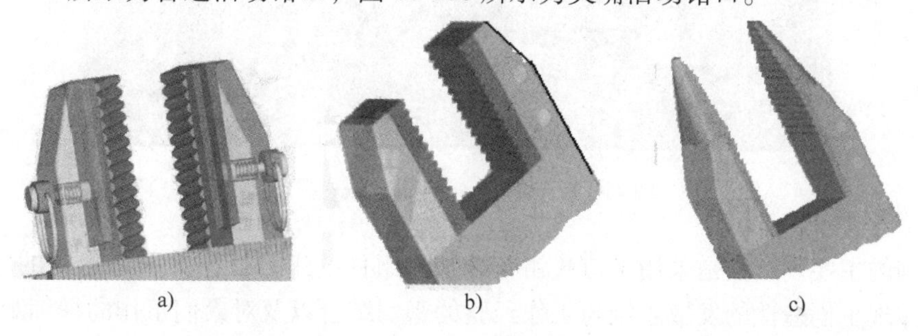

图 11-18　活动工作块图一

图 11-19a 所示为剪切活动钳口，图 11-19b 所示为剥线活动钳口，图 11-19c 所示为丝锥柄活动钳口。

图 11-20a 所示为压线活动钳口，图 11-20b 所示为订书器活动钳口，图 11-20c 所示为弧形活动钳口。该产品的系列组件如图 11-21 所示。

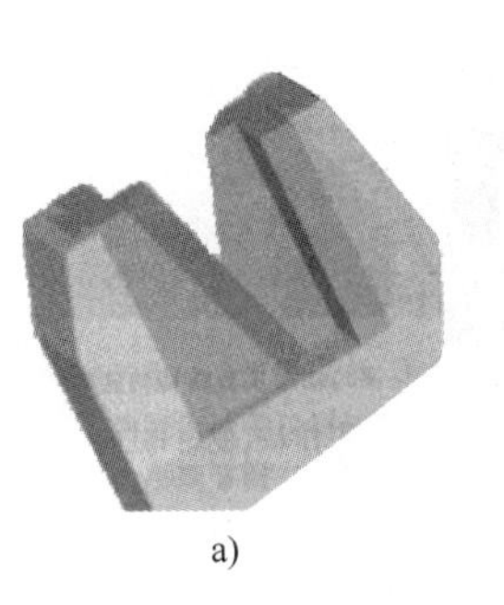
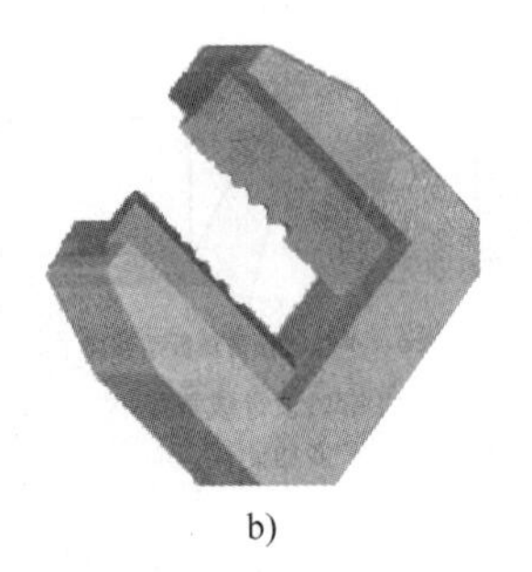

a)　　b)　　c)

图 11-19　活动工作块图二

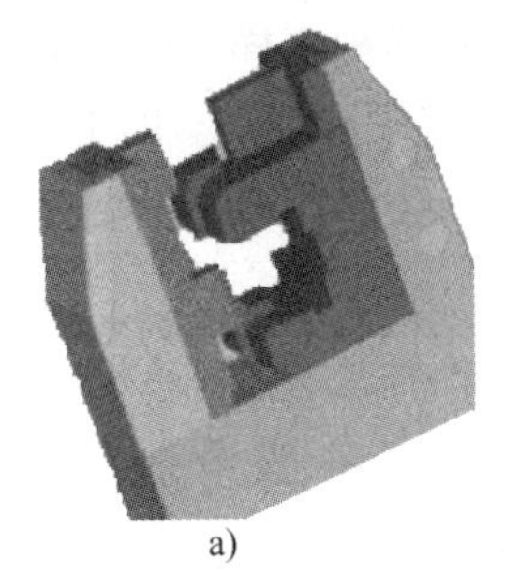
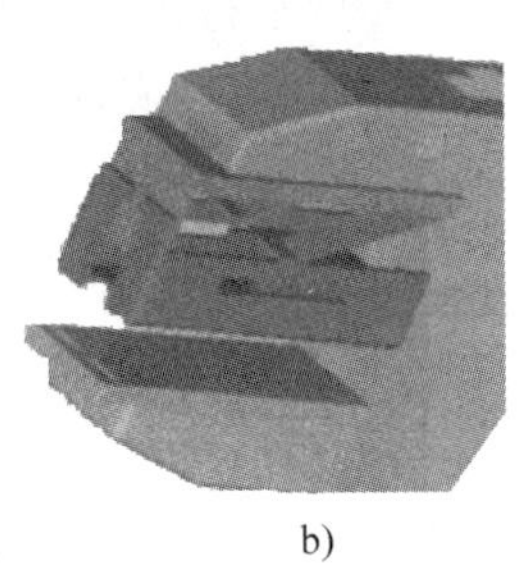
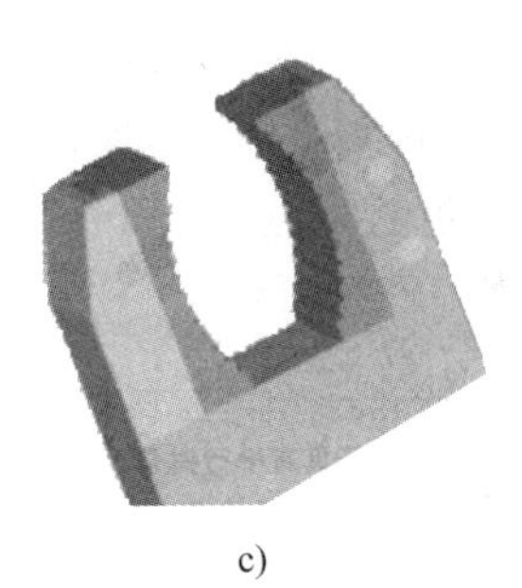

a)　　b)　　c)

图 11-20　活动工作块图三

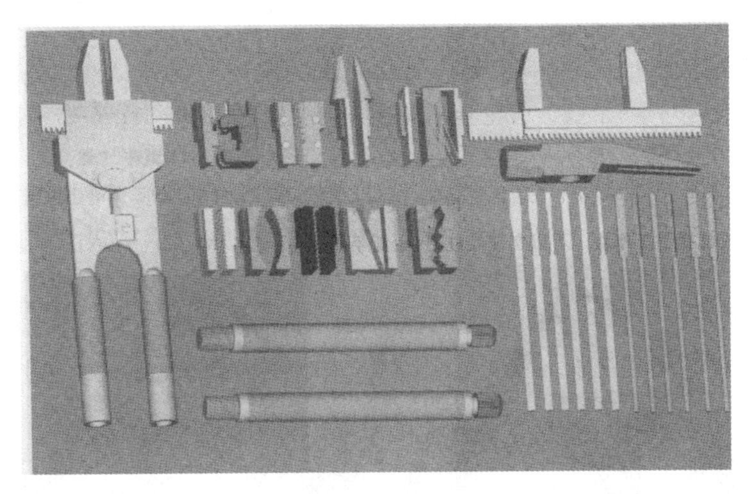

图 11-21　多功能平口钳的系列组件

本案例的主要创新点是采用平口式钳与多功能组件的组合，扩大了普通钳的应用范围。创造过程体现了创造性的发散思维与工作经验的密切结合以及对人们工作的仔细观察。这类创新活动成果最多，应用也最为广泛。

第五节　发动机主体机构的创新设计案例分析

曲柄滑块机构的滑块为主动件时，该机构可作为内燃机的主体机构，由此发明了内燃机。图 11-22 所示为单缸四冲程内燃机的机构运动简图。靠增大活塞直径提高燃烧效率，不能从根本上解决这种内燃机输出功率小的问题。单缸四冲程内燃机的工作过程如图 11-23 所示。图 11-23a 所示为吸进燃气的冲程，图 11-23b所示为压缩燃气的冲程，图 11-23c 所示为燃气燃烧爆炸的做功冲程，图 11-23d所示为排除燃烧废气的冲程。在一个运动循环内，曲柄转两周，活塞移动四次，故称之为四冲程内燃机。

如果采用多个活塞共同驱动一个曲柄转动，则创造出了多缸内燃机。回顾其创新过程可知，这属于机构的并联创新范畴。在多缸内燃机中，根据各个曲柄滑块机构的布置情况还可分为多种情况。

如果把各曲柄滑块机构的活塞排列在一条直线上，分布在不同相位的曲柄则演化为曲轴。图 11-24 所示为直线布置系列的内燃机主体机构示意图。

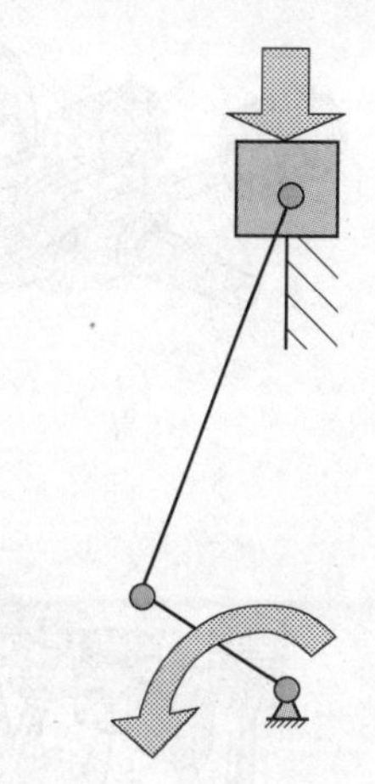

图 11-22　单缸四冲程内燃机的机构运动简图

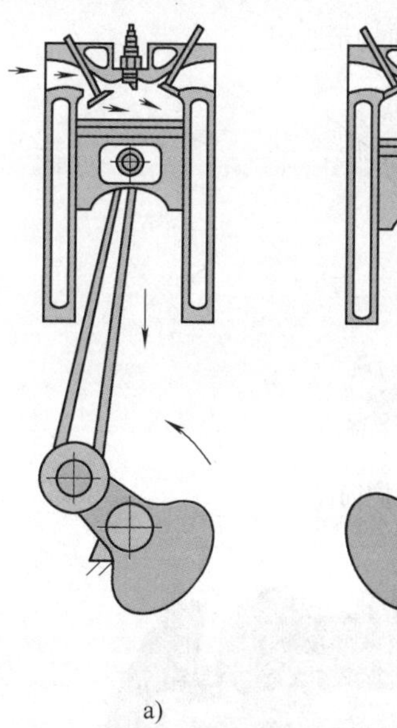

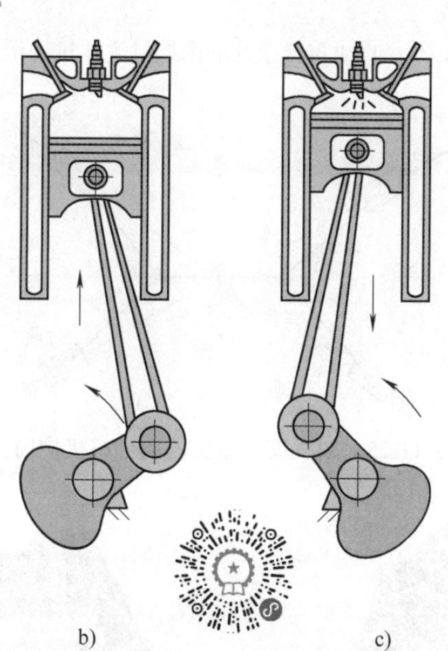

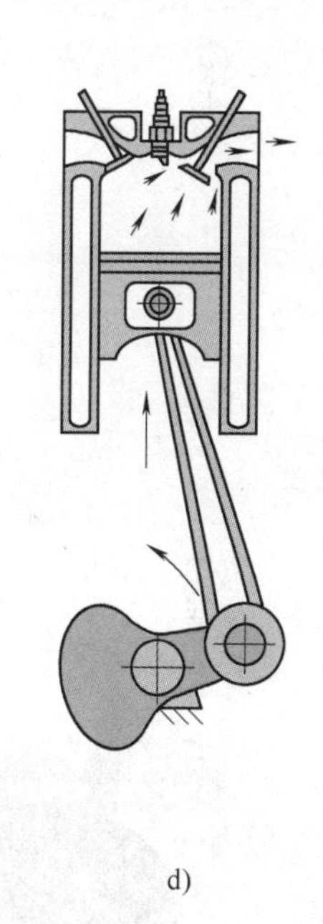

a)　b)　c)　d)

图 11-23　单缸四冲程内燃机的工作过程

图 11-24a 所示为两排成 180° 布置的四缸内燃机；图 11-24b 所示为两排呈 V 形布置的六缸内燃机；图 11-24c 所示为单排布置的六缸内燃机；图 11-24d 所示为两排呈 V 形布置的八缸内燃机。根据机构的并联组合原理，只要结构允许，还可以并列增加曲柄滑块机构，得到更多缸数的内燃机，使其功率大大增加。目前，机车、船用内燃机已经增加到 16 缸以上。

按直线排列的曲柄滑块机构设计的内燃机的结构简单，但其轴向尺寸过大，导致其重量增加。目前主要应用在车、船领域。为减小内燃机的体积与重量，在并联原理不便的前提下，缩短曲轴的长度到一个平面内，活塞沿圆周布置，仅改变各曲柄滑块机构的布置方式，即可得到周向布置的内燃机，该内燃机具有较小的轴向尺寸，其体积与重量也比线形布置的内燃机小，因此可广泛应用在航空内燃机领域。图 11-25 所示为四缸周向布置的内燃机机构简图。

图 11-26 所示为多缸周向布置的内燃机结构。

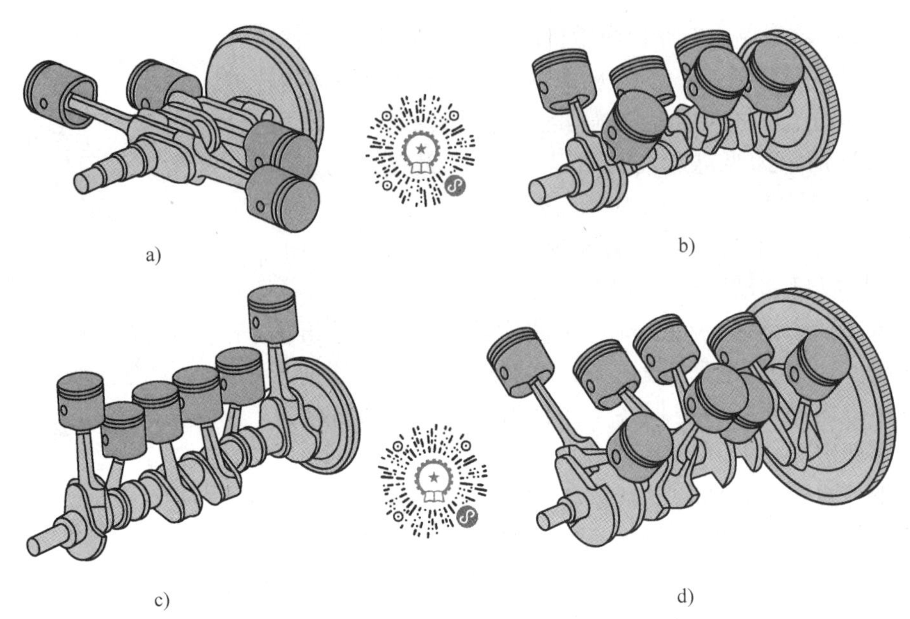

图 11-24　直线布置系列的内燃机主体机构示意图

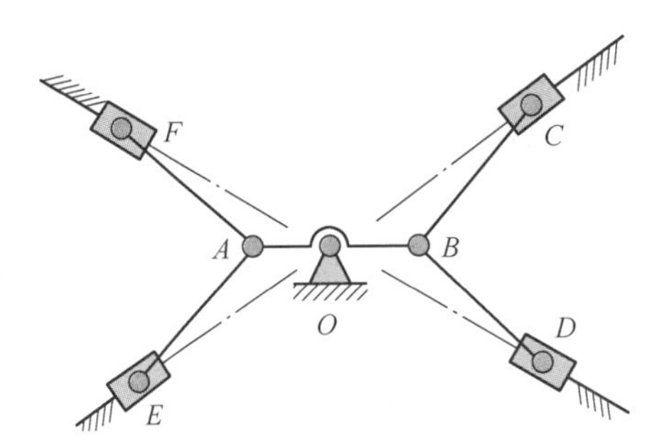

图 11-25　四缸周向布置的内燃机机构简图

图 11-26　多缸周向布置的内燃机结构

该案例通过内燃机的创新设计过程说明了基本机构、基本机构的组合为设计新产品提供了清晰的设计思路和明确的设计方法，结合创新思维，就能为以后的发明创造奠定强有力的基础。

附　录

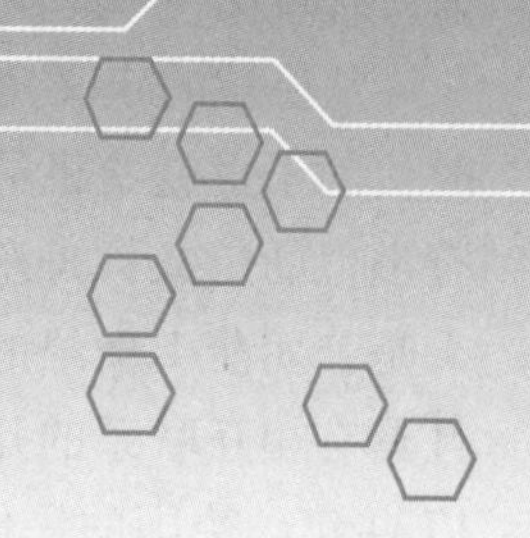

机械发明创造史与知识经济

第一节　我国古代机械发明创造史简介

在人类历史的长河中，发生了几次决定人类命运的大转折。第一次转折发生在大约200万年前，人类学会使用了最简单的机械——天然工具；第二次转折发生在大约50万年前，人类发现并开始使用火；第三次转折发生在大约15000年前，人类开始了农耕和畜牧，并大量使用简单的机械；第四次转折发生在1750—1850年，蒸汽机的发明导致了一场工业革命，在此期间，奠定了现代工业的基础；计算机的发明导致了一场现代工业革命，也就是第五次转折。计算机正在改变人类传统的生活方式和工作方式。人类的生存、生活、工作与机械密切相关。衣服是用纺织机织成布，用缝纫机制成的；粮食是用机械播种、收割、加工的；楼房是用机械盖的；电是用机械发出的；汽车、火车、飞机是机械，也是由机械制造的。机械给人类带来幸福，现代人离不开机械。

为了更好地了解现代机械，发明创造出新机械，了解机械发明创造史是有必要的。

由于自然条件的突然变化，生活在树上的类人猿被迫到陆地上觅食，为了和各种野兽抗争，他们学会了用天然的木棍和石块保卫自己，并用之猎取食物。通过使用天然工具，锻炼了他们的大脑和手指。并逐步通过敲击石块和磨制，学会了制造和使用简单的木制和石制的工具，从事各种劳动。可以这样认为，这种发明并使用这些最简单工具的创举，是类人猿进化为人类的一个决定性因素。在以后漫长的岁月里，人类发现了火，并学会了钻木取火，使人类的生活质量有了很大的提高。学会了把磨尖的石块安装在木棍上等更进一步的工具的制造，加速了人类的进化过程。公元前4000年左右，人类又发现了金属，学会了冶炼技术，从而使各类工具的使用有了迅速发展。

在我们中华民族五千年的文明史中，我国古代劳动人民在机械工程领域中的发明创造尤为突出。绝大部分的发明创造是由于生存、生活的需要和生产中的需要，一些发明创造是战争的需要，还有一些发明创造是为了探索科学技术的需要。根据我国古代发明创造的演变过程可知，任何一种机械的发明都经历了由粗到精、逐步完善与发展的过程。例如，加工谷粒的机械，最初是把谷粒放在一块大石头上，用手拿一块较小的石头往复搓动，再吹去糠皮以得到米；第二步发明了杵臼；第三步发明了脚踏碓，使用了人体的一部分重力工作；第四步发明了人力和畜力的磨和碾；第五步发明了使用风力和水力的磨和碾，这不但实现了连续的工作，节省了人力，提高了效率，而且学会了使用自然力，完成了由工具到机械的演变过程。

在兵器领域中，由弹弓发展为弓箭，又发展为弩箭；发明火药后，由人力的弓箭发展为火箭，直到发展为具有飞弹雏形的两级火箭。在我国的古代战争中，有大量的实战记载。

从机械的定义角度看，我国是世界上最早给机械下定义的国家。公元前5世纪，春秋时代的子贡就给机械下了定义：机械是能使人用力寡而成功多的器械。后来的韩非子也有类似的定义：舟车机械之利，用力少，致功大，则入多。而最早给机械下定义的欧洲人是公元前1世纪的一个叫Vitruvius的古罗马建筑师，他的定义是：机械是由木材制造且具有相互联系的几部分所组成的一个系统，它具有强大的推动物体的力量。直到公元1724年，德国的一位叫Leopold的机械师给机械做了比较接近现代的定义：机械是一种人造的设备，用来产生有利的运动，在不能用其他方法节省时间和力量的地方，它能做到节省。Leopold提出了机械的运动、时间与省力的概念。经过多年的完善与发展，现代机械的概念是：机械是机器与机构的总称，把执行机械运动，用来变换或传递能量、物料与信息的装置称为机器；把用来变换或传递运动与动力的装置称为机构。这使机械的定义更加科学化。

我国古代的机械发明、使用与发展，远远领先于世界水平。但由于长期的封建统治，限制了生产力和科学技术的发展。在最近的四五百年，我国在机械工程领域的发展已落后于西方强国。自从新中国成立以后，在短短的几十年里，把只能做小量的修理和装配工作的机械工业发展为能够生产汽车、火车、轮船、金属切削机床、大型发电机等许多机械设备的机械工业，特别是我国实行改革开放政策以来，机械工业的发展更为迅速，与发达国家的差距正在缩小，有些产品已领先世界水平。现在，我国已成为世界上最大的机械制造国。

我们中华民族在过去的几千年中，在机械工程领域中的发明创造有着极其辉煌的成就。不但发明的数量多，质量也高，发明的时间也早。我们过去的历史是光荣的。为使中华民族再度辉煌，我们的任务也是艰巨的。在过去的年代里，机械的发明与使用繁荣了人类社会，促进了人类文明的发展。在高科技迅速发展的今天，机械的种类更加繁多，性能更加先进。机械手，机器人，机、光、电、液一体化的智能型机械，办公自动化机械等大量先进的科技含量高的机械正在改变人类的生活与工作。希望有志于机械工程专业的青年，继承我们祖先的光荣传统，发明创造出更多、更好的新机械，为把我国建设成一个伟大的社会主义现代化强国而奋斗。

除了众所周知的造纸术、印刷术、指南针、火药这四大发明之外，我国古代在机械工程领域的发明与创造也是非常辉煌的。由于古代我国长期处于封建社会状态，科学技术的发展比较缓慢。秦汉以前，对各种发明创造比较重视，在这期间的成果较多。据《周礼考工》记载：“智者创物，巧者述之，守之世，谓之工，百工之事皆圣人之作也。”但也有不同意见，《老子》中说：“民多利器，国家滋昏；人多技巧，奇物滋起；绝巧弃利，盗贼无有。”自秦汉以后，除去对农业生产有利的发明创造之外，一般都受到轻视，甚至因发明创造而获罪。据《明史》卷二十五记载：“明太祖平元，司天监进水晶刻漏，中设二木偶人，能按时自击钲鼓，太祖以其无益而碎之。”由于统治者的偏见，极大地影响了古代劳动人民的创造能力的发展。

另外，我国古代不重视对所发明器械的绘图工作，有不少的发明创造因为没有绘图的帮助，很难搞明白，而真正做出发明创造的人或自己不会用文字记载，或由于社会的不重视而没有记载，这些都影响了我国古代科学技术的进步。尽管如此，我国古代的科学技术仍然领先于世界，无愧于一个伟大的文明古国的称号。

以下简要说明我国在各时期的典型发明。

一、简单机械的发明创造

简单机械是人类发明最早的机械，主要有杠杆、滑车、斜面、螺旋等几大类。

杠杆是发明最早且应用很普遍的一种简单机械，可以直接运用，也可以与其他简单机械组合应用。

附图 1-1 是杠杆在锥井机上的应用。利用人的跳上跳下动作，使锥具上下工作。

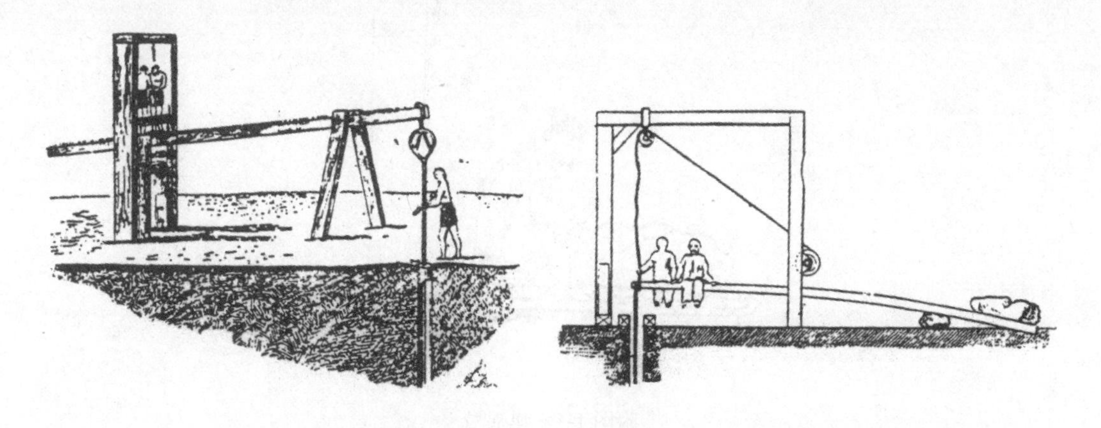

附图 1-1　简单锥井机

附图 1-2 是杠杆在脚踏杵臼上的应用。利用人脚的踏动实现舂米。

由杠杆演化而成的滑车也是一种简单机械，使用较为普遍的有辘轳、绞车等。附图 1-3 是提水用的辘轳，由于转动手柄的半径大于轮轴半径而达到省力的目的。

附图 1-2　脚踏锥舂米

附图 1-3　提水辘轳

二、简单机械的发展和提高

利用物体的弹性力、重力、惯性力来帮助人类工作，是简单机械的进一步发展和提高。弹弓和弓箭就是利用物体的弹性工作的，用在打猎和作战中。附图 1-4 是公元前 500 年发明的弹棉弓。

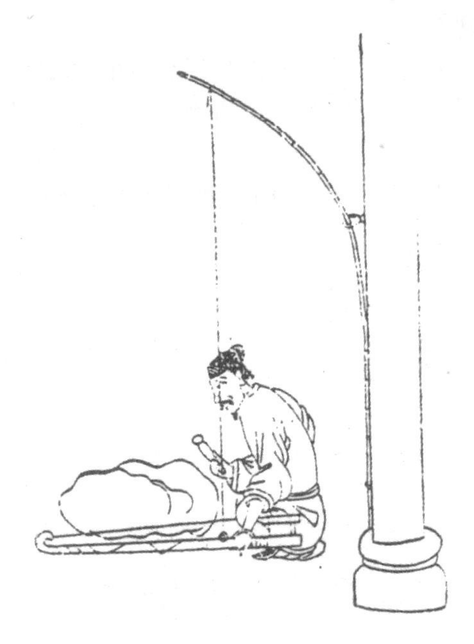

附图 1-4 弹棉弓

利用弹簧的弹力达到各种目的的器械也很多。有一种叫袖箭的暗器，在一个有压紧弹簧的筒中，安置短剑，用扳机卡住，藏在袖中。遇敌时打开扳机，弹出短剑，杀伤敌人。

附图 1-5 所示的轧棉机是利用惯性力工作的示例。将脚踏板的摆动转化为飞轮的转动，飞轮的惯性克服了机构的死点位置。手柄的转动和惯性飞轮的转动可带动两个有较小缝隙的滚轴转动，实现轧棉的目的。我们的先人在公元 1313 年以前就知道了利用惯性克服死点的原理。

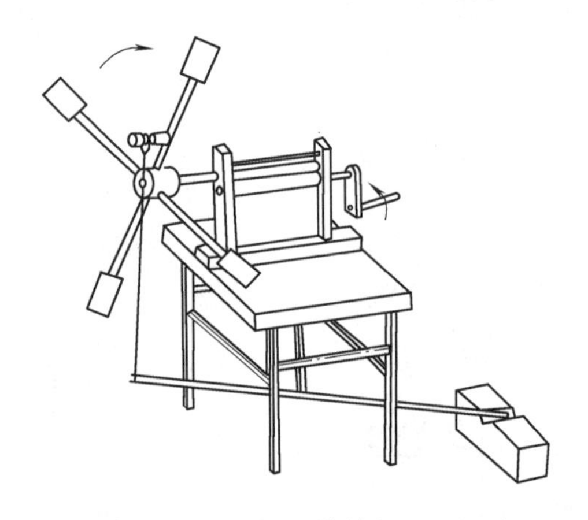

附图 1-5 轧棉机

附图 1-6 是采用连续转动代替间歇运动的扇车。手转足踏，扇即随转，糠秕即去，乃得净米。附图 1-7 为脚踏扇车。

公元前 1122 年，我国已出现四匹马拉的战车。公元前 770 年，已利用畜力耕田与播种。附图 1-8、附图 1-9、附图 1-10 是利用畜力砻谷、碾米、磨面的示意图。

附图 1-6　扇车

附图 1-7　脚踏扇车

附图 1-8　砻谷图

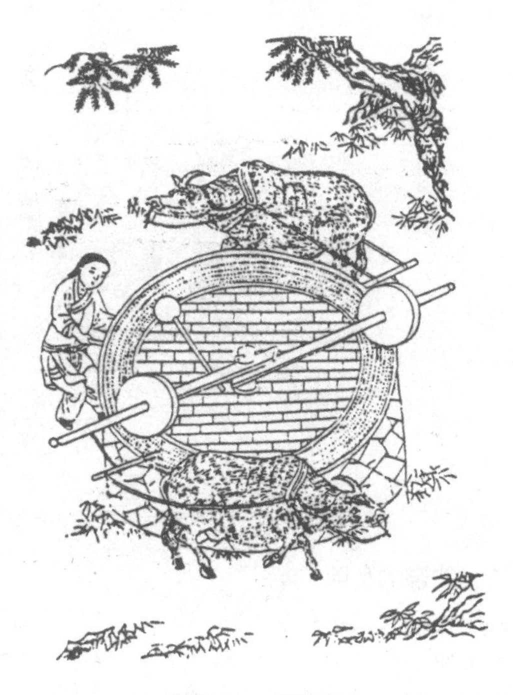

附图 1-9　碾米图

附图1-11和附图1-12是畜力翻车汲水图。由此可知，我国古代早已使用了齿轮传动。

附图1-10 磨面图

附图1-11 牛转翻车汲水图

附图1-12 驴转翻车汲水图

三、能源的利用

我国古代人民在有水资源的地方，很早就懂得利用水力代替人力的工作。附图1-13是利用水力驱动鼓风图。公元31年，在冶炼工业中已利用了水力鼓风机。

附图1-14是水力驱动的连机杵臼，附图1-15是水力驱动的水磨，附图1-16是水力驱动的水碾。

风能的利用也有1700年的历史。立式风帆是我国所独有的，尽管风轮的发明年代还不十分清楚，但其与附图1-17所示的小孩风车原理是相同的。

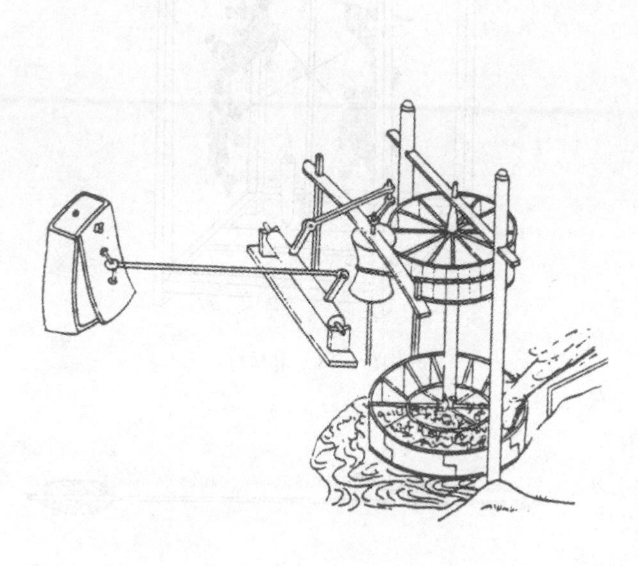

附图1-13　水力驱动鼓风图

附图1-14　水力驱动的连机杵臼

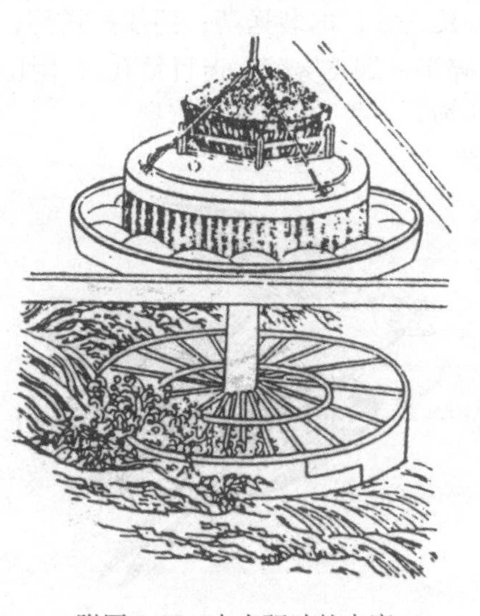

附图1-15　水力驱动的水磨

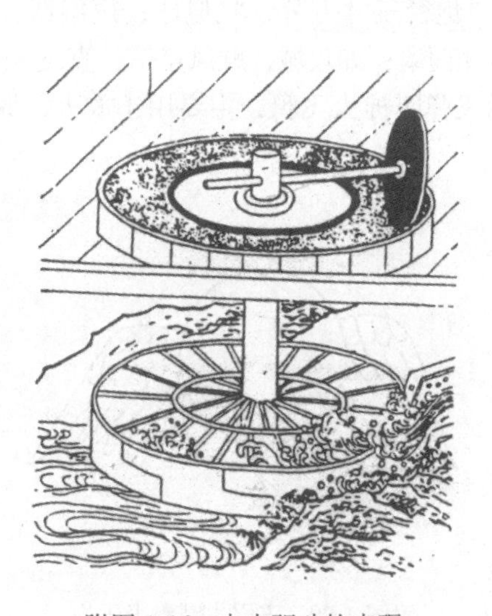

附图1-16　水力驱动的水碾

我国对于热力的利用，发明也较早，可惜的是没有应用到生产工程中去。附图1-18是自宋代以后广泛应用的走马灯。蜡烛燃烧时，热气上升，推动叶轮转动。固接在叶轮轴上的纸剪人马随之转动。走马灯实际上是燃气轮机的始祖。

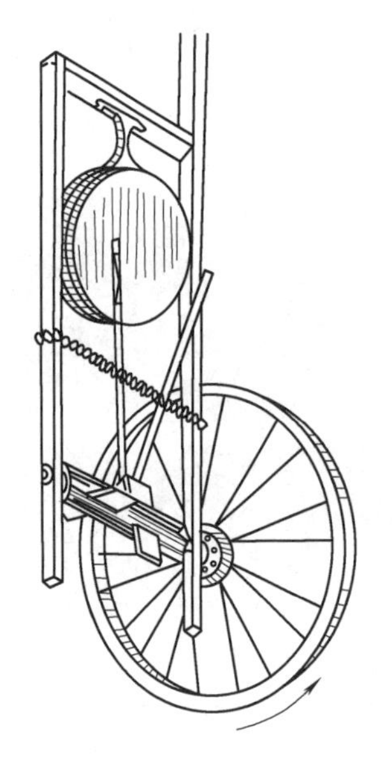

附图 1-17 小孩风车

附图 1-18 走马灯

火箭是一种武器，全世界公认是中国发明的。利用高速喷射气流的反作用力推动物体快速运动是火箭的原理。自三国时代以后的许多次战争中，都有把火箭用于战争的记载。附图 1-19 是典型的火箭示意图。

附图 1-19 火箭示意图

雏型飞弹也起源于我国。附图 1-20 所示飞弹叫震天雷炮。《武备志》卷一百二十三记载："炮径三寸五分，状似球；篾编造；中间一筒，长三寸，内装送药；药线接送药；两旁安风翅两扇；如攻城，顺风点信，直飞入城；至发药碎爆，烟飞雾障，迷目钻孔。"附图 1-21 所示飞弹叫神火飞鸦，主要用于放火，原理同震天雷炮。

附图 1-20 飞空击贼震天雷炮

附图 1-21 神火飞鸦

四、机械传动领域的发明创造

古代我国在机械传动领域的发明创造更多。绳索传动、链传动、齿轮传动等都有着广泛的应用。附图 1-22 是牛转绳轮凿井图。在附图1-23所示的木棉纺车中，双脚交替踏动摆杆时，大绳轮转动，再由一绳带动三个小绳轮高速转动。三个小绳轮上各装一锭，纺线人手持棉条，即可在锭子上纺出线来。

附图 1-22　牛转绳轮凿井图

我国古代的指南车、记里鼓车、天文仪中都应用了复杂的齿轮系，这里不一一列举。

另外，我国在自动机构的发明创造领域中，成绩突出。虽然缺乏详细的记载，也没有绘图表示，但大多数采用了连杆机构和凸轮机构。这些自动机构主要用于捕捉动物或用于防止盗墓。记里鼓车、天文仪中也应用了自动机械。

把我国历史上的发明创造同西方国家相比，可以看出：在公元 14 世纪以前，我国的发明创造在数量和质量上都是领先的，我国也曾是世界强国。但在公元 14 世纪以后，就逐步落后于西方强国。我国古代人民对世界科学技术的发展所做的贡献值得我们引以为豪。我们相信：日益强大的中国在以后的时间里还会对世界的发展做出更大的贡献。

附图 1-23　木棉纺车

第二节　西方各国机械发明创造史简介

西方各国在科学技术领域的发展，特别是在机械工程领域的发明创造，在公元 14 世纪以后逐步超过我国。从中世纪沉睡中醒来的欧洲，约在公元 16 世纪进入了文艺复兴时代。

机械工程领域中的发明创造如雨后春笋，机械制造业空前发展。文艺复兴时期的代表人物、意大利的著名画家达·芬奇（Leonaldo da Vinci）设计了变速器、纺织机、泵、飞机、车床、锉刀制作机、自动锯、螺纹加工机等大量机械，并画了印刷机、钟表、压缩机、起重机、卷扬机、货币制造机等大量机械草图。一场大规模的工业革命在欧洲发生，大批的发明家涌现出来。各种专科学校、大学、工厂纷纷建立。机械代替了大量的手工业，生产迅速发展。

1738 年，英国的怀特（John Wyatt）和鲍尔（Lewis Paul）设计并制造了纺织机，于 1758 年取得了改进后的纺织机专利。

1760 年，英国的哈格里夫斯（Jams Hargreaves）改造了纺织机，使纺纱和织布开始分工。

1769 年，在英国格拉斯哥大学工作的瓦特（Jams Watt）经过十余年的努力和不断改进，在爱丁堡制造出第一台蒸汽机。1780 年，蒸汽机为工厂提供了强大的动力，成为动力之王。蒸汽机的成功经历了多人的努力：1680 年，荷兰的物理学家惠更斯（Christian Huygens）通过气压使活塞运动；英国人塞维利（Thomas Savery）制造了利用蒸汽汲水的机械；英国人纽克曼（Thomas Newcomen）完成了汽压机的制造；最后才由瓦特发明出蒸汽机。

1804 年，英国人特莱维茨克（Richad Trevithick）发明并制造出第一台蒸汽机车，并由英国人斯蒂芬森（George Stephenson）在 1829 年最后完善成功。1830 年法国修筑了从圣亚田到里昂的铁路，1835 年德国修筑了从纽伦堡到菲尔特的铁路。蒸汽机车与铁路的普及，使交通运输发展很快，促进了西方工业生产的发展。铁路时代，促进了西方的机械文明。

1850 年，英国的佛朗西斯（James Bicheno Francis）设计并制造了固定叶片外置、转动叶轮安装在内侧的水轮机，水从叶轮外周流向内侧，佛朗西斯水轮机被广泛使用。

1870 年，美国的佩尔顿（Lester Allen Pelton）发明了冲击式水轮机。

1920 年，奥地利的卡普兰（Kaplan）发明了螺旋桨式水轮机。

1882 年，瑞典科学家拉瓦尔（Carl Gustaf Patrik Laval）研制出了冲击型汽轮机。

1884 年，英国的帕森斯（C. A. Parsens）研制出了反击型汽轮机。

1680 年，荷兰的物理学家惠更斯开始研究内燃机；1833 年，英国的赖特（L. W. Wright）提出了一种原动机的设想；1838 年，由巴尼特（Barnet）制造出第一台装有点火装置的内燃机。

1880 年，21 岁的德国人狄塞尔（Rudolf Diesel）以优异的成绩在慕尼黑工业大学毕业后，经过 17 年的坚持不懈研究，克服各种困难，终于在 1897 年研制成功了著名的狄塞尔内燃机，为机械文明的发展做出了很大的贡献。自此后，解决了汽车、轮船等许多机器的动力源问题，机械工业发展进入一个新阶段。

电的发现，给人类带来了光明。电动机的发明引起一场新的动力革命。

1879 年，美国的发明家爱迪生（Thomas Alva Edison）发明了电灯。英国的法拉第（Michael Faraday）阐述了发电机和电动机的原理。比利时的格拉姆（Zenobe Theophile Gramme）制造出第一台实用的发电机。它由蒸汽机驱动，主要用于照明和电镀。

由于偶然的因素而发明了电动机。1873 年，在维也纳举行了世界博览会。在试验发电机时，由于操作失误，外部电流流向了发电机，发电机却突然转动起来。这一意外的发现，触动了科学家的灵感。不久，实用的电动机诞生了。

1879 年，德国西门子研制成功第一台电气机车。四年后，英国开设世界上第一条电气铁路。

战争的爆发与持续，加速了枪炮等武器的研制与生产。欧洲的战争、英美战争、美墨战争、第一次世界大战等战事不断，对兵器的配件要求导致了互换性的发明。良好的互换性必须有高精度的测量工具和加工机床来保证。因此，19 世纪机床和测量工具的发明与革新进展很快。同时，钢铁工业也获得很快发展。互换性的发明使机械工业进入大批量的生产阶段。

西方各国的机械发明史主要集中在文艺复兴以后的工业革命期间，历史较短，但发展迅速，为现代工业的发展奠定了基础。总结其发展很快的原因之一就是对科学技术的重视。很多著名的大学就是在那一时期建立的。

第三节　现代机械文明与知识经济

现代机械是由古代的工具逐步发展起来的。其性能也是从低级阶段逐渐发展为高级阶段。尤其是电子计算机的发明与自动控制手段的发展，使我们进入了现代的机械文明。但伴随着机械文明的到来，必须注意防止使用机械时带来的不利因素。

一、机械文明中的空气污染

由于内燃机技术的普及，人类制造出大量的汽车。在发展公共交通运输的同时，汽车已进入家庭。在人们欣喜若狂地赞美汽车文明的时候，突然发现所呼吸的空气不再清洁了，患呼吸道疾病的人增加了。人们这才知道汽车排放的尾气和汽车轮子卷起的灰尘已危害了人类的健康。因此，研究无公害汽车已引起人们的极大关注。没有污染的太阳能汽车，电动汽车，污染小的燃氢汽车、天然气汽车都在研制过程中。为解决空气污染和交通堵塞的问题，一些西方国家甚至提倡骑自行车上班。

钢铁冶炼工业、水泥制造工业、火力发电工业及家庭取暖锅炉每天都向天空中排放大量的有毒气体与有害的粉尘。世界各国每年燃煤约 20 亿吨，产生数百万吨计的烟尘及有害气体。直径大于 10μm 的粉尘飘落地面，污染树木和花草，使大面积森林枯萎。而直径小于 10μm 的粉尘则长期飘浮在空中。直径小于 0. 2μm 的粉尘可以进入肺里，粉尘污染正在威胁人类的生命。如果再考虑到化学工业的污染，空气污染对人类的威胁更大。发明创新出无污染的机械，是摆在机械工程人员面前的一个重要任务。

二、机械文明中的噪声污染

到过南极的科学家说过，那里太安静了。而生活在地球上机械文明中的人却处在各种污染之中。有害的粉尘和气体通过口、鼻、皮肤进入人体，而噪声污染却通过人耳进入人体。即使回到舒适的家中，也处于电冰箱、电视机、空调、电风扇、音响和计算机的噪声包围之中。长期处于 80dB 噪声污染中的人，极易生病。因为噪声能降低人体的免疫能力。降低一切机器的噪声，或者发明低噪声的机器，是现代人们对机器性能的基本要求之一。

三、机械文明中的水污染

水污染的原因很多。工厂排放的废水、家庭洗涤废水与垃圾、农药、船舶运输中的石油泄漏等都会造成大面积的水污染。如何使河水、井水、海水变得洁净？人们想尽了办法，也进行了各种尝试，但收效甚微。为了消除水污染，只有不去污染水。因此，发明对水没有污染的机器，将是造福于人类的大贡献。

四、机械文明中的人机工程

人类发明了机械，人类在享受机械带来的幸福。但是，机械每天都在造成成千上万的人伤亡。汽车、轮船和飞机的事故会造成人的伤亡，正在工作的机器会造成人的伤亡，甚至机器人也会造成人的伤亡。因此，使现代机器更加安全、有良好的可靠性，是我们设计现代机器时应考虑的问题。机械文明中的人机工程要提到一个重要位置。

五、机械文明中的能源问题

机械需要能源，也需要金属等资源，而地球上的资源却是有限的。美国的麻省理工学院（MIT）于1972年发表报告，对地球上的资源做了预测，摘要如下：

1）按目前使用率的1.8%速度增长，铁资源可用93年。

2）按目前使用率的6.4%速度增长，铝资源可用31年。

3）按目前使用率不变，石油资源可用31年。

4）按目前使用率的4.1%速度增长，煤资源可用111年。

5）按目前使用率的2.7%速度增长，天然气资源可用22年。

6）按目前使用率的4.6%速度增长，铜资源可用21年。

假如发现埋藏量为现在的五倍，铁可使用173年，铝可使用55年，铜可使用48年，煤可使用150年，石油可使用50年，天然气可使用49年。

机械文明给人类带来巨大的好处，同时也带来很多问题有待于人类去解决。

地球上的资源是有限的。因此，为了人类的生存，节省机器的能源，寻找新能源，发明制造机器的新型复合材料，是机械工程技术人员以及全人类的共同的艰巨而伟大的任务。

消除机械文明中的空气污染、噪声污染、水污染，寻求新能源、新型复合材料，是关系到全人类生存与发展的头等大事，也是发展21世纪知识经济中的重要课题。

六、技术创新与知识经济

回顾人类发展的历史，可以看到，创新在人类进步过程中发挥了极其重要的作用。它不但对人类科学世界观的形成和发展起了重大而深远的影响，而且使科学成为一种推动社会发展与变革的有力杠杆，极大地促进了人类文明的发展进程。可以说，人类文明的每一次重大进步都离不开发明与创造。从中国古代的造纸术、印刷术、火药、指南针、冶金技术与光学镜片的制造，到欧洲的纺织机、蒸汽机、内燃机、发电机、电动机等机械的制造，再到当代的信息科学技术、新材料技术等高精尖科学领域的知识与技术，人类在不断拓展着自己的知识领域，改造自己的生活与生存环境，使我们人类社会不断前进。

1. 技术创新

简单地说，技术创新就是在市场上推出一种新产品，以技术突破为基础，以市场接受为准绳。技术创新的内容如下：

1）技术创新是从构思、设想开始，采用新技术，并将其转换为生产力，推向市场，而获得潜在的超额利润的行为。

2）技术创新是一个链式过程，各个环节、阶段互相反馈，逐步递进。

3）技术创新是一种机制。在市场需求与竞争的刺激下，技术创新是企业求得生存与发展的必由之路。因此，技术创新是企业发展的一种内在机制。

4）技术创新活动与技术创新产出是既有联系又有区别的统一体。技术创新活动与技术创新产出是不同步的。

概括起来，技术创新具有以下特点：①技术创新具有风险性。在市场上推出一种消费者所不熟悉的新产品，隐藏着许多不确定因素。其中市场的不确定因素影响最大。企业家常说：在十个新产品中，能成功一个就属幸运。②技术创新具有很高的回报率。③技术创新是

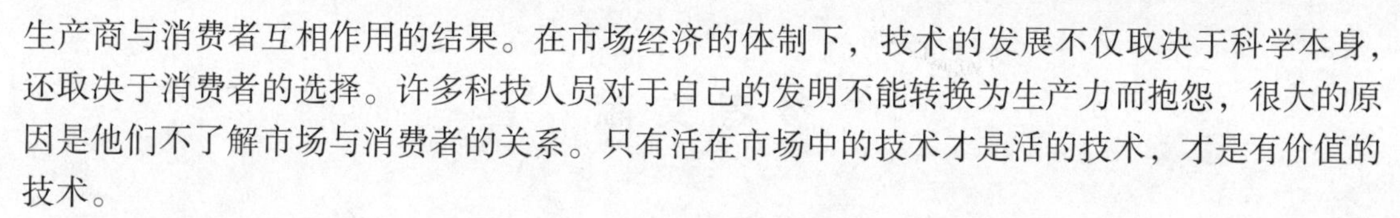

生产商与消费者互相作用的结果。在市场经济的体制下，技术的发展不仅取决于科学本身，还取决于消费者的选择。许多科技人员对于自己的发明不能转换为生产力而抱怨，很大的原因是他们不了解市场与消费者的关系。只有活在市场中的技术才是活的技术，才是有价值的技术。

2. 知识经济

随着世界科技的迅猛发展，一个以“知识经济”占主导地位的世纪已经到来。“知识经济”的生命和源泉在于“创新”。

知识经济是以知识及其产品的生产、流通和消费为主导的经济。高技术创新和科学方法是知识经济的主要内容。一般说来，知识经济的发展速度受两种因素的影响：第一种因素是创新的数量和质量；第二种因素是从技术创新到科学方法，再从科学方法反作用到技术创新的因果循环速度。

目前，我国发展知识经济主要有两方面的内容：一是大力鼓励技术创新，大力发展信息产业；二是千方百计地用知识带动传统产业，努力提高传统产业的知识含量和产出。

我国面对知识经济的挑战，已在以下几个方面做出努力：

1）加快传统制造业向知识经济型产业的转化。由于我们强调了设备的引进，忽略了技术、专利、诀窍的引进，走了许多弯路，难以从使用这些设备中学会制造和改进设备。因此，必须加快传统制造业向知识经济型产业的转化工作，由制造大国向制造强国转变。

2）加大科技投入，发展科学技术。

3）加大教育投入，提高国民素质。

4）提高管理水平，提供优良环境。

我国正在建立一个国家创新系统。国家创新系统可分为知识创新系统、技术创新系统、知识传播系统和知识应用系统。其中，知识创新系统的核心部分是国家科研机构和教学科研型大学。技术创新系统的核心部分是企业。知识传播系统是指高等教育系统和职业培训系统。知识应用系统的主体是企业和社会，主要功能是知识和技术的应用。

我们的祖先对人类社会的发展做出过巨大的贡献，相信我们在已经到来的知识经济大潮中，会对全人类的进步、发展与繁荣做出更大的贡献。

参考文献

[1] 张春林. 机械原理 [M]. 北京：高等教育出版社，2006.
[2] 张春林. 机械工程概论 [M]. 北京：北京理工大学出版社，2002.
[3] 申永胜. 机械原理教程 [M]. 北京：清华大学出版社，1999.
[4] 孙桓，陈作模，葛文杰. 机械原理 [M]. 7版. 北京：高等教育出版社，2006.
[5] 郑文纬，吴克坚. 机械原理 [M]. 7版. 北京：高等教育出版社，1997.
[6] 孟宪源. 现代机构手册 [M]. 北京：机械工业出版社，1994.
[7] 张美麟. 机械创新设计 [M]. 北京：化学工业出版社，2005.
[8] 刘之生，黄纯颖. 反求工程技术 [M]. 北京：机械工业出版社，1992.
[9] 刘仙洲. 中国机械工程发明史 [M]. 北京：北京出版社，2020.
[10] 中山秀太郎. 世界机械发展史 [M]. 石玉良，译. 北京：机械工业出版社，1986.
[11] 张春林，白士红. 打纬共轭凸轮机构的设计 [J]. 北京理工大学学报，2000 (1)：33-36.
[12] 孔凌嘉，等. 机械设计 [M]. 北京：北京理工大学出版社，2006.
[13] 吴宗泽. 机械结构设计准则与实例 [M]. 北京：机械工业出版社，2006.
[14] 贾延林. 模块化设计 [M]. 北京：机械工业出版社，1993.
[15] 中国机械设计大典编委会. 中国机械设计大典 [M]. 南昌：江西科学技术出版社，2002.
[16] 檀润华. 创新设计：TRIZ发明问题解决理论 [M]. 北京：机械工业出版社，2002.
[17] 黄纯颖，等. 机械创新设计 [M]. 北京：高等教育出版社，2000.
[18] 张春林，荣辉. 圆平动齿轮传动机构的研究 [J]. 北京理工大学学报，1996，16 (3)：267-272.
[19] 张春林，荣辉. 少齿差行星传动机构的同形异性机构 [J]. 北京理工大学学报（自然科学版），1997 (1)：45-49.
[20] 张春林，胡荣晖，姚九成. 平动齿轮机构的同性变异法 [J]. 机械设计，1997，14 (7)：30-31.
[21] 张春林，等. 平动齿轮机构的基本型与其演化的研究 [J]. 机械设计与研究，1998，63 (3)：29-30.
[22] 黄真，等. 并联机器人机构学理论及控制 [M]. 北京：机械工业出版社，1997.
[23] 张策，等. 机械原理与机械设计 [M]. 北京：机械工业出版社，2004.
[24] CAGAN J. Creating Breakthough Products [M]. New York：Prentice Hall，2002.
[25] 杨清亮. 发明是这样诞生的 [M]. 北京：机械工业出版社，2006.
[26] 张春林. 仿生机械学 [M]. 北京：机械工业出版社，2018.
[27] 龚振邦，汪勤悫，陈振华，等. 机器人机械设计 [M]. 北京：电子工业出版社，1995.
[28] 宗光华，刘海波，程君实. 机器人技术手册 [M]. 北京：科学出版社，1996.
[29] 方建军，何广平. 智能机器人 [M]. 北京：化学工业出版社，2004.
[30] 殷际英，何广平. 关节型机器人 [M]. 北京：化学工业出版社，2003.
[31] 宗光华，唐伯雁. 日本拟人型两足步行机器人研发状况及我见 [J]. 机器人，2002，24 (6)：564-570.
[32] 杨敏，殷晨波，董云海，等. 拟人步行机器人下肢研究现状 [J]. 机械传动，2006，30 (2)：87-92；95.
[33] 石宗英，徐文立，冯元琨，等. 仿人型机器人动态步行控制方法 [J]. 机器人，2001，23 (6)：569-574.
[34] 周华平，冯金光. 仿人步行机器人机构设计 [J]. 电测与仪表，2005，42 (2)：9-12.
[35] 韩宝玲，王秋丽，罗庆生. 六足仿生步行机器人足端工作空间和灵活度研究 [J]. 机械设计与研究，2006，22 (4)：10-12.
[36] 贾明，毕树生，宗光华，等. 仿生扑翼机构的设计及运动学分析 [J]. 北京航空航天大学学报，

2006，32（9）：1087-1090.
[37] 侯宇，方宗德，刘岚，等. 仿生微扑翼机构的设计与机电耦合特性研究［J］. 中国机械工程，2005，16（7）：570-573.
[38] PARAKKAL G，ZHU R，KAPOOR S G，et al. Modeling of Turning Process Cutting Forces for Grooved Tools［J］. International Journal of Machine Tools & Manufacture，2002，42（2）：179-191.
[39] NISHI A. Development of Wall-climbing Robots［J］. Computers & Electrical Engineering，1996，22（2）：123-149.
[40] WANG Y，LIU S，XL D G，et al. Development and Application of Wall-climbing Robots［C］. Processding of IEEE International Conference on Robotics and Automation，1999，2：1207-1212.
[41] GRIECO J G，PRIETO M，ARMADA M，et al. A Sixth-legged Climbing Robot for High Payloads［C］. IEEE International Conference on Control Applications，1998：446-450.
[42] ARENA P，MUSCATO G. New Trends in the Control of Walking Robots［C］. Proceedings of the 1998 IEEE ICCA，Trieste，Italy，1998：418-422.
[43] LUK B L，COLLIE A A，BILLINGSLEY J. Robug II：An Intelligent Wall Climbing Robot［C］. Proceeding of IEEE International Conference on Robotics and Automation，1991，3：2342-2347.
[44] NAGAKUBO A，HIROSE S. Walking and Running of the Quadruped Wall-climbing Robot［C］. Proceeding of IEEE International Conference on Robotics and Automation，1994，2：1005-1012.
[45] 刘淑霞，王炎，徐殿国，等. 爬壁机器人技术的应用［J］. 机器人，1999，21（2）：148-155.
[46] 肖立，佟仕忠，丁启敏，等. 爬壁机器人的现状与发展［J］. 自动化博览，2005，22（1）：81-82.
[47] 孙锦山，杨庆华，阮健. 气动多吸盘爬壁机器人［J］. 液压与气动，2005（8）：56-59.
[48] 孟宪超，王祖温，包钢. 一种多吸盘爬壁机器人原型的研制［J］. 机械设计，2003，20（8）：30-34.
[49] 张培锋，王洪光，房立金. 一种新型爬壁机器人机构及运动学研究［J］. 机器人，2007，29（1）：12-17.
[50] 叶长龙，马书根，李斌. 具有万向机构的蛇形机器人运动控制［J］. 中国机械工程，2004，15（24）：2235-2240.
[51] 王姝歆，颜景平，张志胜. 仿昆飞行机器人的研究［J］. 机械设计，2003，20（6）：1-4.
[52] 成巍，苏玉民，秦再白，等. 一种仿生水下机器人的研究进展［J］. 船舶工程，2004，26（1）：5-8.
[53] 刘军考，陈在礼，陈维山，等. 水下机器人新型仿鱼鳍推进器［J］. 机器人，2000，22（5）：427-432.
[54] 蒋玉杰，李景春，俞叶平，等. 泳动型水下机器人的研究进展探析［J］. 机器人，2006，28（2）：229-234.
[55] 曾妮，杭观荣，曹国辉，等. 仿生水下机器人研究现状及其发展趋势［J］. 机械工程师，2006（4）：18-21.